DYNAMIK SELBSTTÄTIGER REGELUNGEN

1. BAND

ALLGEMEINE UND MATHEMATISCHE GRUNDLAGEN

STETIGE UND UNSTETIGE REGELUNGEN

NICHTLINEARITÄTEN

VON

DR.-ING. RUDOLF C. OLDENBOURG

UND

DR.-ING. HANS SARTORIUS

MIT 112 BILDERN UND EINER TAFEL

2. AUFLAGE

VERLAG VON R. OLDENBOURG

MÜNCHEN 1951

Gesetzt in der Offizin Haag-Drugulin in Leipzig M 103 VEB 572550
Druck und Buchbinderarbeiten: R. Oldenbourg, Graphische Betriebe G.m.b.H., München

VORWORT ZUR ERSTEN AUFLAGE

Die selbsttätige Regelung, ehemals ein bescheidenes Sondergebiet des Kraftmaschinenbaues, hat sich in den letzten Jahrzehnten nahezu alle Zweige der Technik und Naturwissenschaften erschlossen und steht heute auf den mannigfaltigsten Gebieten im Blickpunkt allgemeinen Interesses. Wohl oder übel müssen sich deshalb weite Kreise von Ingenieuren und Naturwissenschaftlern mit der Regelungstechnik befassen. Viele werden es schließlich aber mit Freude tun, denn ein eigenartiger Reiz dieses Gebietes zieht auch den zunächst nur flüchtig mit ihm in Berührung Kommenden oftmals nachhaltig in seinen Bann. Und doch ist der Weg zu diesem Wissenszweig nicht leicht. Beide, der Praktiker wie der Theoretiker, müssen sich zunächst ein gehöriges Maß von Erfahrung erarbeiten. Der theoretisch Interessierte muß darüber hinaus noch über ein entsprechendes mathematisches Rüstzeug verfügen, das wegen der Vielfalt der auftretenden Probleme nicht als Allgemeingut des Ingenieurs angesehen werden kann. Die zwar reichhaltige, doch sehr verstreute einschlägige Literatur enthält zum Teil sehr wertvolle Arbeiten, die aber meist nur eng umrissene Teilgebiete behandeln. Ihr Studium ist deshalb und infolge des Fehlens einer einheitlichen Sprache und Symbolik recht mühsam, und es ist für den Anfänger nicht leicht, die Spreu vom Weizen zu scheiden.
Die Anforderungen, die an eine geschlossene, allgemeingültige Darstellung der dynamischen Gesetzmäßigkeiten von Regelungen gestellt werden, sind naturgemäß sehr verschieden. Der Anfänger erhofft eine gut verständliche Einführung in die grundlegenden Gedankengänge, der erfahrene Regelungstechniker aber erwartet die Lösung ihn interessierender Fragen oder zumindest Anregungen für seine eigene Arbeit. Der Praktiker schließlich sucht eine klare Bestätigung und Weiterführung seiner Erfahrung, herausgelöst von aller Theorie. Wenn nun in diesem Buch trotz dieser Schwierigkeiten eine Darstellung dieses Gegenstandes versucht wurde, so konnte dies nur unter manchem schweren Verzicht auf Vollständigkeit geschehen.
Absicht war, die gleichartigen Wesenszüge aller Regelungen, die »Dynamik« der Regelung, entkleidet aller gerätetechnischen und technologischen Einzelheiten, herauszustellen. Breitester Raum wurde dabei den regeltechnischen und mathematischen Grundlagen eingeräumt, was der Fachmann zwar als Ballast empfinden, der weniger Geschulte aber wahrscheinlich begrüßen wird. Manchem wird vielleicht der mathematische Aufwand übertrieben erscheinen. Dies mag wohl für einzelne der berechneten Probleme zutreffend sein, die aber in manchen Fällen nur als einfache Beispiele für die verwendeten Rechenverfahren zu werten sind. Im übrigen darf man bei dem heutigen Stand der Regelungstechnik von der Theorie Fortschritte nur dann erwarten, wenn man auch in der Lage ist, sich aller Vorteile zu bedienen, welche die Mathematik bietet.
Die behandelten Aufgaben wurden stets bis zu den neuesten Ergebnissen vorgetrieben. Weitergeführt wurde die Regelungstheorie namentlich durch den

Begriff der Regelgüte, dessen Einführung eine übersichtliche Erfassung der stabilen Ausgleichsvorgänge auch bei Problemen höherer Ordnung gestattet. Darüber hinaus erscheint der Begriff der Regelgüte — sei es nach der vorliegenden mathematisch besonders einfachen oder auch nach abgewandelten Definitionen — zusammen mit der hier gewählten Kennzeichnung technischer Regelstrecken als durchaus geeignet, richtungweisend für die theoretische Durchdringung bisher noch ungelöster Regelaufgaben zu wirken. Ausgebaut wurde ferner das in der Literatur etwas vernachlässigte Gebiet der Behandlung von Nichtlinearitäten, besonders von Reibung und Lose. Weiterhin erschien es angemessen, auch die Ein-Aus-Regelung wegen ihrer großen praktischen Bedeutung zu streifen, insbesondere unter Berücksichtigung der wesentlichsten Fragen ihres Anwendungsbereiches. Die Theorie der ausschlagabhängigen Schrittregelung dagegen wurde wiederum sehr ausführlich dargelegt, da dieser recht bedeutsame Zweig der Regelungstechnik bis jetzt noch nicht behandelt wurde und die notwendigen Rechenverfahren erheblich von den üblichen Methoden abweichen.

Die Auswahl der Beispiele wurde von dem Wunsch geleitet, das jeweils Grundsätzliche einprägsam zu zeigen, und es ist zu wünschen, daß die Darstellung aller Ergebnisse in Form von Diagrammen auch den Ansprüchen der Praxis gerecht wird.

Sollte es nun gelingen, durch die vorliegende Arbeit der Regelungstechnik neue Freunde zu gewinnen, der Theorie einige Hinweise zur Weiterarbeit sowie der Entwicklung kleine Fingerzeige für ihre oft recht mühevollen Versuchs- und Einregelungsarbeiten zu geben, so wäre das diesem Buch gesteckte Ziel voll erreicht.

An dieser Stelle möchten die Verfasser Herrn Gérard Romain für seine wertvolle Beihilfe bei der Ausgestaltung des Buches, seine große Sorgfalt und unermüdliche Ausdauer beim Zeichnen der Bilder, besonders aber bei der oft sehr langwierigen Auswertung der Ergebnisse ihren herzlichsten Dank aussprechen.

Im besonderen gebührt auch dem Verlag für die verständnisvolle und sorgfältige Betreuung der Ausführung, trotz schwierigster Verhältnisse, Dank und Anerkennung.

Berlin, im Januar 1944 Die Verfasser

VORWORT ZUR ZWEITEN AUFLAGE

Die erste, rasch vergriffene Auflage wurde 1948 von der «American Society of Mechanical Engineers» nachgedruckt. Aus dieser Tatsache und aus vielen Nachfragen glauben die Verfasser eine Bestätigung für die Richtigkeit ihres Zieles und für das Bedürfnis nach einer zweiten Auflage erblicken zu dürfen.

Sie erscheint nunmehr, von kleineren Berichtigungen abgesehen, in unveränderte Form, während die Verfasser eine Weiterführung der wichtigsten, in diesem Buche gewonnenen Erkenntnisse demnächst in einer neuen Schrift vorzulegen beabsichtigen.

München und Hersbruck
im Mai 1949

Dr. Rudolf Oldenbourg
Dr. Hans Sartorius

INHALTSVERZEICHNIS

I. EINLEITUNG

§ 1 Begriff der Regelung

Unter *Regelungen* im vorliegenden Zusammenhang werden ausschließlich solche Anordnungen verstanden, die selbsttätig, d. h. also ohne Eingriff von Hand, für die Aufrechterhaltung irgendeiner physikalischen Größe sorgen.

Diese Aufgabe läßt sich nur durchführen, wenn die zu regelnde Größe laufend meßtechnisch überwacht wird und bei entstehenden Abweichungen vom vorgeschriebenen *Sollwert* selbsttätig Maßnahmen zur Wiederherstellung desselben ausgelöst werden.

Es sind demgemäß zwei wesentliche Merkmale, die Regelungen im vorliegenden Sinne kennzeichnen:

einmal das Vorhandensein einer *Meßeinrichtung* für die zu regelnde physikalische Größe und

zweitens die selbsttätige (unmittelbare oder mittelbare) Beeinflussung der gemessenen Größe durch diese Meßeinrichtung.

So erkennt man das Bestehen eines *geschlossenen Kreislaufs* von der Meßeinrichtung (über beliebige Zwischenglieder) nach der zu regelnden Größe und von dieser wieder zur Meßeinrichtung. Man müßte also genauer von einer geschlossenen selbsttätigen Regelung sprechen, doch werden wir der Einfachheit halber nur die Bezeichnung Regelung verwenden. Wir setzen dabei voraus, daß der geschlossene Kreislauf immer gegeben sein soll und vermerken schon jetzt als wesentliches Merkmal, daß derartige Anordnungen prinzipiell immer schwingungsfähig sind.

§ 2 Aufgabenstellung

Bei einer auszuführenden oder bereits bestehenden Regelanlage werden sich grundsätzlich immer zwei Arten von Problemen ergeben.

Die einen sind vorwiegend technologischer Natur; man denke beispielsweise an die Art des zu regelnden Mediums, an die hiermit verbundenen Werkstofffragen, an Bauart, Betriebsmittel und Arbeitsvermögen des Reglers usw. Alle diese äußerst vielfältigen Fragen werden hier nicht behandelt, und es muß daher auf die einschlägige Spezialliteratur verwiesen werden.

Die zweite Gruppe von Problemen ergibt sich aus dem regeltechnischen Verhalten einer Anlage. Hierzu gehört *Stabilität*, *Genauigkeit* und *Geschwindigkeit* einer Regelung, das *Arbeitsprinzip* des Reglers und der Einfluß von Fehlerquellen, wie etwa *Reibung*. Alle diese Fragen lassen sich unter dem Begriff des *dynamischen Verhaltens* einer Regelung zusammenfassen. Mit dem hierdurch gekennzeichneten Aufgabenkreis, der für jede Regelung von Bedeutung ist, gleichgültig ob es sich um elektrische, thermische oder andere Vorgänge handelt, werden wir uns hier ausschließlich beschäftigen.

§ 3 Bezeichnungen

Bevor mit einer ins einzelne gehenden Darstellung begonnen werden kann, ist noch die Bezeichnungsweise festzulegen. Es soll dabei vermieden werden, eine vollständige Aufzählung aller verwendeten Symbole zu geben. Dagegen erscheinen an dieser Stelle einige grundsätzliche Bemerkungen angebracht.
Eine Reihe von Symbolen besitzt die allgemein übliche Bedeutung. Zu ihnen gehören in erster Linie:

t laufende Zeit, T Periodendauer,

$f = 1/T$ Frequenz, $\omega = 2\pi f = 2\pi/T$ Kreisfrequenz,

i imaginäre Einheit $= \sqrt{-1}$,

$i\omega$ imaginäre Kreisfrequenz,

$p = -\delta + i\omega$ komplexer Frequenzparameter, mit $\delta =$ Dämpfung

Einige dieser Symbole werden häufig in *bezogener* (*dimensionsloser*) Form verwendet, und zwar:

τ bezogene Zeit (z. B. $\tau = t/T_z$),

$q = -\Delta + i\Omega$ bezogener Frequenzparameter,

z. B. $q = pT_z$, mit $\Delta = \delta T_z$, $\Omega = \omega T_z$,

wobei T_z mit der später noch zu erläuternden Bedeutung als *Bezugszeitfestwert* willkürlich herausgegriffen wurde.
Es wird ferner eine Reihe von Symbolen benötigt, die jeweils den einzelnen Elementen des Regelkreises zugeordnet sind. Um eine klare und eindeutige Unterscheidung zwischen *Veränderlichen* und *Konstanten, laufenden Größen* und *Abweichungsgrößen, dimensionsbehafteten* und *dimensionslosen Größen, Proportionalitätsfaktoren* und *Zeitfestwerten* zu erzielen, wird hierbei folgendes Schema verwendet:
Veränderliche Größen erhalten kleine lateinische Buchstaben; dabei werden laufende Werte durch den Index x gekennzeichnet, während Abweichungsgrößen kein Kennzeichen erhalten.
Konstante Größen erhalten große lateinische Buchstaben.
Größenintervalle werden durch ein vorgesetztes Δ gekennzeichnet.
Daß eine Größe dimensionsbehaftet ist, wird (mit Ausnahme von Zeitfestwerten, deren Verdeutlichung weiter unten angegeben ist) durch Überstreichen ausgedrückt.
Im Interesse der Allgemeingültigkeit werden wir grundsätzlich von einer bezogenen Schreibweise Gebrauch machen. Eine beliebige zeitlich veränderliche Abweichungsgröße $z(t) = [\bar{z}_x(t) - \bar{Z}_N]/\Delta\bar{Z}$ entsteht dabei aus der Differenz

des dimensionsbehafteten *Momentanwertes* $\bar{z}_x(t)$ und eines Festwertes $\bar{Z}$, für den in der Regel der Sollwert $\bar{Z}_S$ verwendet wird, bezogen auf einen willkürlichen Festwert, für den sich meist die Differenz zweier Festwerte $\Delta\bar{Z}$ als sinnvoll erweist.

Jedem Glied des Regelkreises wird ein bestimmtes Symbol zugeordnet. Grundsätzlich wird z.B. z als Symbol für den zu regelnden *Zustand* (*Regelgröße*) $z(t)$, oder kürzer z, also für den Momentanwert der bezogenen Zustandsabweichung verwendet.

Die weiteren benötigten Symbole werden zu gegebener Zeit eingeführt. Für die Aufstellung der Gleichungen zwischen derartigen bezogenen Größen oder Verhältniswerten sind ferner noch Proportionalitätsfaktoren erforderlich. Wir wählen für sie griechische Buchstaben, z.B.: $z = (1/\mu_{(z)})\, m$. $\mu_{(z)}$ bedeutet also den zwischen m und z bestehenden Proportionalitätsfaktor, wobei der Index nur angeschrieben wird, wenn Verwechslungen möglich sind. Bei Beziehungen zwischen zwei im Regelkreis unmittelbar aufeinanderfolgenden Größen kann er immer entfallen.

Zeitfestwerte und Zeitkonstanten erhalten durchwegs das Symbol T mit einem Index, der die entsprechende Zugehörigkeit bezeichnet; T_z bedeutet z. B. eine Zeitkonstante, die der Zustandsgröße zugeordnet ist.

Gotische Buchstaben kennzeichnen eine vektorielle oder — mit Ausnahme des bereits erwähnten komplexen Frequenzparameters p bzw. q — eine komplexe Größe.

II. GRUNDLAGEN

A. Der Regelkreis und seine Bestandteile

§ 4 Der Regelkreis

Wir können nun an die Behandlung der einzelnen Bestandteile einer Regelung herangehen. Dabei wird vorausgesetzt, daß der Leser mit den Grundbegriffen der Regelungstechnik im großen und ganzen vertraut ist. Um jedoch eine Basis für die nachfolgenden Betrachtungen zu gewinnen, sollen in den Abschnitten A bis C in gedrängter Form die Bauelemente einer Regelung und das erforderliche mathematische Rüstzeug zusammengestellt werden. Im übrigen muß hierzu auf die ausführliche, allerdings sehr verstreute Spezialliteratur verwiesen werden. Wir erwähnten bereits eingangs, daß jede Regelung in unserem Sinne aus einem geschlossenen Kreislauf besteht. Man spricht daher auch von einem sog. *Regelkreis* (Bild 1). Er besteht allgemein aus einer Reihe von Einzelglie-

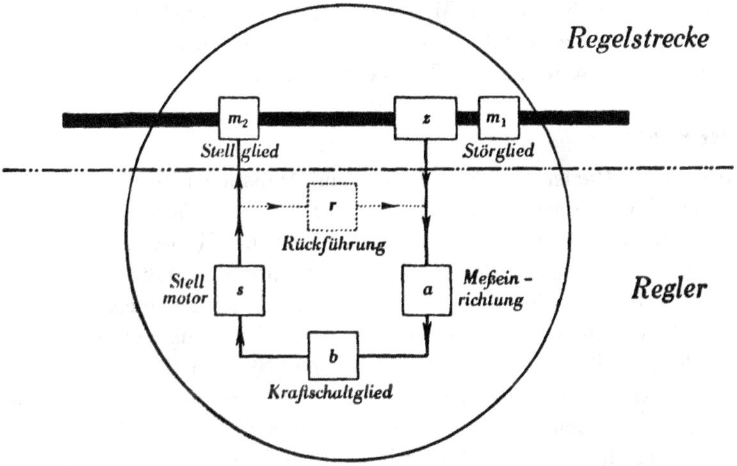

Bild 1: Schema des Regelkreises

dern, die als einzelne *Übertragungssysteme* zu einem Netzwerk zusammengefügt sind. Es ist dabei für das Verhalten eines Regelkreises gleichgültig, ob die einzelnen Übertragungssysteme mechanischer, elektrischer oder kombinierter Art sind. Wesentlich für uns sind immer nur die typischen dynamischen Eigenschaften. In einer später folgenden Tafel (s. Anhang) sind einige mechanische und elektrische Ausführungsmöglichkeiten mit gleichen dynamischen Eigen-

schaften gegenübergestellt. Die dort ebenfalls angegebenen Ansätze zu deren mathematischer Beschreibung sind demgemäß natürlich identisch.
Die beiden Hauptbestandteile des Regelkreises sind die *Regelstrecke* und der *Regler*.

§ 5 Die Regelstrecke

Unter der Bezeichnung Regelstrecke faßt man alle Teile einer Anlage zusammen, die — abgesehen vom Regler — Einfluß auf die zu regelnde Größe besitzen. Es genügt meist, sich hierunter in konzentrierter Form den Teil des Regelkreises vorzustellen, innerhalb dessen die an sich beliebige physikalische Größe geregelt werden soll. Zur Regelstrecke gehört ein sog. *Störungsglied* (Symbol m_1), das als Ursache für willkürliche Störungen des Gleichgewichtszustandes gedacht werden kann. Zur Wiederherstellung des Gleichgewichtes dient das vom Regler betätigte *Stellglied* (Symbol m_2).
Welcher Art nun im einzelnen die zu regelnde physikalische Größe ist, ist für die Untersuchung des dynamischen Verhaltens ohne grundsätzliche Bedeutung. Die meisten praktischen Regelungen haben die Konstanthaltung oder auch die zeitlich gesetzmäßige Änderung einer Zustandsgröße, wie beispielsweise einer Spannung, eines Druckes, einer Temperatur usw. zum Ziel. Wir werden daher durchweg von dem zu regelnden Zustand oder der Regelgröße (Symbol z) sprechen, dabei jedoch berücksichtigen, daß es sich — in allerdings weniger häufigen Fällen — auch um eine Mengengröße, wie beispielsweise einen Durchfluß, oder auch um eine vektorielle Größe, wie beispielsweise den Kurs eines Fahrzeuges oder um andere Größen handeln kann.

§ 6 Der Regler

Der eigentliche Regler enthält immer eine Meßeinrichtung (Symbol a). Im einfachsten Falle betätigt diese unmittelbar das Stellglied. Man spricht dann von einem *direktwirkenden* Regler; sein wesentliches Kennzeichen ist also, daß die Energie zur Betätigung des Stellgliedes in Form der Meßenergie ausschließlich dem zu regelnden Medium entnommen wird. In den meisten Fällen sind jedoch noch weitere Organe mit verstärkender Wirkung vorhanden, wie das *Kraftschaltglied* (Symbol b) und der *Stellmotor* (Symbol s). Solche Regler werden als *indirekt* oder *mittelbar wirkend* bezeichnet, mit dem wesentlichen Merkmal, daß sie von außen zugeführte Hilfsenergie benötigen. Stellmotor und Stellglied bilden häufig eine bauliche Einheit, für die dann die Bezeichnung Regelorgan verwendet wird.
Für unsere Betrachtung ist auch die Unterscheidung zwischen direkten und indirekten Reglern ohne Bedeutung. Wir denken uns typische Funktionen durch beliebige, elektrische oder mechanische Geräte realisiert und untersuchen lediglich ihren Einfluß auf den Ablauf von *Ausgleichsvorgängen*.
Eine wichtige Rolle spielen in diesem Zusammenhang schließlich die *Stabilisierungseinrichtungen*, von denen hier die Einführung *zeitlicher Ableitungen der Regelgröße* und die sog. *Rückführungen* (Symbol r) genannt seien.

B. Das lineare Übertragungssystem

1. ALLGEMEINES

§ 7 Übersicht über die mathematischen Hilfsmittel

Das dynamische Verhalten des Regelkreises wird durch die Eigenschaften seiner einzelnen Glieder bestimmt, die wir kurz als Übertragungsglieder bezeichnen wollen. Es wird daher zweckmäßig sein, bevor wir an unsere eigentliche Aufgabe herangehen, uns die mathematischen Hilfsmittel vor Augen zu führen, mit deren Hilfe die dynamischen Eigenschaften dieser Übertragungsglieder beschrieben werden können.

In der Literatur der Regeltheorie sind hierzu grundsätzlich drei Methoden zu erkennen. Die ältere Regeltheorie bedient sich vorwiegend der *Differentialgleichung*, während sich in neuerer Zeit Verfahren eingeführt haben, die zur Kennzeichnung eines Übertragungssystems dessen ***Frequenzgang*** oder dessen *Übergangsfunktion* heranziehen.

Obwohl diese drei Verfahren von verschiedenen Überlegungen ausgehen, so müssen sie natürlich letzten Endes zu gleichen Ergebnissen führen. Es ist Aufgabe der folgenden Paragraphen, neben der rein formalen Darlegung dieser drei Methoden, die Wesensgleichheit ihrer Ergebnisse aufzuzeigen. Die beiden jüngeren Verfahren erfordern einige funktionentheoretische Kenntnisse, die in §§ 19 bis 26 vermittelt werden sollen. Ihre große Anschaulichkeit und die fast immer erreichte Vereinfachung des Rechnungsganges lassen aber trotzdem ihre Verwendung — namentlich bei schwierigen Aufgaben — als zweckmäßig erscheinen.

§ 8 Begriff des linearen Übertragungssystems

Unter einem Übertragungssystem soll in diesem Zusammenhang eine Anordnung verstanden werden, durch die irgendeine physikalische Größe — die ***Eingangsgröße*** des Systems — in eine zweite Größe, die ***Ausgangsgröße***, umgewandelt wird, die zu der ersteren in einem eindeutigen Verhältnis steht (Bild 2). Dabei können Eingangs- und Ausgangsgröße durchaus Zustandsgrößen verschiedener Energieform sein.

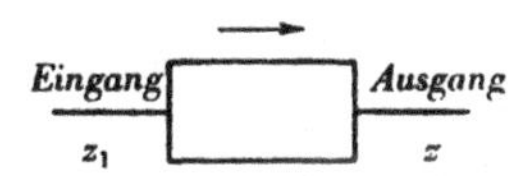

Bild 2: Schema des linearen Übertragungssystems

Wenn wir außerdem voraussetzen, daß das Übertragungssystem, d. h. genauer: das Verhältnis von Ausgangs- und Eingangsgröße, linear sein soll, so erreichen wir dadurch eine bedeutende Vereinfachung des Rechnungsganges, weil dann das später häufig verwandte *Superpositionsprinzip* Gültigkeit besitzt. Man ist zu dieser Annahme auch berechtigt, solange eine betrachtete Abweichung vom Gleichgewichtszustand hinreichend klein ist, da alle zunächst in Frage kommenden Glieder des Regelkreises, wenigstens in einem beschränkten Bereich, als linear aufgefaßt werden können. Soll in besonderen Fällen der Einfluß irgendwelcher *Nichtlinearitäten* untersucht werden, so müssen grundsätzlich andere Wege als die nun zu erörternden beschritten werden (s. §§ 71 bis 77).

2. ANWENDUNG LINEARER DIFFERENTIALGLEICHUNGEN UND EINFÜHRUNG DES KOMPLEXEN FREQUENZGANGES

§ 9 Die lineare Differentialgleichung

Ist das Übertragungssystem *verzögerungsfrei*, so können seine Eigenschaften durch eine algebraische Gleichung etwa der Form:

$$z = C \cdot z_1 \tag{9.1}$$

beschrieben werden, wenn z_1 die Eingangsgröße, z die Ausgangsgröße und C eine Proportionalitätskonstante bedeuten.

Im allgemeinen wird jedoch das System eine gewisse ***Trägheit*** besitzen, wodurch ein zeitlich ausgedehnter *Einstellvorgang* ausgelöst wird. Die algebraische Gleichung (.1) genügt nun nicht mehr zur Kennzeichnung des Systems, da durch sie nur der schließlich erreichte Beharrungszustand wiedergegeben wird. An ihre Stelle tritt jetzt eine Differentialgleichung, die eine Beziehung darstellt zwischen der Ausgangsgröße mit ihren zeitlichen Ableitungen einerseits und der Eingangsgröße andererseits. Bei der vorausgesetzten Linearität ist dies eine lineare Differentialgleichung mit konstanten (reellen) Koeffizienten, deren Ordnung durch das betreffende System gegeben ist, und die wir allgemein von $n$ter Ordnung anschreiben wollen:

$$A_0 z^{(n)} + A_1 z^{(n-1)} + \ldots + A_{n-2} z'' + A_{n-1} z' + A_n z = z_1. \tag{9.2}$$

Darin bedeuten $A_0, A_1 \ldots A_n$ die konstanten Koeffizienten und $z', z'', \ldots, z^{(n)}$ die n ersten Ableitungen der Ausgangsgröße nach der Zeit. z_1 ist eine beliebige Zeitfunktion und wird als Störfunktion der Differentialgleichung (.2) bezeichnet.

Durch Differentialgleichung (.2) wird der durch die *Störfunktion* verursachte *Einschaltvorgang* bestimmt, zu dessen vollständiger Beschreibung noch ebenso viele *Anfangswerte* der Größe z erforderlich sind, als die Ordnungszahl des Systems ist:

$$z(0) = z_0, \quad z'(0) = z_0', \ldots, \quad z^{(n-1)}(0) = z_0^{(n-1)}. \tag{9.3}$$

Zur Ermittlung des allgemeinen Integrals der Differentialgleichung (.2) spaltet man die Lösung in einen *stationären* und einen *Einschwingvorgang*, wobei der erstere den Gesamtverlauf nach langer Zeit bestimmt, wenn der Einschwingvorgang bereits abgeklungen ist.

Der Einschwingvorgang wird durch die *homogene* Differentialgleichung wiedergegeben, die aus Differentialgleichung (.2) durch Nullsetzen der Störfunktion entsteht:

$$\left.\begin{array}{l} A_0 z_f^{(n)} + A_1 z_f^{(n-1)} + \cdots + A_{n-1} z_f' + A_n z_f = 0 \\ \text{mit den Anfangswerten:} \\ z_f(0) = z_0, \quad z_f'(0) = z_0' \cdots z_f^{(n-1)}(0) = z_0^{(n-1)} \end{array}\right\}. \tag{9.4}$$

Den stationären Vorgang kennzeichnet dann die ***inhomogene*** Gleichung:

$$\left.\begin{array}{l} A_0 z_s^{n} + A_1 z_s^{(n-1)} + \cdots + A_{n-1} z_s' + A_n z_s = z_1 \\ \text{mit den Anfangswerten:} \\ z_s(0) = 0\,, \quad z_s'(0) = 0 \cdots z_s^{(n-1)}(0) = 0 \end{array}\right\}. \qquad (9.5)$$

Die allgemeine Lösung der Ausgangsdifferentialgleichung (.2) entsteht schließlich durch Addition der *allgemeinen* Lösung der homogenen Gleichung und einer *partikulären* der inhomogenen, im vorliegenden Falle als Summe der beiden Integrale der Gleichungen (.4) und (.5):

$$z = z_f + z_s. \qquad (9.6)$$

Die Integration der beiden Differentialgleichungen (.4) und (.5) erfolgt im allgemeinen nach einem *Ansatzverfahren*. Dabei wird die Lösungsfunktion mit zunächst noch unbestimmten Konstanten angenommen. Wird sie in die vorgelegte Differentialgleichung eingesetzt, so muß diese durch den probeweisen Ansatz erfüllbar sein. Die entstehende, häufig algebraische Gleichung gestattet dann die Bestimmung der Konstanten der angenommenen Lösungsfunktion.
Für die homogene Differentialgleichung (.4) wird die Lösung bekanntlich durch einen *Exponentialansatz* gefunden:

$$z_f = e^{pt}, \qquad (9.7)$$

wodurch die Differentialgleichung in eine algebraische Gleichung

$$A_0 p^n + A_1 p^{n-1} + \cdots + A_{n-1} p + A_n = 0, \qquad (9.8)$$

die sog. *charakteristische Gleichung* übergeführt wird, deren linke Seite als *Stammfunktion* der homogenen Differentialgleichung bezeichnet wird.
Es seien $p_1, p_2, \ldots, p_n$ die hier der Einfachheit halber verschieden angenommenen n Wurzeln der charakteristischen Gleichung. Dann ist die Lösung der homogenen Differentialgleichung:

$$z_f = C_1 e^{p_1 t} + C_2 e^{p_2 t} + \cdots + C_n e^{p_n t}, \qquad (9.9)$$

deren Konstanten aus den Anfangswerten des Problems zu bestimmen sind.
Für die inhomogene Gleichung ist der zweckmäßige Lösungsansatz von der jeweiligen Störfunktion abhängig. Leicht ist dieser Ansatz bei rein *sinusförmiger Störfunktion*, da man sich beim Ansatz von der Annahme leiten läßt, daß nach hinreichend langer Zeit auch die Systemgröße einen rein periodischen Verlauf der gleichen Frequenz haben wird. Auch beliebig *periodische* und *nichtperiodische* Störfunktionen lassen sich durch das Fouriertheorem auf diesen einfachen Fall zurückführen. Dies zu zeigen ist die Aufgabe der folgenden Paragraphen.

§ 10 Die sinusförmige Störfunktion

Es empfiehlt sich hier, mit der in der elektrischen Wechselstromtechnik allgemein üblichen *symbolischen* Darstellung von Schwingungen zu arbeiten, indem man die trigonometrischen Funktionen durch Exponentialfunktionen mit rein imaginärem Argument ersetzt. Es wird sich dadurch der ganze Rechnungsgang wesentlich einfacher und übersichtlicher gestalten. Die nun notwendig komplexe Lösung kann dann zwar nicht direkt der zu ermittelnden reellen Größe gleichgesetzt werden, doch liefert ihre Aufspaltung in Real- und Imaginärteil zwei reelle Lösungen, die beide die vorgelegte Differentialgleichung erfüllen. Man muß deshalb nur noch festsetzen, daß entweder immer der Real- oder der Imaginärteil gemeint ist, wenn die Darstellung einer reellen Größe bezweckt wird.

So kann z. B. unsere sinusförmige Störfunktion als Imaginärteil einer Exponentialfunktion dargestellt werden:

$$z_1 = Z_1 \cdot \sin \omega t = Z_1 \, \mathfrak{Im}(e^{i\omega t}). \qquad (10.1)$$

Man schreibt dafür kürzer »symbolisch«:

$$z_1 =: Z_1 \cdot e^{i\omega t}, \qquad (10.2)$$

setzt dabei aber fest, daß die reelle Lösung dann wieder der Imaginärteil der komplexen Lösungsform ist.

Nach genügend langer Zeit wird sich die abhängige Systemgröße z ebenfalls sinusförmig ändern, wobei gegenüber der unabhängigen Größe z_1 eine *Amplitudenänderung* und eine *Phasenverschiebung* auftreten können. Bezeichnen wir die Amplitude mit Z, die Phasenverschiebung mit φ, so können wir als Lösungsansatz schreiben:

$$z_s = Z e^{i(\omega t + \varphi)}; \qquad (10.3)$$

dabei deutet der Index s darauf hin, daß es sich nur um den stationären eingeschwungenen Zustand handelt.

Aus Gleichung (.3) ergeben sich die zeitlichen Ableitungen der Ausgangsgröße

$$z_s' = i\omega Z e^{i(\omega t + \varphi)} \quad z_s'' = (i\omega)^2 Z e^{i(\omega t + \varphi)} \ldots z_s^{(n)} = (i\omega)^n Z e^{i(\omega t + \varphi)}. \qquad (10.4)$$

Setzt man nun die Größe z_s und ihre Ableitungen in die Differentialgleichung (9.5) ein, so findet man, daß der angenommene Lösungsansatz richtig war, da die Zeitfunktion $e^{i\omega t}$ verschwindet:

$$A_0 (i\omega)^n Z e^{i\varphi} e^{i\omega t} + \cdots + A_{n-1} (i\omega) Z e^{i\varphi} e^{i\omega t} + A_n Z e^{i\varphi} e^{i\omega t} = Z_1 e^{i\omega t}. \qquad (10.5)$$

Aus der verbleibenden algebraischen Gleichung kann nun die unbekannte Größe $Z e^{i\varphi}$ errechnet werden:

$$(Z/Z_1) e^{i\varphi} = (A_0 |i\omega|^n + \cdots + A_{n-2} |i\omega|^2 + A_{n-1} i\omega + A_n)^{-1} =: \mathfrak{F}(i\omega) \qquad (10.6)$$

Die komplexe Größe $(Z/Z_1)e^{i\varphi}$ ist eine Funktion der Systemkonstanten und der Kreisfrequenz ω. Sie wird als *komplexer Frequenzgang* $\mathfrak{F}(i\omega)$ des Übertragungssystems bezeichnet, da ihr absoluter Betrag ein Maß für die Amplitudenänderung und ihr Argument ein Maß für die Phasenverschiebung ist, die eine Schwingung der Frequenz ω beim Durchlaufen des Systems erfährt. In Gleichung (.6) erkennen wir im Nenner die Stammfunktion der homogenen

Differentialgleichung [s. Gleichung (9. 8)]. Man ist nun in der Lage, für ein bestimmtes Übertragungssystem den komplexen Frequenzgang direkt aus dessen Differentialgleichung abzulesen. Er ist nämlich gleich dem Reziprokwert der Stammfunktion, wenn man in ihr die Größe p durch $i\,\omega$ ersetzt.
Als stationäre Lösung unserer Differentialgleichung ergibt sich also mit Gleichung (.3) und (.6)

$$z_s = \mathfrak{F}(i\,\omega) \cdot Z_1 e^{i\,\omega t}, \tag{10. 7}$$

wobei diese komplexe Form wieder als symbolische Schreibweise der reellen Lösung aufzufassen ist:

$$\boxed{\begin{aligned} z_s &= |\mathfrak{F}(i\,\omega)|\, Z_1 \sin(\omega t + \varphi) \\ \text{mit} \quad \varphi &= \operatorname{arc\,tg} \frac{\mathfrak{Im}\,[\mathfrak{F}(i\,\omega)]}{\mathfrak{Re}\,[\mathfrak{F}(i\,\omega)]}\cdot \end{aligned}} \tag{10. 8}$$

Wirkt also auf ein lineares Übertragungssystem eine sinusförmige Störung, so erhält man die Ausgangsgröße des Systems im eingeschwungenen Zustand, indem man die Störfunktion mit dem komplexen Frequenzgang multipliziert. Auf diese ebenso einfache wie weittragende Tatsache werden wir im folgenden noch häufig zurückkommen müssen.
Wirkt nun als Störung nicht mehr eine einfache Sinusschwingung, sondern eine beliebige, nichtperiodische Zeitfunktion, so ist der Lösungsansatz wesentlich schwieriger. Wir können aber diesen komplizierten Fall auf den einfachen der ständig vorhandenen Sinusschwingung zurückführen, wenn wir von dem bekannten Fourier*theorem* Gebrauch machen, das gestattet, beliebige Zeitfunktionen periodischer oder nichtperiodischer Art in einfache Sinusschwingungen zu zerlegen. Da diese Schwingungen zu allen Zeiten vorhanden sind, genügt es, die stationäre Lösung für eine *Einzelschwingung* zu ermitteln. Die tatsächliche Lösung wird dann durch die Gesamtheit aller Einzellösungen dargestellt.
Man gewinnt einen guten Einblick in dieses elegante Verfahren zur Lösung linearer Differentialgleichungen, wenn man zunächst von einem periodischen Vorgang ausgeht und dann von ihm durch einen einfachen Grenzübergang zum nichtperiodischen Vorgang übergeht.
Bevor wir aber mit dieser Aufgabe beginnen, wollen wir uns nochmals kurz die Fourier*zerlegung* einer periodischen Funktion vor Augen führen.

§ 11 Fourierzerlegung einer beliebigen periodischen Funktion. Fourierreihen

Nach Fourier kann eine beliebige, periodische Funktion $g(t)$ in eine Reihe *harmonischer* Schwingungen zerlegt werden, wenn $g(t)$ innerhalb einer Periode eindeutig und stückweise stetig ist.
Diese Reihe lautet:

$$g(t) = A_0 + \sum_{n=1}^{\infty} A_n \cos\left(n \frac{2\pi}{T_0} t\right) + \sum_{n=1}^{\infty} B_n \sin\left(n \frac{2\pi}{T_0} t\right); \tag{11. 1}$$

dabei bedeuten: $2\pi/T_0 = \omega_0$ Kreisfrequenz der Grundwelle,
T_0 Periodendauer der Grundwelle,
n Ordnungszahl der Oberwellen,
A_n, B_n Fourierkoeffizienten.

Die FOURIER*koeffizienten* sind dabei:

$$\left.\begin{aligned} A_0 &= \frac{1}{T_0}\int_{-T_0/2}^{+T_0/2} g(t)\,dt \\ A_n &= \frac{2}{T_0}\int_{-T_0/2}^{+T_0/2} g(t)\cos(n\,\omega_0\,t)\,dt \\ B_n &= \frac{2}{T_0}\int_{-T_0/2}^{+T_0/2} g(t)\sin(n\,\omega_0 t)\,dt \end{aligned}\right\}. \tag{11.2}$$

Es erweist sich nun als sehr zweckmäßig, eine komplexe Schreibweise einzuführen. Ausdrücklich sei darauf verwiesen, daß es sich hier jedoch nicht um die in § 10 verwendete symbolische Schreibweise handelt.
Wir führen dazu in Gleichung (.1) folgende Beziehungen ein:

$$\sin(n\,\omega_0 t) = [1/(2\,i)]\,(e^{i\,n\,\omega_0\,t} - e^{-i\,n\,\omega_0\,t}) \tag{11.3}$$

$$\text{und}\quad \cos(n\,\omega_0 t) = [1/2]\,(e^{i\,n\,\omega_0\,t} + e^{-i\,n\,\omega_0\,t}). \tag{11.4}$$

Man erhält damit unter Berücksichtigung der Gleichung (.2):

$$g(t) = \frac{1}{T_0}\int_{-T_0/2}^{+T_0/2} g(t)\,dt +$$

$$+ \sum_{n=1}^{\infty}\left\{\frac{1}{T_0}\,e^{i\,n\,\omega_0\,t}\int_{-T_0/2}^{+T_0/2} g(t)\,e^{-i\,n\,\omega_0\,t}\,dt + \frac{1}{T_0}\,e^{-i\,n\,\omega_0\,t}\int_{-T_0/2}^{+T_0/2} g(t)\,e^{i\,n\,\omega_0\,t}\,dt\right\}$$

oder

$$g(t) = \frac{1}{T_0}\int_{-T_0/2}^{+T_0/2} g(t)\,dt +$$

$$+ \sum_{n=1}^{\infty}\frac{1}{T_0}\,e^{i\,n\,\omega_0\,t}\int_{-T_0/2}^{+T_0/2} g(t)\,e^{-i\,n\,\omega_0\,t}\,dt + \sum_{n=-1}^{-\infty}\frac{1}{T_0}\,e^{i\,n\,\omega_0\,t}\int_{-T_0/2}^{+T_0/2} g(t)\,e^{-i\,n\,\omega_0\,t}\,dt.$$

Durch Zusammenfassen der beiden Summen und unter Berücksichtigung der Tatsache, daß das erste Glied gleich dem Summenglied für $n = 0$ ist, erhält man schließlich die FOURIER*reihe* in komplexer Form:

$$g(t) = \sum_{n=-\infty}^{+\infty} \mathfrak{A}_n e^{i n 2\pi t/T_0}$$

mit

$$\mathfrak{A}_n = \frac{1}{T_0} \int_{-T_0/2}^{+T_0/2} g(t)\, e^{-i n 2\pi t/T_0}\, dt \qquad (11.5)$$

Die Fourierkoeffizienten $\mathfrak{A}_n$ treten hierbei natürlich auch in komplexer Form auf und werden zur Kennzeichnung hierfür in deutschen Buchstaben geschrieben.

§ 12 Rechteckwelle und Übergang zur Stoßfunktion. Das Fourierintegral

Zur Ableitung der Fourierdarstellung einer einmaligen, stoßförmigen Funktion ist es zweckmäßig, zunächst von einer periodischen Funktion, etwa von der in Bild 3 oben gezeichneten *Rechteckwelle*, auszugehen. Ihre Periodendauer sei T_0, ihre Amplitude Z_1. Die Kreisfrequenz der Grundwelle ist dann:

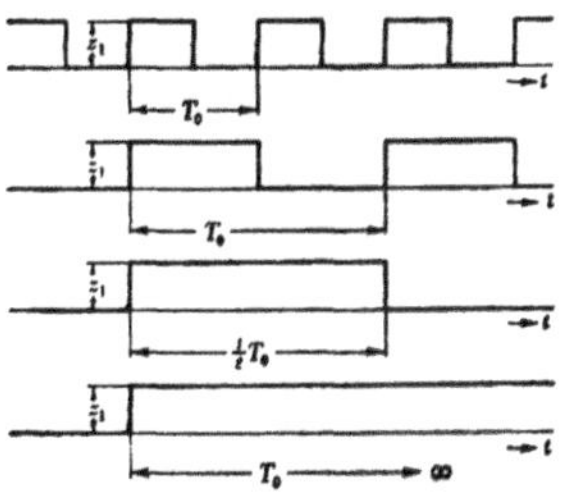

Bild 3: Rechteckwelle und Übergang zur Stoßfunktion

$$\omega_0 = 2\pi/T_0. \qquad (12.1)$$

Nach Gleichung (11. 5) lautet die Fourierreihe dieser Funktion:

$$z_1(t) = \sum_{n=-\infty}^{+\infty} \mathfrak{A}_n \cdot e^{i n \omega_0 t} \qquad (12.2)$$

mit den Koeffizienten:

$$\mathfrak{A}_n = \frac{1}{T_0} \int_{-T_0/2}^{+T_0/2} z_1(t)\, e^{-i n \omega_0 t}\, dt. \qquad (12.3)$$

$$\left.\begin{array}{ll} \text{Für } -T_0/2 < t < 0 & \text{ist } z_1(t) = 0 \\ 0 < t < T_0/2 & \text{ist } z_1(t) = Z_1 \end{array}\right\}. \qquad (12.4)$$

Mit den Gleichungen (. 4) ergeben sich die Fourierkoeffizienten als

$$\mathfrak{A}_n = \frac{1}{T_0} \int_0^{T_0/2} Z_1\, e^{-i n \omega_0 t}\, dt$$

und nach Auswertung des bestimmten Integrals:

$$\mathfrak{A}_n = [Z_1/(2 n \pi i)]\,(1 - e^{-i n \pi}). \qquad (12.5)$$

Damit ist nun die Fourierreihe der Rechteckwelle gefunden:

$$z_1(t) = \sum_{n=-\infty}^{+\infty} \frac{Z_1}{2 n \pi i} (1 - e^{-i n \pi})\, e^{i n \omega_0 t}. \qquad (12.6)$$

Sie erscheint in Form einer unendlichen Summe von harmonischen Teilschwingungen, wobei der komplexe Fourierkoeffizient in allgemeiner Form:

$$\mathfrak{A}_n = [Z_1/(2\,n\,\pi\,i)]\,(1 - e^{-in\pi})$$

die Amplitude und Phasenlage jeder Teilschwingung bestimmt. Man nennt deshalb $\mathfrak{A}_n$ das *komplexe Frequenzspektrum* der betreffenden periodischen Funktion.

Im Falle der Rechteckwelle ist das Frequenzspektrum rein imaginär und nur für ganzzahliges n definiert. Es besteht also nur aus einzelnen diskreten Werten, die hyperbolische Verteilung zeigen. Da $e^{-in\pi} = (-1)^n$, verschwinden alle Werte von $\mathfrak{A}_n$ für geradzahliges n, so daß sich das in Bild 4 wiedergegebene Frequenzspektrum ergibt.

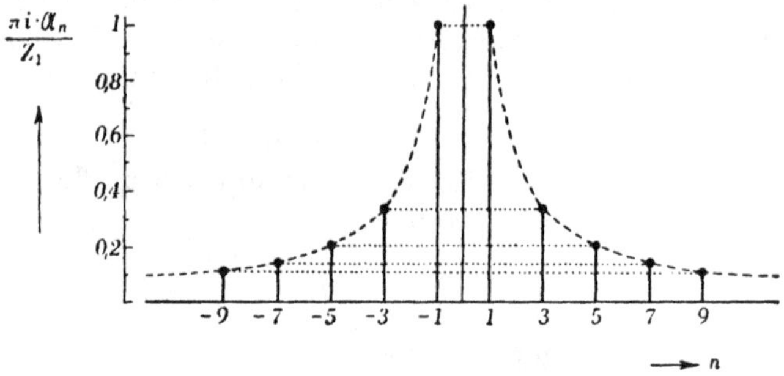

Bild 4: Frequenzspektrum der Rechteckwelle

Läßt man nun die Periodendauer T_0 der Rechteckwelle anwachsen und schließlich gegen Unendlich gehen (Bild 3), so geht die periodische Welle in eine nichtperiodische Funktion über, deren Wert für alle Zeiten $t < 0$ gleich Null und für Zeiten $t > 0$ gleich Z_1 ist. Man nennt eine derartige Funktion eine *Stoßfunktion.*

Führt man als Kreisfrequenz der Oberwellen ω ein, so ist $n = \omega/\omega_0$. (12. 7)

Geht nun $T_0 \to \infty$, so strebt:

$$\omega_0 \to d\omega \qquad 1/n \to d\omega/\omega \qquad e^{-in\pi} \to 0. \tag{12. 8}$$

Führt man für Gl. (.6) diesen Grenzübergang aus, so geht die Fourierreihe in die Integraldarstellung der Stoßfunktion über,

$$\boxed{z_1(t) = \frac{Z_1}{2\pi i}\int_{-\infty}^{+\infty} \frac{e^{i\omega t}}{\omega}\, d\omega,} \tag{12. 9}$$

die als ein Fourier*integral* bezeichnet wird.

Häufig wird Gleichung (.9) in der Form des sog. *Hakenintegrals* angeschrieben

$$z_1(t) = \frac{Z_1}{2\pi i} \int\limits_{-\smile\rightarrow} \frac{e^{i\omega t}}{\omega} d\omega, \qquad (12.10)$$

wobei der Haken den *Integrationsweg* längs der reellen Achse unter Umgehung des Punktes $\omega = 0$ bedeutet. Den Grund für diesen eigenartigen Verlauf des Integrationsweges werden wir in den §§ 20, 21 und 22 noch kennenlernen.
Durch das Fourierintegral wird die Stoßfunktion in eine unendliche Summe ständig bestehender, harmonischer Schwingungen zerlegt. Dabei sind alle Frequenzen von $-\infty$ bis $+\infty$ vertreten. Das Frequenzspektrum ist hier $[Z_1/(2\pi i)]\ (1/\omega)$, hat also wieder hyperbolischen Verlauf. Im Gegensatz zur

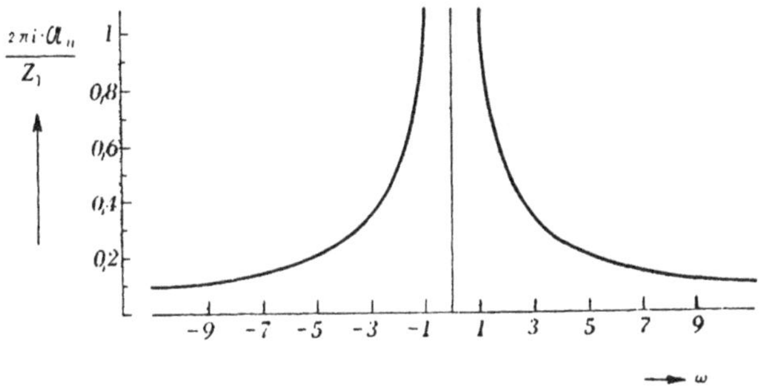

Bild 5: Frequenzspektrum der Stoßfunktion

Rechteckwelle besteht es aber hier nicht aus einzelnen diskreten Werten, sondern zeigt eine kontinuierliche Verteilung aller Frequenzen (Bild 5).

§ 13 Das Übertragungssystem bei stoßförmiger Störfunktion. Die Übergangsfunktion

Wirkt auf das Übertragungssystem eine stoßförmige Störfunktion, so kann man sich diese durch das Fouriertheorem in einzelne harmonische Schwingungen aufgelöst denken. Für jede einzelne Schwingung können wir die stationäre Lösung der Differentialgleichung des Systems sofort angeben, da diese nach § 10 einfach als Multiplikation der Störschwingung mit dem komplexen Frequenzgang erscheint. Da die einzelnen Teilschwingungen der Stoßfunktion zu allen Zeiten (auch für $t < 0$) vorhanden sind, ist man zu dieser ausschließlichen Betrachtung des eingeschwungenen Zustandes berechtigt.
Die Störfunktion lautet:

$$z_1(t) = \frac{Z_1}{2\pi i} \int\limits_{-\infty}^{+\infty} \frac{e^{i\omega t}}{\omega} d\omega. \qquad (13.1)$$

Eine Teilschwingung, die nun als Teilstörung auf unser Übertragungssystem einwirkt, ist: $d\,[z_1\,(t)] = [Z_1/(2\pi i)]\,(1/\omega)\,e^{i\omega t}\,d\omega.$ (13. 2)

Ist nun $\mathfrak{F}(i\omega)$ der komplexe Frequenzgang des Systems, so ergibt sich die der Teilstörung entsprechende Teilschwingung der Ausgangsgröße:

$$d\,[z\,(t)] = [Z_1/(2\pi i)]\,\mathfrak{F}(i\omega)\,(1/\omega)\,e^{i\omega t}\,d\omega. \quad (13.3)$$

Infolge der vorausgesetzten Linearität des Systems ist es erlaubt, die Teillösungen durch Integration über alle Frequenzen von $-\infty$ bis $+\infty$ zur Gesamtlösung zusammenzufassen:

$$z(t) = \frac{Z_1}{2\pi i}\int_{-\infty}^{+\infty}\frac{\mathfrak{F}(i\omega)}{\omega}\,e^{i\omega t}\,d\omega. \quad (13.4)$$

Gleichung (.4) stellt also den Einschaltvorgang dar, der von einer stoßförmigen Änderung der Eingangsgröße des Systems mit dem Frequenzgang $\mathfrak{F}(i\omega)$ ausgelöst wird. Dabei wollen wir uns zunächst mit der sich in Integralform ergebenden Lösung begnügen. Die Auswertung derartiger Integrale werden wir in den §§ 19 bis 26 kennenlernen.

Bezieht man die Ausgangsgröße des Übertragungssystems auf den Betrag der Stoßfunktion, so stellt Gleichung (.4) die sog. *Übergangsfunktion* des Systems dar, die gewöhnlich mit $\varphi(t)$ bezeichnet wird:

$$\boxed{\varphi(t) = \frac{z\,(t)}{Z_1} = \frac{1}{2\pi i}\int_{-\infty}^{+\infty}\frac{\mathfrak{F}(i\omega)}{\omega}\,e^{i\omega t}\,d\omega.} \quad (13.5)$$

Die Übergangsfunktion ist also die auf eine stoßförmige Störung, vom Betrage Eins, den sog. »*Einheitsstoß*« folgende Funktion der Ausgangsgröße des Übertragungssystems. Da dieser Einheitsstoß alle Frequenzen enthält, so wird die durch ihn verursachte Übergangsfunktion das Frequenzverhalten unseres Übertragungssystems ebenso vollständig kennzeichnen, wie der komplexe Frequenzgang. Wir werden später auf diese Tatsache zurückkommen.

§ 14 Die Fourierdarstellung einer beliebigen nicht periodischen Funktion und die Einführung der Laplacetransformation

Auch hier wollen wir zunächst eine beliebige periodische Funktion annehmen und dann deren Periodendauer, genau wie bei der Ableitung der Stoßfunktion (§ 12), gegen Unendlich anwachsen lassen.

Nach Gleichung (11. 5) heißt die Fourierreihe einer beliebigen periodischen Funktion:

$$z_1(t) = \sum_{n=-\infty}^{+\infty} e^{in\omega_0 t}\cdot\frac{1}{T_0}\int_{-T_0/2}^{+T_0/2} z_1(t)\,e^{-in\omega_0 t}\,dt. \quad (14.1)$$

Dabei ist:
$$1/T_0 = \omega_0/2\pi. \tag{14. 2}$$

Wir lassen nun T_0 über alle Grenzen anwachsen: $T_0 \to \infty$ und erinnern uns, daß dann ω_0 in $d\omega$ übergeht. Dann wird also:

$$1/T_0 \to d\omega/2\pi \qquad \text{und} \qquad n\,\omega_0 \to \omega. \tag{14. 3}$$

Durch diesen Grenzübergang erhalten wir dann aus Gleichung (.1) die Integraldarstellung des beliebigen, nichtperiodischen Vorganges:

$$z_1 = \frac{1}{2\pi} \int\limits_{-\infty}^{+\infty} e^{i\omega t} \int\limits_{-\infty}^{+\infty} z_1(t)\, e^{-i\omega t}\, dt\, d\omega. \tag{14. 4}$$

Es erweist sich als zweckmäßig, eine neue Integrationsvariable p einzuführen:

$$p = i\,\omega. \tag{14. 5}$$

Damit werden die Grenzen des ersten Integrals:

für $\omega = -\infty$ wird $p = -i\,\infty$, für $\omega = +\infty$ wird $p = +i\,\infty$.

Berücksichtigt man nun noch, daß bei allen physikalischen Einschaltproblemen — um solche handelt es sich im folgenden durchwegs — für alle Zeiten $t < 0$ die Funktion $z_1(t)$ identisch Null ist, so geht das zweite Integral in ein einseitig unendliches über, und wir erhalten für den beliebigen, nichtperiodischen Vorgang:

$$\boxed{z_1(t) = \frac{1}{2\pi i} \int\limits_{-i\infty}^{+i\infty} e^{pt} \int\limits_{0}^{\infty} z_1(t)\, e^{-pt}\, dt\, dp.} \tag{14. 6}$$

In § 13 haben wir uns bereits von den Vorteilen überzeugt, die diese Darstellung für die Lösung linearer Differentialgleichungen mit sich bringt. Auf ihr beruht auch die als Laplace*transformation* bekannte Rechenoperation. Das zweite Integral unserer Gleichung (.6) stellt das mit $2\pi i$ multiplizierte Frequenzspektrum dar, nach dem die Zeitfunktion z_1 aufgebaut ist, und wird als das *einseitig unendliche* Laplace*integral* bezeichnet. Die Laplacetransformation läuft nun darauf hinaus, durch dieses Integral (es wird kurz das $\mathfrak{L}$-Integral genannt) Zeitfunktionen in ihre Frequenzspektren umzuwandeln oder, wie man sich ausdrückt, sie in einen *Bild-* oder *Unterbereich* zu transformieren.
Der Vorteil dieser Transformation liegt darin, daß mit diesen *Unterfunktionen* sehr bequem zu rechnen ist. So entspricht beispielsweise dem Prozeß des Differenzierens und Integrierens der Zeitfunktionen im Unterbereich eine einfache Multiplikation bzw. Division mit dem Parameter p. Man kann meist sehr einfach die gesuchte Lösung im Unterbereich finden und hat dann nur noch die dieser Lösung entsprechende Zeitfunktion zu bestimmen, die Unterfunktion

also in den *Original-* oder *Oberbereich* zurückzutransformieren. Diese Rücktransformation erfolgt durch das komplexe Integral der Gleichung (.6), das die *Umkehrformel* zum Laplaceintegral darstellt.

Bei der Laplacetransformation haben wir also zwei Umwandlungsprozesse zu unterscheiden:

1. Die Transformation einer Zeitfunktion in den Unterbereich:

$$\mathfrak{L}[z_1(t)] = z_1(p) = \int_0^\infty z_1(t)\, e^{-pt}\, dt. \tag{14.7}$$

Die Unterfunktion $z_1(p)$ wird auch als Laplacetransformierte der Zeitfunktion $z_1(t)$ bezeichnet.

2. Die Rücktransformation einer Bildfunktion in den Originalbereich

$$z_1(t) = \mathfrak{L}^{-1}[z_1(p)] = \frac{1}{2\pi i} \int_{-i\infty}^{+i\infty} z_1(p)\, e^{pt}\, dp. \tag{14.8}$$

Es liegt nun nahe, die Laplacetransformation auf unsere Differentialgleichung des linearen Übertragungssystems anzuwenden. Die der Differentialgleichung entsprechende Gleichung im Unterbereich ist rein algebraisch und wird nach der gesuchten Größe aufgelöst, die in den Originalbereich zurücktransformiert wird.

Die hier benötigten Sätze und Regeln der Laplacetransformation sind im Anhang Ia ohne Beweis zusammengestellt. Im übrigen sei hier auf die Darstellung der Laplacetransformation von H. DROSTE [6] und vor allem auf das sehr ausführliche, für den Ingenieur ausgezeichnete Buch von K. W. WAGNER [28] verwiesen, in dem allerdings eine etwas andere Schreibweise verwendet wird.

Zur weiteren Verdeutlichung diene das Beispiel des § 15. Obwohl dieses Beispiel, wie alle später erörterten Regelaufgaben, natürlich auch mit dem klassischen Lösungsverfahren beherrscht werden kann, ist die Verwendung der Laplacetransformation doch sehr zu empfehlen, da die durch sie erreichte Verringerung der Rechenarbeit die Mühe rechtfertigt, die ihre Erlernung bedeutet.

Zur Rücktransformation von Bildfunktionen in den Originalbereich wird mit Vorteil von den verschiedenen ausführlichen Funktionentafeln Gebrauch gemacht, in denen die häufigsten Unterfunktionen mit deren Oberfunktionen zusammengestellt sind ([5, 6, 28] und Anhang Ib). Verwickelte Unterfunktionen können durch *Partialbruchzerlegung* oder *Reihenentwicklung* auf einfachere, bekannte Bildfunktionen zurückgeführt werden.

Aber auch die direkte Auswertung des Umkehrintegrals ist bei den hier auftretenden Bildfunktionen immer möglich und führt oft am raschesten zum Ziel. Es sind hierzu einige Hilfsmittel aus der Funktionentheorie notwendig, die wir in den §§ 19 bis 26 kennenlernen wollen.

§ 15 Beispiel zur Anwendung der Laplacetransformation. Ermittlung der Übergangsfunktion eines Systems zweiter Ordnung

Gegeben sei ein Übertragungssystem zweiter Ordnung, das durch die Differentialgleichung zweiter Ordnung beschrieben wird:

$$A_0 z'' + A_1 z' + A_2 z = z_1(t). \tag{15.1}$$

Gesucht ist die Übergangsfunktion des Systems, d. h. diejenige Zeitfunktion der Ausgangsgröße, die durch den Einheitsstoß der Eingangsgröße ausgelöst wird.
Die zu lösende Differentialgleichung lautet demnach:

$$A_0 z'' + A_1 z' + A_2 z = \begin{cases} 0 \text{ für } t < 0 \\ Z_1 \text{ für } t > 0 \end{cases} \tag{15.2}$$

mit den Anfangswerten: $z(0)$ und $z'(0)$.
Die Laplacetransformierte der unbekannten Funktion $z(t)$ sei:

$$\mathfrak{L}[z(t)] = z(p); \tag{15.3}$$

dann ist nach den Regeln der Laplacetransformation:

$$\left.\begin{aligned} &\mathfrak{L}[z'(t)] = \int_0^\infty \frac{dz(t)}{dt} e^{-pt}\, dt = p \cdot z(p) - z(0) \\ \text{und}\quad &\mathfrak{L}[z''(t)] = p^2 \cdot z(p) - p z(0) - z'(0) \end{aligned}\right\}. \tag{15.4}$$

Die Laplacetransformierte der stoßförmigen Störfunktion $z_1(t)$ ist:

$$\mathfrak{L}[z_1(t)] = z_1(p) = \int_0^\infty Z_1 e^{-pt}\, dt = \frac{1}{p} Z_1. \tag{15.5}$$

Die mühelose Auswertung des Integrals der Gleichung (.5) ergibt als Unterfunktion $1/p$, ein Ergebnis, das wir schon in § 12 als das Frequenzspektrum der Stoßfunktion kennengelernt haben.
Zur Transformation der Differentialgleichung (.2) bedarf es noch der beiden folgenden, nahezu selbstverständlichen Regeln:

1. $$\mathfrak{L}[A \cdot f(t)] = A \cdot \mathfrak{L}[f(t)]. \tag{15.6}$$
2. $$\mathfrak{L}[A_1 f_1(t) + A_2 f_2(t) + \cdots] = A_1 \mathfrak{L}[f_1(t)] + A_2 \mathfrak{L}[f_2(t)] + \cdots \tag{15.7}$$

Damit ergibt sich nun die Differentialgleichung (.2) im Unterbereich:

$$z(p)(A_0 p^2 + A_1 p + A_2) = p \cdot A_0 z(0) + [A_1 z(0) + A_0 z'(0)] + 1/p \cdot Z_1. \tag{15.8}$$

Wir erkennen hier wieder die Stammfunktion der Differentialgleichung:

$$N(p) = A_0 p^2 + A_1 p + A_2. \tag{15.9}$$

Die gesuchte Lösung im Bildbereich ergibt sich aus Gleichung (.8) zu:

$$z(p) = \frac{p\,A_0\,z(0) + [A_1 z(0) + A_0 z'(0)] + Z_1/p}{A_0 p^2 + A_1 p + A_2.}. \qquad (15.10)$$

War zu Beginn der Störung das System im Gleichgewicht, so ist $z(0) = 0$ und $z'(0) = 0$. Wir erhalten dann als Lösung im Originalbereich die gesuchte Übergangsfunktion des Systems:

$$\frac{z(t)}{Z_1} = \frac{1}{2\pi i} \int_{-i\infty}^{+i\infty} \frac{e^{pt}}{p(A_0 p^2 + A_1 p + A_2)}\,dp. \qquad (15.11)$$

Damit ist prinzipiell die gestellte Aufgabe gelöst. Bemerkenswert ist, daß die Lösung ohne die sonst notwendige Aufteilung in einen stationären und einen Einschwingvorgang erfolgte. Als weitere Annehmlichkeit des Verfahrens verdient noch hervorgehoben zu werden, daß die Anfangsbedingungen des Problems direkt in die Lösung eingehen und das oft zeitraubende Bestimmen der Integrationskonstanten überflüssig wird.

3. DIE VERWENDUNG DER ÜBERGANGSFUNKTION

§ 16 Die Kennzeichnung eines Übertragungssystems durch die Übergangsfunktion

In § 13 haben wir bereits gesehen, daß die Übergangsfunktion, ebenso wie der Frequenzgang, das dynamische Verhalten eines Übertragungssystems vollständig kennzeichnet. Ist die Übergangsfunktion eines Systems bekannt, so muß es demnach möglich sein, mit ihrer Hilfe die Wirkung irgendeiner beliebigen Störung, die auf das System einwirkt, zu berechnen. Neben seiner großen Anschaulichkeit hat dieses Verfahren den Vorzug, daß die Übergangsfunktion eines Systems sehr einfach experimentell zu ermitteln ist. Die empirisch bestimmte Übergangsfunktion kann dann durch eine geeignete mathematische Funktion angenähert und so der Rechnung zugänglich gemacht werden.

Gleichung (13. 5) vermittelt den Zusammenhang zwischen der Übergangsfunktion eines Systems und dessen komplexem Frequenzgang:

$$\varphi(t) = \frac{1}{2\pi i} \int_{-\infty}^{+\infty} \frac{\mathfrak{F}(i\,\omega)}{\omega}\, e^{i\omega t}\, d\,\omega. \qquad (16.1)$$

Durch Einführung einer neuen Integrationsvariablen kann Gleichung (.1) genau wie Gleichung (14. 4) umgewandelt werden:

$$\varphi(t) = \frac{1}{2\pi i} \int_{-i\infty}^{+i\infty} \frac{\mathfrak{F}(p)}{p}\, e^{pt}\, dp. \qquad (16.2)$$

Das Integral der Gleichung (.2) stellt aber wieder die komplexe Umkehrformel der Laplacetransformation dar (Gleichung (14. 8)). Wendet man also auf Gleichung (.2) die Laplacetransformation an, so findet man:

$$\mathfrak{L}[\varphi(t)] = \mathfrak{F}(p)/p$$

oder

$$\mathfrak{F}(p) = \frac{\mathfrak{L}[\varphi(t)]}{1/p} = \frac{\mathfrak{L}\,(\text{Wirkung})}{\mathfrak{L}\,(\text{Ursache})}. \qquad (16.\,3)$$

Man erhält also allgemein den Frequenzgang eines Systems, wenn man die Laplacetransformierte der Wirkung durch die Laplacetransformierte der Ursache dividiert. Ist im speziellen Fall die Ursache der Einheitsstoß, so hat man die Laplacetransformierte der Wirkung, also der Übergangsfunktion, nur mit p zu multiplizieren, um den Frequenzgang zu erhalten.

Mit Hilfe des so gewonnenen Frequenzganges wäre man nun, nach den Methoden, die wir bereits in §§ 14 und 15 kennengelernt haben, in der Lage, den Verlauf der Ausgangsgröße des Systems für jede beliebige Störung zu berechnen. Der eindeutige Zusammenhang zwischen Übergangsfunktion und Frequenzgang, der durch die Gleichung (.3) wiedergegeben wird, hat uns davon überzeugt, daß die Übergangsfunktion tatsächlich alle Übertragungseigenschaften des Systems vollständig charakterisiert.

Im nächsten Paragraphen soll nun der Verlauf der Ausgangsgröße, der auf eine beliebige Störung folgt, direkt aus der Übergangsfunktion hergeleitet werden.

§ 17 Das Duhamelsche Integral

Auf das Übertragungssystem wirke eine beliebige Störfunktion. Wir können uns nun diese beliebige Funktion in eine Folge einzelner Einschaltstöße zerlegt denken (Bild 6). Jeder einzelne Stoß hat einen Verlauf der Ausgangsgröße zur Folge, der durch die Übergangsfunktion und die Höhe des Stoßes gegeben ist. Dabei erscheint jeder folgende Stoß und seine Auswirkung um das Zeitintervall $\Delta\xi$ verspätet. Die Höhe eines einzelnen (des n-ten) Stoßes ist:

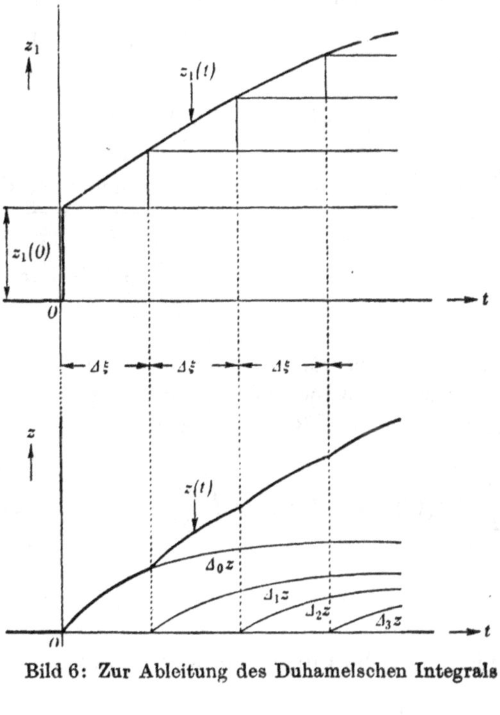

Bild 6: Zur Ableitung des Duhamelschen Integrals

$$z_1[n\,\Delta\xi] - z_1[(n-1)\,\Delta\xi] \qquad (17.\,1)$$

und der von ihm ausgelöste Verlauf der Ausgangsgröße:

$$\Delta_n z = (z_1[n\Delta\xi] - z_1[(n-1)\Delta\xi]) \cdot \varphi(t - n\Delta\xi). \tag{17.2}$$

Dabei bedeutet $\varphi(t-n\Delta\xi)$ die Übergangsfunktion, die um das Zeitintervall $t=n\Delta\xi$ verspätet ist. Es muß hier noch festgestellt werden, daß für $t<n\Delta\xi$, $\varphi(t-n\Delta\xi)\equiv 0$ sein muß.

Dank der linearen Beziehungen erhält man nun die Gesamtwirkung der Störfunktion durch Überlagerung aller Einzelwirkungen. Die Ausgangsgröße im Zeitpunkt t ergibt sich demnach als:

$$z(t) = z_1(0)\varphi(t) + \sum_{n=1}^{t/\Delta\xi} (z_1[n\Delta\xi] - z_1[(n-1)\Delta\xi])\varphi(t - n\Delta\xi) \tag{17.3}$$

oder

$$z(t) = z_1(0)\varphi(t) + \sum_{n=1}^{t/\Delta\xi} \frac{z_1[n\Delta\xi] - z_1[(n-1)\Delta\xi]}{\Delta\xi} \varphi(t-n\Delta\xi)\cdot\Delta\xi. \tag{17.4}$$

Die Zeitfunktion $z_1(t)$ wird durch die Treppenkurve um so besser angenähert, je kleiner $\Delta\xi$ gewählt wird. Läßt man schließlich die einzelnen Treppen unendlich klein werden, so geht der Differenzenquotient in den Differentialquotienten, die Summe in ein Integral über, und es wird mit:

$$\Delta\xi \to d\xi; \quad n\Delta\xi \to \xi \tag{17.5}$$

$$z(t) = z_1(0)\varphi(t) + \int_0^t \frac{d}{d\xi}[z_1(\xi)]\cdot\varphi(t-\xi)\,d\xi. \tag{17.6}$$

Gleichung (.6) wird gewöhnlich in folgender Form geschrieben:

$$\boxed{z(t) = \frac{d}{dt}\int_0^t z_1(\xi)\varphi(t-\xi)\,d\xi.} \tag{17.7}$$

Man kann sich von der Identität der Gleichungen (.6) und (.7) leicht überzeugen, wenn man die Differentiation der Gleichung (.7) nach dem Parameter t ausführt (siehe z. B. [11]). Danach ist:

$$\frac{d}{dt}\int_0^t z_1(\xi)\varphi(t-\xi)\,d\xi = \int_0^t \frac{\partial}{\partial t}[z_1(\xi)\varphi(t-\xi)]\,d\xi + z_1(t)\varphi(0)$$
$$= -\int_0^t z_1(\xi)\frac{\partial}{\partial\xi}\varphi(t-\xi)\,d\xi + z_1(t)\varphi(0).$$

Durch partielle Integration wird hieraus:

$$\frac{d}{dt}\int_0 z_1(\xi)\varphi(t-\xi)\,d\xi = z_1(0)\varphi(t) + \int_0^t \frac{\partial}{\partial\xi} z_1(\xi)\varphi(t-\xi)\,d\xi.$$

Eine der Gleichung (.7) vollständig gleichwertige Schreibweise ist:

$$z(t) = \frac{d}{dt} \int_0^t z_1(t-\xi)\varphi(\xi)d\xi. \tag{17.8}$$

Durch Einführung einer neuen Integrationsvariablen kann man nämlich Gleichung (.7) in Gleichung (.8) überführen:

$$t - \xi = \zeta \qquad d\xi = -d\zeta.$$

Es wird damit: $z(\xi) = z(t-\zeta)$ $\qquad \varphi(t-\xi) = \varphi(\zeta)$

und die Grenzen: für $\xi = 0$ wird $\zeta = t$, $\qquad$ für $\xi = t$ wird $\zeta = 0$.

Dadurch wird Gleichung (.7):

$$z(t) = \frac{d}{dt}\left[-\int_t^0 z_1(t-\zeta)\varphi(\zeta)d\zeta\right] = \frac{d}{dt}\int_0^t z_1(t-\zeta)\varphi(\zeta)d\zeta.$$

Hier kann für ζ natürlich eine beliebige andere Integrationsvariable, also auch wieder ξ gesetzt werden.

Das Integral der Gleichungen (.7) und (.8) wird als das DUHAMEL*sche Integral* bezeichnet. Es gestattet also, den auf eine beliebige Störfunktion eines Systems folgenden Verlauf der Ausgangsgröße zu berechnen, wenn die Übergangsfunktion des Systems bekannt ist.

Das praktische Rechnen mit diesem Integral soll an Hand des Beispiels des § 18 veranschaulicht werden.

§ 18 Beispiel zum Duhamelschen Integral: Berechnung der Übergangsfunktion für die Hintereinanderschaltung zweier rückwirkungsfreier Systeme erster Ordnung

Das System bestehe aus zwei *hintereinander geschalteten* Gliedern erster Ordnung, Bild 7, deren Diffentialgleichungen bekannt seien. Gesucht ist die Übergangsfunktion des Systems, die man erhält, wenn man die Übergangsfunktion des ersten Systems als Störfunktion auf das zweite System einwirken läßt. Die Differentialgleichungen der einzelnen Systeme seien:

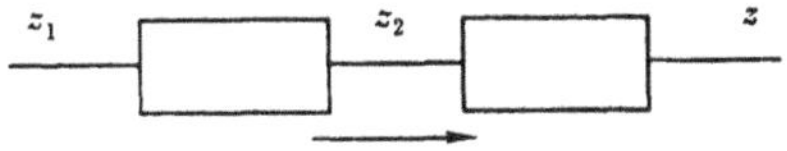

Bild 7: Schema zweier hintereinander geschalteter, rückwirkungsfreier Systeme erster Ordnung

$$\text{I.} \qquad A_0 z_2' + A_1 z_2 = z_1, \tag{18.1}$$

$$\text{II.} \qquad B_0 z' + B_1 z = z_2. \tag{18.2}$$

Die Übergangsfunktionen der durch die Differentialgleichungen (.1) und (.2) beschriebenen Systeme sind dann bekanntlich:

$$\text{I.} \quad \varphi_1(t) = (1/A_1)(1 - e^{p_1 t}), \quad \text{wobei } p_1 = -A_1/A_0. \tag{18.3}$$

$$\text{II.} \quad \varphi_2(t) = (1/B_1)(1 - e^{p_2 t}), \quad \text{wobei } p_2 = -B_1/B_0. \tag{18.4}$$

Auf das System II, mit der Übergangsfunktion $\varphi_2(t)$, wirkt nun die Störung $\varphi_1(t)$. Nach Gleichung (17.7) kann dann der zeitliche Verlauf von $z(t)$, der die gesuchte Gesamtübergangsfunktion darstellt, angeschrieben werden:

$$\left.\begin{aligned} z(t) &= \frac{d}{dt}\int_0^t \varphi_1(\xi)\varphi_2(t-\xi)\,d\xi \\ \text{oder} \quad & \\ z(t) &= \frac{d}{dt}\int_0^t \varphi_2(\xi)\varphi_1(t-\xi)\,d\xi \end{aligned}\right\}. \tag{18.5}$$

Werden z. B. in die erste der Gleichungen (.5) die beiden Funktionen $\varphi_1(t)$ und $\varphi_2(t)$ der Gleichungen (.3) und (.4) eingeführt, so erhält man:

$$z(t) = \frac{d}{dt}\int_0^t \frac{1}{A_1}(1 - e^{p_1 \xi})\frac{1}{B_1}(1 - e^{p_2(t-\xi)})\,d\xi. \tag{18.6}$$

Die einfache Auswertung der Gleichung (.6) ergibt schließlich für die gesuchte Übergangsfunktion des Systems:

$$z(t) = \frac{1}{A_1 B_1}\left[1 + \frac{p_2}{p_1 - p_2}e^{p_1 t} - \frac{p_1}{p_1 - p_2}e^{p_2 t}\right]. \tag{18.7}$$

4. DIE KOMPLEXE UMKEHRFORMEL[1]

§ 19 Allgemeines über das komplexe Umkehrintegral

Wir kommen nun auf die §§ 13 und 14 zurück, in denen wir gesehen haben, daß sowohl bei dem Verfahren mittels des Frequenzganges unter Zuhilfenahme des Fourierintegrals als auch beim Verfahren mittels Differentialgleichung unter Anwendung der Laplacetransformation die Lösung in Gestalt eines komplexen Integrals erhalten wird.

Dieses Integral haben wir die *komplexe Umkehrformel* genannt, die nach Gleichung (14.8) in allgemeiner Form lautet:

$$z(t) = \frac{1}{2\pi i}\int_{-i\infty}^{+i\infty} z(p)e^{pt}\,dp. \tag{19.1}$$

[1]) Zu den §§ 19 bis 26 siehe [16].

Für die Auswertung dieses Integrals ist es natürlich am einfachsten, eine der bereits erwähnten Funktionentafeln zur Hand zu nehmen, in denen für häufig vorkommende Bildfunktionen die entsprechenden Originalfunktionen angegeben sind (z. B. die sehr reichhaltige Zusammenstellung von CAMPBELL-FOSTER [5]). Gelegentlich muß die vorliegende Unterfunktion erst umgeformt werden, um sie so auf bekannte Unterfunktionen zurückzuführen. Als die wichtigsten Umformungen sind hier zu nennen: Die Partialbruchzerlegung und die Reihenentwicklung.

Es ist aber durchaus denkbar, daß diese Methode gelegentlich versagt, da selbst die umfangreichste Funktionentafel nicht alle vorkommenden Unterfunktionen enthalten kann. In diesem Fall ist man darauf angewiesen, das komplexe Integral direkt auszuwerten.

Versucht man nun etwa, derartige Integrale nach den Regeln der Integration im Reellen unbestimmt zu integrieren und dann die Grenzen einzusetzen, so wird man sich in den allermeisten Fällen bald von der Aussichtslosigkeit eines derartigen Unterfangens überzeugen müssen. Es ist daher erforderlich, auf die Sätze und Regeln der Integration im Komplexen zurückzugreifen, von denen wir die hier notwendigen in den folgenden Paragraphen kennenlernen wollen.

Es wird darunter eine Bedingung für die komplexe Funktion $z(p)$ sein, unter der die Integration äußerst einfach durchzuführen ist. Diese durch den sog. JORDAN*schen Satz* (§ 22) vermittelte Bedingung ist im übrigen wohl bei allen im Zusammenhang mit Regelproblemen auftretenden Unterfunktionen erfüllt, so daß die Rücktransformation in den Oberbereich durch direkte Integration keinerlei prinzipielle Schwierigkeiten bereitet und sogar meist am raschesten zum Ziele führt.

Vermerkt sei noch, daß bei allen Überlegungen der folgenden Paragraphen vorausgesetzt ist, daß $z(p)$ eine *analytische Funktion* ist. Diese Voraussetzung bedeutet aber für den hier interessierenden Aufgabenkreis keinerlei Einschränkung, da die sich ergebenden Unterfunktionen wohl durchwegs analytisch sein dürften. Man kann sich bekanntlich von dieser Tatsache stets leicht mit Hilfe der sog. CAUCHY-RIEMANN*schen Differentialgleichungen* überzeugen.

Nach den Lehren der Funktionentheorie ist eine Funktion

$$f(z) = f(x, iy) = u(x, y) + iv(x\, y)$$

dann analytisch, wenn die vier partiellen Ableitungen $\partial u/\partial x$, $\partial v/\partial x$, $\partial u/\partial y$, $\partial v/\partial y$ existieren und den Cauchy-Riemannschen Differentialgleichungen genügen:

$$\partial u/\partial x = \partial v/\partial y \qquad \text{und} \qquad \partial u/\partial y = -\partial v/\partial x.$$

§ 20 Der Integrationsweg des Umkehrintegrals

Im Gegensatz zur Integration im Reellen muß mit der komplexen Integration immer die Angabe eines Weges verbunden sein, längs dessen die Integration zu erstrecken ist. So verdeutlichen die Grenzen unseres Umkehrintegrals, daß hier längs der imaginären Achse integriert werden soll [Gleichung (19. 1)].

Voraussetzungsgemäß soll die Funktion $z(p)e^{pt}$ analytisch sein. Diese Funktion besitzt im allgemeinen einzelne Punkte, die sog. *singulären Stellen* der Funktion, an denen sie sich nicht regulär verhält. Solche Punkte sind Stellen, an denen die Funktion Null (*Nullstellen*) oder unendlich (Unendlichkeitsstellen oder *Pole*) wird.

Hier interessieren uns nur die Pole der Funktion.

Es sei zunächst vorausgesetzt, daß alle Pole der Funktion $z(p)$ links des Integrationsweges, der sich auf der imaginären Achse von $-i\infty$ bis $+i\infty$ erstreckt, liegen sollen.

Hat die Funktion Pole auf der imaginären Achse, so sollen diese vom Integrationsweg in kleinen Halbkreisen derart umgangen werden, daß sie trotzdem links des Integrationsweges zu liegen kommen.

Pole in der rechten Halbebene sind ein Zeichen dafür, daß der durch das Integral wiedergegebene Vorgang unstabil verläuft, kommen also bei unseren Problemen nicht in Frage, da ja hier immer die Stabilität des Vorganges erste Forderung ist. Folgerichtig müssen aber derartige Pole, nach den eben getroffenen Vereinbarungen, durch geeignete Verformung des Integrationsweges ebenfalls eingeschleift werden. Den Grund für diese eigenartige Festlegung des Integrationsweges werden wir in § 22 kennenlernen.

Im folgenden soll $\int\limits_{-i\infty}^{+i\infty}$ immer das Integral längs des eben definierten Weges bedeuten.

§ 21 Die Aufteilung des Integrationsweges

Wir denken uns in der komplexen Ebene zwei Integrationswege (Bild 8):

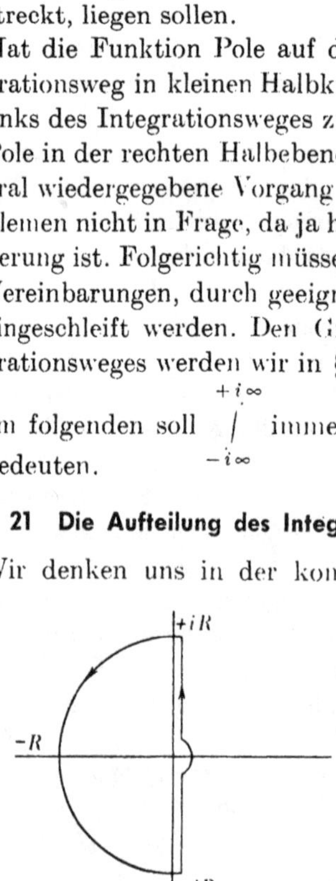

Bild 8: Aufteilung des Integrationsweges für $t > 0$

1. den Weg längs der imaginären Achse von $-iR$ bis $+iR$. Dabei sollen in der oben definierten Art alle Pole der zu integrierenden Funktion links dieses Weges liegen, was durch die Umgehung des Nullpunktes angedeutet sei.
2. den Weg längs eines Halbkreises in der linken Halbebene vom Radius R, der sich von $+iR$ über $-R$ nach $-iR$ erstreckt.

Dabei werde der Radius R so gewählt, daß alle Pole der Funktion von diesen beiden Wegen eingeschlossen seien.

Das Integral längs des ersten Weges möge durch das Zeichen $\int\uparrow$ angedeutet werden, das des zweiten Weges entsprechend durch $\int\!($. Werden nun die beiden Wege in der in Bild 8 eingezeichneten Richtung durchlaufen, so bilden sie zusammen einen geschlossenen Weg. Das Integral längs eines derartig geschlossenen Weges wird als Umlaufintegral bezeichnet und soll hier durch das Zeichen $\oint$ versinnbildlicht werden. Nach einem bekannten Integralsatz der Funktionentheorie ist die Summe von Integralen längs aufeinanderfolgender Wegstücke gleich dem Integral längs des Gesamtweges.

In unserem Falle ist demnach:

$$\oint = \int_{\uparrow} + \int_{\curvearrowleft}. \tag{21.1}$$

Aus (.1) folgt:

$$\int_{\uparrow} = \oint - \int_{\curvearrowleft}. \tag{21.2}$$

Läßt man nun den Radius über alle Grenzen anwachsen, so geht das Integral $\int_{\uparrow}$ über in unser komplexes Umkehrintegral $\int\limits_{-i\infty}^{+i\infty}$:

$$\int\limits_{-i\infty}^{+i\infty} = \oint\limits_{R\to\infty} - \int\limits_{R\to\infty}{\curvearrowleft}. \tag{21.3}$$

Wir haben also das komplexe Umkehrintegral zerlegt in ein Umlaufintegral, dessen Weg sämtliche Pole umschließt, und in ein Integral längs eines Halbkreises, dessen Radius gegen Unendlich geht. Diese Teilintegrale sollen in den beiden folgenden Paragraphen näher untersucht werden.

§ 22 Das Integral längs des Halbkreises

Das zweite Teilintegral der Gleichung (21. 3) ist bei allen hier in Frage kommenden Funktionen nach dem sog. JORDANschen Satz besonders leicht auszu werten. Ist nämlich die Funktion $z(p)$ analytisch und konvergiert sie außerdem für wachsendes $|p|$ gleichmäßig gegen Null, so besagt dieser Satz, daß das Integral: $\int z(p)e^{pt}\,dp$ für Zeiten $t > 0$ längs des linken Halbkreises $(+iR, -R, -iR)$ gleich Null ist und
für Zeiten $t < 0$ längs des rechten Halbkreises $(+iR, +R, -iR)$ gleich Null ist,
wenn R gegen Unendlich geht.

Also:

$$\text{für } t < 0: \int\limits_{R\to\infty}{\curvearrowright} z(p)e^{pt}\,dp = 0, \tag{22.1}$$

$$\text{für } t > 0: \int\limits_{R\to\infty}{\curvearrowleft} z(p)e^{pt}\,dp = 0. \tag{22.2}$$

Der Beweis dieses Satzes kann bei K. W. WAGNER [28] nachgelesen werden. Die Bedingung, daß $z(p)$ mit wachsendem $|p|$ gleichmäßig gegen Null konvergiert, ist bei allen hier angeführten Beispielen erfüllt. In Zweifelsfällen kann man sich leicht von der gleichmäßigen Konvergenz überzeugen, indem man $|p| = R$, d. h. also $p = Re^{i\varphi}$ in die Funktion $z(p)$ einsetzt. Geht die Funktion mit wachsendem R unabhängig von φ gegen Null, so konvergiert $z(p)$ gleichmäßig gegen Null.

Für unsere komplexe Umkehrformel ergibt sich nun aus dem Jordanschen Satz folgender Sachverhalt:

1. Für Zeiten $t < 0$:

Das komplexe Umkehrintegral kann in ein Umlaufintegral und ein Halbkreisintegral zerlegt werden (Bild 9). Das Umlaufintegral erstreckt sich längs der imaginären Achse von $-i\infty$ bis $+i\infty$ unter Umgehung aller Pole, dann längs eines Halbkreises in der rechten Halbebene mit unendlich großem Radius zurück nach $-i\infty$. Es ist also:

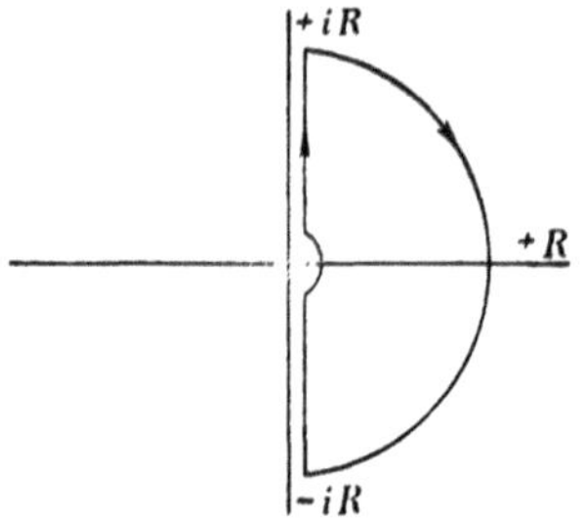

Bild 9: Aufteilung des Integrationsweges für $t < 0$

$$\int_{-i\infty\,(t<0)}^{+i\infty} = \oint_{R\to\infty} - \int_{R\to\infty} . \tag{22.3}$$

Nach dem Jordanschen Satz ist aber für $t < 0$ das Integral über den rechten Halbkreis gleich Null, so daß sich ergibt:

$$\int_{-i\infty\,(t<0)}^{+i\infty} = \oint_{R\to\infty} . \tag{22.4}$$

Das Umkehrintegral ist also gleich einem Umlaufintegral, von dessen Weg nach der Definition des Integrationsweges in § 20 kein Pol der Funktion $z(p)$ umschlossen wird.

Nun ist aber nach dem CAUCHY*schen Hauptsatz* der Funktionentheorie das Integral einer analytischen Funktion längs eines geschlossenen Weges gleich Null, wenn von dem Weg keine singuläre Stelle umschlossen wird. Es ist daher:

$$\oint_{(t<0)} = 0, \tag{22.5}$$

so daß der durch das komplexe Umkehrintegral dargestellte zeitliche Vorgang für $t < 0$ verschwindet, also wird

$$\text{für } t < 0: \qquad z(t) = \frac{1}{2\pi i} \int_{-i\infty}^{+i\infty} z(p)\, e^{pt}\, dp = 0 . \tag{22.6}$$

Umgekehrt ist gerade diese Tatsache der Grund dafür, daß sämtliche Pole links des Integrationsweges liegen sollen, da nur dann die Funktion für $t < 0$ Null werden kann. Sie muß aber gleich Null sein, da ja bei einem physikalischen Einschaltproblem die Wirkung nicht vor der Ursache in Erscheinung treten kann.

2. Für Zeiten $t > 0$:

Nach Jordan ist jetzt das Integral über den linken Halbkreis gleich Null, so daß wir Gleichung (21. 3) schreiben können:

$$\int\limits_{-i\infty\,(t>0)}^{+i\infty} = \oint\limits_{R\to\infty}, \tag{22. 7}$$

wobei nun aber der Weg des Umlaufintegrals sämtliche Pole der Funktion umschließt.
Den Wert dieses Umlaufintegrals zu berechnen, wird die Aufgabe des nächsten Paragraphen sein.

§ 23 Das Umlaufintegral

Zur Berechnung des Umlaufintegrals machen wir wieder von einem bekannten Satz der Funktionentheorie, dem sog. *Residuensatz*, Gebrauch. Nach ihm ist der Wert eines Umlaufintegrals gleich $2\pi i$ mal der Summe der Residuen in den von der Randkurve eingeschlossenen singulären Stellen der Funktion. Dabei ist die Gestalt des Integrationsweges völlig gleichgültig, wenn nur alle Pole im Innern des umfahrenen Gebietes liegen und der Integrationsweg eine geschlossene, doppelpunktfreie Kurve ist. Natürlich ist auch hier wieder vorausgesetzt, daß die zu integrierende Funktion in dem betreffenden Gebiet analytisch ist.
Der Residuensatz kann also kurz durch folgende Gleichung ausgedrückt werden

$$\oint = 2\pi i \sum \mathfrak{Res}. \tag{23. 1}$$

Mit Gleichung (.1) und (22. 7) erhalten wir schließlich den durch die Umkehrformel bestimmten zeitlichen Vorgang:

$$\boxed{z(t) = \frac{1}{2\pi i}\int\limits_{-i\infty}^{+i\infty} z(p)\, e^{pt}\, dp = \sum \mathfrak{Res}.} \tag{23. 2}$$

Da der Integrationsweg so festgelegt wurde, daß alle Pole eingeschlossen sind, hat sich also die Summe über die Residuen aller Pole der Funktion $z(p)$ zu erstrecken.
Im nächsten Paragraphen ist das Wichtigste über die Bedeutung und die Ermittlung des Residuums zusammengestellt.

§ 24 Die Laurentreihe und das Residuum

Die Funktion $f(z)$ habe die singuläre Stelle z_0 und sei sonst analytisch. Wir wollen nun das Umlaufintegral berechnen, dessen Weg die singuläre Stelle umschließt, um uns dadurch mit dem Wesen des Residuums vertraut zu machen:

$$\oint f(z)\, dz. \tag{24. 1}$$

Da die Funktion mit Ausnahme der singulären Stelle überall analytisch ist, können wir den Integrationsweg auf einen kleinen Kreis um die singuläre Stelle zusammenschrumpfen lassen, ohne damit den Wert des Integrals zu ändern. Die Funktion $f(z)$ kann nun in der Umgebung der singulären Stelle $(0<|z-z_0|<r)$ in eine Reihe nach steigenden und fallenden Potenzen entwickelt werden. Man nennt diese Reihe die sog. LAURENT*sche Entwicklung*, die mit $\zeta = z - z_0$ allgemein angeschrieben werden kann:

$$f(z) = A_{-n}\zeta^{-n} + A_{-(n-1)}\zeta^{-(n-1)} + \cdots + A_{-1}\zeta^{-1} + A_0 + A_1\zeta + \cdots + A_m\zeta^m. \quad (24.2)$$

Bei rationalen Funktionen sind n und m endlich, bei transzendenten Funktionen wird n oder m oder auch beide unendlich.
Mit Gleichung (.2) wird das gesuchte Integral (.1):

$$\oint f(z)dz = \oint\left(\sum_{\nu\,-n}^{+m} A_\nu\cdot\zeta^\nu\right)d\zeta. \quad (24.3)$$

Auf dem Integrationsweg, einem kleinen Kreis vom Radius r um z_0, ist:

$$\zeta = r\cdot e^{i\varphi} \qquad d\zeta = ire^{i\varphi}\,d\varphi\,; \quad (24.4)$$

damit wird die Gleichung (.3):

$$\oint f(z)dz = \int_0^{2\pi}\left(i\sum_{\nu=-n}^{+m} A_\nu\cdot r^{\nu+1}\cdot e^{i(\nu+1)\varphi}\right)d\varphi. \quad (24.5)$$

Wird die Reihe gliedweise integriert — man darf dies tun, weil die LAURENT*reihe* in der genannten Umgebung von z_0 gleichmäßig konvergiert — so findet man:

$$\oint f(z)dz = i\int_0^{2\pi} A_{-n}\,r^{-n+1}\,e^{i(-n+1)\varphi}d\varphi +$$
$$+\,i\int_0^{2\pi} A_{-n+1}r^{-n+2}e^{i(-n+2)\varphi}d\varphi + \cdots$$
$$+\,i\int_0^{2\pi} A_{-1}d\varphi + i\int_0^{2\pi} A_0re^{i\varphi}d\varphi + \cdots$$
$$+\,i\int_0^{2\pi} A_m r^{m+1}e^{i(m+1)\varphi}d\varphi. \quad (24.6)$$

In Gleichung (.6) werden mit Ausnahme des Integrals für $\nu = -1$ alle Integrale gleich Null, unabhängig von der Wahl des Radius r, da

$$\int_0^{2\pi} e^{in\varphi}\, d\varphi = 0, \tag{24.7}$$

wenn n eine ganze beliebige Zahl $\neq 0$. Folglich wird das gesuchte Integral:

$$\boxed{\oint f(z)\, dz = 2\pi i A_{-1}}\,, \tag{24.8}$$

also gleich $2\pi i$ mal dem Koeffizienten der -1ten Potenz von ζ in der Laurentschen Entwicklung. Man nennt diesen Koeffizienten A_{-1} das *Residuum* der Funktion $f(z)$ an der Stelle z_0.
Wir verstehen nun auch den Residuensatz des § 23 und haben gelernt, welchen Weg wir einschlagen müssen, um das Residuum zu finden.

§ 25 Die Residuumbestimmung

Die singulären Stellen der hier interessierenden Funktionen sind durchwegs Pole, so daß wir uns im folgenden auf diese beschränken können, wobei es sich natürlich um Pole höherer Ordnung, allgemein $n$ter Ordnung, handeln kann.
§ 24 hat gezeigt, daß der Wert des Residuums durch den Koeffizienten A_{-1} der Laurententwicklung bestimmt wird. Diesen zu finden, wird nun unsere Aufgabe sein.
p_0 sei ein Pol $n$ter Ordnung der Funktion $f(p)$. Man kann dann schreiben:

$$f(p) = [1/(p - p_0)^n]\, f(p)\, (p - p_0)^n = [1/(p - p_0)^n]\, F(p). \tag{25.1}$$

$F(p)$ ist dann in der Umgebung von p_0 stetig und differenzierbar und kann in eine TAYLORsche *Reihe* entwickelt werden:

$$F(p) = F(p_0) + [F'(p_0)/1!]\,(p - p_0) + [F''(p_0)/2!]\,(p - p_0)^2 + \cdots$$
$$+ [F^{(n)}(p_0)/n!]\,(p - p_0)^n + \cdots \tag{25.2}$$

Aus den Gleichungen (.1) und (.2) ergibt sich dann die Laurententwicklung um den Punkt p_0:

$$f(p) = F(p - p_0)^{-n} + (F'/1!)\,(p - p_0)^{-(n-1)} + \cdots + [F^{(n-1)}/(n-1)!]\,(p - p_0)^{-1}$$
$$+ [F^{(n)}/n!] + [F^{(n+1)}/(n+1)!]\,(p - p_0) + \cdots \tag{25.3}$$

Aus Gleichung (.3) sehen wir, daß das Residuum von dem Koeffizienten des $(n-1)$ten Gliedes der Taylorentwicklung gebildet wird.
Das Residuum des Poles $n$ter Ordnung an der Stelle p_0 ist also:

$$\boxed{\mathfrak{Res}\,(p_0^n) = \lim_{p \to p_0} \frac{\dfrac{d^{n-1}}{dp^{n-1}}\,[f(p)\,(p - p_0)^n]}{(n-1)!}\,.} \tag{25.4}$$

Zur Residuumbestimmung für den Pol $n$ter Ordnung an der Stelle p_0 hat man also die Funktion $f(p)$ mit $(p - p_0)^n$ zu multiplizieren, die dadurch entstehende Funktion $(n-1)$mal zu differenzieren und durch $(n-1)!$ zu dividieren. Läßt man dann $p \to p_0$ gehen, so ergibt sich das gesuchte Residuum.
Für einen Pol erster Ordnung wird aus Gleichung (.4):

$$\mathfrak{Res}(p_0) = \lim_{p \to p_0} f(p) \cdot (p - p_0), \tag{25. 5}$$

da 0! als 1 definiert ist.
Damit können wir das Kapitel über die komplexe Umkehrformel abschließen. Der Weg, um zu diesen einfachen Ergebnissen zu gelangen, war wohl etwas langwierig, mußte es aber sein, da nur die genaue Kenntnis der inneren Zusammenhänge eines Rechenverfahrens jene Sicherheit verleiht, die zur Vermeidung von Fehlschlüssen erforderlich ist. Durch rein mechanisches Anwenden von Formeln kann diese niemals erreicht werden.
Daß die praktische Auswertung des Umkehrintegrals für alle hier interessierenden Fälle denkbar einfach ist, soll das Beispiel des nächsten Paragraphen zeigen.

§ 26 Beispiel zur direkten Auswertung des Umkehrintegrals

Wir wollen nun das Beispiel des § 15 zu Ende führen, indem wir noch die Rücktransformation in den Originalbereich durchführen. Nach Gleichung (15. 11) ergab sich die gesuchte Übergangsfunktion eines Systems zweiter Ordnung in Form des komplexen Integrals:

$$\frac{z(t)}{Z_1} = \varphi(t) = \frac{1}{2\pi i} \int_{-i\infty}^{+i\infty} \frac{e^{pt}}{p(A_0 p^2 + A_1 p + A_2)}\, dp. \tag{26. 1}$$

Wir müssen nun zunächst feststellen, in welchen Punkten die Funktion Pole besitzt, die als Unendlichkeitsstellen der Funktion durch die Nullstellen des Nenners gebildet werden.
Diese Nullstellen ergeben sich aus der Nennergleichung:

$$N(p) \equiv p(A_0 p^2 + A_1 p + A_2) = 0 \tag{26. 2}$$

als:

$$\left.\begin{aligned} p_1 &= -(1/2)\,A_1/A_0 + \sqrt{[(1/2)A_1/A_0]^2 - A_2/A_0} \\ p_2 &= -(1/2)\,A_1/A_0 - \sqrt{[(1/2)A_1/A_0]^2 - A_2/A_0} \end{aligned}\right\}. \tag{26. 3}$$

Die Nennerfunktion kann nun geschrieben werden:

$$N(p) \equiv A_0 p (p - p_1)(p - p_2). \tag{26. 4}$$

Da es sich hier um drei Pole erster Ordnung handelt, erfolgt die Residuumbestimmung nach Gleichung (25. 5):

$$\Re\text{ef}(p_0) = \lim_{p \to 0} \frac{e^{pt}(p - 0)}{A_0 p (p - p_1)(p - p_2)} = \frac{1}{A_0} \frac{1}{p_1 p_2}, \tag{26. 5}$$

$$\Re\text{ef}(p_1) = \lim_{p \to p_1} \frac{e^{pt}(p - p_1)}{A_0 p (p - p_1)(p - p_2)} = \frac{1}{A_0} \cdot \frac{e^{p_1 t}}{p_1 (p_1 - p_2)}, \tag{26. 6}$$

$$\Re\text{ef}(p_2) = \lim_{p \to p_2} \frac{e^{pt}(p - p_2)}{A_0 p (p - p_1)(p - p_2)} = \frac{1}{A_0} \cdot \frac{e^{p_2 t}}{p_2 (p_2 - p_1)}. \tag{26. 7}$$

Die Summe der drei Residuen bildet nun die gesuchte Originalfunktion:

$$z(t) = \sum \Re\text{ef} = \frac{1}{A_0 p_1 p_2} \left[1 + \frac{p_2}{p_1 - p_2} e^{p_1 t} - \frac{p_1}{p_1 - p_2} e^{p_2 t} \right],$$

oder, da

$$p_1 \cdot p_2 = A_2 / A_0,$$

$$z(t) = \frac{1}{A_2} \left[1 + \frac{p_2}{p_1 - p_2} e^{p_1 t} - \frac{p_1}{p_1 - p_2} e^{p_2 t} \right]. \tag{26. 8}$$

C. Die mathematische Behandlung des Regelkreises

1. ALLGEMEINES

§ 27 Voraussetzungen

Der Regelkreis besteht aus einer Folge hintereinander geschalteter Übertragungsglieder, die durchweg als rückwirkungsfrei angenommen werden, d. h. ein Übertragungssystem soll von dem nachfolgenden nicht beeinflußt werden. Trifft für einzelne aufeinanderfolgende Glieder diese Annahme nicht zu, dann können diese zu einem Übertragungssystem so zusammengefaßt werden, daß für alle verbleibenden Glieder des Regelkreises obige Voraussetzung erfüllt ist.

Die einzelnen Glieder sind nun so miteinander gekoppelt, daß der Zweck der Regelung, meist die Konstanthaltung eines Zustandes, erreicht wird. Oberster Gesichtspunkt bei der Beurteilung der Regelung ist der der Stabilität des Regelvorganges. Die stets wachsenden Anforderungen, die an die Güte einer Regelung gestellt werden, machen es jedoch darüber hinaus erforderlich, Bedingungen zu suchen, unter denen der Vorgang nicht nur gerade stabil, sondern optimal verläuft. Gelegentlich ist es auch notwendig, den genauen Regelverlauf zu kennen, der auf eine angenommene Störung folgt.

Dabei ist es an sich gleichgültig, an welcher Stelle des Regelkreises die Störung erfolgt, und welche Größe des Regelkreises hinsichtlich ihres zeitlichen Verlaufs untersucht wird. Um aber vergleichbare Ergebnisse zu erhalten, ist es zweckmäßig, hier einige Vereinbarungen zu treffen:

1. Die Störgröße soll stets auf die Regelstrecke wirken. Sie wird im allgemeinen eine Mengenänderung sein und soll deshalb als Mengenstörung bezeichnet werden, obwohl natürlich auch andersgeartete Störungsursachen vorliegen können.

2. Es ist vorteilhaft, für alle Rechnungen die gleiche Form der Störung zu wählen, und zwar die stoßförmige Änderung der Störgröße um einen konstanten Betrag. Genau wie beim einzelnen Übertragungssystem kann dann das Ergebnis bequem auf jede andere Störung verallgemeinert werden.

3. Unter dem gesuchten Regelvorgang wird immer der zeitliche Verlauf derjenigen Größe verstanden, deren Verlauf durch die Regelung eine vorgeschriebene Gesetzmäßigkeit einhalten soll.

4. Zur Vermeidung unnötiger Erschwerung der Aufgabe wird festgelegt, daß das System vor Beginn der Störung im Gleichgewicht war. Das bedeutet im besonderen, daß alle Anfangswerte der gesuchten Zustandsgröße Null sind.

§ 28 Die mathematischen Verfahren zur Behandlung von Regelaufgaben

Zur Lösung von Regelaufgaben stehen uns dieselben drei Möglichkeiten zur Verfügung, die wir bereits beim linearen Übertragungssystem in Form linearer Differentialgleichungen, des Frequenzganges und der Übergangsfunktion kennengelernt haben.

Welches der drei Verfahren anzuwenden ist, hängt von dem Ermessen des einzelnen ab, da jede Methode — vielleicht mit verschiedenem Aufwand an Rechenarbeit — zum Ziele führt.

Sind beispielsweise die Differentialgleichungen der einzelnen Glieder des Regelkreises bekannt, so wird man sich zweckmäßig des Verfahrens mittels Differentialgleichung oder mittels Frequenzganges bedienen. Ist dagegen der Regelkreis nur in Gestalt einer versuchsmäßig aufgenommenen Übergangsfunktion erklärt, so liegt es nahe, diese selbst zur Lösung heranzuziehen.

Bei den Beispielen der späteren Abschnitte wird sich die Anwendung des Frequenzganges als besonders vorteilhaft erweisen, da es hierbei möglich ist, den Regelverlauf sofort explizit anzuschreiben. Bei allen Verfahren ist die Verwendung der Laplacetransformation sehr zu empfehlen. Mit ihrer Hilfe wird es uns auch hier möglich sein, die Wesensgleichheit aller Verfahren aufzuzeigen, die wir schon beim linearen Übertragungssystem erkannt haben.

In den später angeführten Beispielen werden wir die drei Methoden abwechselnd verwenden, um deren Anwendung zu verdeutlichen. Es darf aber daraus nicht geschlossen werden, daß das gerade verwendete Rechenverfahren das für das betreffende Beispiel zweckmäßigste sei und die Aufgabe mit anderen Mitteln nicht noch eleganter gelöst werden könnte. Die nächsten Kapitel erläutern den prinzipiellen Lösungsgang der drei angeführten Methoden.

2. DIE ANWENDUNG LINEARER DIFFERENTIALGLEICHUNGEN[1])

§ 29 Die Differentialgleichung des Regelkreises

Wir denken uns zunächst den Regelkreis durch entsprechende Schnitte in seine einzelne Übertragungsglieder zerlegt (Bild 10). Nach § 9 kann jedes einzelne System durch eine lineare Differentialgleichung beschrieben werden:

$$\left.\begin{array}{ll} \text{I.} & B_0 z^{(h)} + B_1 z^{(h-1)} + \cdots + B_{h-1} z' + B_h z = z_1 \\ \text{II.} & C_0 u^{(i)} + C_1 u^{(i-1)} + \cdots + C_{i-1} u' + C_i u = u_1 \\ \text{III.} & D_0 v^{(k)} + D_1 v^{(k-1)} + \cdots + D_{k-1} v' + D_k v = v_1 \\ & \cdots\cdots\cdots\cdots\cdots\cdots \end{array}\right\} . \qquad (29.1)$$

Wird nun der Regelkreis wieder geschlossen, so bildet die Ausgangsgröße eines Systems die Eingangsgröße des nächstfolgenden.

Damit der Zweck der Regelung erreicht wird und einer auftretenden Störung entgegengearbeitet werden kann, muß dabei irgendwo eine Umkehr des *Steuersinnes* auftreten. Mathematisch wird das dadurch ausgedrückt, daß man die Ausgangsgröße eines der Glieder des Regelkreises mit umgekehrtem Vorzeichen auf den Eingang des nächstfolgenden einwirken läßt. Es ist meist völlig gleichgültig, an welcher Stelle des Regelkreises man sich diese Vorzeichenumkehr ausgeführt denkt. Für den geschlossenen Regelkreis ergibt sich etwa folgendes Gleichungssystem:

$$\left.\begin{array}{l} z = -u_1 \\ u = v_1 \\ v = w_1 \\ w = z_1 \end{array}\right\} . \qquad (29.2)$$

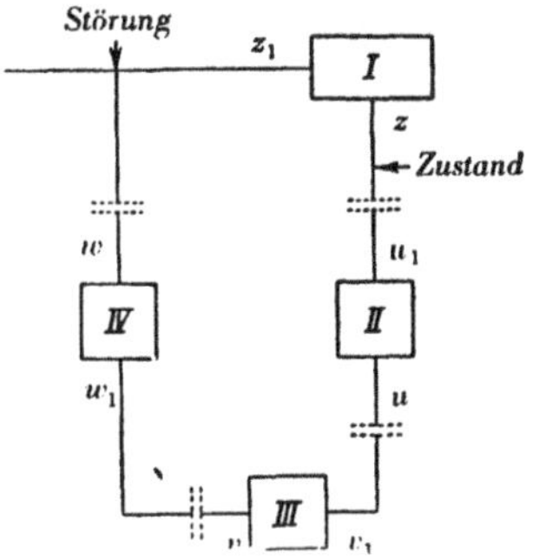

Bild 10: Aufbau des Regelkreises aus linearen Übertragungsgliedern

Es muß nun noch die Störung eingeführt werden, die vereinbarungsgemäß auf die Regelstrecke (etwa System I) einwirken soll. Im Falle der stoßförmigen Störung kann dies durch ein additives Glied zur Eingangsgröße des Systems I erfolgen. Dabei ist zu bemerken, daß dies keine Konstante im allgemeinen Sinne ist, sondern die Störung versinnbildlicht, die im Zeitpunkt Null auf den konstanten Betrag M springt.

Aus (.1) und (.2) ergibt sich nun ein System simultaner Differentialgleichungen, das die dynamischen Eigenschaften des geschlossenen Regelkreises beschreibt.

$$\left.\begin{array}{ll} \text{I.} & B_0 z^{(h)} + B_1 z^{(h-1)} + \cdots + B_{h-1} z' + B_h z = w + M \\ \text{II.} & C_0 u^{(i)} + C_1 u^{(i-1)} + \cdots + C_{i-1} u' + C_i u = -z \\ \text{III.} & D_0 v^{(k)} + D_1 v^{(k-1)} + \cdots + D_{k-1} v' + D_k v = u \\ \text{IV.} & E_0 w^{(l)} + E_1 w^{(l-1)} + \cdots + E_{l-1} w' + E_l w = v \end{array}\right\} . \qquad (29.3)$$

[1]) Siehe hierzu [24, 26].

Ein derartiges System läßt sich in eine einzige Differentialgleichung höherer Ordnung zusammenfassen, indem man aus den einzelnen Gleichungen alle nicht interessierenden Größen und deren zeitliche Ableitungen eliminiert. Die sich ergebende Differentialgleichung ist wieder eine lineare mit konstanten Koeffizienten:

$$A_0\, z^{(m)} + A_1 z^{(m-1)} + \cdots + A_{m-1}\, z' + A_m\, z = M\,, \tag{29.4}$$

deren allgemeine Lösung den zeitlichen Verlauf der Zustandsgröße wiedergibt, der auf die stoßförmige Störung vom Betrage M folgt. Die Integration der Differentialgleichung (.4) erfolgt wieder nach dem Ansatzverfahren, das wir schon beim linearen Übertragungssystem kennengelernt haben (§ 9).

§ 30 Die Stabilitätsbedingungen nach Hurwitz[1])

A. Hurwitz hat gezeigt, daß die Koeffizienten der Differentialgleichung (29. 4) schon einen eindeutigen Schluß auf die Stabilität des Vorganges zulassen, ohne daß hierzu ihre allgemeine Lösung erforderlich wäre.
Hurwitz geht dabei von der charakteristischen Gleichung aus:

$$A_0 x^m + A_1 x^{m-1} + \cdots + A_{m-1}\, x + A_m = 0\,. \tag{30.1}$$

Soll nun der Regelverlauf stabil sein, so darf Gleichung (.1) nur Wurzeln besitzen, deren reelle Bestandteile negativ sind [s. Gleichungen (9. 7) bis (9. 9)].
Zur Entscheidung der Frage nach der Stabilität des Regelvorganges bilde man folgende Determinante:

$$\Delta_\lambda = \begin{vmatrix} A_1 & A_3 & A_5 & . & . & . & A_{2\lambda-1} \\ A_0 & A_2 & A_4 & . & . & . & A_{2\lambda-2} \\ 0 & A_1 & A_3 & . & . & . & A_{2\lambda-3} \\ . & . & . & . & . & . & . \\ . & . & . & . & . & . & A_\lambda \end{vmatrix}. \tag{30.2}$$

Dabei ist allgemein $A_\nu = 0$ zu setzen, wenn ν negativ oder größer als m ist.
Die notwendigen und hinreichenden Bedingungen dafür, daß alle Wurzeln der Gleichung (.1) negative Realteile haben, sind:
1. Alle Koeffizienten $A_0 \ldots A_m$ müssen positiv sein, damit die reellen Wurzeln der Gleichung < 0 werden können.
2. Die Werte der Determinanten Δ_λ von $\lambda = 2$ bis $(m - 1)$ müssen sämtlich größer als Null sein.
Die Glieder dieser Determinantenreihe sind, ausführlich geschrieben:

$$\begin{vmatrix} A_1 & A_3 \\ A_0 & A_2 \end{vmatrix}; \quad \begin{vmatrix} A_1 & A_3 & A_5 \\ A_0 & A_2 & A_4 \\ 0 & A_1 & A_3 \end{vmatrix}; \quad \begin{vmatrix} A_1 & A_3 & A_5 & A_7 \\ A_0 & A_2 & A_4 & A_6 \\ 0 & A_1 & A_3 & A_5 \\ 0 & A_0 & A_2 & A_4 \end{vmatrix}; \text{ usw.} \tag{30.3}$$

[1]) Siehe hierzu [12].

Dabei sind in den höheren Determinanten jedesmal eine Anzahl der niedrigeren mit enthalten, so daß ein Teil der Arbeit bei der Aufstellung der Determinanten unnötig geleistet wird.
Zum Beispiel wird für eine Gleichung dritten Grades:

$$\Delta_2 = \begin{vmatrix} A_1 & A_3 \\ A_0 & A_2 \end{vmatrix} = A_1 A_2 - A_0 A_3 > 0 \qquad (30.4)$$

oder eine Gleichung vierten Grades:

$$\Delta_3 = \begin{vmatrix} A_1 & A_3 & 0 \\ A_0 & A_2 & A_4 \\ 0 & A_1 & A_3 \end{vmatrix} = A_1(A_2A_3 - A_1A_4) - A_0A_3^2 = A_3(A_1A_2 - A_0A_3) - A_1^2A_4 > 0, \qquad (30.5)$$

$$\Delta_2 = \begin{vmatrix} A_1 & A_3 \\ A_0 & A_2 \end{vmatrix} = A_1A_2 - A_0A_3 > 0. \qquad (30.6)$$

Diese letzte Bedingung ist in der ersten [Gleichung (.5)] mit enthalten, also überflüssig.

§ 31 Der aufgetrennte Regelkreis und die Stabilität[1])

Neben dieser rein mathematischen Betrachtung gelangen wir auch von physikalischen Überlegungen ausgehend zu einer Stabilitätsbedingung. Obwohl diese Bedingung natürlich letzten Endes nichts anderes aussagen kann als die von Hurwitz aufgestellte, ist ihre Verwendung in vielen Fällen doch zweckmäßig und gestattet einen guten Einblick in die dynamischen Vorgänge innerhalb des Regelkreises.
Wir gehen wieder von den Differentialgleichungen der einzelnen Glieder des Regelkreises [Gleichungen (29. 1)] aus. Von der Einführung einer Störung können wir absehen, solange es sich nur um Stabilitätsbetrachtungen handelt, da diese hierfür völlig belanglos ist.
Wir fügen nun alle Schnittstellen, mit Ausnahme der Stelle a (Bild 11), zusammen und vereinigen so alle Glieder zu einem neuen Übertragungssystem, zu dem des *aufgetrennten* Regelkreises. Dessen Differentialgleichung lautet dann:

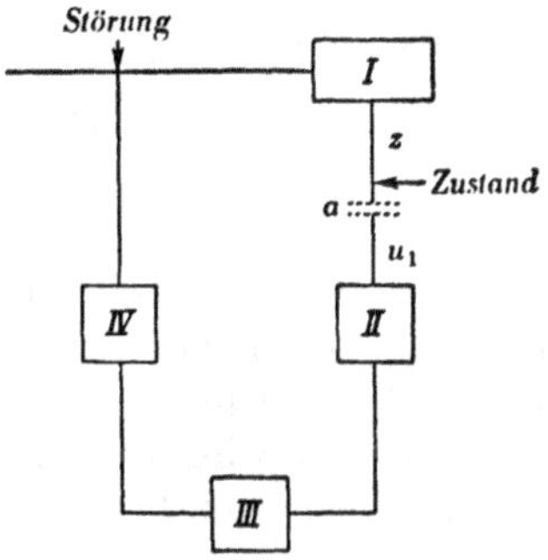

Bild 11: Der aufgetrennte Regelkreis

$$A_0 z^{(n)} + A_1 z^{(n-1)} + \cdots + A_{n-1} z' + A_n z = u_1, \qquad (31.1)$$

wobei das den Regelsinn kennzeichnende Vorzeichen an der Stelle a eingeführt sei. Die Ausgangsgröße z stellt also den zeitlichen Verlauf dar, der durch die Eingangsgröße u_1 verursacht wird, oder mit anderen Worten: z ist der zeit-

[1]) Siehe hierzu [1, 2].

liche Verlauf der Größe u_1 nach einem einmaligen Durchlaufen des ganzen Regelkreises.

Ist die Eingangsgröße u_1 eine Sinusschwingung, so kann das geschlossene System nun offenbar nur dann stabil sein, wenn die nach einem Umlauf verursachte Auswirkung kleiner oder höchstens gleich der sie erzeugenden Größe u_1 ist, wenn also im Grenzfall: $z = -u_1$. (31. 2)

Damit wird Gleichung (.1):

$$A_0 z^{(n)} + A_1 z^{(n-1)} + \cdots + A_{n-1} z' + A_n z = -z. \tag{31. 3}$$

Führen wir hier wieder den bekannten Lösungsansatz $z = e^{i\omega t}$ ein, in der Annahme, daß im Stabilitätsgrenzfall der zeitliche Verlauf der Zustandsgröße z periodisch sein wird, so finden wir:

$$A_0 (i\omega)^n e^{i\omega t} + A_1 (i\omega)^{n-1} e^{i\omega t} + \cdots + A_{n-1} (i\omega) e^{i\omega t} + A_n e^{i\omega t} = -e^{i\omega t}. \tag{31. 4}$$

Die Richtigkeit des Lösungsansatzes kommt wieder dadurch zum Ausdruck, daß die Zeitfunktion verschwindet, so daß wir schließlich als Stabilitätsbedingung erhalten:

$$[A_0 (i\omega)^n + A_1 (i\omega)^{n-1} + \cdots + A_{n-1} i\omega + A_n]^{-1} = -1. \tag{31. 5}$$

In der linken Seite der Gleichung (.5) erkennen wir wieder den komplexen Frequenzgang des durch den aufgetrennten Regelkreis dargestellten Übertragungssystems [Gleichung (10. 6)]. Wir können deshalb die Stabilitätsbedingung kürzer schreiben:

$$\boxed{\mathfrak{F}(i\omega) = -1.} \tag{31. 6}$$

Der Grenzfall der Stabilität ist also dann gegeben, wenn der komplexe Frequenzgang des aufgetrennten Regelkreises gleich —1 ist.

Zur Bedeutung und praktischen Verwendung des Stabilitätskriteriums nach Gleichung (.6) wird im § 35 noch verschiedenes zu sagen sein. Zunächst wollen wir jedoch den zeitlichen Verlauf des Regelvorganges noch etwas näher betrachten.

§ 32 Der zeitliche Verlauf des Regelvorganges

Mit Hilfe der Laplacetransformation sind wir in der Lage, den Regelverlauf explizit anzugeben. Wir wenden zu diesem Zweck die Laplacetransformation auf unser System simultaner Differentialgleichungen an [Gleichung (29. 3)].

Für eine stoßförmige Funktion vom Betrage M erhalten wir nach Gleichung (15. 5) als Laplacetransformierte der Störung:

$$\mathfrak{L}\,(\text{Störung}) = (1/p)\, M. \tag{32. 1}$$

Mit Einführung folgender Bezeichnungen (Anhang I):

$$\left.\begin{aligned} \mathfrak{L}[z(t)] &= z(p) \\ \mathfrak{L}[u(t)] &= u(p) \\ \mathfrak{L}[v(t)] &= v(p) \\ \mathfrak{L}[w(t)] &= w(p) \end{aligned}\right\} \qquad (32.2)$$

ergibt sich System (29. 3) im Unterbereich:

$$\left.\begin{array}{ll} \text{I.} & z(p)(B_0 p^h + \cdots + B_{h-1} p + B_h) = w(p) + (1/p) M \\ \text{II.} & u(p)(C_0 p^i + \cdots + C_{i-1} p + C_i) = -z(p) \\ \text{III.} & v(p)(D_0 p^k + \cdots + D_{k-1} p + D_k) = u(p) \\ \text{IV.} & w(p)(E_0 p^l + \cdots + E_{l-1} p + E_l) = v(p) \end{array}\right\}. \qquad (32.3)$$

Eliminiert man aus den Gleichungen (.3) die Größen $u(p)$, $v(p)$ und $w(p)$, so findet man:

$$z(p)\left(1 + [(B_0 p^h + \cdots + B_h)(C_0 p^i + \cdots + C_i)(D_0 p^k + \cdots + D_k)(E_0 p^l + \cdots \right.$$
$$\left. \cdots + E_l)]^{-1}\right) = (1/p)\, M\, (B_0 p^h + \cdots + B_h). \qquad (32.4)$$

Nach § 10 sind die Frequenzgänge der einzelnen Übertragungsglieder des Regelkreises:

$$\mathfrak{F}_{\mathrm{I}}(p) = (B_0 p^h + \cdots + B_{h-1} p + B_h)^{-1}, \qquad (32.5)$$
$$\mathfrak{F}_{\mathrm{II}}(p) = (C_0 p^i + \cdots + C_{i-1} p + C_i)^{-1}, \qquad (32.6)$$
$$\mathfrak{F}_{\mathrm{III}}(p) = (D_0 p^k + \cdots + D_{k-1} p + D_k)^{-1}, \qquad (32.7)$$
$$\mathfrak{F}_{\mathrm{IV}}(p) = (E_0 p^l + \cdots + E_{l-1} p + E_l)^{-1}. \qquad (32.8)$$

Damit können wir Gleichung (.4) schreiben:

$$z(p)\,[1 + \mathfrak{F}_{\mathrm{I}}(p) \cdot \mathfrak{F}_{\mathrm{II}}(p) \cdot \mathfrak{F}_{\mathrm{III}}(p) \cdot \mathfrak{F}_{\mathrm{IV}}(p)] = (M/p)\, \mathfrak{F}_{\mathrm{I}}(p). \qquad (32.9)$$

Hier müssen wir nun etwas vorgreifen und uns das Ergebnis des § 36 zunutze machen:

Nach ihm wird der Frequenzgang eines Übertragungssystems, das durch hintereinander geschaltete, rückwirkungsfreie Systeme gebildet wird, durch die Multiplikation der Einzelfrequenzgänge dargestellt. Bezeichnet man also mit $\mathfrak{F}(p)$ den Frequenzgang des aufgeschnittenen Regelkreises, so nimmt mit

$$\mathfrak{F}(p) = \mathfrak{F}_{\mathrm{I}}(p) \cdot \mathfrak{F}_{\mathrm{II}}(p) \cdot \mathfrak{F}_{\mathrm{III}}(p) \cdot \mathfrak{F}_{\mathrm{IV}}(p) \qquad (32.10)$$

Gleichung (.9) nun die Form an:

$$\boxed{z(p) = \frac{M}{p} \cdot \frac{\mathfrak{F}_{\mathrm{I}}(p)}{1 + \mathfrak{F}(p)}}\,^{1)}. \qquad (32.11)$$

---

[1]) Da im vorliegenden Zusammenhang ausschließlich Regelvorgänge interessieren, ist hierbei das den Regelsinn kennzeichnende negative Vorzeichen bereits berücksichtigt. Häufig wird in der Literatur hierauf verzichtet und Gleichung (.11) in der Form:

$$z(p) = \frac{M}{p} \frac{\mathfrak{F}_{\mathrm{I}}(p)}{1 - \mathfrak{F}(p)}$$

geschrieben. Die Vorzeichenumkehr tritt dann im Ergebnis in Erscheinung.

Gleichung (.11) gibt im Unterbereich den gesuchten Regelverlauf wieder. Den zeitlichen Vorgang im Originalbereich erhält man durch Anwenden der komplexen Umkehrformel:

$$z(t) = \frac{1}{2\pi i} \int_{-i\infty}^{+i\infty} \frac{M}{p} \cdot \frac{\mathfrak{F}_I(p) e^{pt}}{1 + \mathfrak{F}(p)} \, dp. \tag{32.12}$$

3. DIE ANWENDUNG DES FREQUENZGANGES

§ 33 Der Regelverlauf

Auch hier gehen wir wieder vom aufgetrennten Regelkreis aus. Bekannt sei dessen Frequenzgang $\mathfrak{F}(p)$ und der Frequenzgang $\mathfrak{F}_z(p)$ der Regelstrecke allein. Wir wollen nun den Regelverlauf, der durch eine stoßförmige Mengenstörung vom Betrag M ausgelöst wird, mit Hilfe der beiden Frequenzgänge berechnen.

Nach der Fourierdarstellung einer Stoßfunktion (§ 12) können wir uns die Störung aus einer unendlichen Summe einfacher Sinusschwingungen aufgebaut denken:

$$m(t) = \frac{1}{2\pi i} \int_{-i\infty}^{+i\infty} \frac{M}{p} e^{pt} \, dp. \tag{33.1}$$

Für jede einzelne *Teilstörung* kann der Regelverlauf leicht errechnet werden, da man annehmen darf, daß sich im eingeschwungenen Zustand alle Größen des Regelkreises ebenfalls sinusförmig ändern werden.

Eine *Teilschwingung* der Störung ist:

$$dm = (1/2\pi i)(M/p) e^{pt} dp. \tag{33.2}$$

Sie wirkt als Eingangsgröße auf die Regelstrecke und hat an der Schnittstelle a (Bild 11) eine Wirkung zur Folge, die wir mit dz_m bezeichnen wollen:

$$dz_m = (1/2\pi i)(M/p) \mathfrak{F}_z(p) e^{pt} dp. \tag{33.3}$$

Nach den Erkenntnissen des § 10 erhält man diese Wirkung durch Multiplikation der Eingangsschwingung mit dem komplexen Frequenzgang des Systems. Auch der Zustandsverlauf, der durch eine Teilschwingung der Störung verursacht wird, muß sinusförmig sein.

Eine Teilschwingung dz des Zustandes erfährt beim Durchlaufen des Regelkreises eine Änderung der Amplitude und Phase, die wiederum durch einfache Multiplikation mit dem Frequenzgang ausgedrückt werden kann:

$$dz_1 = dz \cdot \mathfrak{F}(p). \tag{33.4}$$

Wird nun der Regelkreis wieder geschlossen, so müssen die Größen zu beiden Seiten der Schnittstelle zwangsläufig einander gleich sein, also

$$dz_m - dz_1 = dz. \tag{33.5}$$

Gleichung (.5) sagt aus, daß für jede einzelne Teilschwingung in jedem Augenblick der Zustand gleich der Störung dz_m minus der Auswirkung der Reglerverstellung dz_1 sein muß. Das Minuszeichen bedeutet dabei wieder, daß die Anordnung der einzelnen Glieder des Regelkreises derartig sein muß, daß die Reglerverstellung der Störung entgegenwirkt.
Aus den Gleichungen (.3), (.4) und (.5) folgt dann:

$$dz = \frac{1}{2\pi i} \frac{M}{p} \frac{\mathfrak{F}_z(p)}{1 + \mathfrak{F}(p)} e^{pt} dp. \tag{33.6}$$

Mit Gleichung (.6) ergibt sich nun der Gesamtregelverlauf durch Integration über alle Frequenzen ω von $-\infty$ bis $+\infty$, also für p von $-i\infty$ bis $+i\infty$:

$$z(t) = \frac{1}{2\pi i} \int_{-i\infty}^{+i\infty} \frac{M}{p} \frac{\mathfrak{F}_z(p)}{1 + \mathfrak{F}(p)} e^{pt} dp. \tag{33.7}$$

Der Regelverlauf erscheint hier in derselben Form, wie wir ihn mittels der Differentialgleichung unter Verwendung der Laplacetransformation erhalten hatten [s. Gleichung (32. 12)].
Gleichung (.7) gestattet, den Regelverlauf, der auf eine beliebige Störung folgt, direkt anzuschreiben. Nach ihr können wir nämlich den geschlossenen Regelkreis als ein neues lineares Übertragungssystem auffassen, wobei die Störung als Eingangsgröße und der geregelte Zustand als Ausgangsgröße erscheint (Bild 12).

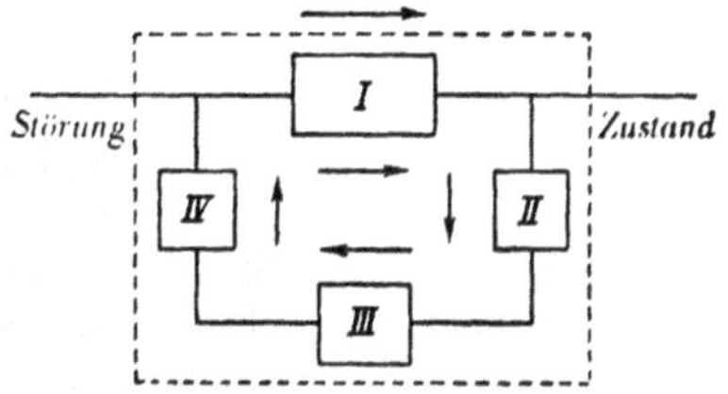

Bild 12: Das durch den geschlossenen Regelkreis dargestellte Übertragungssystem

In der elektrischen Verstärkertechnik wird eine derartige Anordnung als *Gegenkopplung* bezeichnet. Der Frequenzgang des gegengekoppelten Systems ist nach Gleichung (.7):

$$\mathfrak{F}_G = \mathfrak{F}_z(p)/[1 + \mathfrak{F}(p)]. \tag{33.8}$$

§ 34 Die Stabilitätsbedingung

Aus Gleichung (33. 7) können wir auch direkt die Bedingung für den Grenzfall der Stabilität ableiten. Nach Gleichung (25. 5) ist der Wert des Residuums

$$\mathfrak{Res}(p_\nu) = \lim_{p \to p_\nu} \frac{M}{p} \frac{\mathfrak{F}_z(p)}{1 + \mathfrak{F}(p)} (p - p_\nu) e^{pt}, \tag{34.1}$$

wobei der Einfachheit halber durchweg verschiedene Wurzeln der Nennergleichung angenommen werden.

Die zeitliche Funktion, die den Regelverlauf wiedergibt, enthält also die Exponentialfunktion $e^{p_\nu t}$, und es ist leicht einzusehen, daß der Regelverlauf nur dann stabil sein kann, wenn alle Wurzeln p_ν der Nennergleichung negative Realteile besitzen. Hat umgekehrt auch nur eine Wurzel einen positiven Realteil, so wird die Regelgröße mit zunehmender Zeit immer größere Werte annehmen, der Regelverlauf also unstabil sein. Beim Grenzfall der Stabilität muß dementsprechend mindestens eine Wurzel rein imaginär sein, und außerdem darf keine Wurzel mit positivem Realteil vorhanden sein.

Mathematisch kann man diesen Sachverhalt folgendermaßen ausdrücken: Liegen alle Pole des Integranden der Gleichung (33. 7) in der linken Halbebene, so ist der Vorgang stabil. Der Grenzfall der Stabilität liegt dann vor, wenn Pole auf die imaginäre Achse zu liegen kommen. Nebenbei sei hier erwähnt, daß komplexe Wurzeln stets paarweise in konjugierter Form auftreten.

Beim Stabilitätsgrenzfall muß also

$$p = i\,\omega \tag{34. 2}$$

eine Wurzel der Nennergleichung sein. Setzt man $p = i\,\omega$ in die Nennergleichung ein, so erhalten wir die uns schon aus Gleichung (31. 6) bekannte Stabilitätsbedingung:

$$1 + \mathfrak{F}(i\,\omega) = 0. \tag{34. 3}$$

Gleichung (.3) ist nur erfüllbar, wenn der Imaginärteil von $\mathfrak{F}(i\,\omega)$ gleich Null und der Realteil gleich —1 wird:

$$\boxed{\begin{aligned} \mathfrak{Im}\,[\mathfrak{F}(i\,\omega)] &= 0 \\ \mathfrak{Re}\,[\mathfrak{F}(i\,\omega)] &= -1 \end{aligned}} \tag{34. 4}$$

Aus den beiden Gleichungen (.4) kann nun im allgemeinen die Frequenz ω eliminiert werden, wodurch sich eine Stabilitätsbedingung ergibt, in der nur noch die Konstanten des Regelkreises enthalten sind; die Gleichungen (.4) liefern ferner den Wert der Frequenz, bei der sich eine Schwingung gerade von selbst aufrechterhält. Durch physikalische Überlegungen ist man dann meist in der Lage, diese letzte Stabilitätsbedingung in die Form einer Ungleichung zu kleiden, um so das stabile Gebiet der Regelung gegen das unstabile abzugrenzen.

Diese Unterscheidung ist zunächst aus der allgemeinen Bedingung für den Stabilitätsgrenzfall [Gleichung (.3)] nicht möglich. Es ist durchaus der Fall denkbar, daß bei verschwindendem Imaginärteil $\mathfrak{Im}[\mathfrak{F}(i\,\omega)]$ der Realteil $\mathfrak{Re}\,[\mathfrak{F}(i\,\omega)] < -1$ ist und trotzdem alle Pole des Integranden in der linken Halbebene liegen, der Regelverlauf also stabil ist.

Die Abgrenzung des Stabilitätsgebietes allein aus dem Frequenzgang, ohne Zuhilfenahme physikalischer Überlegungen, gelingt nach einem Verfahren, das H. Nyquist angegeben hat. Im folgenden Paragraphen sollen die grundsätzlichen Gedankengänge dargelegt werden, welche diesem Stabilitätskriterium zugrunde liegen. Dabei mußte die Form der Darstellung einige unwesentliche Änderungen im Interesse des Anschlusses an unsere bisherigen Überlegungen erfahren.

§ 35 Das Stabilitätskriterium nach Nyquist[1])

Im vorigen Paragraphen haben wir gesehen, daß der Vorgang nur dann unstabil sein kann, wenn Pole des Integranden in der rechten Halbebene liegen. Erstrecken wir nun den Integrationsweg unseres komplexen Integrals (33. 7) längs einer Parallelen im Abstande ε rechts von der imaginären Achse von $-i\infty$ bis $+i\infty$ und dann zurück längs eines Halbkreises in der rechten Halbebene mit unendlich großem Radius, so ist der Wert dieses Integrals nur dann gleich Null, wenn keine Pole in der rechten Halbebene liegen. Liegen Pole auf der imaginären Achse, so liefern diese nach dem eben definierten Integrationsweg keinen Beitrag zu dem Integral, so daß der Stabilitätsgrenzfall noch zum stabilen Gebiet gerechnet wird.
Wir können also als Stabilitätsbedingung schreiben:

$$J = \frac{1}{2\pi i}\int_{(\mathfrak{K})} \frac{M}{p}\,\frac{\mathfrak{F}_z(p)}{1+\mathfrak{F}(p)}\,e^{pt}\,dp = 0, \qquad (35.\,1)$$

wo unter $\mathfrak{K}$ der eben beschriebene Integrationsweg zu verstehen ist. Führt man hier eine neue Integrationsvariable ein:

$$w = \mathfrak{F}(p), \qquad (35.\,2)$$

so wird: $dw/dp = \mathfrak{F}'(p)$ oder: $dp = dw/\mathfrak{F}'(p)$. (35. 3)

Bei der nun notwendigen Abbildung des Integrationsweges in die w-Ebene entspricht: dem Halbkreis mit unendlich großem Radius der Nullpunkt der w-Ebene, da $\mathfrak{F}(p)$ bei allen physikalisch realisierbaren Übertragungssystemen mit wachsendem $|p|$ schließlich gegen Null geht (s. § 22).
Die imaginäre Achse geht mit $p = i\omega$ über in:

$$w = \mathfrak{F}(i\omega), \qquad (35.\,4)$$

die sog. *Ortskurve* des Frequenzganges, die man dadurch erhält, daß man Real- und Imaginärteil von $\mathfrak{F}(i\omega)$ in der w-Ebene für alle Frequenzen ω aufträgt (Bild 13a). Dabei ist der Frequenzgang für negative Frequenzen physikalisch gesehen sinnlos; man hat $\mathfrak{F}(-i\omega)$ also lediglich als den konjugiert komplexen Wert von $\mathfrak{F}(i\omega)$ anzusehen. Damit wird Gleichung (.1):

$$J_w = \frac{1}{2\pi i}\int_{(\mathfrak{C})} \frac{M}{p}\,\frac{\mathfrak{F}_z(p)}{\mathfrak{F}'(p)}\,\frac{1}{1+w}\,e^{pt}\,dw = 0, \qquad (35.\,5)$$

wobei $\mathfrak{C}$ den eben beschriebenen Integrationsweg in der w-Ebene bedeutet.
Es läßt sich im allgemeinen zeigen, daß die Pole der Funktion $\mathfrak{F}_z(p)/\mathfrak{F}'(p)$ nicht in der rechten Halbebene liegen und deshalb zum Integral J_w keinen Beitrag liefern. Der einzig in Frage kommende Pol liegt also an der Stelle $w = -1$. Das heißt aber: Das Integral J_w ist dann gleich Null, der Regelverlauf also stabil, wenn der Punkt $w = -1$ außerhalb des von der Ortskurve umschlossenen Gebietes liegt (Bild 13c).

[1]) Siehe hierzu [20].

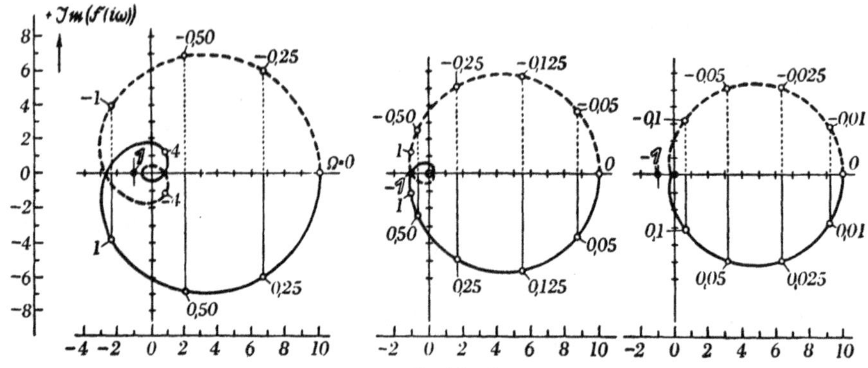

a unstabil   b Stabilitätsgrenze   c stabil
Bild 13: Ortskurven verschiedener Frequenzgänge

Zeichnet man die Ortskurve auf, so kann immer eindeutig auf die Stabilität des Vorganges geschlossen werden. Der Punkt $w = -1$ muß dabei immer links von der im Sinne wachsender positiver ω durchlaufenen Ortskurve liegen. Der Grenzfall der Stabilität ist dann gegeben, wenn die Ortskurve durch den Punkt $w = -1$ geht (Bild 13b).

Der in § 34 erwähnte Fall, daß $\Im[\mathfrak{F}(i\omega)] = 0$ und $\Re[\mathfrak{F}(i\omega)] < -1$ nicht notwendig einen unstabilen Regelverlauf mit sich bringt, wird durch Bild 14 veranschaulicht, bei dem die Stabilität gewährleistet ist, da der Punkt $w = -1$ nicht im Innengebiet des Integrationsweges liegt. Denkt man sich die Ortskurve von dem im Nullpunkt beginnenden *Ortsvektor* im Sinne wachsender ω durchlaufen und bezeichnet man das Argument des Ortsvektors mit Θ, so kann dieser Fall nur eintreten, wenn der Ausdruck $d\Theta/d\omega$ dabei sein Vorzeichen vorübergehend wechselt. Immer wenn dieser Vorzeichenwechsel nicht auftritt, ist es bequemer, mit der Stabilitätsbedingung

$$\Im[\mathfrak{F}(i\omega)] = 0, \qquad \Re[\mathfrak{F}(i\omega)] \lessgtr -1 \qquad (35.6)$$

zu rechnen, die dann stets eine eindeutige Abgrenzung des Stabilitätsgebietes zuläßt, ohne daß es nötig wäre, die Ortskurve des Frequenzganges aufzuzeichnen.

$$f_G(p) = \frac{f_I(p)}{1 + f_I(p) f_{II}(p)}$$

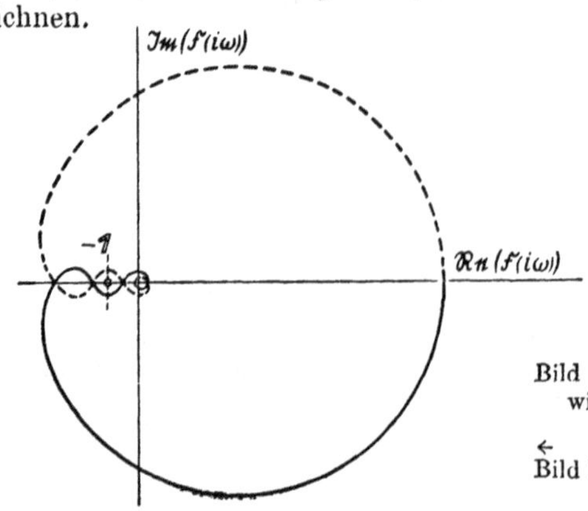

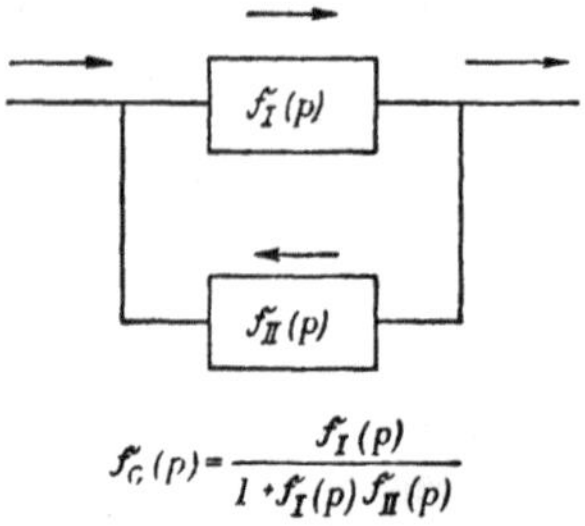

Bild 15: Schema gegengeschalteter, rückwirkungsfreier Übertragungssysteme

Bild 14: Ortskurve eines speziellen stabilen Regelkreises

§ 36 Der Frequenzgang hintereinander geschalteter Übertragungssysteme

Die einzelnen Glieder können innerhalb des Regelkreises recht verschieden angeordnet sein, wobei sich alle Kombinationsmöglichkeiten auf drei grundsätzliche Schaltungstypen zurückführen lassen: die *Serien-*, *Parallel-* und die *Gegenschaltung* von Übertragungssystemen.
Die letzte Art (Bild 15) haben wir bereits in § 33 als Gegenkopplung kennengelernt und gesehen, wie man deren Frequenzgang ermitteln kann. Es verbleibt nun noch, den Frequenzgang der Serien- und Parallelschaltung aus den Frequenzgängen der einzelnen Systeme herzuleiten.
Bei der Serienschaltung betrachten wir die Glieder zunächst einzeln (Bild 16). Ihre Differentialgleichungen seien:

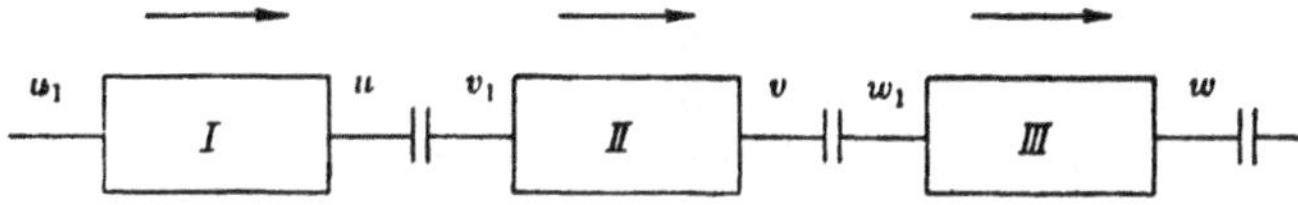

Bild 16: Schema hintereinander geschalteter, rückwirkungsfreier Übertragungssysteme

$$\left.\begin{array}{ll} \text{I.} & A_0 u^{(h)} + A_1 u^{(h-1)} + \cdots + A_{h-1} u' + A_h u = u_1 \\ \text{II.} & B_0 v^{(i)} + B_1 v^{(i-1)} + \cdots + B_{i-1} v' + B_i v = v_1 \\ \text{III.} & C_0 w^{(k)} + C_1 w^{(k-1)} + \cdots + C_{k-1} w' + C_k w = w_1 \\ \ldots & \ldots\ldots\ldots\ldots\ldots\ldots \end{array}\right\}. \qquad (36.1)$$

Aus den Gleichungen (.1) folgen die Frequenzgänge der einzelnen Systeme:

$$\left.\begin{array}{l} \mathfrak{F}_{\mathrm{I}}(p) = (A_0 p^h + \cdots + A_{h-1} p + A_h)^{-1} \\ \mathfrak{F}_{\mathrm{II}}(p) = (B_0 p^i + \cdots + B_{i-1} p + B_i)^{-1} \\ \ldots\ldots\ldots\ldots\ldots\ldots \end{array}\right\}. \qquad (36.2)$$

Bei der Hintereinanderschaltung der einzelnen Glieder wird zwangsläufig die Ausgangsgröße eines Systems gleich der Eingangsgröße des nächstfolgenden, also:

$$u = v_1 \qquad v = w_1 . \qquad (36.3)$$

Wendet man nun auf das Gleichungssystem (.1) unter Berücksichtigung der Gleichung (.3) die Laplacetransformation an, so ergibt sich im Unterbereich das folgende simultane Gleichungssystem:

$$\left.\begin{array}{ll} \text{I.} & u(p)\,(A_0 p^h + \cdots + A_{h-1} p + A_h) = u_1(p) \\ \text{II.} & v(p)\,(B_0 p^i + \cdots + B_{i-1} p + B_i) = u(p) \\ \text{III.} & w(p)\,(C_0 p^k + \cdots + C_{k-1} p + C_k) = v(p) \\ & \ldots\ldots\ldots\ldots\ldots\ldots \end{array}\right\}. \qquad (36.4)$$

Nach Elimination aller Zwischengrößen findet man den Frequenzgang der Serienschaltung als das Verhältnis der Laplacetransformierten der Ausgangsgröße zu der Laplacetransformierten der Eingangsgröße (s. § 17):

$$\mathfrak{F}(p) = z(p)/u_1(p) = (A_0 p^h + \cdots + A_h)^{-1} \cdot (B_0 p^i + \cdots + B_i)^{-1} \cdot (C_0 p^k + \cdots + C_k)^{-1} \quad (36.5)$$

oder mit Gleichung (.2):

$$\boxed{\mathfrak{F}(p) = \mathfrak{F}_{\mathrm{I}}(p) \cdot \mathfrak{F}_{\mathrm{II}}(p) \cdot \mathfrak{F}_{\mathrm{III}}(p) \cdot} \quad (36.6)$$

Wir sind also zu dem einfachen Ergebnis gelangt, daß der Frequenzgang hintereinander geschalteter rückwirkungsfreier Übertragungssysteme durch Multiplikation der Einzelfrequenzgänge erhalten wird.

§ 37 Der Frequenzgang gleichsinnig parallel geschalteter Übertragungssysteme

Bei der Parallelschaltung von Übertragungssystemen mit gleichem Übertragungssinn (Bild 17) wirkt auf alle Einzelsysteme die gleiche Eingangsgröße, und es gilt deshalb in dem ersten Verzweigungspunkt die Gleichung:

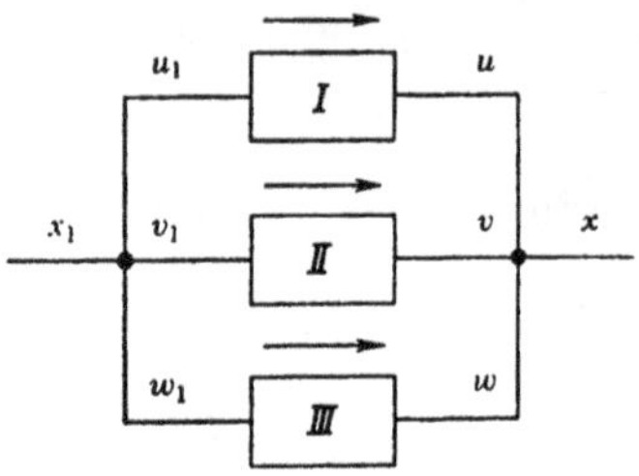

Bild 17:
Schema parallel geschalteter, rückwirkungsfreier Übertragungssysteme

$$u_1 = v_1 = w_1 = x_1. \quad (37.1)$$

Die Ausgangsgröße des Gesamtsystems wird durch die Überlagerung der Ausgangsgrößen der einzelnen Systeme gebildet. Im Vereinigungspunkt besteht daher die Gleichung:

$$x = u + v + w. \quad (37.2)$$

Die Differentialgleichungen der Einzelsysteme lauten im Unterbereich wieder:

$$\left.\begin{aligned} u(p) &= \mathfrak{F}_{\mathrm{I}}(p) \cdot u_1(p) \\ v(p) &= \mathfrak{F}_{\mathrm{II}}(p) \cdot v_1(p) \\ w(p) &= \mathfrak{F}_{\mathrm{III}}(p) \cdot w_1(p) \end{aligned}\right\} . \quad (37.3)$$

Durch Addition der Gleichungen (.3) folgt unter Berücksichtigung der Bedingungen (.1) und (.2):

$$\boxed{\mathfrak{F}(p) = x(p)/x_1(p) = \mathfrak{F}_{\mathrm{I}}(p) + \mathfrak{F}_{\mathrm{II}}(p) + \mathfrak{F}_{\mathrm{III}}(p).} \quad (37.4)$$

Den Frequenzgang gleichsinnig parallel geschalteter Übertragungssysteme erhält man demnach durch Addition der Einzelfrequenzgänge.

4. DIE ANWENDUNG DER ÜBERGANGSFUNKTION[1])

Als letztes der bereits öfter erwähnten Lösungsverfahren muß nun noch das mit Hilfe der Übergangsfunktion betrachtet werden. Es wird zweckmäßig dann verwendet werden, wenn die Übergangsfunktion einer bestehenden Regel-

[1]) Siehe hierzu [18, 19].

anlage versuchsmäßig vorliegt. Die Ergebnisse werden gewöhnlich in Form von *Integralgleichungen* erhalten. Hier erweist sich nun die Laplacetransformation als ein äußerst wertvolles Hilfsmittel, da mit ihr die Auswertung dieser Integralgleichungen ohne Schwierigkeit nahezu mechanisch erfolgen kann.

§ 38 Die Stabilität des Regelvorganges

Die Übergangsfunktion des aufgetrennten Regelkreises sei bekannt und werde mit $\varphi(t)$ bezeichnet.

Mit Hilfe des Duhamelschen Integrals (§ 17) ist es möglich, den zeitlichen Verlauf der Ausgangsgröße $z_1(t)$ anzugeben, der von einer beliebigen Zeitfunktion $z(t)$ verursacht wird [Gleichung (17. 8)]. Es ist:

$$z_1(t) = \frac{d}{dt}\int_0^t \varphi(\xi) z(t-\xi)\, d\xi. \tag{38. 1}$$

Soll sich nun im Stabilitätsgrenzfall eine einmal eingeleitete, etwa als sinusförmig angenommene Zustandsänderung gerade von selbst aufrechterhalten, so muß bei wieder geschlossenem Regelkreis:

$$z = -z_1 \tag{38. 2}$$

sein, also:

$$z(t) = -\frac{d}{dt}\int_0^t \varphi(\xi) z(t-\xi)\, d\xi. \tag{38. 3}$$

Diese nun in Gestalt einer Integralgleichung erscheinende Stabilitätsbedingung sagt aber nichts anderes aus als die bereits gefundenen Bedingungen. Man kann sich davon überzeugen, wenn man auf beide Seiten der Gleichung (. 3) die Laplacetransformation anwendet:

$$z(p) = -\mathfrak{L}\left(\frac{d}{dt}\int_0^t \varphi(\xi) z(t-\xi)\, d\xi\right). \tag{38. 4}$$

Nach dem *Faltungssatz* der Laplacetransformation (Anhang I a) wird Gleichung (.4):

$$z(p) = -p \cdot \mathfrak{L}[\varphi(t)] \cdot z(p). \tag{38. 5}$$

Nach Gleichung (16. 3) ist die Laplacetransformierte der Übergangsfunktion nichts anderes als der durch p dividierte komplexe Frequenzgang:

$$\mathfrak{L}[\varphi(t)] = \mathfrak{F}(p)/p. \tag{38. 6}$$

Damit nimmt Gleichung (.4) die Form der bekannten Stabilitätsbedingung des Regelvorganges an:

$$\mathfrak{F}(p) + 1 = 0. \tag{38. 7}$$

§ 39 Der Regelverlauf

Zur Ermittlung des vollständigen Regelverlaufes ist es erforderlich, daß die Übergangsfunktion des Teiles der Regelstrecke bekannt ist, der zwischen *Stör-* und *Meßstelle* liegt. Wir wollen sie mit $\varphi_z(t)$ bezeichnen. Dann ist die Auswirkung der Störung an der Meßstelle:

$$z_m(t) = \frac{d}{dt}\int_0^t \varphi_z(\xi)\, m(t-\xi)\, d\xi\,. \tag{39.1}$$

Die Auswirkung der Reglerverstellung infolge der Zustandsabweichung $z(t)$ kann ebenfalls mit Hilfe des Duhamelschen Integrals angegeben werden:

$$z_1(t) = \frac{d}{dt}\int_0^t \varphi(\xi) z(t-\xi) d\xi\,. \tag{39.2}$$

Für den geschlossenen Regelkreis muß wieder der Zustand gleich der Differenz der Auswirkungen von Störung und Reglereingriff sein:

$$z(t) = z_m(t) - z_1(t)\,. \tag{39.3}$$

Aus den Gleichungen (.1), (.2) und (.3) folgt dann die den Regelvorgang beschreibende Integralgleichung:

$$z(t) + \frac{d}{dt}\int_0^t \varphi(\xi) z(t-\xi) d\xi = \frac{d}{dt}\int_0^t \varphi_z(\xi) m(t-\xi) d\xi\,. \tag{39.4}$$

Gleichung (.4) ist eine sog. Volterra*sche Integralgleichung*. Ihre Lösung erfolgt am elegantesten mit der Laplacetransformation unter Verwendung des Faltungssatzes (Anhang Ia).
Gleichung (.4) lautet hiernach im Unterbereich:

$$z(p) + p \cdot z(p)\, \mathfrak{L}[\varphi(t)] = p m(p)\, \mathfrak{L}[\varphi_z(t)]\,. \tag{39.5}$$

Da die Störung stoßförmig um den Betrag M erfolgen soll, ergibt sich:

$$m(p) = M/p\,. \tag{39.6}$$

Ersetzt man noch die Laplacetransformierten der Übergangsfunktionen durch die entsprechenden Frequenzgänge:

$$\left.\begin{aligned} \mathfrak{L}[\varphi(t)] &= \mathfrak{F}(p)/p \\ \mathfrak{L}[\varphi_z(t)] &= \mathfrak{F}_z(p)/p \end{aligned}\right\}, \tag{39.7}$$

so erhält man als Lösung im Unterbereich:

$$\boxed{z(p) = \frac{M}{p}\,\frac{\mathfrak{F}_z(p)}{1+\mathfrak{F}(p)}\,.} \tag{39.8}$$

Die Anwendung der komplexen Umkehrformel gestattet schließlich die Rücktransformation in den Oberbereich und ergibt den Regelverlauf in derselben Form, wie wir ihn schon in den Kapiteln 2 und 3 kennengelernt haben:

$$z(t) = \frac{1}{2\pi i}\int_{-i\infty}^{+i\infty} \frac{M}{p}\,\frac{\mathfrak{F}_z(p)}{1+\mathfrak{F}(p)}\, e^{pt}\, dp\,. \tag{39.9}$$

5. DER REGELVORGANG BEI PERIODISCHER STÖRUNG

§ 40 Die Übergangsfunktion des geschlossenen Regelkreises

Bis jetzt haben wir als Störgröße eine stoßförmige Funktion angenommen. Es war dies eine Annahme, die uns in den Stand setzte, das dynamische Verhalten des geschlossenen Regelkreises vollständig zu beschreiben. Wir haben weiter gesehen, daß man den geschlossenen Regelkreis als ein neues Übertragungssystem auffassen kann, dessen Eingangsgröße die Störung und dessen Ausgangsgröße der geregelte Zustand ist. Von dieser Überlegung ausgehend, kann man nun den durch die stoßförmige Störung verursachten Regelverlauf als Übergangsfunktion des geschlossenen Regelkreises auffassen.
Kennt man die so definierte Übergangsfunktion, so ist es nach § 17 möglich, den Regelverlauf für jede beliebige Störung anzugeben. Es soll dies an Hand eines einfachen Beispiels erläutert werden, das große praktische Bedeutung besitzt. Erfolgt nämlich bei einer Anlage die Störung periodisch oder sind in der Störgröße periodische Anteile vorhanden, so kann diese Tatsache Anlaß zu unerwünschten Resonanzerscheinungen geben. Es ist deshalb bei der Planung einer Regelanlage häufig erforderlich, die Wirkung einer periodischen Störung auf den geregelten Zustand zu berechnen. Wir wollen dies an Hand einer sinusförmigen Störfunktion tun.

§ 41 Die periodische Störung

Der auf eine stoßförmige Störung vom Betrag M folgende Regelverlauf ist:

$$z(t) = \frac{1}{2\pi i} \int_{-i\infty}^{+i\infty} \frac{M}{p} \frac{\mathfrak{F}_z(p)}{1+\mathfrak{F}(p)} e^{pt} dp. \qquad (41.1)$$

Die Übergangsfunktion des geschlossenen Regelkreises lautet:

$$\varphi_G(t) = \frac{z(t)}{M} = \frac{1}{2\pi i} \int_{-i\infty}^{+i\infty} \frac{1}{p} \frac{\mathfrak{F}_z(p)}{1+\mathfrak{F}(p)} e^{pt} dp. \qquad (41.2)$$

Nach § 17 erhält man den Frequenzgang eines Systems, wenn man die Laplacetransformierte der Übergangsfunktion mit p multipliziert. Damit ergibt sich aus Gleichung (.2) der Frequenzgang des geschlossenen Regelsystems:

$$\mathfrak{F}_G(p) = p \cdot \mathfrak{L}[\varphi_G(t)] = \mathfrak{F}_z(p)/[1+\mathfrak{F}(p)]. \qquad (41.3)$$

(Man findet natürlich wieder denselben Frequenzgang, der sich bereits in § 33 nach anderen Überlegungen ergeben hat.)
Wirkt nun auf das geschlossene Regelsystem eine sinusförmige Störung, so wird sich die Ausgangsgröße, also der geregelte Zustand, nach hinreichend langer Zeit ebenfalls rein sinusförmig ändern. Dabei wird die Amplituden- und Phasenveränderung durch Multiplikation mit dem komplexen Frequenzgang wiedergegeben (§ 10).

Der durch die sinusförmige Störung

$$m(t) = M \cdot e^{i\omega t} \tag{41.4}$$

ausgelöste Regelverlauf ist also:

$$z(t) = Z e^{i(\omega t + \varphi)} = M \cdot \mathfrak{F}_G \cdot e^{i\omega t}. \tag{41.5}$$

Der Absolutbetrag des komplexen Frequenzganges gibt demnach das Amplitudenverhältnis der beiden Schwingungen, sein Argument deren Phasenverschiebung an:

$$Z/M = |\mathfrak{F}_G| \tag{41.6}$$

$$\varphi = \operatorname{arc} \mathfrak{F}_G. \tag{41.7}$$

In der Regel interessiert man sich bei derartigen Überlegungen nur für das *Amplitudenverhältnis*, das mit Gleichung (.3) in der Form angeschrieben werden kann:

$$\boxed{Z/M = |\mathfrak{F}_z(p)/[1 + \mathfrak{F}(p)]|.} \tag{41.8}$$

Dabei ist natürlich für $p = i\omega$ diejenige Frequenz einzusetzen, mit der die Störung erfolgt.

6. TEILVORGÄNGE

§ 42 Die Eigenwerte des Regelvorganges

Wenn wir den zeitlichen Verlauf des Regelvorganges ermitteln, sei es durch Lösen einer linearen Differentialgleichung oder durch Auswerten eines komplexen Umkehrintegrals, so müssen wir stets die Wurzeln einer charakteristischen Gleichung bestimmen.

Im ersten Fall ist dies die charakteristische Gleichung, in die die homogene Differentialgleichung durch den Exponentialansatz übergeht.

Bei der Integration der komplexen Umkehrformel ist es die sog. *Stammgleichung* des Integranden, die zur Bestimmung der Pole gelöst werden muß und die sich mit der genannten charakteristischen Gleichung als völlig identisch erweist. Sie entsteht hier durch Nullsetzen der Nennerfunktion des Integranden, die auch als Stammfunktion bezeichnet wird. Die Stammgleichung kann algebraisch oder auch transzendent sein, und dementsprechend ist die Zahl der vorhandenen Wurzeln endlich oder unendlich. Die Wurzeln — sie werden als die *Eigenwerte* des Problems bezeichnet — können dabei in reeller oder komplexer Form und als Einfach- oder Mehrfachwurzeln auftreten.

Jeder Eigenwert liefert nun einen Beitrag zur Lösung, den man die zum betreffenden Eigenwert gehörige *Normalfunktion* nennt. Sie hat die Form: $Ce^{p_\nu t}$, wobei C eine zunächst noch unbestimmte Konstante und p_ν den betreffenden Eigenwert bedeuten.

Häufig faßt man mehrere Normalfunktionen zu einem *Teilvorgang* zusammen. Die Gesamtheit aller Teilvorgänge ergibt den vollständigen zeitlichen Verlauf einer Zustandsgröße und wird gewöhnlich als *Normalvorgang* bezeichnet. Wie die Teilvorgänge im Fall reeller und mehrfacher Eigenwerte verlaufen, wird sich in den späteren Abschnitten verschiedentlich zeigen. An dieser Stelle erscheinen einige Bemerkungen angebracht, die den wichtigen Fall einfacher, komplexer Eigenwerte betreffen.

§ 43 Teilvorgänge bei einfachen komplexen Eigenwerten und ihr Dämpfungszustand

Die Eigenwerte des Problems seien:

$$p_1, p_2, p_3 \cdots p_\nu \cdots \tag{43.1}$$

Die einem Eigenwert entsprechende Normalfunktion hat die Form:

$$z_\nu(t) = \mathfrak{C}_\nu \cdot e^{p_\nu t}. \tag{43.2}$$

$\mathfrak{C}_\nu$ ist dabei eine Konstante, die im Fall der Differentialgleichung aus den Anfangswerten bestimmt werden muß, während sie sich beim Umkehrintegral direkt ergibt.

Komplexe Wurzeln treten immer paarweise in konjugiert komplexer Form auf

$$p_\nu = -\delta_\nu + i\,\omega_\nu, \qquad \overline{p}_\nu = -\delta_\nu - i\,\omega_\nu. \tag{43.3}$$

Damit ergibt Gleichung (.2) den Teilvorgang:

$$z_\nu(t) = \mathfrak{C}_\nu e^{(-\delta_\nu + i\omega_\nu)t} + \overline{\mathfrak{C}}_\nu e^{(-\delta_\nu - i\omega_\nu)t}, \tag{43.4}$$

wobei auch die Konstanten $\mathfrak{C}_\nu$ in konjugiert komplexer Form erscheinen. Nach einigen einfachen Umformungen findet man aus Gleichung (.4) den einem einfachen komplexen Eigenwert zugehörigen Teilvorgang:

$$z_\nu(t) = 2\,|\mathfrak{C}_\nu|\,e^{-\delta_\nu t} \cdot \cos(\omega_\nu t + \operatorname{arc}\mathfrak{C}_\nu). \tag{43.5}$$

Der Realteil δ_ν der komplexen Wurzel stellt also die Dämpfung, der Imaginärteil ω_ν die Kreisfrequenz des periodischen Teilvorganges dar. Da wir uns bei Regelproblemen nur für stabile Vorgänge interessieren, muß δ_ν immer positiv sein. Bild 18 zeigt einen derartigen positiv gedämpften Teilvorgang.

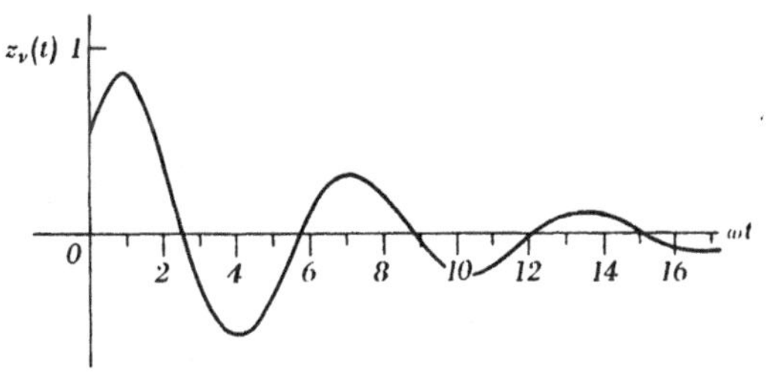

Bild 18: Prinzipieller Verlauf eines Teilvorganges mit komplexen Eigenwerten und positiver Dämpfung

Zur Kennzeichnung solcher Teilvorgänge pflegt man gewöhnlich das Verhältnis $\varkappa$ zweier unmittelbar aufeinanderfolgender Amplituden heranzuziehen. Den

Zeitpunkt dieser Extremstellen erhält man aus der Gleichung:

$$\frac{d[z_\nu(t)]}{dt} = 0 \tag{43.6}$$

oder mit Gleichung (.5) nach einigen Umformungen:

$$\operatorname{tg}(\omega t + \operatorname{arc} \mathfrak{C}) = -\delta/\omega. \tag{43.7}$$

Hieraus folgt für die Zeitpunkte der Extremstellen:

$$\omega t = -\operatorname{arc} \mathfrak{C} - \operatorname{arc} \operatorname{tg}(\delta/\omega) + k\pi. \tag{43.8}$$

Setzt man Gleichung (.8) in Gleichung (.5) ein und beachtet dabei, daß $\cos[\alpha + (k+1)\pi] = -\cos(\alpha + k\pi)$ ist, so findet man für das *Verhältnis zweier unmittelbar aufeinander folgender Amplituden:*

$$\varkappa = -\frac{\exp(-(\delta/\omega)[-\operatorname{arc}\mathfrak{C} - \operatorname{arc}\operatorname{tg}(\delta/\omega) + (k+1)\pi])}{\exp(-(\delta/\omega)[-\operatorname{arc}\mathfrak{C} - \operatorname{arc}\operatorname{tg}(\delta/\omega) + k\pi])}$$

und damit

$$\boxed{\varkappa_\nu = Z_2/Z_1 = e^{-(\delta_\nu/\omega_\nu)\pi}.} \tag{43.9}$$

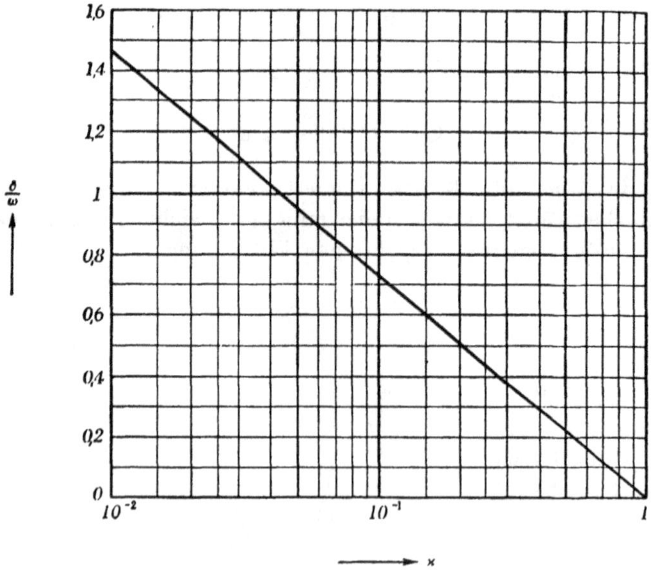

Bild 19: Die Kenngröße δ/ω eines Teilvorganges als Funktion des Verhältnisses $\varkappa$ zweier aufeinanderfolgender Amplituden

Das Verhältnis zweier aufeinanderfolgender Amplituden eines Teilvorganges ist also nur vom Verhältnis der Dämpfung zur Kreisfrequenz δ_ν/ω_ν abhängig. Diese Abhängigkeit veranschaulicht Diagramm 19. Im folgenden werden wir von dieser Tatsache noch häufig Gebrauch machen.

7. DIE GÜTE DER REGELUNG

§ 44 Definition der Regelgüte

Für die Beurteilung einer Regelung ist ihre Stabilität immer oberste Forderung. Die Berechnung der Stabilitätskriterien ist, wie die Kapitel 2, 3 und 4 gezeigt haben, auf verschiedene Weise verhältnismäßig einfach möglich. Den stets steigenden Ansprüchen, die an Regelungen gestellt werden, kann die Erfüllung dieser Forderung aber bei weitem nicht genügen. Eine Regelung wird im allgemeinen erst dann voll befriedigen, wenn sie nicht nur gerade stabil ist, sondern wenn die Regelvorgänge im wesentlichen aperiodisch verlaufen. Nun ist die für die Ermittlung des Regelverlaufes notwendige Wurzelbestimmung der Stammgleichung meist recht zeitraubend, vor allem wenn es sich um transzendente Stammgleichungen handelt. Als weitere Schwierigkeit stellt sich die Tatsache heraus, daß, im Gegensatz zur Stabilitätsbedingung, die Kriterien für aperiodischen Regelverlauf fast immer vieldeutig sind. Aperiodische Regelvorgänge sind nämlich auch dann noch bei beliebig vielen Wertekombinationen der Einflußgrößen erreichbar, wenn man die Festsetzung trifft, daß bei einem Teilvorgang aperiodischer Grenzfall vorliegen soll, was nach § 43 einem Dämpfungsverhältnis $\delta/\omega = \infty$ entspricht.

Man verzichtet deshalb zweckmäßig auf die Berechnung des Regelverlaufes, der ja nur in den seltensten Fällen wirklich interessiert, und sucht Bedingungen dafür, daß der Regelvorgang *optimal* abläuft. Diese Aufgabenstellung kann man als das eigentliche Ziel der Regelungstheorie bezeichnen. Um hierfür eine allgemeingültige Vergleichsbasis zu erhalten, muß ein besonderes Kriterium definiert werden, und als solches soll im folgenden die *Regelgüte* dienen.

Die Güte einer Regelung wird durch zwei Kenngrößen maßgebend beeinflußt: durch den *größten Betrag der Abweichung der Regelgröße von ihrem Sollwert* und durch die *Zeitdauer* des Regelvorganges. Beide Kenngrößen müssen zur Erreichung günstigster Bedingungen Kleinstwerte aufweisen. Es erscheint nun zweckmäßig, beide Größen in eine einzige zusammenzufassen und hierfür die *Fläche* zu wählen, die von dem Regelverlauf und dem Gleichgewichtszustand nach einer stoßförmigen Störung eingeschlossen wird.

Diese Fläche, die bei unserer Schreibweise die Dimension Zeit hat, wird als Maß für die Güte einer Regelung verwendet. Da bei einer Regelanlage die Regelstrecke im allgemeinen als nicht beeinflußbare Gegebenheit angesehen werden muß, ist es dabei vorteilhaft, die Fläche auf einen charakteristischen Zeitfestwert der Regelstrecke zu beziehen.

Im folgenden wollen wir also einen Regelvorgang dann als optimal bezeichnen, wenn er erstens im wesentlichen aperiodisch verläuft und außerdem die vom Regelverlauf und dem neuen Gleichgewichtszustand eingeschlossene Fläche ein Minimum wird. Die so definierte Regelgüte gestattet in eindeutiger Weise die Auswahl des für eine bestimmte Regelstrecke günstigsten Reglers und die Bestimmung seiner zweckmäßigsten Einstellung. Es sei hier aber ausdrücklich darauf aufmerksam gemacht, daß es natürlich mit den eben beschriebenen Mitteln nicht möglich ist, die Güte eines Reglers allein zu definieren, da eine

Beurteilung seiner dynamischen Eigenschaften nur im Zusammenhang mit einer bestimmten Regelstrecke denkbar und sinnvoll ist.

§ 45 Ermittlung der Regelfläche[1])

Wenn als Folge einer Störung keine bleibende Abweichung der Regelgröße von ihrem Sollwert eintritt, wie dies bei Anwendung *astatischer* Regler der Fall ist, dann wird die Regelfläche unmittelbar dadurch gewonnen, daß man den zeitlichen Verlauf des Regelvorganges von 0 bis ∞ integriert:

$$F = \int_0^\infty z(t)\,dt. \tag{45.1}$$

Bei Anwendung *statisch* wirkender Regler tritt dagegen nach einer stoßförmigen Störung eine bleibende Zustandsabweichung ein, so daß Gleichung (.1) in diesem Fall immer $F = \infty$ ergeben würde. Eine sinnvolle Definition der Regelfläche erhalten wir hier nur, wenn wir eine Parallelverschiebung des Regelverlaufs um den Wert der neuen Gleichgewichtslage vornehmen. An Stelle von Gleichung (.1) tritt dann die allgemeinere Beziehung:

$$F = \int_0^\infty [z(t) - z(\infty)]\,dt. \tag{45.2}$$

Es ist ein besonderer Vorteil, den die Verwendung der Laplacetransformation bei Regelproblemen mit sich bringt, daß sowohl die Berechnung der neuen Gleichgewichtslage (s. auch § 58) als auch die Flächenbestimmung bereits im Unterbereich erfolgen kann, ohne daß vorher der Regelvorgang selbst ermittelt werden müßte. Nach Anhang Ia gilt einfach, entsprechend den Gleichungen (.1) und (.2):

$$F = [z(p)]_\infty^0, \tag{45.3}$$

bzw.

$$F = [z(p) - (1/p)\lim_{p\to 0} p\cdot z(p)]_\infty^0. \tag{45.4}$$

Die dort angeführten notwendigen Voraussetzungen für die Anwendbarkeit dieses Verfahrens sind im vorliegenden Zusammenhang immer erfüllt.

8. ZUSAMMENFASSUNG

Wir wollen nun die Ergebnisse des Abschnittes C nochmals kurz zusammenfassen und dabei die Gesichtspunkte besonders hervorheben, welche für die praktische Behandlung von Regelproblemen von Bedeutung sind.
Es hat sich gezeigt, daß die vollständige Berechnung von Ausgleichsvorgängen selbsttätiger Regelungen auf drei verschiedenen Wegen gelingt. Wir bedienten uns dabei zur Beschreibung eines vorliegenden Regelkreises entweder einer

[1]) Siehe hierzu auch: I. Obradović, Arch. Elektrotechnik 36 (1942), 382 bis 390.

linearen Differentialgleichung (§§ 29 bis 32), des Frequenzganges (§§ 33 bis 37) oder schließlich der Übergangsfunktion (§§ 38 bis 39).

Im ersten Falle muß die vollständige Lösung der Differentialgleichung bestimmt werden, im zweiten Falle handelt es sich um die Auswertung des komplexen Umkehrintegrales, und der letzte Fall verlangt die Lösung einer Volterraschen Integralgleichung. Dabei bestehen, rein analytisch gesehen, keine wesentlichen Unterschiede des erforderlichen rechnerischen Aufwandes, und alle drei Methoden führen selbstverständlich immer zu demselben Ergebnis.

Wir sahen ferner, daß die Methoden der Laplacetransformation eine Erleichterung und Abkürzung der Rechenarbeit mit sich bringen. Auf den Fall der Differentialgleichungen (§ 32) und Integralgleichungen (§ 39) angewandt, führen sie besonders anschaulich auf die Darstellung mittels des Frequenzganges (§ 33) hin und zeigen damit die Wesensgleichheit der drei Verfahren auf. Man ist daher auch nicht berechtigt, mathematisch einen Unterschied zwischen den verschiedenen Lösungswegen zu machen und in diesem Sinne etwa zwischen einer Methode der Differentialgleichungen und der Integralgleichungen zu unterscheiden; ebenso besagt z. B. das sog. *Verfahren der kleinen Schwingungen* weiter nichts, als daß die angewandten Übertragungssysteme in der Nähe des betrachteten Gleichgewichtszustandes als linear vorausgesetzt werden.

Anders müssen jedoch die drei Verfahren vom Standpunkt der Anschaulichkeit und der praktischen Handhabung aus beurteilt werden. Die Differentialgleichung löst das vorgelegte Problem von der mathematischen Seite aus, indem sie die Beziehung zwischen der gesuchten Größe und ihren zeitlichen Ableitungen festlegt, während sowohl dem Frequenzgang als auch insbesondere der Übergangsfunktion ausgesprochen physikalische Beobachtungen zugrunde liegen. Dementsprechend kommt den letzteren auch zweifellos der größere praktische Nutzen zu.

Das läßt sich mit einer kurzen Betrachtung klarstellen: Der Ingenieur, dem ein beliebiger komplizierter Regelkreis zur praktischen Untersuchung vorliegt, wird nur in den seltensten Fällen in der Lage sein, in kurzer Zeit die Differentialgleichung anzugeben, von der die Ausgleichsvorgänge exakt beherrscht werden. Auch das Auffinden einer wirklich guten Näherung verlangt bereits einige Erfahrungen, denn ein unsachgemäßer Ansatz kann zu erheblichen Fehlschlüssen führen. Es wird dagegen immer verhältnismäßig leicht möglich sein, an einer Trennstelle versuchsmäßig den Frequenzgang oder die Übergangsfunktion eines beliebigen Regelkreises aufzunehmen. Dabei erweist sich vor allem die Übergangsfunktion als außerordentlich anschauliches und praktisches Hilfsmittel, denn sie ist bei den langsamsten bis zu den schnellsten Vorgängen meßtechnisch einfach und mit einem Mindestaufwand an Zeit zu erfassen; im Anschluß hieran läßt sie sich auch bei verwickelten Problemen leicht als mathematische Funktion darstellen bzw. mit genügender Genauigkeit so annähern, daß die Sicherheit der Ergebnisse gewährleistet ist. Die so bestimmte Übergangsfunktion kann unmittelbar (an Hand einer Integralgleichung) zur Berechnung der Ausgleichsvorgänge verwendet werden, es ist aber aus ihr (mittels des Laplaceintegrals) auch leicht der Frequenzgang des untersuchten Regelkreises zu gewinnen, wodurch ebenfalls die weitere Auswertung ermöglicht wird.

Aus diesen Gründen wird bei den folgenden Ausführungen vorwiegend von der Übergangsfunktion ausgegangen, als dem anschaulichsten Kennzeichen des Regelkreises, das infolge seiner versuchsmäßigen Grundlage auch besonders einprägsam ist. Die Durchrechnung geschieht dann in der Regel mit Hilfe des Frequenzganges, wobei folgende Fälle zu unterscheiden sind:

Interessieren nur die Bedingungen für Stabilität, dann genügt im allgemeinen die Auflösung der Stammgleichung mit $p = i\,\omega$, was ja die Bedeutung der in den §§ 31, 34 und 38 abgeleiteten Stabilitätskriterien ist.

In weniger durchsichtigen Fällen ist es am einfachsten, die Ortskurve des Frequenzganges $\mathfrak{F}(i\,\omega)$ aufzuzeichnen, wobei für die Entscheidung der Stabilität nur wesentlich ist, daß der Punkt $(-1,\ i \cdot 0)$ von der Ortskurve nicht eingeschlossen wird (s. § 35). Man wird in dieser Weise zweckmäßig auch dann vorgehen,

a) wenn die Auflösung der Stammgleichung (oder auch die Auswertung der Hurwitzbedingungen § 30) umständlich oder in allgemeiner Form undurchführbar wird,

b) wenn der Frequenzgang eines Regelkreises unmittelbar meßtechnisch vorliegt oder — wie bei sehr raschen elektrischen Vorgängen — gelegentlich leichter als die Übergangsfunktion aufgenommen werden kann.

Meist wird man sich aber mit der Forderung nach Stabilität allein nicht begnügen können, sondern Bedingungen dafür suchen, daß der Regelvorgang unter bestimmten günstigen Verhältnissen abläuft, etwa gerade nichtperiodisch oder mit einem anderen vorgeschriebenen Dämpfungszustand. Man erhält diese Bedingungen, indem man die Konstanten der Regelung so bestimmt, daß die Stammgleichung für die vorgegebenen Werte von δ/ω erfüllt wird.

Darüber hinausgehend wird es sehr häufig erwünscht sein, diejenigen Bedingungen zu kennen, unter denen der Regelvorgang den günstigsten Verlauf aufweist, der bei den Gegebenheiten des Regelkreises überhaupt denkbar ist. Wir werden im folgenden sehen, daß durch die im § 44 definierte Regelgüte die Aufstellung dieser Bedingungen auch bei komplizierten Regelkreisen mit verhältnismäßig geringem Arbeitsaufwand durchzuführen ist.

III. STETIGE REGELUNGEN

A. Die wichtigsten Bestandteile des Regelkreises

Bei unseren bisherigen Betrachtungen sind wir stets von dem allgemeinen Übertragungssystem ausgegangen und haben gesehen, wie die dynamischen Eigenschaften des ganzen Regelkreises durch die der einzelnen Elemente in allgemeiner Form bestimmt werden. Bevor wir nun aber zum Studium spezieller Regelprobleme übergehen können, ist es erforderlich, diese Bauteile des Regelkreises, wie sie in der Praxis zur Verwendung kommen, im einzelnen kennenzulernen. Es kann natürlich dabei nicht unsere Aufgabe sein, einen Überblick über die ungeheure konstruktive Vielfalt von Regelgeräten zu gewinnen, der besser durch die sehr reichhaltige Patentliteratur vermittelt wird. Wir wollen uns hier darauf beschränken, einzelne Beispiele herauszugreifen, die aber jeweils für eine ganze Gruppe von Systemen und Geräten typisch sind. Es wird dann ein leichtes sein, in der Praxis vorkommende Fälle auf die hier behandelten zurückzuführen.

In Anlehnung an die ältere Reglerliteratur wird als oberster ordnender Gesichtspunkt die Einteilung der einzelnen Glieder des Regelkreises in zwei große Gruppen vorgenommen, nämlich in die der *statisch* und die der *astatisch* wirkenden.

Bei statisch wirkenden Systemen (§§ 46 bis 53) ist der Eingangsgröße nach Ablauf genügend langer Zeit ein fester Wert der Ausgangsgröße zugeordnet, der mit ersterer in eindeutigem Zusammenhang steht. Bei astatischen Übertragungsgliedern (§§ 54 und 55) besteht die Zuordnung dagegen in der Weise, daß die Ausgangsgröße bei einer von Null verschiedenen Eingangsgröße schließlich eine bestimmte Änderungsgeschwindigkeit annimmt; die Ausgangsgröße selbst würde hier also über alle Grenzen anwachsen, wenn nicht — wie in allen praktischen Fällen — durch vorhandene Begrenzungen (*Endanschläge* oder dgl.) natürliche Schranken gesetzt wären.

Nicht alle Geräte lassen sich jedoch zwanglos in diese beiden Gruppen eingliedern. Das ist im besonderen der Fall bei allen *Stabilisierungseinrichtungen*, von denen die wichtigsten deshalb in §§ 56 und 57 gesondert behandelt werden.

1. ELEMENTE MIT STATISCHEM VERHALTEN

§ 46 Das trägheitslose Ubertragungsglied

Unter trägheitslosen Systemen wollen wir hier solche verstehen, die von Natur aus überhaupt keine Verzögerung besitzen, wie etwa eine mechanische Hebelanordnung, oder solche, deren Verzögerung gegenüber den sonstigen Verzögerungen des Regelkreises vernachlässigbar klein ist. Als Beispiel für die letzte

Art kann in vielen Fällen ein elektrischer Röhrenverstärker gelten. Im allgemeinen beschränkt sich diese Voraussetzung der Trägheitslosigkeit auf reine *Umformungs-* und *Verstärkerglieder.*

Ein derartiges System kann durch eine rein algebraische Gleichung beschrieben werden, etwa der Form: $a(t) = (1/\zeta) \cdot z(t)$. (46. 1)

Dabei möge z die Eingangsgröße, a die Ausgangsgröße des Systems bedeuten. $1/\zeta$ ist ein Proportionalitätsfaktor, der als konstant angenommen wird, da das System voraussetzungsgemäß wieder ein lineares sein soll.

Den Frequenzgang dieses einfachen Systems erhalten wir nach Gleichung (16. 3), indem wir auf Gleichung (.1) die Laplacetransformation anwenden und dann die Laplacetransformierte der Ausgangsgröße durch die der Eingangsgröße dividieren:

$$\boxed{\mathfrak{F}(p) = \mathfrak{L}(a)/\mathfrak{L}(z) = 1/\zeta\,.} \tag{46. 2}$$

Der Frequenzgang ist hier unabhängig von p und damit von der Frequenz ω. Wirkt also auf das System eine Sinusschwingung von beliebiger Frequenz ein, so ist das Amplitudenverhältnis der Ausgangsschwingung zur Eingangsschwingung gleich $1/\zeta$, da $|\mathfrak{F}(p)| = 1/\zeta$ (s. § 10). Außerdem sind beide Schwingungen stets in Phase, da $\operatorname{arc} \mathfrak{F}(p) = \mathfrak{Im}\,[\mathfrak{F}(p)]/\mathfrak{Re}\,[\mathfrak{F}(p)] = 0$. (46. 3)

Aus dem Frequenzgang ergibt sich nach Gleichung (16. 2) die Übergangsfunktion des trägheitslosen Systems:

$$\varphi(t) = \frac{1}{2\pi i} \int_{-i\infty}^{+i\infty} \frac{1}{\zeta} \cdot \frac{e^{pt}}{p}\, dp\,. \tag{46. 4}$$

Gleichung (.4) ist aber die Fourierdarstellung eines Stoßvorganges (s. § 12), so daß wir kürzer schreiben können:

$$\boxed{\varphi(t) = \begin{cases} 0 \text{ für } t < 0 \\ 1/\zeta \text{ für } t > 0 \end{cases}.} \tag{46. 5}$$

Wirkt also auf das System eine stoßförmige Funktion vom Betrage 1, so ändert sich die Ausgangsgröße ebenfalls stoßförmig um den Betrag $1/\zeta = V$, den man auch als *Verstärkungsgrad* des Systems bezeichnet. Die Eigenschaft eines trägheitslosen Systems, daß die Ausgangsgröße den zeitlichen Verlauf der Eingangsgröße formgetreu wiedergibt, wird in Anlehnung an die Bezeichnungsweise der elektrischen Verstärkertechnik als *Verzerrungsfreiheit* des Systems bezeichnet.

§ 47 Das Übertragungsglied erster Ordnung

Ein Übertragungssystem erster Ordnung entsteht immer durch die Hintereinanderschaltung eines *Widerstands-* und eines *Speichergliedes*, also etwa einer Drosselstrecke, durch die ein Medium in ein Speichervolumen strömt, oder eines elektrischen Widerstandes, über den ein Kondensator aufgeladen wird (Bild 20).

Die durch das Widerstandsglied strömende Menge ist eine Funktion der Zustandsgröße vor und hinter demselben. Diese Beziehung wird hier ebenfalls als

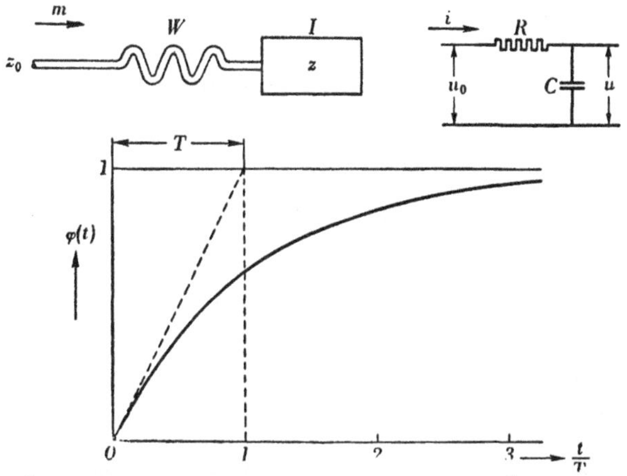

Bild 20: Übertragungsglieder erster Ordnung und deren Übergangsfunktion

linear angenommen. Streng erfüllt ist diese Voraussetzung bei dem elektrischen Beispiel, während sie etwa im Falle einer pneumatischen oder hydraulischen Anordnung nur für hinreichend kleine Zustandsänderungen Gültigkeit besitzt. Die sekundlich durch das Widerstandsglied fließende Menge ist:

$$m = (z_0 - z)(1/W), \tag{47.1}$$

wobei z_0 der Zustand vor und z der Zustand hinter dem Widerstandsglied ist, dessen besondere Eigenschaften durch den Faktor W berücksichtigt werden. Gleichung (.1) stellt das auf mechanische Vorgänge verallgemeinerte Ohmsche Gesetz dar, und man kann daher die Größe W als einen Widerstandswert ansehen.

Durch die dem Speicherglied zuströmende Menge wird sich in diesem der Zustand ändern, und zwar wird die Änderungsgeschwindigkeit um so größer sein, je kleiner der Inhalt I des Speichers ist. Mathematisch kann man diese Tatsache in Form der sog. Speichergleichung anschreiben:

$$z' = (1/I)m \quad \text{oder} \quad z = (1/I)\int m\,dt. \tag{47.2}$$

Bei der vereinbarten dimensionslosen Schreibweise muß in Gleichung (.2) die Größe I die Dimension sec haben.

Aus den Gleichungen (.1) und (.2) ergibt sich nach Elimination von m die Differentialgleichung des Systems erster Ordnung:

$$z' \cdot I \cdot W + z = z_0, \tag{47.3}$$

dessen Eingangsgröße z_0 und dessen Ausgangsgröße z ist. Die Größe IW (Dimension sec) wird als *Zeitkonstante* T bezeichnet, und wir schreiben Gleichung (.3) immer in der Form:

$$\boxed{T \cdot z' + z = z_0.} \tag{47.4}$$

Den Frequenzgang des Systems erster Ordnung verschaffen wir uns am einfachsten wieder mit Hilfe der Laplacetransformation:

$$\boxed{\mathfrak{F}(p) = \mathfrak{L}(z) \,/\, \mathfrak{L}(z_0) = 1/(1 + pT).} \tag{47.5}$$

Hieraus finden wir als Amplitudenverhältnis mit $p = i\,\omega$

$$|\mathfrak{F}(p)| = 1/\sqrt{1 + (\omega T)^2} \tag{47.6}$$

und als Phasenverschiebung:

$$\Theta = \text{arc tg} \frac{\mathfrak{Im}\,[\mathfrak{F}(p)]}{\mathfrak{Re}\,[\mathfrak{F}(p)]} = -\,\text{arc tg}\,(\omega T). \tag{47.7}$$

Mit wachsender Frequenz nimmt das Amplitudenverhältnis stetig ab, die Phasenverschiebung nimmt zu und erreicht für $\omega \rightarrow \infty$ den Wert $-\pi/2$. Die Übergangsfunktion ergibt sich aus dem Frequenzgang in bekannter Weise zu:

$$\boxed{\varphi(t) = 1 - e^{-t/T}.} \tag{47.8}$$

Sie ist in Bild 20 aufgezeichnet. Die Zeitkonstante erscheint dabei als Subtangente, die in jedem Punkt der Kurve die gleiche Größe hat.
Diese Erscheinung ist ein einfaches Hilfsmittel, um bei einer versuchsmäßig aufgenommenen Übergangsfunktion festzustellen, ob es sich um eine e-Funktion, also um ein System erster Ordnung handelt oder nicht. So findet man z. B., daß eine einfache Gasdruckregelstrecke mit guter Näherung durch eine Differentialgleichung erster Ordnung beschrieben werden kann, wobei die durch das Regelventil gesteuerte Menge m als Eingangsgröße, der Druck z im Behälter als Ausgangsgröße dieser Regelstrecke erster Ordnung aufzufassen ist.
Also:

$$T_z \cdot z' + z = (1/\mu)\,m. \tag{47.9}$$

Dabei ist der Faktor $1/\mu$ von der Beschaffenheit der Regelstrecke abhängig und ein Maß dafür, in welchem Verhältnis die Mengenänderung den Zustand beeinflußt. μ wird gewöhnlich als *Ausgleichsgrad* der Regelstrecke bezeichnet.
Auch viele andere Regelstrecken kann man näherungsweise als Systeme erster Ordnung auffassen, so daß wir Gleichung (.9) in den späteren Beispielen häufig wiederfinden werden.
Die Meßgeräte von Reglern lassen sich, sofern sie nennenswerte Anzeigeverzögerung besitzen, ebenfalls in vielen Fällen durch Differentialgleichungen erster Ordnung kennzeichnen, wobei besonders bei Druckmeßgeräten die Näherung eine sehr gute ist. Sinngemäß schreiben wir diese Gleichung:

$$T_a \cdot a' + a = (1/\zeta)\,z, \tag{47.10}$$

wobei $1/\zeta$ wieder den proportionalen Zusammenhang der beiden Größen nach abgelaufenem Einstellvorgang angibt.

§ 48 Ubertragungsglieder höherer Ordnung

Ein System höherer Ordnung entsteht durch mehrere hintereinander geschaltete Widerstands- und Speicherglieder, die aber eine untrennbare Einheit bilden, da sich die einzelnen Glieder gegenseitig beeinflussen. Nur wenn in Sonderfällen die einzelnen Glieder rückwirkungsfrei sind, kann das System höherer Ordnung in einzelne Systeme entsprechend niedrigerer Ordnung aufgespalten werden, die dann in einfacher Weise als hintereinander geschaltete Übertragungssysteme behandelt werden können (s. §§ 36 und 50).

Den wichtigsten Fall stellt das System zweiter Ordnung dar, dessen mechanisches und elektrisches Schema in Bild 21 wiedergegeben ist. Die beiden Speichergleichungen lauten hier:

$$z_2' = (1/I_2)\,m_2 \tag{48. 1}$$

und

$$z_1' = (1/I_1)\,m_1 = (1/I_1)\,(m - m_2). \tag{48. 2}$$

Die Durchflußgleichungen sind entsprechend:

$$z_0 = W_1 m + z_1, \tag{48. 3}$$

$$z_1 = W_2 m_2 + z_2. \tag{48. 4}$$

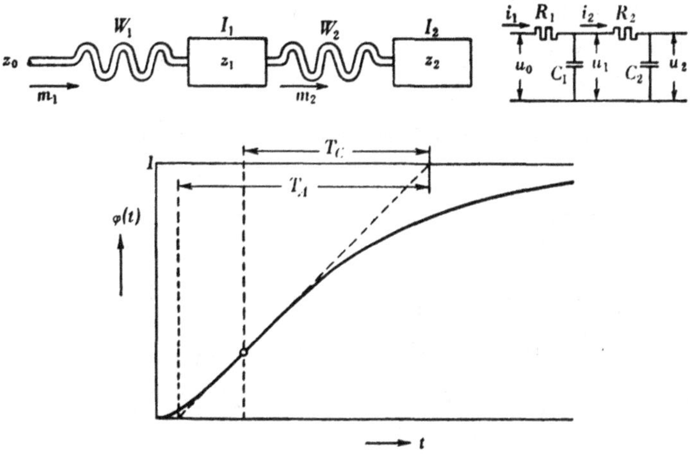

Bild 21: Übertragungsglieder zweiter Ordnung und deren Übergangsfunktion

Werden aus den Gleichungen (.1) bis (.4) die Größen m, m_2, z_1 eliminiert, so erhält man die Differentialgleichung des Systems zweiter Ordnung:

$$z_2'' \cdot W_1 I_1 \cdot W_2 I_2 + z_2' (W_1 I_1 + W_2 I_2 + W_1 I_2) + z_2 = z_0. \tag{48. 5}$$

In Gleichung (.5) kommt neben den Zeitkonstanten der einzelnen Systeme $T_1 = W_1 I_1$ und $T_2 = W_2 I_2$ noch eine Zeitkonstante vor, die durch das erste Widerstandsglied mit dem zweiten Speicherglied gebildet wird:

$$T_{1,2} = W_1 I_2. \tag{48. 6}$$

Damit nimmt die Differentialgleichung des Systems zweiter Ordnung die Form an:

$$T_1 T_2 z_2'' + (T_1 + T_2 + T_{1,2})\, z_2' + z_2 = z_0. \tag{48. 7}$$

Ist in Sonderfällen $W_1 \ll W_2$, so kann $T_{1,2}$ gegenüber T_1 und T_2 vernachlässigt werden. Es ist dies der Fall zweier hintereinander geschalteter, rückwirkungsfreier Systeme erster Ordnung, deren Differentialgleichung dann lautet:

$$T_1 T_2 z_2'' + (T_1 + T_2) z_2' + z_2 = z_0. \qquad (48.8)$$

Als Frequenzgang des durch Gleichung (.7) beschriebenen Systems erhalten wir:

$$\mathfrak{F}(p) = \mathfrak{L}(z_2)/\mathfrak{L}(z_0) = 1/[T_1 T_2 p^2 + (T_1 + T_2 + T_{1,2})p + 1], \qquad (48.9)$$

mit dessen Hilfe wir als Übergangsfunktion anschreiben können:

$$\varphi(t) = \frac{1}{2\pi i} \int_{-i\infty}^{+i\infty} \frac{1}{p} \cdot \frac{e^{pt}}{T_1 T_2 p^2 + (T_1 + T_2 + T_{1,2})p + 1}\, dp. \qquad (48.10)$$

Die Pole des Integranden sind:

$$\left.\begin{aligned} p_0 &= 0 \\ p_1 &= -\frac{T_1 + T_2 + T_{1,2}}{2\,T_1 T_2} + \sqrt{\frac{(T_1 + T_2 + T_{1,2})^2 - 4\,T_1 T_2}{4\,T_1^2 T_2^2}} = -\frac{1}{T_1'} \\ p_2 &= -\frac{T_1 + T_2 + T_{1,2}}{2\,T_1 T_2} - \sqrt{\frac{(T_1 + T_2 + T_{1,2})^2 - 4\,T_1 T_2}{4\,T_1^2 T_2^2}} = -\frac{1}{T_2'} \end{aligned}\right\}. \qquad (48.11)$$

Gleichung (.10) kann nun in der Form geschrieben werden:

$$\varphi(t) = \frac{1}{T_1 T_2} \frac{1}{2\pi i} \int_{-i\infty}^{+i\infty} \frac{1}{p} \frac{e^{pt}}{(p + 1/T_1')(p + 1/T_2')}\, dp. \qquad (48.12)$$

Die Auswertung des Integrals ergibt dann unter Berücksichtigung von

$$(1/T_1') \cdot (1/T_2') = (1/T_1) \cdot (1/T_2). \qquad (48.13)$$

$$\varphi(t) = 1 - \frac{T_1'}{T_1' - T_2'} e^{-t/T_1'} + \frac{T_2'}{T_1' - T_2'} e^{-t/T_2'}. \qquad (48.14)$$

Diese Übergangsfunktion ist in Bild 21 dargestellt. Es fällt auf, daß sie nicht mehr mit einer endlichen Anfangstangente beginnt, wie dies beim System erster Ordnung der Fall war. Dieses anfängliche Anschmiegen der Übergangsfunktion an die Zeitachse ist ein wichtiges Kennzeichen aller Systeme höherer Ordnung, und wir werden hierauf in § 50 zurückkommen.

Wenn wir die Übergangsfunktion nach Gleichung (.14) mit der von zwei hintereinander geschalteten Systemen erster Ordnung [Gleichung (26. 8)] vergleichen, so erkennen wir, daß beide genau die gleiche Form aufweisen. Nur waren in Gleichung (26. 8) p_1 und p_2 direkt die reziproken Zeitkonstanten der einzelnen Systeme, während hier T'_1 und T'_2 Funktionen beider Zeitkonstanten T_1 und T_2 sind, die durch die Gleichungen (.11) vermittelt werden. Man kann sich nun die Übergangsfunktion nach Gleichung (.14) aus einzelnen rückwirkungsfreien Systemen entstanden denken. Diese Vorstellung leistet wertvolle Dienste bei der Analysierung einer experimentell aufgenommenen Übergangsfunktion eines Systems zweiter Ordnung.

Der Vorgang bei der Auflösung eines Systems zweiter Ordnung in zwei einzelne Systeme erster Ordnung ist folgender: Aus der versuchsmäßig vorliegenden Übergangsfunktion werden die beiden Zeitfestwerte T_A und T_C (Bild 21) bestimmt, mit deren Hilfe dann die Zeitkonstanten T'_1 und T'_2 errechnet werden können.

T_A ist dabei die Projektion der Wendetangente auf die Zeitachse und
T_C die Subtangente im Wendepunkt.

Aus Gleichung (.14) findet man für die beiden Zeitwerte:

$$T_A = T'_1(T'_2/T'_1)^{T_2'/(T_2'-T_1')} \qquad (48.15)$$

und

$$T_C = T'_1 + T'_2, \qquad (48.16)$$

die beim Übergang auf Verhältniswerte folgende Form annehmen:

$$\left(\frac{T'_1}{T_A}\right)\left(\frac{T'_2/T_A}{T'_1/T_A}\right)^{\frac{T_2'/T_A}{T_2'/T_A - T_1'/T_A}} = 1 \qquad (48.15\text{a})$$

und

$$T_C/T_A = (T'_1/T_A) + (T'_2/T_A). \qquad (48.16\text{a})$$

Da T_C/T_A aus der Übergangsfunktion bekannt ist, können aus den Gleichungen (.15a) und (.16a) sowohl T'_1 als auch T'_2 gefunden werden.

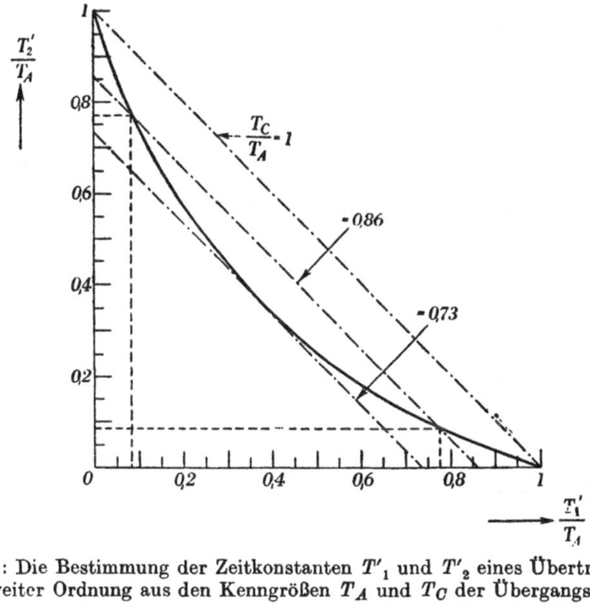

Bild 22: Die Bestimmung der Zeitkonstanten T'_1 und T'_2 eines Übertragungsgliedes zweiter Ordnung aus den Kenngrößen T_A und T_C der Übergangsfunktion

Die Auswertung der beiden Gleichungen erfolgt am einfachsten durch das Diagramm 22. Die Gleichung (.15a) wird hier durch die stark ausgezogene Kurve wiedergegeben, während Gleichung (.16a) durch parallele Gerade mit den Achsenabschnitten T_C/T_A dargestellt wird. Sind also T_A und T_C bekannt,

so kann in das Diagramm die Gerade für T_C/T_A eingezeichnet werden. Die Schnittpunkte mit der Kurve 1 liefern dann die beiden Werte T'_1/T_A und T'_2/T_A und damit die beiden Zeitkonstanten T'_1 und T'_2. Daß sich jeweils zwei Paare von Zeitkonstanten ergeben, hat seinen Grund darin, daß bei der Hintereinanderschaltung der einzelnen Systeme die Reihenfolge völlig gleichgültig ist, T'_1 und T'_2 also immer vertauschbar sein müssen.
Als Beispiele für Übertragungsglieder zweiter Ordnung sind in erster Linie Temperaturmeßeinrichtungen zu erwähnen. Aber auch viele Regelstrecken, insbesondere gewisse Temperaturregelstrecken können mit hinreichender Genauigkeit als Systeme zweiter Ordnung aufgefaßt werden (s. auch § 49).
Häufig werden auch Glieder von höherer als zweiter Ordnung zweckmäßig nach der eben beschriebenen Methode durch solche zweiter Ordnung angenähert, da ihre exakte Beschreibung meist sehr unübersichtlich ist. So würde beispielsweise die Differentialgleichung eines Systems dritter Ordnung lauten:

$$T_1 \cdot T_2 \cdot T_3 \cdot z''' + (T_1 T_2 + T_1 T_{2,3} + T_1 T_3 + T_{1,2} T_3 + T_2 T_3) z'' + \\ + (T_1 + T_{1,2} + T_{1,3} + T_2 + T_{2,3} + T_3) z' + z = z_0. \tag{48.17}$$

§ 49 Das Kontinuum

Wenn man eine Temperatur-Regelstrecke, z. B. einen technischen Ofen, durch eine Differentialgleichung zweiter Ordnung zu kennzeichnen versucht, so denkt man sich den Wärmewiderstand und die Wärmekapazität je in zwei Punkten konzentriert, während beide sich in Wirklichkeit unendlich fein verteilt über die ganzen Abmessungen des Ofens erstrecken. Darüber hinaus werden — insbesondere in der Hauptrichtung des Wärmeflusses — meist mehrere Schichten verschiedener Medien durchlaufen. Der Ofen stellt also eigentlich ein System unendlich hoher Ordnung, ein sogenanntes *Kontinuum* (bzw. mehrere hintereinander geschaltete) dar.
Eine exakte Berechnung dieser Vorgänge ist daher äußerst schwierig, doch erhält man bereits eine sehr gute Näherung, wenn man ein homogenes Medium zugrunde legt und die Wärmebewegung nur in einer Richtung betrachtet.
Wir wollen uns nun der Aufstellung der Differentialgleichung eines derartigen Kontinuums zuwenden und aus ihr dessen Frequenzgang und Übergangsfunktion berechnen. Dabei gehen wir von einem System aus, dessen Gesamtspeichervolumen I und dessen Gesamtwiderstand W sein soll.
Denkt man sich zunächst nur ein Speicherglied und ein Widerstandsglied je in einem Punkt angeordnet, so ergibt sich die Zeitkonstante

$$T_1 = I \cdot W \tag{49.1}$$

und eine Differentialgleichung erster Ordnung nach Gleichung (47. 3)

$$T_1 z' + z = z_0. \tag{49.2}$$

Bei Aufteilung des Speicher- und Widerstandsgliedes in zwei gleiche, räumlich konzentriert gedachte Glieder wird deren Zeitkonstante:

$$T_2 = (I/2) \cdot (W/2) = T_1/4 \tag{49.3}$$

und die Differentialgleichung entsprechend von zweiter Ordnung [s. Gleichung (48. 7)]:

$$T_2^2 z'' + 3\,T_2 z' + z = z_0. \tag{49.4}$$

Ganz analog lauten Zeitkonstante und Differentialgleichung bei Aufteilung in drei gleiche Glieder:

$$T_3 = (I/3)\cdot(W/3) = T_1/9 \tag{49.5}$$

$$T_3^3 z''' + 5\,T_3^2 z'' + 6\,T_3 z' + z = z_0. \tag{49.6}$$

Allgemein, bei Aufteilung in n gleiche Glieder, ergibt sich

$$T_n = (I/n)\cdot(W/n) = T_1/n^2. \tag{49.7}$$

$$\boxed{\sum_{\nu=0}^{n} A_\nu T_n^{n-\nu} z^{(n-\nu)} = z_0.} \tag{49.8}$$

A_ν gehorcht dabei dem Bildungsgesetz

$$A_\nu = \binom{2n-\nu}{\nu}, \tag{49.9}$$

so daß der aus Gleichung (.8) hervorgehende Frequenzgang wie folgt lautet:

$$\mathfrak{F}_n(p) = \left[\sum_{\nu=0}^{n} \binom{2n-\nu}{\nu} \left(p\,T_n\right)^{n-\nu}\right]^{-1}. \tag{49.10}$$

Mit $\nu = n - \mu$ und bei Beachtung von Gleichung (.7) wird hieraus:

$$\boxed{\mathfrak{F}_n(p) = \left[\sum_{\mu=0}^{n} \binom{n+\mu}{n-\mu} \frac{1}{n^{2\mu}} \left(p\,T_1\right)^{\mu}\right]^{-1}.} \tag{49.11}$$

Die allgemeine explizite Transformation in den Originalbereich bereitet keine prinzipiellen Schwierigkeiten, ist aber umständlich; sie ist im vorliegenden Zusammenhang ohne wesentliches Interesse, um so weniger, als für spezielle Werte von n die Lösung einer algebraischen Gleichung n-ten Grades der Form (.8) zum Ziele führt. Für den Fall unbegrenzt wachsender Gliedzahl ($n \to \infty$) ergeben sich dagegen besonders einfache Verhältnisse. Bekanntlich ist nämlich

$$\binom{n+\mu}{n-\mu} = \binom{n+\mu}{2\mu} = \frac{(n+\mu)!}{(n-\mu)!\,(2\mu)!}.$$

Gleichung (.11) wird hiermit

$$\mathfrak{F}_n(p) = \left[\sum_{\mu=0}^{n} \frac{(n+\mu)!}{(n-\mu)!\,n^{2\mu}} \cdot \frac{(p\,T_1)^{\mu}}{(2\mu)!}\right]^{-1}. \tag{49.12}$$

Der Koeffizient $\frac{(n+\mu)!}{(n-\mu)!\,n^{2\mu}}$ strebt für $n \to \infty$ ersichtlich gegen 1, da

$$\frac{(n+\mu)!}{(n-\mu)!} = n\,(n+1)\prod_{r=1}^{\mu-1}[n+(\mu-r)]\cdot[n-(\mu-r)] =$$
$$= n\,(n+1)\prod_{r=1}^{\mu-1}[n^2-(\mu-r)^2].$$

Es wird also

$$\lim_{n\to\infty}\mathfrak{F}_n(p) = \left[\sum_{\mu=0}^{n}\frac{(p\,T_1)^\mu}{(2\,\mu)!}\right]^{-1} = \left(\mathfrak{Cof}\,\sqrt{p\,T_1}\right)^{-1}. \tag{49.13}$$

Dieser Frequenzgang ist zur Ermittlung der entsprechenden Übergangsfunktion durch p zu dividieren und dann in den Oberbereich zu transformieren. Dabei folgen aus der Stammgleichung

$$\mathfrak{Cof}\,\sqrt{p\,T_1} = 0 \tag{49.14}$$

die Eigenwerte

$$p_k = -\frac{1}{T_k} = -\frac{1}{T_1}\left[\frac{(2\,k-1)\,\pi}{2}\right]^2, \tag{49.15}$$

und nach der erforderlichen Residuenbestimmung ergibt sich schließlich

$$\boxed{\varphi(t) = 1 + \sum_{k=1}^{\infty}(-1)^k\,\frac{4}{(2\,k-1)\,\pi}\,e^{-t/T_k}} \tag{49.16}$$

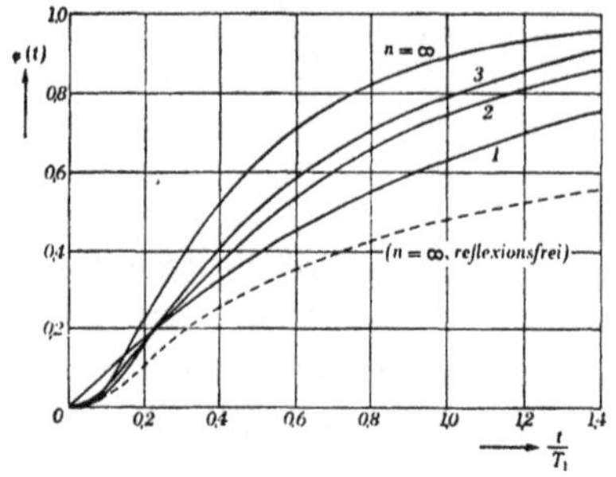

Bild 23: Vergleich der Übergangsfunktionen von Übertragungsgliedern n-ter Ordnung

als Übergangsfunktion des Kontinuums, die hier die Form einer unendlichen Reihe annimmt. Die Reihe konvergiert sehr rasch, so daß schon wenige Glieder genügen, um die Funktion genügend genau anzunähern. In Bild 23 sind die aus der Lösung von Gleichung (.8) mit $n = 1$, 2 und 3 hervorgehenden Übergangsfunktionen zusammen mit der Funktion (.16) aufgetragen. Als zeitliche Bezugsgröße ist dabei die Zeitkonstante T_1 des Verzögerungssystems erster Ordnung gewählt. [Gleichung (.1)]. Die Kurven sind also unmittelbar vergleichbar, da ihnen jeweils der gleiche Gesamtaufwand an Einheiten der Widerstands und Speicherglieder zugrunde liegt. Wir haben hier nun gleichzeitig eine Methode gefunden, um ein Kontinuum durch ein endliches Verzögerungssystem zu ersetzen. Die Gliedzahl braucht dabei, wie sich Bild 23 entnehmen läßt, wohl selten größer als 3 oder allenfalls 4 gewählt zu werden, um genügende Genauigkeit zu erzielen.

Übertragungssysteme der soeben beschriebenen Form werden in der elektrischen Nachrichtentechnik als *leer laufende*, also nicht reflexionsfrei abgeschlossene, *Kettenleiter* bezeichnet. Der anders gelagerte Fall *reflexionsfreien* Abschlusses läßt sich am einfachsten dadurch verifizieren, daß man dem übertragenden System oder Medium einseitig unendliche Abmessungen erteilt, aber Vorgänge in einer endlichen Entfernung vom Ort der Gleichgewichtstörung untersucht. Für die Beschreibung technischer Öfen beispielsweise erhält man gelegentlich eine gute Näherung, wenn man die Wärmebewegung des einseitig unendlich ausgedehnten Körpers zugrunde legt [13, 14, 28]. Man nimmt hier von vorneherein eine unendlich feine Verteilung der Widerstands- und Speicherglieder an und gelangt damit zu dem in Bild 24 angedeuteten Schema eines differentiellen Elementes.

Ist $W_0 = W/l$ der Widerstand und $I_0 = I/l$ das Speichervolumen je Längeneinheit, so gelten für das System die beiden partiellen Differentialgleichungen:

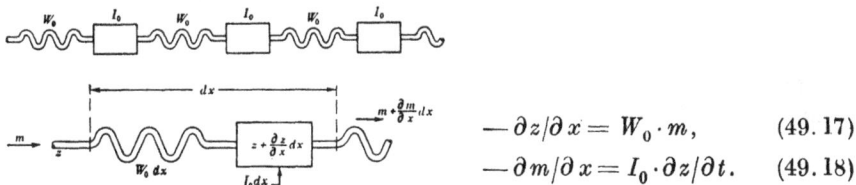

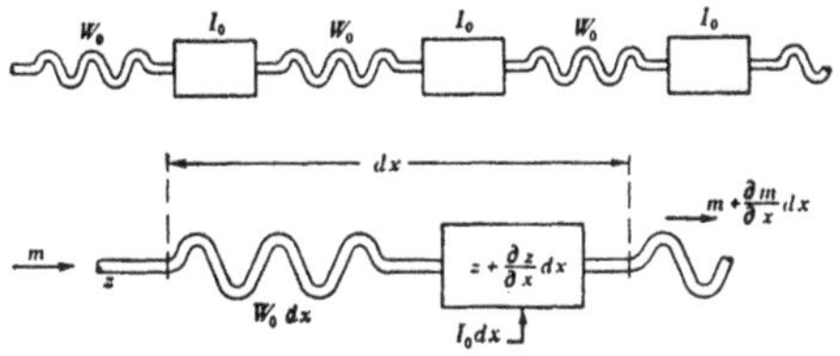

Bild 24: Schema eines Kontinuums

$$-\partial z/\partial x = W_0 \cdot m, \qquad (49.17)$$

$$-\partial m/\partial x = I_0 \cdot \partial z/\partial t. \qquad (49.18)$$

Aus den Gleichungen (.17) und (.18) ergibt sich sofort durch Elimination der Größe m die Differentialgleichung des Systems:

$$\boxed{\partial^2 z/\partial x^2 = I_0 \cdot W_0 \cdot \partial z/\partial t,} \qquad (49.19)$$

die hier eine partielle Differentialgleichung ist, in der nicht nur die Zeit t, sondern auch der Ort x als unabhängige Variable auftritt.

Zur Ermittlung der Übergangsfunktion nehmen wir wieder die Laplacetransformation zu Hilfe, und zwar wollen wir sie nach der Obervariablen t vornehmen:

$$\mathfrak{L}[z(x,t)] = z(x,p)\,; \qquad (49.20)$$

damit ergibt sich Gleichung (.19) im Unterbereich:

$$\frac{\partial^2}{\partial x^2} z(x,p) - p \cdot I_0 \cdot W_0 \cdot z(x,p) = 0. \qquad (49.21)$$

Wir erhalten also diesmal im Unterbereich eine gewöhnliche lineare Differentialgleichung, deren allgemeine Lösung mit der Abkürzung

$$\gamma = \sqrt{p I_0 W_0} \qquad (49.22)$$

die Form hat:

$$z(x,p) = C_1 e^{-\gamma x} + C_2 e^{\gamma x}. \qquad (49.23)$$

Die Größen C_1 und C_2 sind (in bezug auf x) Integrationskonstanten, die aus den

Randbedingungen des Problems bestimmt werden müssen. Diese sind:

$$\left.\begin{aligned} &\text{für } x = 0: && z(x, p) = z(0, p) \\ &\text{für } x \to \infty: && z(x, p) = 0 \end{aligned}\right\}. \tag{49.24}$$

Mit den Gleichungen (.24) ergibt sich als Lösung im Unterbereich:

$$z(x, p) = z\,(0, p)\, e^{-\gamma x}. \tag{49.25}$$

Da wir uns aber bei der Übergangsfunktion nur für die Ausgangsgröße und nicht für irgendwelche Zwischenwerte interessieren, erhalten wir die Übergangsfunktion im Unterbereich, wenn wir für $x = l$ und für $z(0, p)$ die Laplacetransformierte des Einheitsstoßes setzen. Also:

$$z(0, p) = 1/p. \tag{49.26}$$

Es ist
$$\gamma \cdot l = \sqrt{p \cdot I_0 W_0 l^2} = \sqrt{p \cdot J W} = \sqrt{pT}\,. \tag{49.27}$$

Mit Gleichungen (.26) und (.27) wird die Übergangsfunktion im Unterbereich:

$$z(p) = \mathfrak{L}[\varphi(t)] = (1/p)\, e^{-\sqrt{pT}}\,. \tag{49.28}$$

Die der Unterfunktion der Gleichung (.28) entsprechende Originalfunktion, die unsere Übergangsfunktion des Kontinuums bei reflexionsfreiem Abschluß darstellt, ist (s. Anhang Ib):

$$\boxed{\varphi(t) = 1 - \Phi\,[1/(2\sqrt{t/T})]\,,} \tag{49.29}$$

wobei Φ das bekannte Gaußsche Fehlerintegral bedeutet:

$$\Phi\left(\frac{1}{2\sqrt{t/T}}\right) = \frac{2}{\sqrt{\pi}} \int\limits_0^{1/(2\sqrt{t/T})} e^{-x^2}\, dx. \tag{49.30}$$

Die durch das Fehlerintegral dargestellte Zeitfunktion kann geeigneten Zahlentafeln entnommen werden (s. z. B. [15]).

Die durch Gleichung (.29) dargestellte Übergangsfunktion des einseitig unendlich ausgedehnten Körpers (bzw. eines aus Widerstands- und Speichergliedern aufgebauten Kontinuums mit reflexionsfreiem Abschluß) ist in Bild 23 punktiert eingezeichnet. Sie ähnelt in ihrem Charakter der durch Gleichung (.16) vermittelten Übergangsfunktion der leer laufenden Kette, unterscheidet sich von dieser jedoch vornehmlich bei größeren Zeitwerten nennenswert. Welche von beiden in speziellen praktischen Anwendungen angebracht ist, läßt sich nur von Fall zu Fall entscheiden. Wesentlich aber für alle dynamischen Untersuchungen ist der Verlauf bei kleinen Zeitwerten, der sich etwa von einer Regelstrecke erster Ordnung grundsätzlich unterscheidet und bei sehr vielen Temperaturausgleichsvorgängen den tatsächlichen Verhältnissen sehr nahekommt.

Nach Gleichung (16. 3) erhält man schließlich noch den Frequenzgang des Kontinuums mit reflexionsfreiem Abschluß aus Gleichung (.28)

$$\boxed{\mathfrak{F}(p) = p \cdot \mathfrak{L}[\varphi(t)] = e^{-\sqrt{pT}}\,.} \tag{49.31}$$

Bei Temperaturregelstrecken entspricht dem Widerstand W_0 die reziproke Wärmeleitzahl k

$$W_0 = 1/k \qquad (k \text{ in Watt/°C}) \tag{49. 32}$$

und dem Volumen I_0 die Wärmekapazität, d. i. das Produkt aus der Dichte ϱ und der spezifischen Wärme c:

$$I_0 = \varrho \cdot c \qquad (\varrho \text{ in g/cm}^3,\ c \text{ in Joule/g°C}). \tag{49. 33}$$

Es sei nun noch erwähnt, wie bei experimentell vorliegender Übergangsfunktion eines Wärmesystems die Größe T bestimmt werden kann: Setzt man in Gleichung (.29) $t = T$, so erhält man:

$$\varphi(T) = 1 - \Phi(1/2) = 0{,}4795, \tag{49. 34}$$

also ist T näherungsweise gleich der sog. Halbwertzeit T_H, der Zeit, nach deren Ablauf die Übergangsfunktion die Hälfte ihres Endwertes erreicht.

§ 50 Die Fortpflanzungsgeschwindigkeit als Ursache der Laufzeit[1])

Das im letzten Paragraphen behandelte Problem stellt einen Sonderfall des allgemeinen Kontinuums dar, das neben Widerstands- und Speichergliedern auch noch *Masse-* und sog. *Ableitungsglieder* enthält. Wir wollen nun einen zweiten Sonderfall betrachten, der zu einer neuen Art von Verzögerung führt, zur sog. *Laufzeit*, die gerade im Zusammenhang mit Regelvorgängen von größter Bedeutung ist.

Es ist zweckmäßig, dabei ein elektrisches Beispiel zugrunde zu legen, da hier die Verhältnisse am übersichtlichsten sind. Die Ergebnisse können dann, bei der bekannten Analogie zwischen elektrischen und mechanischen Anordnungen, sinngemäß auf diese übertragen werden.

Als Kontinuum sei eine elektrische Leitung zugrunde gelegt, bei der der Ohmsche Widerstand und die Ableitung gegenüber der Induktivität und den Querkapazitäten vernachlässigt werden sollen, um die Rechnung nicht unnötig zu komplizieren. Bei einem derartigen System können prinzipiell Reflexionserscheinungen auftreten. Diese kommen erfahrungsgemäß — von einigen Sonderfällen der elektrischen Spannungsregelung abgesehen — bei den hier in Frage kommenden Gliedern des Regelkreises selten vor und sind dann meist so gut gedämpft, daß ihr Einfluß zu vernachlässigen ist. Wir können uns also bei obigem elektrischen Beispiel ebenfalls darauf beschränken, nur den reflexionsfreien Betriebszustand zu untersuchen, der dadurch gekennzeichnet ist, daß die Leitung entweder unendlich lang oder mit einem geeigneten Verbraucher reflexionsfrei abgeschlossen ist. Von der unendlich lang gedachten Leitung greifen wir uns dann ein Stück von der Länge l heraus, das unser Übertragungsglied darstellen soll.

Induktivität und Kapazität sind nach Bild 25 längs der gesamten Länge der Leitung unendlich fein verteilt. Man spricht daher von den *Induktivitäts-* und *Kapazitätsbelägen* mit den Werten L_0 und C_0 je Längeneinheit. Betrachtet man

[1]) Siehe hierzu [28].

ein unendlich kleines Längenelement dx der Leitung, so folgt direkt aus der *Maschen-* bzw. *Knotenpunktsgleichung* (Bild 25):

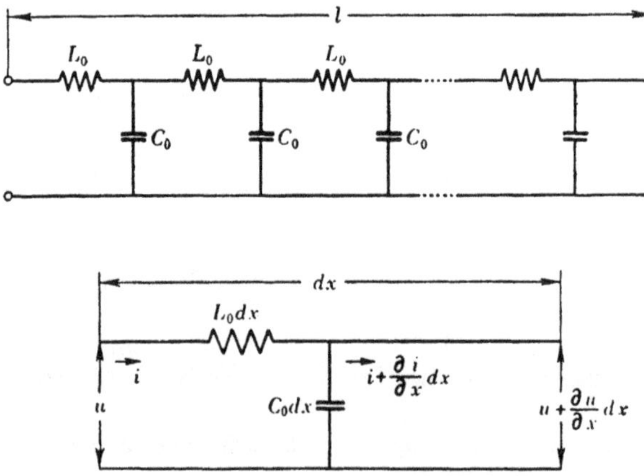

Bild 25: Schema eines elektrischen Kontinuums

$$\partial u/\partial x = -L_0 \cdot \partial i/\partial t, \tag{50.1}$$

$$\partial i/\partial x = -C_0 \cdot \partial u/\partial t, \tag{50.2}$$

wenn u und i die Momentanwerte von Spannung und Strom an der betrachteten Stelle bedeuten. Spannung und Leitungsstrom erfahren also in Richtung fortschreitender x eine Abnahme, wobei die räumliche Änderung der Spannung der zeitlichen Änderung des Stromes, und die räumliche Änderung des Stromes der zeitlichen Änderung der Spannung proportional ist. Wir erhalten also wieder zwei partielle Differentialgleichungen wie im Beispiel des § 49. Auch der Lösungsgang ist hier ein ganz ähnlicher:

Die Laplacetransformierten nach der Variablen t von u und i seien:

$$\left.\begin{aligned} \mathfrak{L}[u(x,t)] &= u(x,p) \\ \mathfrak{L}[i(x,t)] &= i(x,p) \end{aligned}\right\} . \tag{50.3}$$

Dann finden wir für die Gleichungen (.1) und (.2) im Unterbereich:

$$\frac{\partial}{\partial x} u(x,p) = -p L_0 i(x,p) , \tag{50.4}$$

$$\frac{\partial}{\partial x} i(x,p) = -p C_0 u(x,p) . \tag{50.5}$$

Eliminiert man aus den beiden Gleichungen die Größe $i(x, p)$, so erhält man im Unterbereich eine gewöhnliche Differentialgleichung zweiter Ordnung:

$$\boxed{\frac{\partial^2}{\partial x^2} u(x,p) - \gamma^2 \cdot u(x,p) = 0} \quad \text{mit} \quad \gamma = p\sqrt{L_0 C_0}. \tag{50.6}$$

Ihre Lösung ist bekanntlich:

$$u(x, p) = A_1 e^{-\gamma x} + A_2 e^{+\gamma x} . \tag{50. 7}$$

Mit den Randbedingungen:

$$\left.\begin{array}{ll} x \to 0 : & u(x, p) = u(0, p) = \mathfrak{L}[u(0, t)] \\ x \to \infty : & u(x, p) = 0 \end{array}\right\} \tag{50. 8}$$

erfolgt die Bestimmung der Konstanten:

$$\left.\begin{array}{l} A_1 = u(0, p) \\ A_2 = 0 \end{array}\right\} . \tag{50. 9}$$

Damit ergibt sich im Unterbereich als Lösung des Problems:

$$u(x, p) = u(0, p)\, e^{-p \sqrt{L_0 C_0} \cdot x} . \tag{50. 10}$$

Die zugehörige Originalfunktion ist nach Anhang I a:

$$u(x, t) = u[0, (t - \sqrt{L_0 C_0}\, x)] . \tag{50. 11}$$

Führt man noch die Bezeichnung ein:

$$T_L = l \sqrt{L_0 C_0} , \tag{50. 12}$$

so ist der Spannungsverlauf am Ende unserer Leitung von der Länge l:

$$\boxed{u_l(t) = \begin{cases} 0 \text{ für } t < T_L \\ u_0(t - T_L) \text{ für } t > T_L \end{cases} ,} \tag{50. 13}$$

d. h. aber: Unter der Wirkung der Eingangsgröße $u_0(t)$ erscheint die Ausgangsgröße $u_l(t)$ unverzerrt um die Laufzeit T_L des Systems verspätet. Die Laufzeit ist eine Folgeerscheinung der endlichen *Fortpflanzungsgeschwindigkeit* v der Spannungswelle längs der Leitung.

In dem angeführten Beispiel der verlustfreien Leitung ist:

$$v = 1/\sqrt{L_0 C_0} . \tag{50. 14}$$

Die Laufzeit ist also nur von der Länge l und der Fortpflanzungsgeschwindigkeit v abhängig:

$$T_L = l/v . \tag{50. 15}$$

Sie wird gelegentlich auch als *Nacheilungszeit* bezeichnet. Berücksichtigt man bei der Leitung auch noch die Ohmschen Verlustwiderstände, so tritt neben der Laufzeit eine Verzerrung auf, die sich in einer Abflachung der Kurvenform bemerkbar macht, wie wir sie als Folge von zeitlichen Verzögerungen in den früheren Paragraphen bereits kennengelernt haben.

Grundsätzlich kann festgestellt werden: Laufzeit tritt immer dann in Erscheinung, wenn Fortpflanzungsgeschwindigkeiten auftreten, die gegenüber den übrigen zeitlichen Vorgängen nicht zu vernachlässigen sind. So sind z. B. bei langen Druckübertragungsleitungen Laufzeiten beachtlicher Größe zu beobachten. Ein besonders ins Auge fallendes Beispiel eines mit Laufzeit behafteten Systems stellt die *Gemischregelstrecke* nach Bild 26 dar. Es ist hier angenommen, daß an der Mischstelle zwei verschiedene Medien oder Teilmengen eines Mediums von verschiedenem Zustand zusammengeleitet und an der Meßstelle chemisch (z. B. pH-Wert) oder physikalisch (z. B. Temperatur) überwacht werden, wobei aus beliebigen Gründen die Entfernung zwischen *Misch-* und *Meßstelle* nicht vernachlässigbar klein ausgeführt werden kann. Die Fortpflanzungsgeschwindigkeit wird hier im wesentlichen durch die *Strömungsgeschwindigkeit* des Mediums bestimmt, so daß etwa zwischen einer Teilmengenänderung und deren Auswirkung an der Meßstelle praktisch reine Laufzeit von erheblichem Betrag auftreten kann.

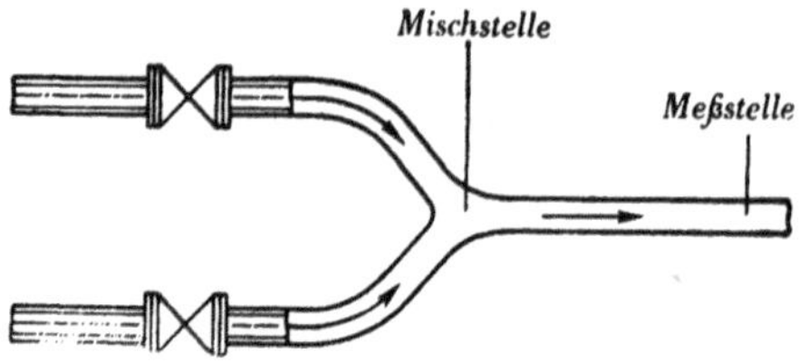

Bild 26: Schema einer Gemischregelstrecke

§ 51 Die n-gliedrige Kette von Verzögerungsgliedern erster Ordnung

Auch bei räumlich konzentrierten Übertragungsgliedern können durch Hintereinanderschaltung Verzögerungen entstehen, die in ihrer Wirkung der Laufzeit sehr nahe kommen. Da diese Erscheinung beim Regelkreis, der ja eine Folge aneinandergereihter Einzelglieder darstellt, eine wichtige Rolle spielt, wollen wir nun die Serienschaltung von rückwirkungsfreien Übertragungsgliedern, und zwar eine n-gliedrige Kette von Verzögerungssystemen, betrachten. Der Einfachheit halber wollen wir dabei solche erster Ordnung mit gleichen Zeitkonstanten annehmen (Bild 27).

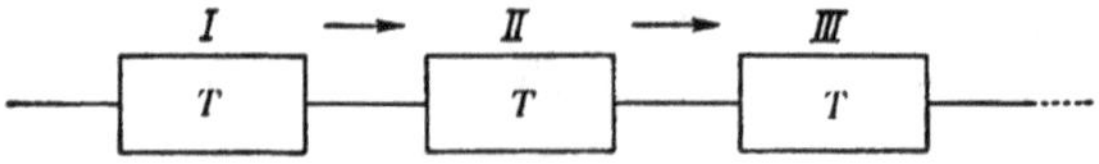

Bild 27: Kette von Verzögerungssystemen erster Ordnung

Nach Gleichung (47. 5) ist der Frequenzgang des Systems erster Ordnung:

$$\mathfrak{F}(p) = (1 + pT)^{-1}. \tag{51. 1}$$

Der Frequenzgang $\mathfrak{F}_n(p)$ der n-gliedrigen Kette ist dann nach § 36:

$$\boxed{\mathfrak{F}_n(p) = (1 + pT)^{-n},} \tag{51. 2}$$

der nach Multiplikation mit $1/p$ die Übergangsfunktion der Kette im Unterbereich ergibt (s. § 16). Es ist also die Übergangsfunktion:

$$\varphi(t) = \mathfrak{L}^{-1}\left[\frac{1}{p} \cdot \frac{(1/T)^n}{(p + 1/T)^n}\right]. \tag{51. 3}$$

Aus einer Funktionentafel (Anhang Ib) entnehmen wir:

$$\mathfrak{L}^{-1}\left[\frac{1}{(p+1/T)^n}\right]=\frac{1}{(n-1)!}\,t^{n-1}\cdot e^{-t/T}. \tag{51.4}$$

Einer Division im Unterbereich mit p entspricht im Originalbereich eine Integration von 0 bis t (Anhang Ia), so daß wir für die Übergangsfunktion im Oberbereich schreiben können:

$$\varphi(t)=\frac{(1/T)^n}{(n-1)!}\int\limits_0^t \xi^{n-1}e^{-(1/T)\xi}\,d\,\xi. \tag{51.5}$$

Führt man die Integration aus, so findet man nach einigen Umformungen:

$$\boxed{\varphi(t)=1-e^{-t/T}\sum_{\nu=0}^{n-1}\frac{(t/T)^\nu}{\nu!}}\,. \tag{51.6}$$

Wir hätten dieses Ergebnis natürlich ebenso leicht auch direkt durch Auswertung des Umkehrintegrales

$$\varphi(t)=\frac{1}{2\pi i}\int\limits_{-i\infty}^{+i\infty}\frac{1}{p}\,\frac{(1/T)^n}{(p+1/T)^n}\,e^{pt}\,dp \tag{51.7}$$

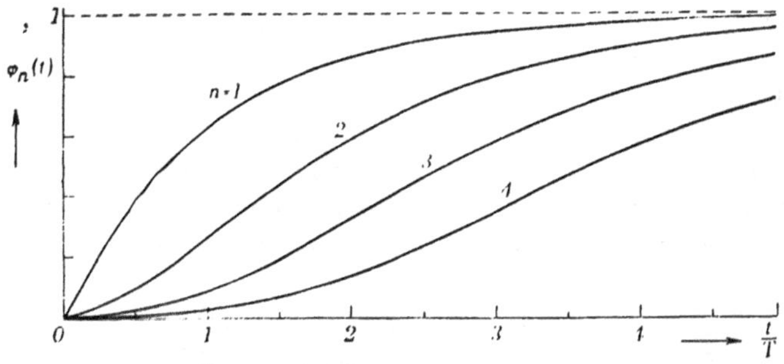

Bild 28: Übergangsfunktionen der n-gliedrigen Kette

als Summe der Residuen des Integranden finden können (s. §§ 25 und 26). Bild 28 zeigt die Übergangsfunktion, wenn die Kette aus einem, zwei, drei und vier Gliedern besteht. Die entsprechenden Gleichungen lauten:

$$\left.\begin{aligned}
n=1:&\quad \varphi_1(t)=1-e^{-t/T}\\
n=2:&\quad \varphi_2(t)=1-\left(1+\frac{t}{T}\right)e^{-t/T}\\
n=3:&\quad \varphi_3(t)=1-\left[1+\frac{t}{T}+\frac{(t/T)^2}{2!}\right]e^{-t/T}\\
n=4:&\quad \varphi_4(t)=1-\left[1+\frac{t}{T}+\frac{(t/T)^2}{2!}+\frac{(t/T)^3}{3!}\right]e^{-t/T}\\
&\quad \cdots\cdots\cdots\cdots\cdots\cdots
\end{aligned}\right\}. \tag{51.8}$$

Je mehr Glieder die Kette enthält, desto mehr und desto länger schmiegt sich die Übergangsfunktion für kleine Zeiten der Zeitachse an, da um so mehr zeitliche Ableitungen gleich Null sind. Es läßt sich zeigen, daß im Zeitpunkt $t = 0$ die ersten $(n-1)$ Ableitungen der Übergangsfunktion gleich Null sind. Die Übergangsfunktion im Unterbereich lautet nach Gleichung (.7):

$$\varphi(p) = \frac{1}{p} \frac{(1/T)^n}{(p + 1/T)^n}. \qquad (51.9)$$

Die $m$te Ableitung der Übergangsfunktion im Bildbereich ist:

$$p^m \varphi(p) = p^{m-1} \frac{(1/T)^n}{(p + 1/T)^n}. \qquad (51.10)$$

Nach Anhang Ia können wir aus der Unterfunktion direkt auf den Wert der Übergangsfunktion im Zeitpunkt $t = 0$ schließen, wenn wir den Grenzwert:

$$\lim_{p \to \infty} p\, \varphi(p) = \lim_{t \to 0} \varphi(t) \qquad (51.11)$$

bilden. Hieraus ergibt sich:

$$\varphi^{(m)}(0) = \lim_{p \to \infty} \cdot p^m \frac{(1/T)^n}{(p + 1/T)^n} = \begin{cases} 0 & \text{für } m < n \\ (1/T)^n & \text{für } m = n \end{cases}.$$

Das heißt also, daß alle zeitlichen Ableitungen der Übergangsfunktion bis zur $(n-1)$ten gleich Null sind. Die $n$te Ableitung ist gleich $(1/T)^n$. Nach der Taylorschen Formel gleicht also der Beginn der Übergangsfunktion um so mehr einer wirklichen Laufzeit, je mehr Glieder hintereinander geschaltet sind. Es liegt nun nahe, ein System höherer Ordnung durch ein solches von niedrigerer Ordnung mit Laufzeit zu ersetzen. Dadurch wird die Rechnung unter Umständen wesentlich erleichtert, ohne daß die Ergebnisse merklich gefälscht werden. Hierin erweist sich die große Zweckmäßigkeit dieses Ansatzes.

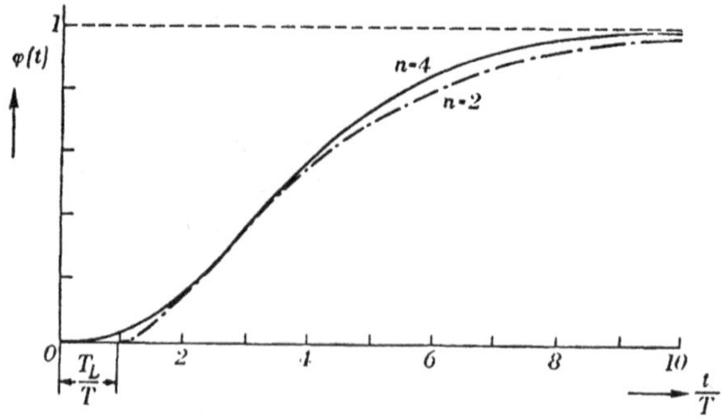

Bild 29: Annäherung der Übergangsfunktion einer viergliedrigen Kette durch eine zweigliedrige Kette mit Laufzeit

Bild 29 zeigt die recht gute Annäherung einer viergliedrigen Kette durch eine zweigliedrige und eine entsprechende Laufzeit. In vielen Fällen erhält man jedoch schon brauchbare Resultate, wenn man eine n-gliedrige Kette durch ein

System ersetzt, dessen Übergangsfunktion durch Laufzeit und eine (1— e)-Funktion oder durch Laufzeit und eine Gerade dargestellt wird (s. Bild 30). Im letzten Falle [18] wird die Übergangsfunktion durch ihre Wendetangente ersetzt.

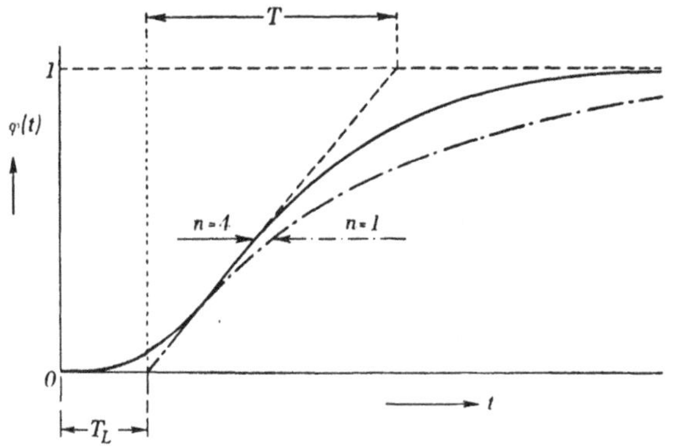

Bild 30: Annäherung der Übergangsfunktion einer viergliedrigen Kette durch Laufzeit und die Wendetangente oder eine (1 — e)-Funktion

§ 52 Beispiel eines Systems zweiter Ordnung mit Laufzeit

Als Beispiel sei nun noch ein System zweiter Ordnung betrachtet, das mit einer zusätzlichen Laufzeit T_L behaftet ist. Die Differentialgleichung dieses Systems lautet dann:

$$A_0\, z''(t + T_L) + A_1\, z'(t + T_L) + A_2\, z(t + T_L) = z_1(t). \qquad (52.\,1)$$

Die Ausgangsgröße verhält sich also wie die eines normalen Übertragungssystems (s. § 9), jedoch mit einer zeitlichen Nacheilung um den Betrag T_L. Nach § 10 erhält man den Frequenzgang auch ohne Zuhilfenahme der Laplacetransformation, wenn man die Gleichung (.1) für eine sinusförmige Störung löst. Die Störung lautet also symbolisch:

$$z_1(t) = Z_1 e^{i\omega t}. \qquad (52.\,2)$$

Die Ausgangsgröße $z(t)$ erhält man durch Multiplikation mit dem gesuchten Frequenzgang $\mathfrak{F}(i\omega)$ des Systems:

$$z(t) = \mathfrak{F}(i\omega) \cdot Z_1 e^{i\omega t}. \qquad (52.\,3)$$

Ferner ist:

$$\left.\begin{aligned} z\,(t + T_L) &= \mathfrak{F}(i\omega)\, Z_1 e^{i\omega(t+T_L)} = \mathfrak{F}(i\omega)\, Z_1 e^{i\omega t}\, e^{i\omega T_L} \\ z'\,(t + T_L) &= (i\omega)\,\mathfrak{F}(i\omega) Z_1{}^{i\omega t}\, e^{i\omega T_L} \\ z''(t + T_L) &= (i\omega)^2\,\mathfrak{F}(i\omega) Z_1 e^{i\omega t}\, e^{i\omega T_L} \end{aligned}\right\}. \qquad (52.\,4)$$

Setzt man die Werte aus Gleichungen (.2) bis (.4) in Gleichung (.1) ein, so ergibt sich der Frequenzgang:

$$\boxed{\mathfrak{F}(i\omega) = [A_0(i\omega)^2 + A_1(i\omega) + A_2]^{-1} \cdot e^{-i\omega T_L}.} \qquad (52.\,5)$$

Wir können uns also nach § 36 vorstellen, daß unser Übertragungssystem aus der Hintereinanderschaltung zweier Glieder gebildet wird, von denen das erste ein normales System zweiter Ordnung ist, mit dem Frequenzgang

$$\mathfrak{F}_I(i\,\omega) = [A_0(i\,\omega)^2 + A_1(i\,\omega) + A_2]^{-1} \qquad (52.6)$$

und das zweite, mit dem Frequenzgang

$$\mathfrak{F}_{II}(i\,\omega) = e^{-i\omega T_L}, \qquad (52.7)$$

nur Laufzeit besitzt. Man erhält demnach den Frequenzgang eines Übertragungsgliedes mit Laufzeit, indem man den Frequenzgang des Systems ohne Laufzeit mit $e^{-i\omega T_L}$ multipliziert.

Unter Anwendung der Laplacetransformation gelangt man mit Hilfe des sog. *Verschiebungssatzes* (s. Anhang Ia), nach dem

$$\mathfrak{L}[z(t + T_L)] = e^{pT_L} \cdot \mathfrak{L}[z(t)], \qquad (52.8)$$

natürlich zu dem gleichen Ergebnis.

§ 53 Das Übertragungssystem mit Massenwirkung

Bis jetzt haben wir nur Übertragungsglieder kennengelernt, bei denen die Ausgangsgröße ihre neue Gleichgewichtslage aperiodisch erreicht, wenn die Eingangsgröße plötzlich um einen festen Betrag geändert wird. Es kommen aber gelegentlich auch solche Systeme vor, deren Ausgangsgröße sich unter dieser Voraussetzung mit gedämpften Schwingungen auf ihren Endwert einstellt. Dieser Fall kann dann auftreten, wenn die Wirkung von Massen gegenüber den sonstigen auftretenden Kräften nicht zu vernachlässigen ist.

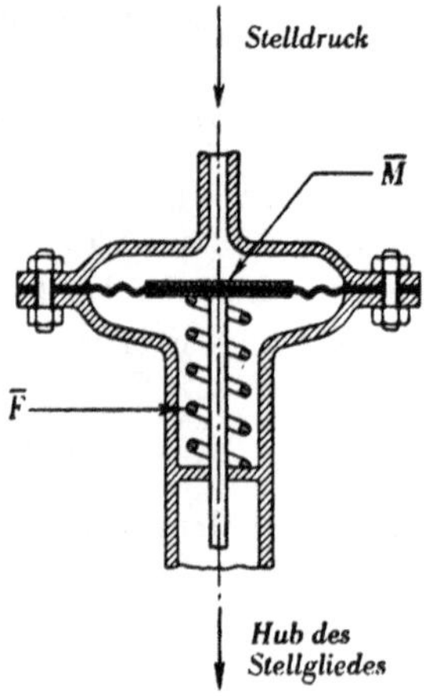

Bild 31: Luftgesteuerter Membranantrieb als Beispiel eines Übertragungssystems mit Massenwirkung

Als Beispiel möge etwa ein federbelasteter, druckluftgesteuerter Membranantrieb dienen (Bild 31), wie er zur Betätigung von Regelventilen vielfach verwendet wird.

Die Bewegungsgleichung dieser Anordnung lautet:

$$\overline{M}\,\bar{s}'' + \overline{D}\,\bar{s}' + \overline{F}\,\bar{s} = \bar{k}(t), \qquad (53.1)$$

wenn $\overline{M}$ die Masse der bewegten Teile, also insbesondere des Membrantellers (in kg s² cm⁻¹), $\overline{D}$ die Luftdämpfungskonstante (in kg s cm^{-1}), $\overline{F}$ die Federkonstante (in kg cm^{-1}), $\bar{s}$ den Hub des Antriebes (in cm) und $\bar{k}$ die von der Steuerluft herrührende Druckkraft auf die Membrane (in kg) bedeuten. Dabei ist die Dämpfungskraft geschwindigkeitsproportional angenommen, was für kleine Änderung mit genügender Genauigkeit zulässig ist. Gleichung (.1) schreibt man zweckmäßig wieder in dimensionsloser Form, etwa indem man $\bar{k}$ auf die Kraft $\bar{K}$ bezieht, mit der der Antrieb seinen Gesamthub $\bar{S}$ durchläuft. Es gilt dann ersichtlich:

$$\bar{F}\bar{S} = \bar{K}, \tag{53.2}$$

und aus Gleichung (.1) wird:

$$Ms'' + Ds' + s = k \tag{53.3}$$

$$\text{mit } M = (\bar{M}/\bar{F})\ [\text{dim sec}^2] \qquad D = (\bar{D}/\bar{F})\ [\text{dim sec}]$$
$$s = (\bar{s}/\bar{S})\ [\text{dimensionslos}] \qquad k = (\bar{k}/\bar{K})\ [\text{dimensionslos}].$$

Gleichung (.3) ist wieder eine gewöhnliche Differentialgleichung zweiter Ordnung, die sich von den bisherigen dadurch unterscheidet, daß hier die Wurzeln der charakteristischen Gleichung komplex werden können. Ist die Masse M vernachlässigbar klein, so geht Gleichung (.3) in eine Differentialgleichung erster Ordnung über, die wir bereits in § 47 kennengelernt haben.

Mit Hilfe der Laplacetransformation erhalten wir die Übergangsfunktion im Unterbereich:

$$\mathfrak{L}[\varphi(t)] = (1/p)\,(Mp^2 + Dp + 1)^{-1}. \tag{53.4}$$

Als Wurzeln der Stammgleichung findet man:

$$p_{1,2} = -\frac{1}{2}\frac{D}{M} \pm \sqrt{\frac{1}{4}\left(\frac{D}{M}\right)^2 - \frac{1}{M}}. \tag{53.5}$$

Der Fall $1/M < (1/4)\,(D/M)^2$ ergibt reelle Wurzeln und ist hier uninteressant, da dieser Fall in § 48 bereits behandelt wurde.

Wird aber $1/M > (1/4)\,(D/M)^2$, d. h. $M > D^2/4$, so ist:

$$p_{1,2} = -\frac{1}{2}\frac{D}{M} \pm i\sqrt{\frac{1}{M} - \frac{1}{4}\left(\frac{D}{M}\right)^2} = -\delta_0 \pm i\,\omega_0. \tag{53.6}$$

Mit Gleichung (.6) findet man die Übergangsfunktion im Oberbereich nach entsprechender Umformung:

$$\boxed{\varphi(t) = 1 - e^{-\delta_0 t}\sqrt{1 + (\delta_0/\omega_0)^2}\,\cos\,[\omega_0 t - \text{arc tg}\,(\delta_0/\omega_0)].} \tag{53.7}$$

Es handelt sich also um eine dem Einheitsstoß überlagerte, gedämpfte Schwingung (Bild 32), deren Dämpfungszustand vom Verhältnis δ_0/ω_0 abhängig ist (vgl. hierzu § 43).

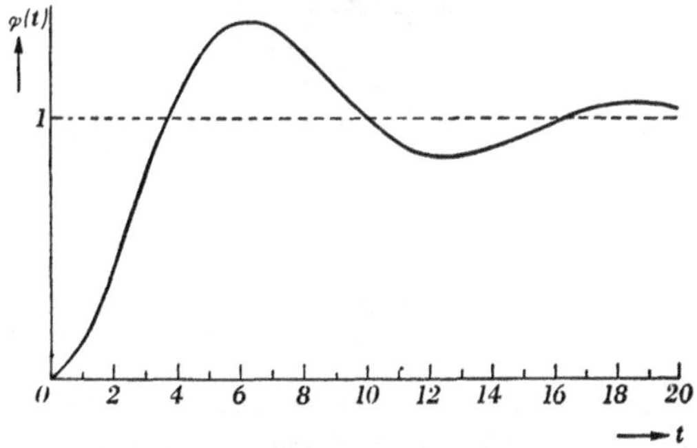

Bild 32: Übergangsfunktion eines Übertragungsgliedes mit Massenwirkung

Der komplexe Frequenzgang des Systems ist direkt aus Gleichung (.4) abzulesen:

$$\mathfrak{F}(p) = (Mp^2 + Dp + 1)^{-1} \tag{53.8}$$

und wird mit Gleichung (.6):

$$\mathfrak{F}(p) = \frac{\delta_0^2 + \omega_0^2}{p^2 + 2\,\delta_0 p + (\delta_0^2 + \omega_0^2)}\,. \qquad (53.\,9)$$

Setzt man noch $p = i\,\omega$, so wird Gleichung (.9):

$$\mathfrak{F}(i\,\omega) = \frac{\delta_0^2 + \omega_0^2}{(i\,\omega)^2 + 2\,\delta_0(i\,\omega) + (\delta_0^2 + \omega_0^2)}\,. \qquad (53.\,10)$$

Wird also dem Eingang eine sinusförmige Schwingung der Frequenz ω aufgedrückt, so beträgt das Amplitudenverhältnis von Ausgangs- zu Eingangsschwingung (s. § 41):

$$|\,\mathfrak{F}(i\,\omega)\,| = \frac{1 + (\delta_0/\omega_0)^2}{\sqrt{4\,(\delta_0/\omega_0)^2\,(\omega/\omega_0)^2 + [1 + (\delta_0/\omega_0)^2 - (\omega/\omega_0)^2]}}\,. \qquad (53.\,11)$$

Die Auswertung zeigt Diagramm 33. Es ergeben sich also Resonanzerscheinungen, die um so ausgesprochener sind, je kleiner δ_0/ω_0 ist. Mit zunehmendem δ_0/ω_0 rückt der *Resonanzpunkt* von $\omega = \omega_0$ immer mehr in Richtung abnehmender ω, zugleich wird die *Resonanzschärfe* immer geringer. Es ist einleuchtend, daß Übertragungsglieder dieser Art innerhalb des Regelkreises in hohem Maße stabilitätsmindernd wirken können. Bei indirekten Reglern läßt sich zwar die Wirkung von Massen meist gegenüber den vorhandenen hohen

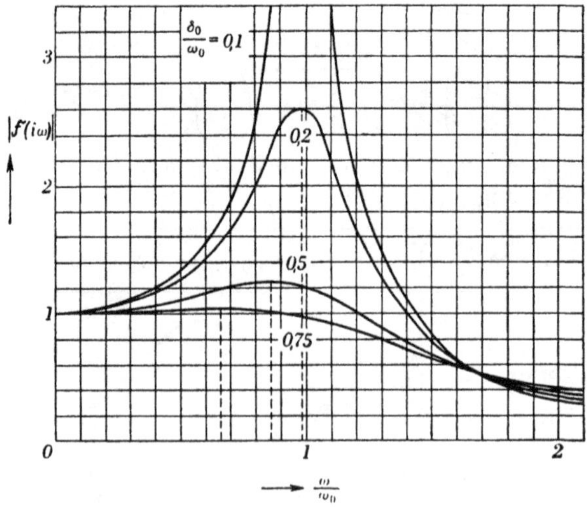

Bild 33: Resonanzerscheinungen eines Übertragungssystems mit Massenwirkung (Dämpfung δ_0, Eigenfrequenz ω_0) bei verschiedenen Störfrequenzen

Einstellkräften vernachlässigen — die auftretenden Übergangsfunktionen sind demgemäß hier in der Regel aperiodisch —, doch spielen die beschriebenen Erscheinungen bei direkten Reglern gelegentlich eine wesentliche Rolle.

2. ELEMENTE MIT ASTATISCHEM VERHALTEN

§ 54 Das astatische Übertragungssystem ohne Verzögerung

Auch bei den astatischen Übertragungsgliedern wollen wir stets lineare Verhältnisse voraussetzen und demgemäß Abweichungen hiervon, wie sie beispielsweise durch Begrenzung des Arbeitsbereiches dargestellt werden, außer acht lassen.

Das einfachste astatische System ist das ohne Verzögerung, welches etwa durch einen astatischen Stellmotor (Bild 34) gebildet wird, wenn dessen Masse vernachlässigbar klein ist. Einer bestimmten Eingangsgröße a ist hier eine ihr proportionale Geschwindigkeit der Ausgangsgröße s zugeordnet, so daß die Bewegungsgleichung lautet:

$$s' = (1/T_s)a. \qquad (54.1)$$

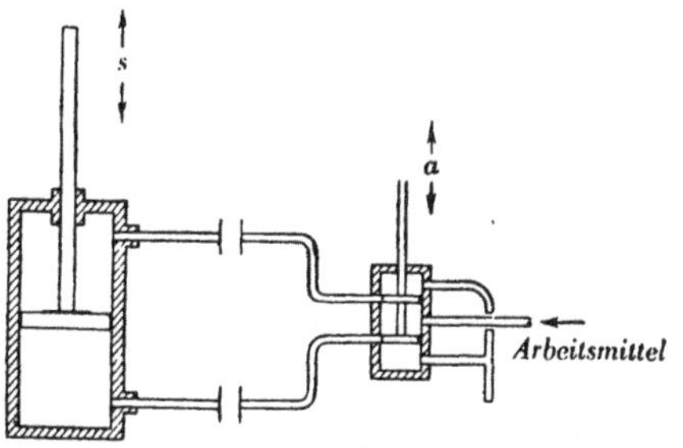

Bild 34: Beispiel eines astatischen Regelorgans

In bekannter Weise ermitteln wir die Übergangsfunktion:

$$\boxed{\varphi(t) = \mathfrak{L}^{-1}\left(\frac{1}{p}\frac{1}{pT_s}\right) = t/T_s.} \qquad (54.2)$$

Die Übergangsfunktion ist also hier eine Gerade durch den Zeitnullpunkt mit der Neigung $1/T_s$, die mit zunehmender Zeit über alle Grenzen anwächst (Bild 35). Aus Gleichung (.2) ergibt sich ferner der Frequenzgang:

$$\boxed{\mathfrak{F}(p) = 1/(pT_s).} \qquad (54.3)$$

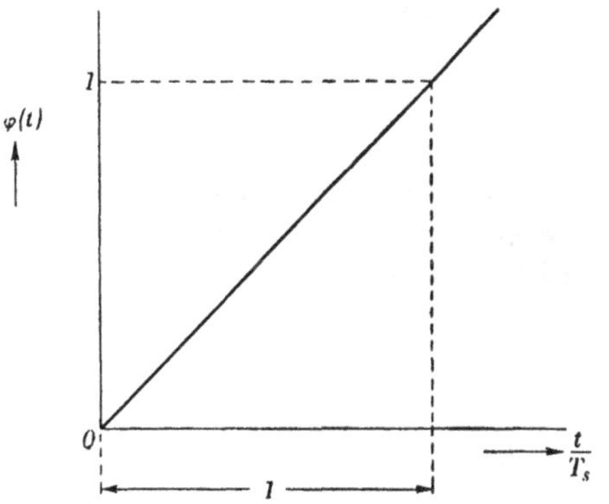

Bild 35: Übergangsfunktion eines einfachen astatischen Übertragungsgliedes

Der Stellmotor mit Laufgeschwindigkeitszuordnung stellt nicht den einzigen Fall eines astatischen Übertragungssystems dar. So werden vielfach auch astatische Meßeinrichtungen verwendet; in der anliegenden Tafel findet sich ein derartiges Ausführungsbeispiel. Weitere Beispiele sind die sog. *integrierenden Meßeinrichtungen*, welche die Differenz zwischen der Drehzahl eines Zählers und einer Solldrehzahl bilden. Auch *Niveau-Regelstrecken* können ein ähnliches Verhalten besitzen, wenn ihr Ausgleichsgrad (s. § 47) vernachlässigbar klein ist, wie dies z. B. bei der Wasserstandsregelung eines Trommelkessels der Fall ist.

§ 55 Das astatische Ubertragungssystem mit Verzögerung

Als Beispiel eines verzögerungsbehafteten astatischen Übertragungsgliedes sei eine Regelstrecke zugrunde gelegt, wie sie bei der Kursregelung von Fahrzeugen auftritt. Die Bewegungsgleichung etwa eines Schiffes von konstanter Fahrtgeschwindigkeit lautet in dimensionsloser Schreibweise:

$$I z'' + W z' = m(t)\,; \tag{55.1}$$

darin bedeuten:

$z =$ die Kursabweichung,
$I =$ das Trägheitsmoment des Schiffskörpers,
$W =$ die Konstante der Bewegungswiderstände und
$m =$ die Ruderauslenkung.

Die Übergangsfunktion im Unterbereich ergibt sich also zu:

$$\mathfrak{L}[\varphi(t)] = (1/p)\,(I p^2 + W p)^{-1} \tag{55.2}$$

und hieraus der Frequenzgang:

$$\mathfrak{F}(p) = [p W (1 + p I/W)]^{-1}. \tag{55.3}$$

Wir können demnach das astatische Übertragungssystem mit Massenwirkung auffassen als Hintereinanderschaltung eines einfachen astatischen Gliedes und eines statisch wirkenden Verzögerungsgliedes von erster Ordnung.
Wir schreiben nun die Gleichungen (.2) und (.3) wieder in der uns geläufigen Form:

$$\mathfrak{L}[\varphi(t)] = (1/p)\,[p T (1 + p T_z)]^{-1} \tag{55.4}$$

$$\boxed{\mathfrak{F}(p) = [p T (1 + p T_z)]^{-1}} \tag{55.5}$$

und erhalten aus (.4)

$$\varphi(t) = \frac{1}{T} \int_0^t (1 - e^{-\xi/T_z})\, d\xi, \tag{55.6}$$

da der Multiplikation im Unterbereich mit $1/p$ die Integration zwischen den Grenzen 0 und t im Oberbereich entspricht. Aus (.6) findet man mühelos den zeitlichen Verlauf der Übergangsfunktion (Bild 36):

$$\boxed{\varphi(t) = t/T - (T_z/T)\,(1 - e^{-t/T_z}).} \tag{55.7}$$

Er beginnt demnach mit der Anfangstangente Null und nimmt mit zunehmender Zeit schließlich die Neigung $1/T$ des verzögerungsfreien astatischen Übertragungsgliedes an.
Es erübrigt sich nun, auch noch astatische Systeme mit Verzögerungen höherer Ordnung zu untersuchen, da sich diese ganz entsprechend auf die Reihenschaltung eines einfachen astatischen Gliedes und eines statisch wirkenden Verzögerungsgliedes der betreffenden Ordnung zurückführen lassen. Ferner kann zusätzlich Laufzeit vorhanden sein oder ein Vorgang höherer Ordnung durch Einführung einer entsprechenden Laufzeit ersetzt werden (§§ 51 und 52).

Ein weiteres Beispiel stellt u. a. der in § 53 behandelte Membranantrieb dar, wenn statt der Federbelastung eine Gewichtsbelastung vorgesehen wird. Ferner treten ähnliche Verhältnisse bei der Frequenzregelung von Wechselstromgeneratoren auf.

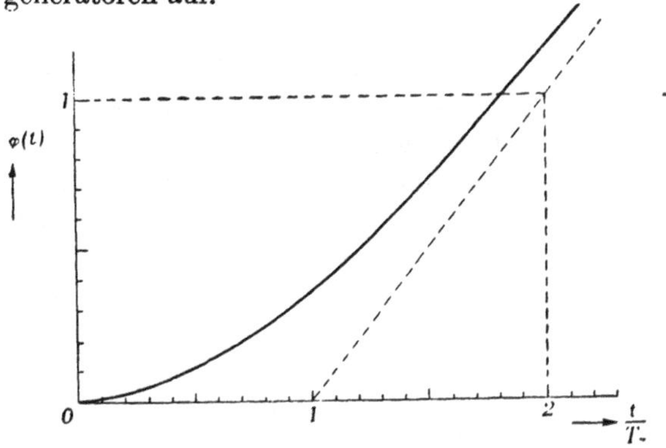

Bild 36: Übergangsfunktion eines astatischen Organs mit Verzögerung erster Ordnung

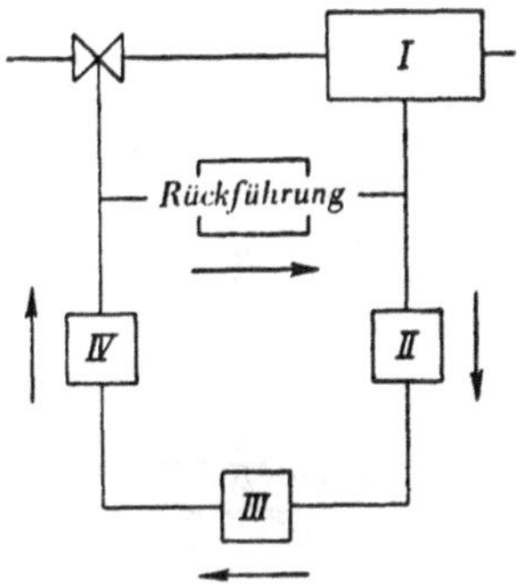

Bild 37: Regelkreis mit Rückführung

3. STABILISIERUNGSEINRICHTUNGEN

Es wurde bereits erwähnt, daß Regelungen in den weitaus häufigsten Fällen schwingungsfähige Anordnungen darstellen. Gelegentlich können stabile Betriebsbedingungen zunächst überhaupt nicht erreichbar sein, wenn der Regelkreis z. B. zwei astatisch wirkende Übertragungsglieder enthält. In anderen Fällen führen die gestellten Anforderungen an Genauigkeit oder Geschwindigkeit der Regelung zu unstabilem oder mangelhaft gedämpftem Verhalten. Es ist also häufig erforderlich, zusätzliche Einrichtungen zur Stabilisierung oder zur Erzielung einer genügenden Dämpfung vorzusehen.

§ 56 Rückführungen[1])

Den wichtigsten Fall von Stabilisierungseinrichtungen stellen die sog. *Rückführungen* dar. Sie werden meist in der in Bild 37 veranschaulichten Weise angeordnet; ihre Funktion besteht im wesentlichen darin, daß der Meßeinrichtung die Auswirkung eines Regeleingriffes vorgetäuscht wird, bevor dieser, etwa infolge der Verzögerungserscheinungen der Regelstrecke, eine entsprechende Zustandsänderung zur Folge haben kann. Wir wollen als Beispiel die bekannte Ausführung einer *nachgebenden* Rückführung mit Hilfe eines sog. *Ölkataraktzylinders* betrachten (Bild 38).

[1]) Die sog. *Rückdrängungen* sind hinsichtlich ihres dynamischen Verhaltens Rückführungen gleichwertig und werden daher nicht gesondert behandelt. Der Unterschied zwischen beiden ist nur konstruktiver Natur, indem bei letzteren wegschlüssige, bei ersteren kraftschlüssige Organe Verwendung finden. Einer starren Rückführung entspricht beispielsweise eine federnde, nicht nachgleitende Rückdrängung; das Analogon zu einer nachgebenden Rückführung ist eine federnde, nachgleitende Rückdrängung.

Die Eingangsgröße s greift hier am Kolben an, während die *Rückführgröße* r durch die Bewegungen des Zylinders dargestellt wird, der unter der Wirkung einer Feder steht. Der Zylinder ist vollständig mit Öl gefüllt und besitzt zwischen seinem oberen und unteren Teil eine Umgehungsleitung mit einer (meist einstellbaren) Drosselstelle. Von Massenwirkungen wollen wir bei der folgenden Darstellung absehen.

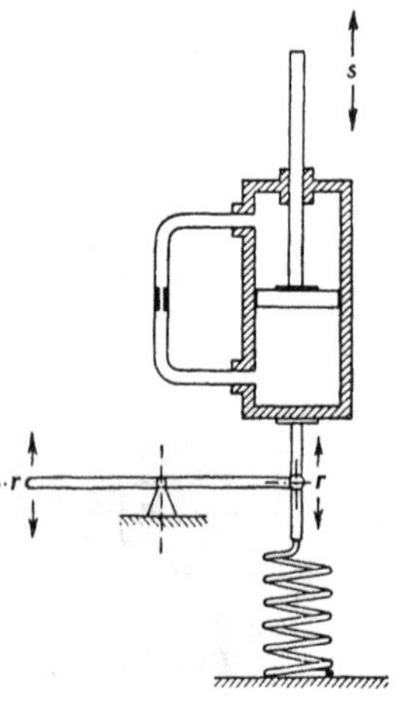

Bild 38: Ölkataraktzylinder

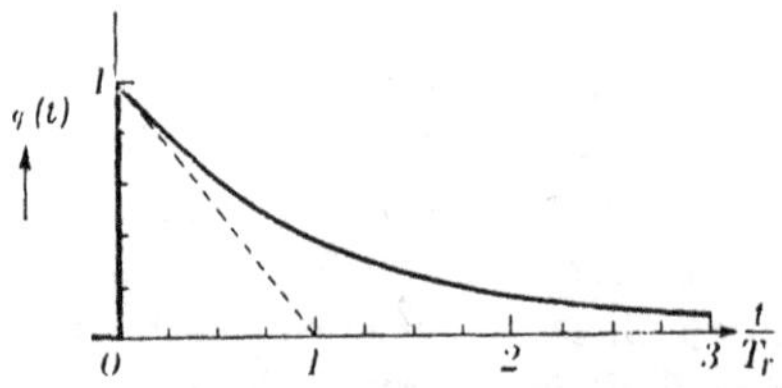

Bild 39: Übergangsfunktion einer nachgebenden Rückführung

Wir nehmen nun an, daß, ausgehend von einem Gleichgewichtszustand, die Eingangsgröße s plötzlich um einen bestimmten Betrag geändert, d. h. daß dem Kolben eine stoßförmige Bewegung aufgedrückt wird. Dann läßt sich leicht übersehen, welchen zeitlichen Verlauf die Ausgangsgröße r, also die Verschiebung des Zylinders, annehmen wird: r wird im ersten Augenblick die ruckartige Bewegung von s mitmachen, da ein Austausch von Öl zwischen dem oberen und unteren Teil des Zylinders bei endlichen Abmessungen der Umgehungsleitung immer auch endliche Zeiten in Anspruch nimmt. Damit wird aber die Feder gespannt, so daß der im weiteren Verlauf räumlich feststehende Kolben unter der Wirkung einer Druckdifferenz steht, die sich durch allmählichen Ölaustausch wieder ausgleicht. Wenn die Strömungsgeschwindigkeit der Druckdifferenz proportional angenommen wird, dann verschwindet diese nach einer Exponentialfunktion, in gleichem Maße entspannt sich die Feder, und r läuft wieder in seine Ausgangslage zurück. Der Ausgleich wird um so länger dauern, je enger die Drosselstelle in der Umgehungsleitung ist. Wir können nun ohne weiteres die Übergangsfunktion der nachgebenden Rückführung aufzeichnen (Bild 39). Ihre Gleichung lautet:

$$\varphi(t) = e^{-t/T_r}, \tag{56.1}$$

wenn T_r die *Rücklaufzeitkonstante* bedeutet. Mit (.1) erhalten wir ferner sofort den Frequenzgang:

$$\mathfrak{F}(p) = p\,\mathfrak{L}[\varphi(t)] = p\,T_r/(1 + p\,T_r). \tag{56.2}$$

Nun ist der Frequenzgang andererseits das Verhältnis der Laplacetransformierten von Ausgangs- und Eingangsgröße (s. § 16):

$$\mathfrak{F}(p) = \mathfrak{L}(r)/\mathfrak{L}(s) = r(p)/s(p). \tag{56.3}$$

Wir können also mit (.2) und (.3) schreiben:

$$(1 + pT_r)r(p) = pT_r \cdot s(p). \tag{56.4}$$

Dieser Gleichung entspricht, wie man leicht sieht, im Oberbereich die Differentialgleichung:

$$r + T_r r' = T_r s' \tag{56.5}$$

oder mit einmaliger Integration nach der Zeit:

$$r + (1/T_r)\int r\,dt = s. \tag{56.6}$$

Wenn man nun noch annimmt, daß etwa durch Hebelgestänge nur ein bestimmter Teilbetrag ϱ der Rückführbewegung auf die Meßeinrichtung zur Einwirkung kommt, dann lauten die Bewegungsgleichung, der Frequenzgang und die Übergangsfunktion der Rückführung:

$$r + (1/T_r)\int r\,dt = \varrho s \tag{56.7}$$

$$\mathfrak{F}(p) = \varrho[pT_r/(1 + pT_r)] \tag{56.8}$$

$$\varphi(t) = \varrho e^{-t/T_r}. \tag{56.9}$$

Es ist nun auch klar, warum diese Rückführung als nachgebend oder *elastisch* bezeichnet wird. Gleichung (.9) zeigt deutlich, daß der *Rückführungseingriff* nur vorübergehend „nachgebend" besteht und mit zunehmender Zeit verschwindet. Man nennt T_r die *Rückführzeit* (*-konstante*) und ϱ den *Einfluß*(*-grad*) oder auch den *vorübergehenden Ungleichförmigkeitsgrad*. Die Darstellung nach Gleichung (.7) zeigt ferner, daß die nachgebende Rückführung während eines Ausgleichsvorganges die zeitlich früher liegenden Abweichungen vom Gleichgewichtszustand berücksichtigt, was bei kurz aufeinanderfolgenden verschiedenen Störungen von Bedeutung ist. In der anliegenden Tafel findet sich ein weiteres Ausführungsbeispiel.

Mit $T_r \to \infty$, d. h. für abgeschlossene Umgehungsleitung in Bild 38, enthalten die Gleichungen (.7) bis (.9) außerdem den Sonderfall der *starren* Rückführung, bei welcher unter den obigen Voraussetzungen der Rückführungseingriff bestehenbleibt. Dies hat dann bekanntlich die Entstehung eines *bleibenden* Ungleichförmigkeitsgrades zur Folge, d. h. nach Ablauf eines Ausgleichsvorganges ergibt sich eine vom Betrag der Störung abhängige Zustandsabweichung vom Sollwert. Die kennzeichnenden Beziehungen der starren Rückführung sind:

$$r = \varrho s \tag{56.10}$$

$$\mathfrak{F}(p) = \varrho \tag{56.11}$$

$$\varphi(t) = \begin{cases} 0 \text{ für } t < 0 \\ \varrho \text{ für } t > 0 \end{cases}. \tag{56.12}$$

§ 57 Einführung zeitlicher Ableitungen

Eine zweite Art der Stabilisierung von Regelvorgängen besteht darin, daß neben der Meßeinrichtung, welche die Abweichungen des Zustandes vom Sollwert erfaßt, auch noch Geräte vorgesehen werden, die die erste oder höhere *zeitliche Ableitungen* des Zustandsverlaufes bilden. Die Summe der Zustandsabweichung und ihres Differentialquotienten, gegebenenfalls auch der höheren Ableitungen, wird dann dem folgenden Gliede des Regelkreises zugeführt. Eine derartige Meßeinrichtung hat dann etwa folgende Differentialgleichung:

$$\boxed{a = (1/\zeta) z + T_{\mathrm{I}} z' + T_{\mathrm{II}}^2 z''.} \tag{57.1}$$

T_{I} und T_{II} sind dabei Konstanten mit der Dimension sec, die den Einflußgrad der betreffenden Ableitung berücksichtigen; der Index I bzw. II weist auf die Zugehörigkeit zum Differentialquotienten der entsprechenden Ordnung hin. Den der Gleichung (.1) entsprechenden Frequenzgang erhält man leicht zu:

$$\boxed{\mathfrak{F}(p) = (1/\zeta) + p T_{\mathrm{I}} + (p T_{\mathrm{II}})^2,} \tag{57.2}$$

während man die Übergangsfunktion nur im Zusammenhang mit weiteren Gliedern des Regelkreises veranschaulichen kann, da sie sich aus Gleichung (.2) als Summe einer Stoßfunktion vom Betrage $1/\zeta$ und je eines Impulses erster und zweiter Ordnung ergeben würde.

Einrichtungen dieser Art werden vielfach bei *Kursregelungen* verwendet und sind überhaupt immer angebracht, wenn es sich um astatische Regelstrecken handelt, vor allem, wenn eine bleibende Ungleichförmigkeit nicht zugelassen werden kann. Sie leisten auch bei schnellen *Folgeregelungen* besonders gute Dienste. In vielen Fällen aber macht die Konstruktion von Geräten, die mit genügender Näherung die zeitlichen Ableitungen des geregelten Zustandes zu bilden vermögen, große praktische Schwierigkeiten. Die bei Kursregelungen verwendeten *Kreiselgeräte* stellen einen besonders günstigen Sonderfall dar Gelingt die Differentiation nur ungenügend oder fehlerhaft, dann ist eine Rückführung zur Stabilisierung vorzuziehen.

Gelegentlich (insbesondere bei Folgeregelungen) werden differenzierende Organe mit Erfolg auch im Rückführungszweig angewendet (s. Bild 37).

B. Spezielle Regelkreise

1. ALLGEMEINES

Wir haben im vorhergehenden Abschnitt die wichtigsten Bestandteile kennengelernt, aus denen sich ein Regelkreis aufbauen kann. Aus diesen Teilen lassen sich nahezu beliebig viele spezielle Regelungen zusammensetzen und nach den Ergebnissen von Teil II, Abschnitt C, auf ihr dynamisches Verhalten untersuchen. Die praktisch vorkommenden Anordnungen und Probleme sind nun tatsächlich selbst dann noch von großer Mannigfaltigkeit, wenn man eine Aufteilung nach bestimmten typischen Gruppen vornimmt.

Wenn also im folgenden die Untersuchung einiger Beispiele durchgeführt wird, so konnte deren Auswahl — ebenso wie bereits bei den Elementen des Regel-

kreises — nur so getroffen werden, daß im ganzen ein Überblick über einige typische Anordnungen gewährleistet erschien, wie sie in der Praxis häufig auftreten. Wir werden dabei die schon im vorigen Abschnitt gewählte Einteilung in statische und astatische Regelkreise wiederfinden. Die Beispiele sind jedoch so angeordnet, daß, mit den einfachsten Verhältnissen beginnend, sich schließlich auch schwierigere Untersuchungen ergeben. Es wird dann ein leichtes sein, die verwendeten Methoden auch auf beliebig andersgeartete Probleme anzuwenden oder die gefundenen Ergebnisse sinngemäß zu übertragen.
Im folgenden Paragraphen werden zunächst einige Begriffe eingeführt, die für die Beurteilung der weiteren Ergebnisse von grundsätzlicher Bedeutung sind.

§ 58 Ungleichförmigkeit, Regelfaktor und Verstärkung[1])

Bei einem statisch wirkenden Regler kann die durch eine Störung verursachte Abweichung der geregelten Größe grundsätzlich nie vollkommen ausgeregelt werden, da zur Aufrechterhaltung eines neuen Gleichgewichts stets eine gewisse Abweichung der Zustandsgröße von ihrem Sollwert vorhanden sein muß. Für eine derartige Regelung hat sich in der Literatur, in Anlehnung an die Terminologie der Kraftmaschinenregelung, die Bezeichnung der „ungleichförmigen" Regelung eingebürgert. Die Änderung der Regelgröße, die notwendig ist, um das Regelorgan von einer Endlage in die andere zu steuern, wird als *Ungleichförmigkeit*, ihr bezogener Wert entsprechend als *Ungleichförmigkeitsgrad* des Reglers bezeichnet. Häufig wird auch von dem Ungleichförmigkeitsgrad einer Regelung gesprochen.
Als Bezugswerte findet man die verschiedensten Größen, häufig den mittleren Sollwert der Regelgröße. Sinnvoll ist hierfür jedoch nur die dem maximalen Bereich des Regelorgans entsprechende *Spanne* der Regelgröße. Der Ungleichförmigkeitsgrad wird dann zahlenmäßig gleich dem sog. *Regelfaktor*, der im neueren Schrifttum an Stelle der wenig glücklichen Bezeichnung Ungleichförmigkeitsgrad verwendet wird.
Wir können nach den Ergebnissen der §§ 32, 33 und 39 den zeitlichen Verlauf eines Regelvorganges allgemein in der Form anschreiben:

$$z(t) = M\,\mathfrak{L}^{-1}\left(\frac{1}{p}\,\frac{\mathfrak{F}_z(p)}{1+\mathfrak{F}(p)}\right) = M\,\mathfrak{L}^{-1}\left(\frac{1}{p}\,\mathfrak{F}_G(p)\right). \tag{58.1}$$

Dabei sind in diesem Zusammenhang natürlich nur solche Vorgänge von Interesse, die nach genügend langer Zeit wieder zu einem Gleichgewichtszustand führen. Nun gilt nach den Regeln der Laplacetransformation

$$\lim_{t\to\infty} z(t) = \lim_{p\to 0} p\,\mathfrak{L}[z(t)] \tag{58.2}$$

unter bestimmten, im Anhang Ia angegebenen Voraussetzungen, von denen die erste nach der eben getroffenen Festsetzung immer, die zweite in der über-

[1]) Siehe hierzu [18, 26].

wiegenden Mehrzahl der uns interessierenden Fälle erfüllt ist. Wir haben in § 27 bereits vereinbart, daß vor Beginn der (stoßförmigen) Störung keine Zustandsabweichung vom Sollwert bestehen sollte. Wenn wir also den durch die Störung verursachten neuen Gleichgewichtszustand bestimmen wollen, so können wir schreiben

$$\lim_{t\to\infty} \frac{z(t)}{M} = \lim_{p\to 0} \mathfrak{F}_G(p) \tag{58.3}$$

und finden so in einfachster Weise die verbleibende Zustandsabweichung. (Dasselbe gilt natürlich auch für die einzelnen Elemente, aus denen sich der Regelkreis zusammensetzt.)

Wir nehmen nun zunächst einen Regelkreis an, dessen sämtliche Bestandteile statisches Verhalten besitzen, und wissen dann, daß alle entsprechenden Abweichungsgrößen nach einer primären Störung schließlich einem endlichen Festwert zustreben. An Hand von Gleichung (.3) läßt sich dies auch leicht an den Beispielen der §§ 46 bis 53 nachprüfen. Es gilt also:

$$\left.\begin{array}{ll} \text{Für die Regelstrecke:} & z(\infty) = \lim\limits_{p\to 0} \mathfrak{F}_z(p) = 1/\mu \\ \text{Für die Meßeinrichtung:} & a(\infty) = \lim\limits_{p\to 0} \mathfrak{F}_a(p) = 1/\zeta \\ \text{Für das Kraftschaltglied:} & b(\infty) = \lim\limits_{p\to 0} \mathfrak{F}_b(p) = 1/\alpha \\ \text{Für den Stellmotor:} & s(\infty) = \lim\limits_{p\to 0} \mathfrak{F}_s(p) = 1/\beta \end{array}\right\} \tag{58.4}$$

und man erhält mit Gleichungen (.1) und (.3) (s. auch § 33):

$$\frac{z(\infty)}{M} = \lim_{p\to 0} \frac{\mathfrak{F}_z(p)}{1+\mathfrak{F}(p)} = \frac{1/\mu}{1+(1/\mu)(1/\zeta)(1/\alpha)(1/\beta)\cdots}. \tag{58.5}$$

Wir fassen die Proportionalitätsfaktoren aller Glieder des Reglers zu dessen sog. *Verstärkung* V zusammen

$$(1/\zeta)(1/\alpha)(1/\beta)\ \ldots = V, \tag{58.6}$$

und es ergibt sich:

$$\frac{z(\infty)}{M} = \eta = \frac{1/\mu}{1+V\,1/\mu} = \frac{1}{\mu+V}. \tag{58.7}$$

Man nennt η den *Regelfaktor*. Er gibt an, auf welchen Teilbetrag eine Störung durch den Regler reduziert wird. In dem häufigen Sonderfall $\mu = 1$ wird

$$\eta = 1/(1+V). \tag{58.8}$$

Diese Abhängigkeit ist in Diagramm 40 aufgetragen. Für eine große Regelgenauigkeit, d. h. wenn die Wirkung von Störungen möglichst weitgehend ausgeschaltet werden soll, muß man demnach große Werte von V anstreben. Bei gleichen Dämpfungsverhältnissen ist also eine Regelung um so besser, je größer V.

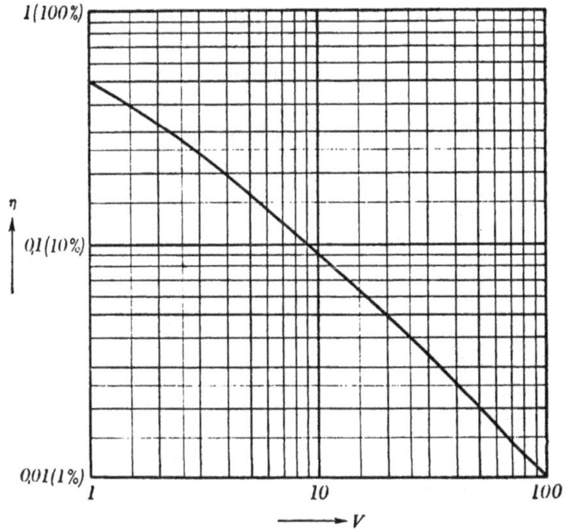

Bild 40: Regelfaktor η als Funktion der Verstärkung V eines statischen Reglers

Handelt es sich andererseits um eine astatische Regelstrecke, die durch die Gleichung:

$$z' = m/T \tag{58.9}$$

beschrieben wird (s. Tafel im Anhang), dann wird der Regelfaktor mit Gleichung (.3)

$$\eta = 1/V, \tag{58.10}$$

also umgekehrt proportional der Verstärkung des Reglers.

Nehmen wir dagegen einen astatisch wirkenden Regler (ohne starre Rückführung!) an, etwa einen Stellmotor mit Laufgeschwindigkeitszuordnung, so wird

$$s(\infty) = \lim_{p \to 0} \mathfrak{F}_s(p) = \lim_{p \to 0} 1/pT = \infty \tag{58.11}$$

und mit Gleichung (.5) η grundsätzlich gleich Null. Jede Störung wird hier also ohne bleibende Abweichung vollständig ausgeregelt.

Enthält schließlich der Regelkreis zwei rein astatische Glieder, dann würde Gleichung (.3) ebenfalls zu $\eta = 0$ führen. Man kann sich jedoch leicht überzeugen, daß in diesem Falle die Stammgleichung immer Wurzeln auf der imaginären Achse oder mit positivem Realteil besitzt, so daß für Gleichung (.2) die erste, im Anhang Ia angegebene Bedingung nicht erfüllt ist und somit das obige Verfahren nicht angewendet werden darf. In der Tat ist mit derartigen Anordnungen ohne besondere Gegenmaßnahmen auch niemals ein stabiles Verhalten zu erzielen.

2. REGELKREISE MIT STATISCHEM VERHALTEN[1])

§ 59 Ersatz der Übergangsfunktion durch Laufzeit und Übergangszeit

Wir nehmen an, daß die Übergangsfunktion an einer beliebigen Trennstelle eines praktisch ausgeführten Regelkreises experimentell aufgenommen sei und etwa den in Bild 41 angedeuteten Verlauf haben möge. Daß die primäre und die sekundäre Änderung dabei entgegengerichtet sind, zeigt, daß die Anordnung richtig getroffen, der Sinn der Regelung also erfüllt ist. In der Vergrößerung der Ausgangsgröße erkennt man ferner die verstärkende Wirkung V des Reglers, wobei der Ausgleichsgrad μ der Regelstrecke der Übersichtlichkeit halber $= 1$ angenommen sei. Wir legen nun die Tangente im steilsten Punkt der Kurve und bezeichnen die Zeit bis zum Schnittpunkt mit der Zeitachse als *Laufzeit* T_L, die Zeit bis zum Schnittpunkt mit dem Endwert als *Übergangszeit* $T_ü$, mit anderen Worten, wir ersetzen die experimentell aufgenommene Kurve durch die stark ausgezogene Übergangsfunktion:

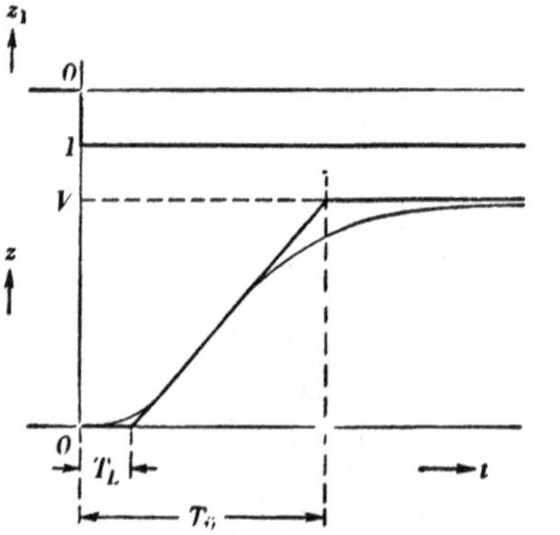

Bild 41: Ersatz einer Übergangsfunktion durch Laufzeit T_L und Übergangszeit $T_ü$

$$\varphi(t) = \left\{ \begin{array}{l} 0 \text{ für } 0 \leqq t \leqq T_L \\ V[(t - T_L)/(T_ü - T_L)] \text{ für } T_L \leqq t \leqq T_ü \\ V \text{ für } t \geqq T_ü \end{array} \right\}. \qquad (59.1)$$

Gesucht sei die Stabilitätsbedingung des so gekennzeichneten Regelkreises. Wir bestimmen zu diesem Zweck zunächst nach §§ 14 und 16 den Frequenzgang des aufgetrennten Regelkreises:

$$\mathfrak{F}(p) = p\,\mathfrak{L}[\varphi(t)] = p\,V \left(\int_{T_L}^{T_ü} \frac{t - T_L}{T_ü - T_L} e^{-pt} dt + \int_{T_ü}^{\infty} e^{-pt} dt \right)$$

$$= \frac{V}{T_ü - T_L} \frac{1}{p} (e^{-pT_L} - e^{-pT_ü}). \qquad (59.2)$$

Nach § 34 haben wir nun $i\omega$ für p zu setzen:

$$\mathfrak{F}(i\omega) = \frac{V}{T_ü - T_L} \frac{1}{i\omega} (\cos \omega T_L - i \sin \omega T_L - \cos \omega T_ü + i \sin \omega T_ü)$$

$$= \frac{V}{\omega(T_ü - T_L)} [(\sin \omega T_ü - \sin \omega T_L) + i (\cos \omega T_ü - \cos \omega T_L)] \qquad (59.3)$$

[1]) Siehe hierzu [18].

und erhalten als Stabilitätskriterium folgende Bedingungen:

$$\left.\begin{aligned} &\text{a)}\quad \mathfrak{Im}\,[\mathfrak{F}(i\,\omega)] = \frac{V}{\omega(T_ü - T_L)}\,(\cos\omega T_ü - \cos\omega T_L) = 0 \\ &\text{b)}\quad \mathfrak{Re}\,[\mathfrak{F}(i\,\omega)] = \frac{V}{\omega(T_ü - T_L)}\,(\sin\omega T_ü - \sin\omega T_L) = -1 \end{aligned}\right\}. \qquad (59.4)$$

Aus Gleichungen (.4a) und (.4b) folgt:

$$\operatorname{tg}\,(\omega[(T_ü + T_L)/2]) = 0. \qquad (59.5)$$

Diese Gleichung hat unendlich viele Wurzeln:

$$\omega[(T_ü + T_L)/2] = (k+1)\,\pi, \qquad (59.6)$$

wo k eine beliebige ganze Zahl bedeutet.
Setzt man die Wurzeln in Gleichung (.4b) ein, so findet man:

$$V = (-1)^k \left(\frac{T_ü - T_L}{T_ü + T_L}\,(k+1)\,\pi\right) \Big/ \sin\left(\frac{T_ü - T_L}{T_ü + T_L}\,(k+1)\,\pi\right). \qquad (59.7)$$

Hier scheiden nun ungeradzahlige Werte für k aus, da sie negative Werte für V liefern würden.

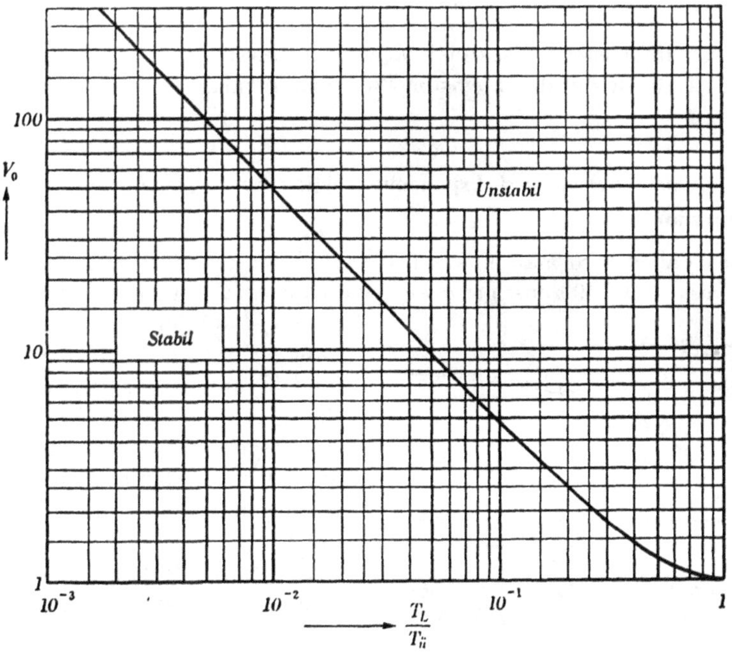

Bild 42: Grenzkurve der Stabilität für die Übergangsfunktion nach Bild 41

Gleichung (.7) ist vieldeutig, da für alle Teilvorgänge, die den unendlich vielen Eigenwerten [Wurzeln der Gleichung (.6)] entsprechen, ein Stabilitätsgrenzfall möglich ist. Für $k = 0$ (Stabilitätsgrenzfall der Grundwelle) ergibt sich jedoch die strengste Bedingung mit kleinstem V, so daß diese die allein maßgebende Stabilitätsbedingung ist:

$$V_0 = \left(\pi \frac{1 - T_L/T_ü}{1 + T_L/T_ü}\right) \Big/ \sin\left(\pi \frac{1 - T_L/T_ü}{1 + T_L/T_ü}\right). \qquad (59.8)$$

Die *kritische Verstärkung* ist also nur vom Verhältnis Laufzeit zu Übergangszeit nach der in Diagramm 42 aufgetragenen Form abhängig. Für sehr kleine Werte von $T_L/T_ü$ ist V beliebig groß, nimmt dann mit wachsendem $T_L/T_ü$ stetig ab und erreicht schließlich für $T_L/T_ü = 1$ den Wert 1. Zur Erzielung einer großen Regelgenauigkeit (s. § 58) muß also $T_L/T_ü$ möglichst klein sein. Die Frequenz der Schwingung im Stabilitätsgrenzfall ist [s. Gleichung (.6)]:

$$f = \omega/(2\pi) = (k + 1)/(T_ü + T_L), \qquad (59.9)$$

wobei nach obigem nur geradzahlige k in Betracht kommen. Wir sehen hier deutlich, daß die Vieldeutigkeit von Gleichung (.6) die Existenz unendlich vieler ungedämpfter Teilvorgänge berücksichtigt, deren Ordnungszahl durch k angegeben wird. Für $k = 0$ erhalten wir die Frequenz der Grundwelle:

$$f_0 = 1/(T_ü + T_L), \qquad (59.10)$$

die also in einfachster Weise durch $T_ü$ und T_L bestimmt und am wenigsten gedämpft ist, da sie nur den kleinsten Wert von V zuläßt, wie wir oben gesehen haben.

§ 60 Die aus Laufzeit und Exponentialfunktion zusammengesetzte Übergangsfunktion

In vielen Fällen wird man eine experimentell vorliegende Übergangsfunktion im Gegensatz zu § 59 günstiger durch eine Laufzeit T_L und eine anschließende (1 — e)-Funktion mit der Zeitkonstante T ersetzen können, wie dies in Bild 43 angedeutet ist. Wenn wir dann bezüglich des Ausgleichsgrades der Regelstrecke und der Verstärkung V die vorhin getroffenen Festsetzungen [$\mu = 1$, und Gleichung (58. 6)] beibehalten, so läßt sich nach §§ 47, 51 und 52 sofort der Frequenzgang eines derartigen Regelkreises anschreiben:

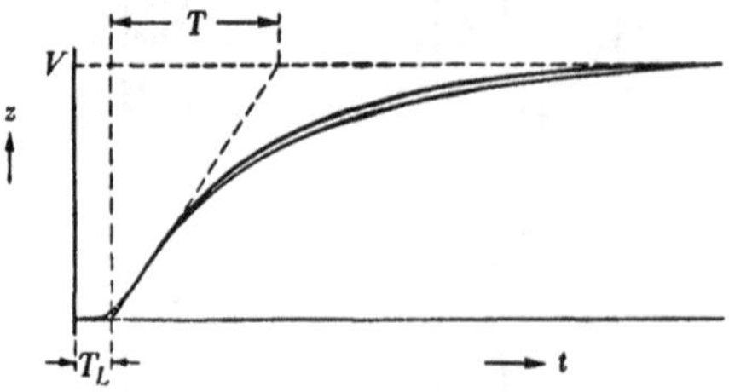

Bild 43: Ersatz einer Übergangsfunktion durch Laufzeit T_L und eine (1 — e)-Funktion (Zeitkonstante T)

$$\mathfrak{F}(p) = V\,[1/(1 + pT)]\,e^{-pT_L}. \qquad (60.1)$$

Wir wollen nun außer der Stabilitätsbedingung auch noch die Betriebsverhältnisse bestimmen, bei denen ein Regelvorgang mit *vorgeschriebenem Dämpfungszustand* abläuft (s. §§ 42 und 43). Es ist dann erforderlich, die Stammgleichung:

$$1 + \mathfrak{F}(p) = 0 \tag{60. 2}$$

mit

$$p = -\delta \pm i\omega \tag{60. 3}$$

allgemein aufzulösen. Es genügt dabei, $-\delta + i\omega$ für p einzusetzen, da jede Gleichung zwischen komplexen Zahlen richtig bleibt, wenn man in ihr überall i mit $-i$ vertauscht.

Aus den Gleichungen (.1) und (.2) erhalten wir:

$$V e^{-pT_L} = -1 - pT. \tag{60. 4}$$

und, wenn wir (.3) hierin einsetzen:

$$V e^{\delta T_L} [\cos(\omega T_L) - i \sin(\omega T_L)] = -1 + \delta T - i\omega T. \tag{60. 5}$$

Hieraus ergeben sich folgende zwei Bedingungen:

$$\left.\begin{aligned} &\text{a)}\quad V e^{\delta T_L} \sin(\omega T_L) = \omega T \\ &\text{b)}\quad V e^{\delta T_L} \cos(\omega T_L) = \delta T - 1 \end{aligned}\right\}, \tag{60. 6}$$

die beide erfüllt sein müssen.

Durch Division der beiden Gleichungen erhält man:

$$\operatorname{tg}(\omega T_L) = \omega T/(\delta T - 1)$$

oder

$$\frac{\operatorname{tg}(\omega T_L)}{\omega T_L} = \frac{1}{(\delta/\omega)(\omega T_L) - T_L/T}, \tag{60. 7}$$

wo ωT_L als Unbekannte, T_L/T als unabhängige Variable und δ/ω als Parameter zu betrachten ist. Diese Transzendentalgleichung läßt sich graphisch lösen. Sie besitzt, wie im Beispiel des § 59, unendlich viele Wurzeln, durch welche die Frequenzen der Grundschwingung und der Oberschwingungen dargestellt werden. Von diesen ist wiederum die der Grundschwingung herauszugreifen; sie liefert, in eine der Gleichungen (.6), etwa in (.6a) eingesetzt, als kritische Verstärkung:

$$\boxed{V_0 = \frac{\omega_0 T_L}{(T_L/T)\sin(\omega_0 T_L)}\, e^{-\frac{\delta_0}{\omega_0}(\omega_0 T_L)}.} \tag{60. 8}$$

Für den Sonderfall $\omega_0 = 0$, also wenn die Grundwelle gerade aperiodisch wird, erhält man aus Gleichung (.7), da $\lim\limits_{x \to 0} \frac{\operatorname{tg} x}{x} = 1$:

$$1 = 1/(\delta_0 T_L - T_L/T)$$

oder

$$\delta_0 T_L = 1 + T_L/T \tag{60. 9}$$

und hiermit, da ferner $\lim\limits_{x \to 0} \frac{x}{\sin x} = 1$ aus Gleichung (.8):

$$V_0 = e^{-(1 + T_L/T)}/(T_L/T). \tag{60. 10}$$

Diagramm 44 zeigt die Auswertung der Gleichungen (.7) und (.8) für $\delta_0/\omega_0 = 0$ und $\delta_0/\omega_0 = 0{,}5$ (s. § 43) sowie der Gleichung (.10) für den aperiodischen Grenzfall $\omega_0 = 0$. Man sieht, daß V wiederum im wesentlichen von dem Verhältnis Laufzeit zu Zeitkonstante abhängig ist, welches für genügende Regelgenauigkeit möglichst kleine Werte annehmen muß. Ist beispielsweise die geforderte Regelgenauigkeit 1%, so darf im Stabilitätsgrenzfall T_L/T den Wert 0,016, im

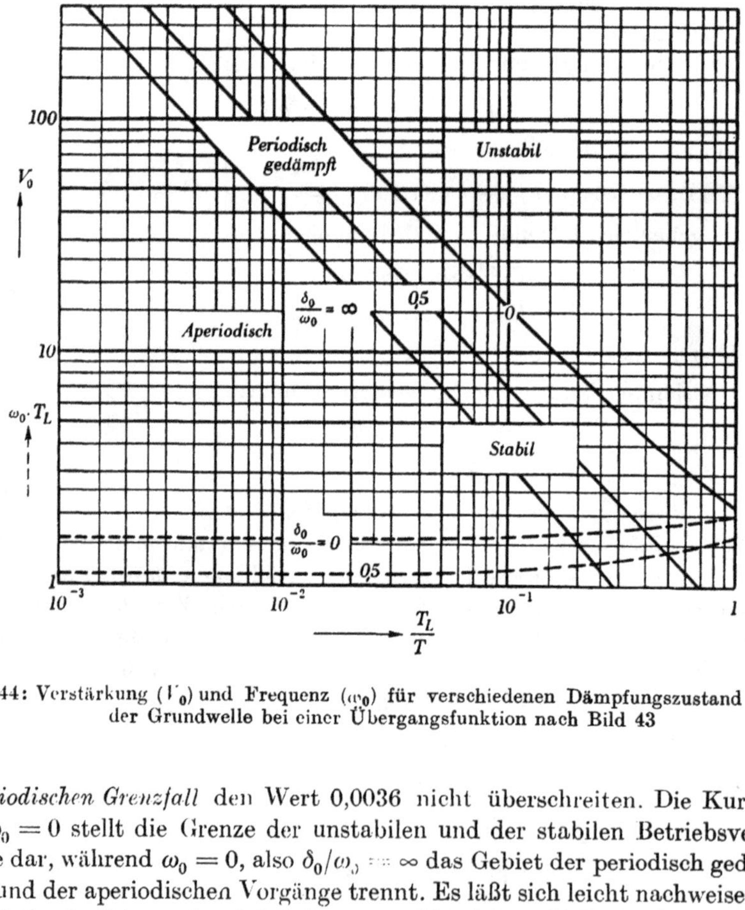

Bild 44: Verstärkung (V_0) und Frequenz (ω_0) für verschiedenen Dämpfungszustand (δ_0/ω_0) der Grundwelle bei einer Übergangsfunktion nach Bild 43

aperiodischen Grenzfall den Wert 0,0036 nicht überschreiten. Die Kurve für $\delta_0/\omega_0 = 0$ stellt die Grenze der unstabilen und der stabilen Betriebsverhältnisse dar, während $\omega_0 = 0$, also $\delta_0/\omega_0 = \infty$ das Gebiet der periodisch gedämpften und der aperiodischen Vorgänge trennt. Es läßt sich leicht nachweisen, daß die Reihe der Oberwellen dabei eine vernachlässigbare Rolle spielt. Für $T = 0$, also $T_L/T = \infty$, erhält man den Sonderfall, daß innerhalb des Regelkreises nur Laufzeit vorhanden ist. In diesem Falle ist Stabilität nur mit $V < 1$ zu erzielen, während eine aperiodische Einstellung überhaupt nicht erreicht werden kann. Die in Diagramm 44 gestrichelt eingetragenen Werte für $\omega_0 T_L$ zeigen, daß die Frequenz der Grundschwingung im wesentlichen durch die Laufzeit T_L bestimmt wird, da für den ganzen praktisch in Frage kommenden Bereich von T_L/T die bezogene Kreisfrequenz $\omega_0 T_L$ ungefähr $= 1$ ist.

§ 61 Regelkreis mit zwei Verzögerungsgliedern erster Ordnung und Laufzeit

Wir wollen uns nun einen Regelkreis aus zwei rückwirkungsfreien Systemen erster Ordnung aufgebaut denken, die zusätzlich mit Laufzeit behaftet sind. Damit ergibt sich als Übergangsfunktion des aufgetrennten Regelkreises der in Bild 45 angedeutete Verlauf. In dieser Weise lassen sich die meisten auch komplizierten Fälle bereits mit sehr guter Näherung beschreiben (s. hierzu § 51). Wir können dann nach §§ 48 und 52 als Frequenzgang anschreiben:

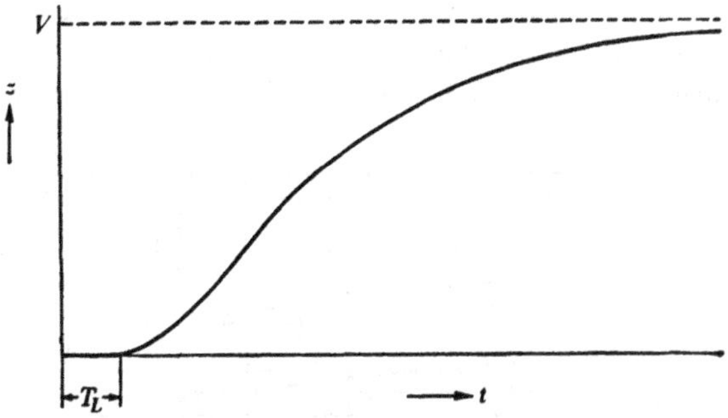

Bild 45: Übergangsfunktion bei zwei Verzögerungsgliedern erster Ordnung mit Laufzeit

$$\mathfrak{F}(p) = V[1/(1+pT_1)]\,[1/(1+pT_2)]\,e^{-pT_L}, \tag{61.1}$$

wenn T_1 und T_2 die beiden Systemzeitkonstanten und T_L die gesamte Laufzeit bedeuten und in V wiederum die Verstärkung der Anordnung zusammengefaßt wird.

Wenn wir zunächst den Stabilitätsgrenzfall berechnen wollen, dann haben wir $i\omega$ an Stelle von p zu setzen:

$$\mathfrak{F}(i\omega) = V\frac{\cos(\omega T_L) - i\sin(\omega T_L)}{(i\omega)^2 T_1 T_2 + i\omega(T_1+T_2) + 1} \tag{61.2}$$

und erhalten nach einigen einfachen Umrechnungen:

$$\mathfrak{F}(i\omega) = \frac{(1-\omega^2 T_1 T_2)\cos(\omega T_L) - \omega(T_1+T_2)\sin(\omega T_L)}{(1-\omega^2 T_1 T_2)^2 + \omega^2(T_1+T_2)^2} - i\,\frac{\omega(T_1+T_2)\cos(\omega T_L) + (1-\omega^2 T_1 T_2)\sin(\omega T_L)}{(1-\omega^2 T_1 T_2)^2 + \omega^2(T_1+T_2)^2}. \tag{61.3}$$

Die Stabilitätsbedingungen nach § 34 liefern dann:

$$\left.\begin{aligned} &\text{a)}\ \frac{\operatorname{tg}(\omega T_L)}{\omega T_L} = -\frac{T_L/T_1 + T_L/T_2}{(T_L/T_1)(T_L/T_2) - (\omega T_L)^2} && \text{aus } \mathfrak{Im}[\mathfrak{F}(i\omega)] = 0 \\ &\text{b)}\ V = \frac{\omega T_L}{\sin(\omega T_L)}\,\frac{T_L/T_1 + T_L/T_2}{(T_L/T_1)(T_L/T_2)} && \text{aus } \mathfrak{Re}[\mathfrak{F}(i\omega)] = -1 \end{aligned}\right\}. \tag{61.4}$$

Gleichung (.4a) muß wiederum graphisch gelöst werden, wobei (ωT_L) als Unbekannte, T_L/T_1 und T_L/T_2 wahlweise als unabhängige Variable bzw. als Parameter anzusehen sind. Die gefundenen Werte liefern dann, in Gleichung (.4b) eingesetzt, die zulässige Verstärkung für den Stabilitätsgrenzfall, wobei wiederum die Frequenz der Grundwelle die strengste Bedingung ergibt. In Diagramm 46 ist die zulässige Verstärkung V_0 über dem Verhältnis der Systemzeitkonstanten T_1/T_2 mit verschiedenen Werten von T_L/T_2 als Parameter aufgetragen. Man sieht, daß die Stabilität praktisch nur von der relativen Größe der Laufzeit abhängig ist. Für T_1/T_2 sind nur Werte von 10^{-3} bis 1 eingetragen. Die beiden Zeitkonstanten sind jedoch, wie den Gleichungen (.4) zu entnehmen ist, auch vertauschbar, wenn als Parameter dann T_L/T_1 gesetzt

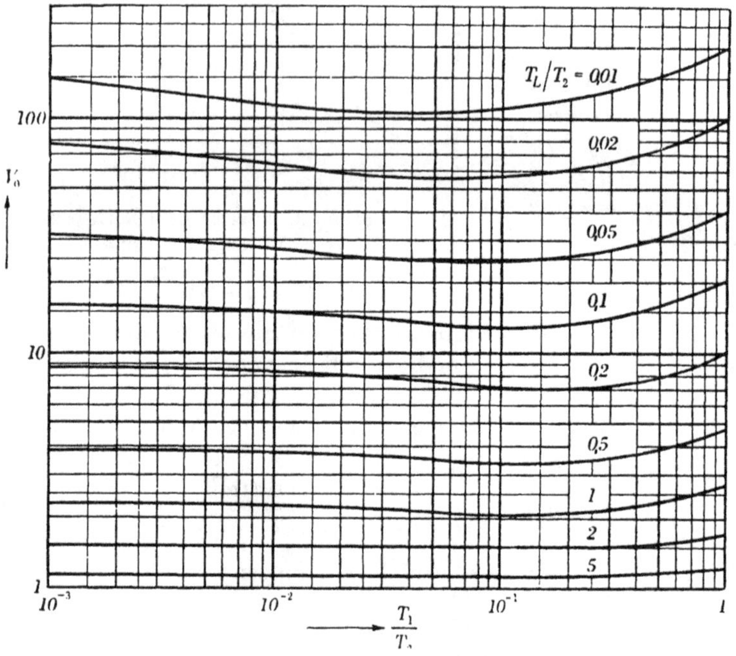

Bild 46: Stabilitätsgrenzkurven bei der Übergangsfunktion nach Bild 45

wird (s. auch § 48). Dadurch wird praktisch der Bereich des Diagramms für T_1/T_2 bis 10^3 erweitert.

Wenn wir nun noch feststellen wollen, unter welchen Bedingungen der Regelverlauf auch durch Teilvorgänge mit reellen Eigenwerten bestimmt wird, haben wir die Stammgleichung: $1 + \mathfrak{F}(p) = 0$ (61. 5)

mit $p = -\delta$ aufzulösen; mit Hilfe von Gleichung (.1) ergibt sich dann:

$$1 + V\,[1/(1 - \delta T_1)]\,[1/(1 - \delta T_2)]\,e^{\delta T_L} = 0 \qquad \text{oder}$$

$$-V_{\varepsilon}^{(\delta T_L)} = 1 - (T_1/T_L + T_2/T_L)\,(\delta T_L) + (T_1/T_L)\,(T_2/T_L)\,(\delta T_L)^2. \quad (61.\,6)$$

Aus dieser transzendenten Gleichung kann die Unbekannte δT_L auf graphischem Wege bestimmt werden. Zeichnet man zu dem Zweck die durch die linke und rechte Seite der Gleichung (.6) dargestellten Funktionen auf (Bild 47), so ergeben die Abszissen der Schnittpunkte der beiden Kurven die reellen Wurzeln dieser Gleichung. Es sind offenbar prinzipiell zwei Schnittpunkte möglich. Schneiden sich die beiden Kurven nicht, so bedeutet dies, daß die Stammgleichung nur komplexe Eigenwerte besitzt, der Regelvorgang also periodisch verläuft.

Der Übergang zweier konjugiert komplexer Eigenwerte zu reellen Wurzeln wird durch die Berührung der beiden Kurven dargestellt. Die Gleichung (.6) besitzt in diesem Falle eine reelle *Doppelwurzel*, die aus dem der Grundwelle zugeordneten konjugiert komplexen Wurzelpaar hervorgeht. Eine Berührung der beiden Kurven in Bild 47 verkörpert demnach den aperiodischen Grenzfall der Grundwelle. Daß die Oberwellen dann bestimmt alle gedämpft verlaufen, haben wir bereits bei der Behandlung des Stabilitätsgrenzfalls gesehen.

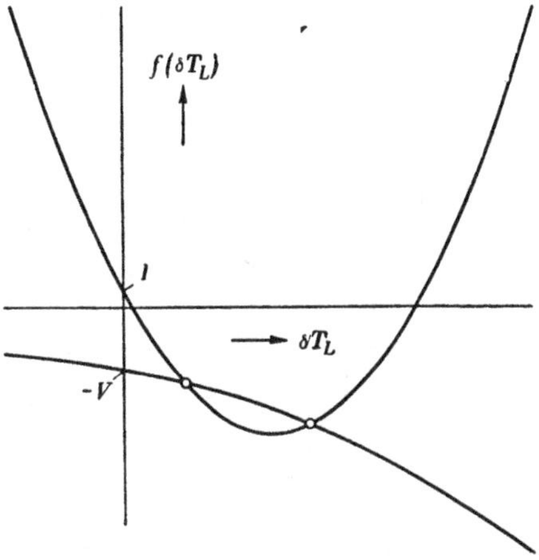

Bild 47: Zur graphischen Lösung der Gleichung (61.6)

Wenn wir nun vorschreiben, daß der Regelvorgang mit gerade aperiodisch gedämpfter Grundwelle erfolgen soll, so müssen wir eine Konstante des Regelkreises, etwa die Verstärkung V_0 so bestimmen, daß sich die beiden Kurven in Bild 47 gerade berühren. Der Berührungspunkt zweier Kurven ist aber dadurch definiert, daß an dieser Stelle die Funktionswerte und die Neigungen beider Kurven gleich sind. Wir differenzieren also beide Seiten der Gleichung (.6) nach δT_L:

$$-V_0 e^{(\delta T_L)} = -(T_1/T_L + T_2/T_L) + 2\,(T_1/T_L)\,(T_2/T_L)\,(\delta T_L) \qquad (61.7)$$

und erhalten so mit (.6) und (.7) ein Gleichungspaar zur Bestimmung von (δT_L) und V_0. Aus der Subtraktion beider Gleichungen folgt eine algebraische Gleichung zweiten Grades in (δT_L) mit den Wurzeln:

$$(\delta T_L) = \left(1 + \frac{T_L/T_1 + T_L/T_2}{2}\right) \overset{(+)}{-} \sqrt{1 + \left(\frac{T_L/T_1 - T_L/T_2}{2}\right)^2}\,, \qquad (61.8)$$

so daß nun etwa Gleichung (.7), nach V_0 aufgelöst, die gesuchte Verstärkungsgrenze liefert:

$$\boxed{V_0 = \left(\frac{T_1}{T_L} + \frac{T_2}{T_L} - 2\,\frac{T_1}{T_L}\,\frac{T_2}{T_L}\,(\delta T_L)\right) e^{-(\delta T_L)}\,.} \qquad (61.9)$$

Hierbei erweist sich nur das negative Vorzeichen in Gleichung (.8) als sinnvoll, da die Verstärkung positive Werte besitzen muß.

Wir haben nun die Bedingung für aperiodischen Grenzfall gefunden, die wir natürlich auch durch das in § 60 beschriebene Verfahren erhalten hätten. In manchen Fällen führt der eben erläuterte Weg jedoch rascher zum Ziel. Diagramm 48 zeigt die Auswertung der Gleichungen (.8) und (.9). Die für aperiodischen Verlauf der Grundwelle zulässige Verstärkung ist hier über dem

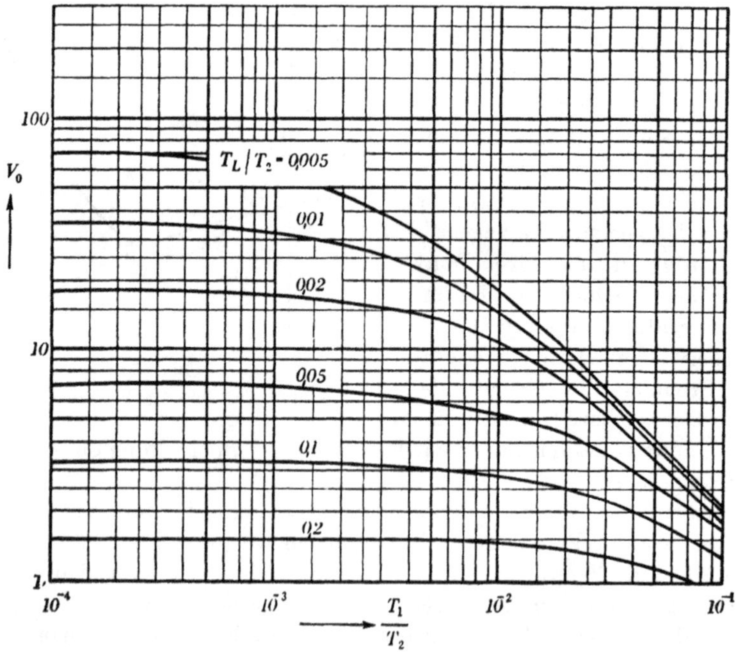

Bild 48: Grenzkurven für aperiodischen Verlauf der Grundwelle bei einer Übergangsfunktion nach Bild 45

Verhältnis der beiden Zeitkonstanten T_1 und T_2 mit T_L/T_2 als Parameter aufgetragen. Für kleine Werte T_1/T_2 ist V wiederum im wesentlichen durch die relative Größe von T_L bestimmt. Im Gegensatz zum Stabilitätsgrenzfall (Diagramm 46) nimmt jedoch die zulässige Verstärkung mit zunehmendem T_1/T_2 ab und wird für $T_1 = T_2$ sogar grundsätzlich $= 0$. Bezüglich der Vertauschbarkeit von T_1 und T_2 gilt, wie aus den Gleichungen (.8) und (.9) zu entnehmen ist, genau das oben Erwähnte.

§ 62 Der verzögerungsfreie statische Regler an einer Regelstrecke mit räumlich verteilten Verzögerungssystemen

Es sei nun eine Regelstrecke mit dem Frequenzgang

$$\mathfrak{F}_z(p) = e^{-\sqrt{pT}} \tag{62.1}$$

eines in § 49 behandelten Kontinuums angenommen, die mit Hilfe eines einfachen statischen Reglers mit der Verstärkung V geregelt werden soll, dessen

Verzögerungen gegenüber denen der Regelstrecke vernachlässigbar klein sind. Diese Annahmen sind praktisch z. B. bei vielen Temperaturregelungen zulässig.

Wir wollen wiederum die Bedingungen berechnen, unter denen der Regelvorgang mit vorgeschriebenem Dämpfungsverhältnis δ/ω abläuft. Die Stammgleichung nimmt mit obigen Voraussetzungen die Form an:

$$1 + V e^{-\sqrt{pT}} = 0 \tag{62.2}$$

und ist wie in § 60 mit

$$p = -\delta + i\omega \tag{62.3}$$

aufzulösen.

Für die Durchrechnung erweist sich hier der Übergang zu Polarkoordinaten als zweckmäßig. Wir setzen also:

$$p = |p| (\cos\varphi + i \sin\varphi) \tag{62.4}$$

und finden durch Vergleich mit Gleichung (.3)

$$\left.\begin{aligned} |p| &= \sqrt{\delta^2+\omega^2} \\ \sin\varphi &= \omega/\sqrt{\delta^2+\omega^2} \\ \cos\varphi &= -\delta/\sqrt{\delta^2+\omega^2} \end{aligned}\right\}. \tag{62.5}$$

Hiermit wird:

$$\sqrt{pT} = \sqrt{T\sqrt{\delta^2+\omega^2}}\left(\cos\frac{\varphi+2\nu\pi}{2} + i\sin\frac{\varphi+2\nu\pi}{2}\right), \tag{62.6}$$

$$\text{mit } \nu = 0 \text{ oder } 1$$

und man erhält nach einigen einfachen Umrechnungen:

$$\sqrt{pT} = \pm\sqrt{T/2}\left(\sqrt{\sqrt{\delta^2+\omega^2}-\delta} + i\sqrt{\sqrt{\delta^2+\omega^2}+\delta}\right). \tag{62.7}$$

Setzt man dies in die Stammgleichung (.2) ein, dann fordert zunächst das Verschwinden des Imaginärteiles:

$$\pm\sqrt{T/2}\sqrt{\sqrt{\delta^2+\omega^2}+\delta} = (k+1)\pi, \tag{62.8}$$

wo k eine beliebige ganze Zahl, und es ergibt sich, wenn man Gleichung (.8) in die Bedingung für den Realteil ($\Re = -1$) einsetzt:

$$V = (-1)\exp\left[(k+1)\pi\left(\sqrt{1+\delta^2/\omega^2} - \delta/\omega\right)\right]. \tag{62.9}$$

Da $V_0 > 0$ sein muß, scheiden ungeradzahlige Werte von k aus und man erhält mit $k = 0$ für die Grundwelle aus den Gleichungen (.8) und (.9):

$$\boxed{\begin{aligned} \omega_0 T &= 2\pi^2/\left(\sqrt{1+\delta_0^2/\omega_0^2} + \delta_0/\omega_0\right) \\ V_0 &= \exp\left[\pi\left(\sqrt{1+\delta_0^2/\omega_0^2} - \delta_0/\omega_0\right)\right] \end{aligned}}. \tag{62.10}$$

In Diagramm 49 ist die zulässige Verstärkung V_0 über dem Dämpfungsverhältnis δ_0/ω_0 aufgetragen.
Es ist bemerkenswert, daß hierbei die Größe von T keine Rolle spielt. Der Höchstwert von V_0 im Stabilitätsgrenzfall ($\delta_0/\omega_0 = 0$) ergibt sich zu $e^{\pi} = 23{,}14$. Mit wachsendem δ_0/ω_0 nimmt V_0 stetig ab. Für aperiodischen Verlauf der Grundwelle ($\delta_0/\omega_0 \to \infty$) darf V_0 den Wert 1 nicht überschreiten. Das ist aber nach § 58 (Diagramm 40) mit Rücksicht auf die Regelgenauigkeit völlig untragbar; man wird in diesem Falle eine nachgebende Rückführung zu Hilfe nehmen, da hiermit die erforderliche Stabilität bei angemessener Regelgenauigkeit erreicht werden kann. Es sei in diesem Zusammenhang auf die §§ 65 und 66 verwiesen.

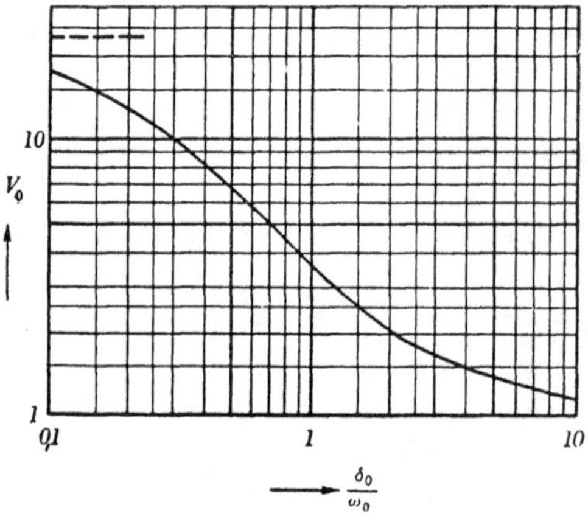

Bild 49: Zulässige Verstärkung V_0 für vorgegebenen Dämpfungszustand (δ_0/ω_0) bei einer Regelstrecke mit verteilten Verzögerungsgliedern und einem verzögerungslosen statischen Regler

3. REGELKREISE MIT ASTATISCHEM VERHALTEN

§ 63 Astatischer Regelkreis mit Laufzeit

Wir wollen nun einen einfachen Regelkreis betrachten, der außer einer Laufzeit T_L keine Verzögerung enthalten und dessen Übergangsfunktion die in Bild 50 wiedergegebene Form haben soll. Eine derartige Übergangsfunktion kann durch verschiedene Kombinationen der einzelnen Glieder des Regelkreises entstanden sein, etwa durch eine astatische Regelstrecke und einen statischen Regler mit Laufzeit.

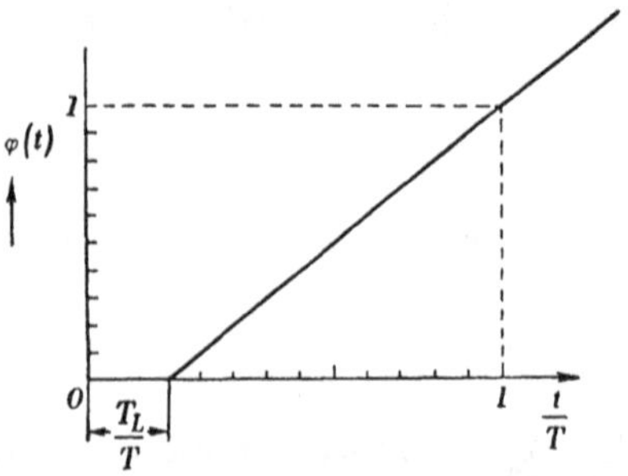

Bild 50: Übergangsfunktion eines astatischen Regelkreises mit Laufzeit

Solange es sich nur darum handelt, Bedingungen für vorgegebenen Dämpfungszustand des Regelvorganges aufzustellen, ist die Reihenfolge der einzelnen Glieder innerhalb des Regelkreises völlig gleichgültig. Sie wird erst von Bedeutung, wenn der zeitliche Regelverlauf selbst bestimmt werden soll. Es sei hierfür der Deutlichkeit halber der einfache Fall zugrunde gelegt, daß der Regelkreis aus einem astatischen Regler mit

Laufzeit und einer verzögerungsfreien, statischen Regelstrecke aufgebaut ist. Ohne die geringsten Schwierigkeiten kann nach den gleichen Methoden der Regelverlauf auch für jede andere Kombination ermittelt werden, da die Wurzeln der Stammgleichung stets die gleichen sind. Die durchgerechnete Anordnung hat zwar geringes praktisches Interesse, ist aber besonders geeignet, die typischen Berechnungsmethoden ohne unnötigen Rechenballast in aller Deutlichkeit aufzuzeigen.

a) *Übergangsfunktion und Frequenzgang*

Die Übergangsfunktion des Regelkreises nach Bild 50 kann durch folgende Gleichung beschrieben werden:

$$\varphi(t) = \left\{\begin{matrix} 0 & \text{für } 0 \leq t \leq T_L \\ (t - T_L)/T & \text{für } t > T_L \end{matrix}\right\}, \qquad (63.1)$$

wenn $1/T$ die Neigung der Geraden bedeutet (vgl. § 54).
Unter Berücksichtigung des Verschiebungssatzes der Laplacetransformation (Anhang I a) ergibt sich aus Gleichung (.1) der Frequenzgang des aufgetrennten Regelkreises:

$$\mathfrak{F}(p) = p\,\mathfrak{L}[\varphi(t)] = [1/(p\,T)] \cdot e^{-p\,T_L}. \qquad (63.2)$$

Nach der getroffenen Vereinbarung ist der Frequenzgang der verzögerungsfreien, statischen Regelstrecke:

$$\mathfrak{F}_z(p) = 1. \qquad (63.3)$$

b) *Die Bedingungen für vorgegebenen Dämpfungszustand*

Entsprechend den Überlegungen des § 60 lassen sich die Bedingungen für vorgegebenen Dämpfungszustand aus der Stammgleichung:

$$1 + \mathfrak{F}(p) = 0$$ ableiten.

Nach Gleichung (.2) lautet hier die Stammgleichung:

$$1 + [1/(p\,T)]\, e^{-p\,T_L} = 0. \qquad (63.4)$$

Mit $p = -\delta + i\omega$ und nach Trennung in Real- und Imaginärteil findet man die beiden Bedingungen:

$$\left.\begin{aligned} &\text{a)} \quad (\delta/\omega)(\omega T_L)\, T/T_L = e^{(\delta/\omega)\,\omega\,T_L} \cdot \cos(\omega T_L) \\ &\text{b)} \quad (\omega T_L)\, T/T_L = e^{(\delta/\omega)\,\omega\,T_L} \cdot \sin(\omega T_L) \end{aligned}\right\}. \qquad (63.5)$$

Wird $\delta/\omega = 0$, so erhält man aus Gleichung (.5) die Stabilitätsbedingung der Grundwelle:

$$\boxed{\begin{aligned} (T_L/T)_0 &= \pi/2 \\ \omega_0 T_L &= \pi/2 \end{aligned}}\;. \qquad (63.6)$$

Für $\delta_0/\omega_0 = \infty$ bzw. $\omega_0 = 0$ findet man entsprechend die Bedingung für den aperiodischen Grenzfall:

$$\boxed{\begin{aligned} (T_L/T)_0 &= 1/e \\ \delta_0 T_L &= 1 \end{aligned}}\;. \qquad (63.7)$$

c) *Der Regelverlauf*

Wir wollen nun dazu übergehen, den Regelvorgang selbst zu bestimmen. Nach Gleichung (33. 7) kann dessen zeitlicher Verlauf explizit angeschrieben werden:

$$z(t) = \frac{1}{2\pi i} \int_{-i\infty}^{+i\infty} \frac{M}{p} \cdot \frac{\mathfrak{F}_z(p)\, e^{pt}}{1 + \mathfrak{F}(p)}\, dp, \tag{63. 8}$$

wenn wir wieder eine plötzliche Mengenstörung vom Betrag M zugrunde legen. Werden in Gleichung (.8) die beiden Frequenzgänge nach den Gleichungen (.2) und (.3) eingesetzt, so erhält man den Regelverlauf unseres speziellen Regelkreises:

$$\frac{z(t)}{M} = \frac{1}{2\pi i} \int_{-i\infty}^{+i\infty} \frac{1}{p}\, \frac{e^{pt}}{1 + [1/(pT)]\, e^{-pT_L}}\, dp. \tag{63. 9}$$

Nach den Ergebnissen des § 23 ist der Wert des Integrales gleich $2\pi i$-mal der Summe der Residuen an den Polen des Integranden, so daß für den Regelvorgang gilt:

$$z(t)/M = \sum \mathfrak{Res}\,. \tag{63. 10}$$

Es ist also erforderlich, die Pole des Integranden, die durch die Nullstellen der Stammgleichung gebildet werden, zu bestimmen.

d) *Die graphische Ermittlung der Wurzeln der Stammgleichung*

Die Stammgleichung (.4) lautet: $1 + [1/(pT)]\, e^{-pT_L} = 0.$

Es ist dies eine transzendente Gleichung, deren Wurzeln am besten graphisch bestimmt werden. Führt man die bezogene Untervariable:

$$q = p\, T_L \tag{63. 11}$$

ein, so wird damit die Stammgleichung:

$$q + (T_L/T)\, e^{-q} = 0. \tag{63. 12}$$

Die Wurzeln der Gleichung (.12) werden im allgemeinen komplex sein:

$$q = -\Delta + i\Omega. \tag{63. 13}$$

Wird Gleichung (.13) in die Stammgleichung (.12) eingesetzt, und trennt man diese in Real- und Imaginärteil, so ergeben sich die beiden Bedingungsgleichungen:

$$\left.\begin{aligned} &\text{a)}\quad e^{\Delta} \cos \Omega = (T/T_L)\, \Delta \\ &\text{b)}\quad e^{\Delta} \sin \Omega = (T/T_L)\, \Omega \end{aligned}\right\}. \tag{63. 14}$$

Es empfiehlt sich nun, die Gleichungen (.14) noch umzuformen, indem man sie einmal dividiert und dann einmal quadriert und addiert. Dann entstehen die folgenden, leicht auswertbaren Gleichungen:

$$\left.\begin{aligned} &\text{a)}\quad \Delta = \frac{\Omega}{\operatorname{tg} \Omega} \\ &\text{b)}\quad \Omega = \pm \sqrt{(T_L/T)^2\, e^{2\Delta} - \Delta^2} \end{aligned}\right\}. \tag{63. 15}$$

Trägt man die durch die Gleichungen (.15) beschriebenen Funktionen, in denen Δ und Ω als die Variablen, T_L/T als Parameter aufzufassen sind, in einer Ebene auf, so werden zusammengehörige Werte von Δ und Ω durch die Schnittpunkte der beiden Kurven dargestellt, da diese Wertepaare beide Gleichungen (.15) erfüllen müssen.

In Diagramm 51 sind die beiden Funktionen eingezeichnet. Gleichung (.15a) ist vieldeutig; die Funktion wird deshalb durch eine Kurvenschar gebildet, während Gleichung (.15b) für jeden Parameter T_L/T je durch eine Kurve dargestellt wird.

Durch die Operation des Quadrierens und darauffolgenden Wurzelziehens bei der Umformung der Gleichungen (.14) erhält man eine Reihe von Schnitt-

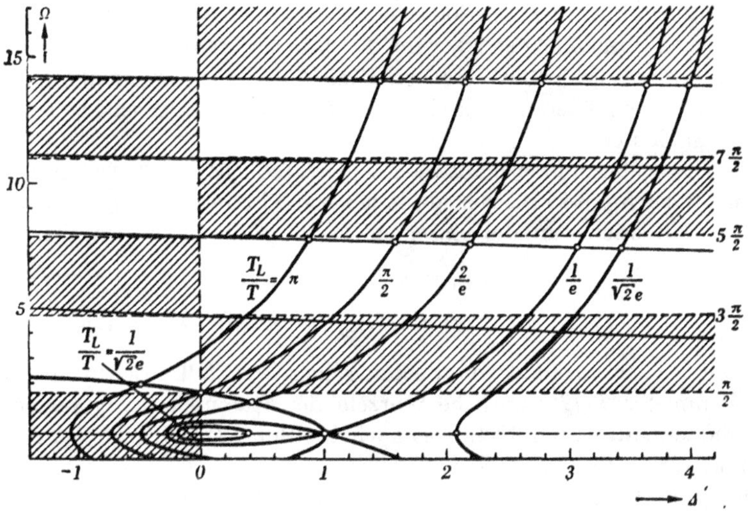

Bild 51: Graphische Lösung der Stammgleichung bei einem Regelkreis mit Übergangsfunktion nach Bild 50

punkten zuviel, welche nicht beide Gleichungen (.14) befriedigen. Diese sinnlosen Werte können aber mit der Gleichung (.14a) leicht ausgeschieden werden. Nach ihr sind, da T/T_L positiv sein muß, gültige Wertepaare von Δ und Ω nur in folgenden Bereichen möglich:

$$\left.\begin{aligned} &\text{für } \Delta < 0: \quad [(2k+1)/2]\,\pi < \Omega < [(2k+3)/2]\,\pi \\ &\text{für } \Delta > 0: \quad [(2k-1)/2]\,\pi < \Omega < [(2k+1)/2]\,\pi \end{aligned}\right\}. \qquad (63.16)$$

In Diagramm 51 sind die hiermit ausgeschlossenen Bereiche schraffiert gezeichnet.

Nun können aus dem Diagramm die Wurzeln $q = -\Delta \pm i\Omega$ der Stammgleichung abgelesen werden. Da die Kurvenscharen spiegelbildlich zur Δ-Achse sind, treten sämtliche komplexen Wurzeln paarweise in konjugierter Form auf; sie bilden die Eigenwerte zu den einzelnen Teilvorgängen des Regelverlaufs (vgl. §§ 42 und 43).

Für jeden Parameter T_L/T ergeben sich unendlich viele Wurzeln. Wir werden aber noch sehen, daß davon nur die niedrigen Frequenzen (kleines Ω) interessieren, da diese in erster Linie für den charakteristischen Verlauf des Regelvorganges maßgebend sind.
Für $T_L/T > \pi/2$, etwa $T_L/T = \pi$ findet man ein Wurzelpaar mit positivem Realteil ($q = 0{,}5 \pm i \cdot 1{,}8$), eine Tatsache, die unstabilen Regelverlauf zur Folge hat.
Für $T_L/T = \pi/2$ ergibt sich ein rein imaginäres Wurzelpaar $q = 0 \pm i\pi/2$. Durch diesen Parameter wird also — wie wir schon aus der vorausgestellten Stabilitätsbetrachtung gefunden haben [Gleichung (.6)] — der Stabilitätsgrenzfall der Grundwelle gekennzeichnet.
Wird $T_L/T < \pi/2$, so ist durch Wurzeln mit negativem Realteil stabiler Betrieb gewährleistet. Der aperiodische Grenzfall, der durch eine rein reelle Doppelwurzel ausgezeichnet ist, wird durch den Parameter $T_L/T = 1/e$ verwirklicht. Nimmt schließlich das Verhältnis T_L/T noch weiter ab, dann wird der Regelvorgang überaperiodisch, worauf die beiden verschiedenen reellen Wurzeln hindeuten.
Für alle Parameter nimmt Δ mit wachsender Frequenz Ω zu. Die Teilvorgänge klingen demnach um so rascher ab, je höher die betreffende Frequenz ist.
Im folgenden seien nun die einzelnen Teilvorgänge etwas eingehender betrachtet.

e) *Die Teilvorgänge für durchweg verschiedene Eigenwerte*

Wenn wir zunächst einmal vom aperiodischen Grenzfall absehen, so sind für jeden Parameter T_L/T sämtliche Wurzeln der Stammgleichung verschieden. Die Residuenbestimmung kann also nach Gleichung (25. 5) erfolgen, da sämtliche Pole von erster Ordnung sind.
Der bezogenen Untervariablen $q = p\,T_L$ entspricht im Oberbereich die bezogene Zeit $\tau = t/T_L$ (Anhang Ia). Dann können wir Gleichung (.9) schreiben:

$$\frac{z(\tau)}{M} = \frac{1}{2\pi i} \int\limits_{-i\infty}^{+i\infty} \frac{e^{q\tau}}{q + (T_L/T)e^{-q}}\, dq. \tag{63. 17}$$

Ein Teilvorgang $z_\nu(\tau)$ entsteht durch ein konjugiert komplexes Wurzelpaar:

$$q_\nu = -\Delta_\nu + i\,\Omega_\nu \qquad \overline{q_\nu} = -\Delta_\nu - i\,\Omega_\nu\ .$$

Mit Gleichung (25. 5) können wir einen Teilvorgang angeben:

$$\frac{z_\nu(\tau)}{M} = \mathfrak{Res}\,(q_\nu) + \mathfrak{Res}\,(\overline{q_\nu}) = \lim_{q \to q_\nu} \frac{e^{q\tau}\,(q - q_\nu)}{q + (T_L/T)e^{-q}} + \lim_{q \to \overline{q_\nu}} \frac{e^{q\tau}\,(q - \overline{q_\nu})}{q + (T_L/T)e^{-q}}\,\cdot \tag{63. 18}$$

Nach erfolgter Grenzwertbestimmung wird hieraus:

$$\frac{z_\nu(\tau)}{M} = \frac{e^{q_\nu \tau}}{1 - (T_L/T)e^{-q_\nu}} + \frac{e^{\overline{q_\nu}\tau}}{1 - (T_L/T)e^{-\overline{q_\nu}}} \tag{63. 19}$$

$$\left.\begin{aligned} &\text{oder} & z_\nu(\tau)/M &= \mathfrak{C}_\nu\, e^{q_\nu \tau} + \overline{\mathfrak{C}}_\nu\, e^{\overline{q}_\nu \tau}, \\ &\text{wobei} & \mathfrak{C}_\nu &= 1/[1 - (T_L/T)\, e^{-q_\nu}] \end{aligned}\right\}. \tag{63.20}$$

Das ist aber die aus § 43 bekannte Form eines Teilvorganges, die wir mit Gleichung (43. 5) schreiben können:

$$z_\nu(\tau)/M = 2\,|\mathfrak{C}_\nu|\; e^{-\Delta_\nu \tau} \cdot \cos(\Omega_\nu \tau + \operatorname{arc} \mathfrak{C}_\nu). \tag{63.21}$$

Die zugehörigen Konstanten ergeben sich nach einigen mühelosen Umrechnungen:

$$\left.\begin{aligned} |\mathfrak{C}_\nu| &= \frac{\sqrt{[1 - (T_L/T)\, e^{\Delta_\nu} \cos \Omega_\nu]^2 + [(T_L/T)\, e^{\Delta_\nu} \sin \Omega_\nu]^2}}{1 - 2\,(T_L/T)\, e^{\Delta_\nu} \cos \Omega_\nu + (T_L/T)^2\, e^{2\Delta_\nu}} \\ \operatorname{arc} \mathfrak{C}_\nu &= -\operatorname{arc\,tg} \frac{(T_L/T)\, e^{\Delta_\nu} \sin \Omega_\nu}{1 - (T_L/T)\, e^{\Delta_\nu} \cos \Omega_\nu} \end{aligned}\right\}. \tag{63.22}$$

Der Gesamtregelverlauf, der hier nur durch eine unendliche Reihe dargestellt werden kann, ergibt sich schließlich durch die Überlagerung sämtlicher Teilvorgänge:

$$z(\tau)/M = \sum_{\nu=0}^{\infty} z_\nu(\tau)/M. \tag{63.23}$$

Infolge des Anwachsens des Wertes Δ_ν mit der Ordnungszahl ν der Teilvorgänge wird der Einfluß der höheren Harmonischen sehr klein, so daß man sich in der Regel mit ganz wenigen Teilvorgängen begnügen kann. Die zahlenmäßige Auswertung für einen bestimmten Parameter, etwa $T_L/T = \pi/2$ (Stabilitätsgrenzfall) macht dies besonders deutlich. Aus Diagramm 51 ergeben sich für die Grund- und die ersten zwei Oberwellen folgende Eigenwerte:

$$q_0 = \pm\, i(\pi/2) \qquad q_1 = -\,1{,}6 \pm i\,7{,}65 \qquad q_2 = -\,2{,}19 \pm i\,14{,}0.$$

Aus den Gleichungen (.21) und (.22) findet man die zugehörigen Teilvorgänge:

$$\begin{aligned} z_0(\tau) &= 1{,}074 \cos(1{,}57\,\tau - 1{,}0) \\ z_1(\tau) &= 0{,}262 \cdot e^{-1{,}6\tau} \cos(7{,}65\,\tau - 1{,}648) \\ z_2(\tau) &= 0{,}144 \cdot e^{-2{,}19\tau} \cos(14\,\tau - 1{,}640). \end{aligned}$$

Die drei Teilvorgänge sind in Bild 52 aufgezeichnet. Bereits nach $\tau = 1$, also nach Ablauf der Laufzeit T_L vom Beginn der Störung an sind die Oberwellen praktisch abgeklungen, so daß für größere Zeiten der Regelvorgang vollständig vom Verlauf der Grundwelle bestimmt wird. Die Oberwellen tragen also lediglich dazu bei, den für kleine Zeiten unstetigen Verlauf des Regelvorganges zu beschreiben, der aber auch mit zwei Oberwellen bereits recht gut angenähert wird.

Interessiert man sich in Sonderfällen aber gerade für den exakten Verlauf des Regelvorganges für kleine Zeiten, so ist es zweckmäßiger, die Rücktransfor-

mation der Gleichung (.17) mit Hilfe einer Reihenentwicklung durchzuführen, die wir im Absatz g) dieses Paragraphen kennenlernen wollen.
Der Vollständigkeit halber wollen wir noch den Teilvorgang berechnen, welcher der reellen Doppelwurzel im aperiodischen Grenzfall entspricht.

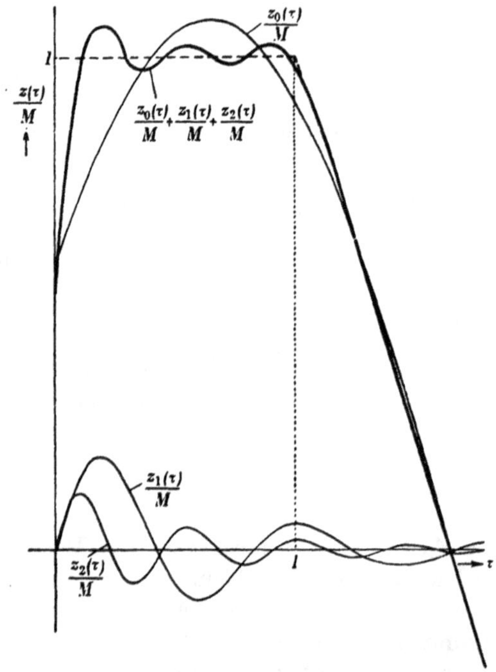

Bild 52: Die drei ersten Teilvorgänge für den Stabilitätsgrenzfall eines Regelkreises mit der Übergangsfunktion nach Bild 50

f) Teilvorgang für einen Pol zweiter Ordnung

(Aperiodischer Grenzfall der Grundwelle)

Die Bestimmung des Residuums könnte hier ohne weiteres nach Gleichung (25.4) erfolgen. Wir wollen aber hier den Koeffizienten der (—1)-ten Potenz der Laurent-Entwicklung direkt aus der Reihenentwicklung herleiten, da dieses Verfahren gelegentlich rascher zum Ziel führt. Nach Gleichung (.7) ist der Pol zweiter Ordnung an der Stelle $q_0 = -1$. Um diese Stelle entwickeln wir nun Zähler und Nenner des Integranden der Gleichung (.17):

$$\frac{e^{q\tau}}{q + (T_L/T)e^{-q}} = \frac{e^{-\tau} \cdot e^{(q+1)\tau}}{(q+1) - 1 + (T_L/T)e \cdot e^{-(q+1)}} \qquad (63.24)$$

in eine Potenzreihe. Beachtet man, daß beim aperiodischen Grenzfall $T_L/T = 1/e$, so lautet diese:

$$\frac{e^{q\tau}}{q + (T_L/T)e^{-q}} = 2\frac{e^{-\tau}}{(q+1)^2} \cdot \frac{1 + \tau(q+1) + \tau^2[(q+1)^2/2!] + \cdots}{1 - 2[(q+1)/3!] + 2[(q+1)^2/4!] \mp \cdots} \cdot \qquad (63.25)$$

Führt man nun die Division der beiden Potenzreihen tatsächlich aus, so findet man die Laurentsche Reihe des Integranden.
Zur Bestimmung des Residuums genügt aber bereits die Kenntnis des Koeffizienten des Gliedes $(q+1)^{-1}$. Nach den Rechenregeln für Potenzreihen (s. z. B. [11.]) ergibt sich dieser aus Gleichung (.25) und damit das Residuum zu:

$$\mathfrak{Res}(q_0^2) = 2\,e^{-\tau}(\tau + 1/3) = z_0(\tau)/M. \qquad (63.26)$$

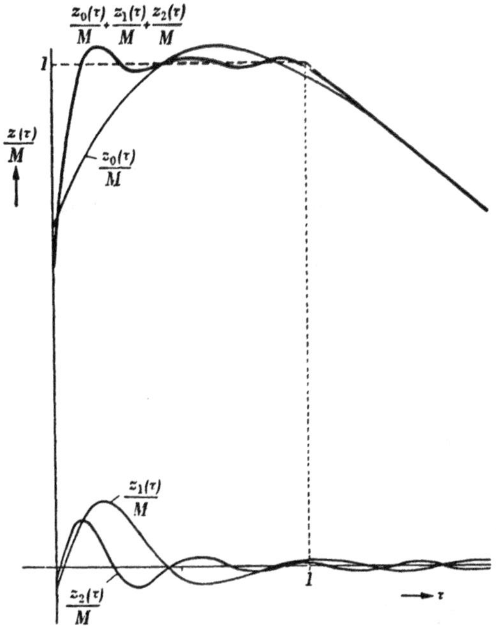

Bild 53: Die drei ersten Teilvorgänge für den aperiodischen Grenzfall eines Regelkreises mit der Übergangsfunktion nach Bild 50

Wir haben damit den zum Pol $q_0 = -1$ gehörigen Teilvorgang gefunden und können nun den Gesamtverlauf für den aperiodischen Grenzfall angeben, da alle anderen Pole einfach sind, und die entsprechenden Teilvorgänge durch die Gleichungen (.21) und (.22) beschrieben werden:

$$z(\tau)/M = 2\, e^{-\tau}\,(\tau + 1/3) + \\ + \sum_{\nu=1}^{\infty} z_\nu(\tau)/M. \qquad (63.27)$$

Auch hier genügt die Heranziehung einiger weniger Oberwellen, die den Regelvorgang nur für sehr kleine Zeiten merklich beeinflussen. Die zahlenmäßige Auswertung nach Bild 53 soll dies verdeutlichen. Für die meisten Fälle der Praxis wird es also genügen, den Regelvorgang allein durch die Grundwelle zu beschreiben.

g) Die Ermittlung des Regelverlaufes für kleine Zeiten durch eine Reihenentwicklung

Nach Gleichung (.17) lautet die Bildfunktion des Regelvorganges:

$$z(q)/M = [q + (T_L/T)e^{-q}]^{-1}. \qquad (63.28)$$

Nach den Regeln der Laplacetransformation [28] darf eine Bildfunktion in eine Reihe nach fallenden Potenzen von q entwickelt werden, wenn diese Funktion mit wachsendem $|q|$ gleichmäßig gegen Null konvergiert. Diese Voraussetzung ist bei den meisten physikalischen Problemen, so auch hier, erfüllt und ist überdies die gleiche, die wir schon beim Jordanschen Satz (§ 22) kennengelernt haben.

Diese Reihenentwicklung lautet:

$$z(q)/M = (1/q) - (T_L/T)\,(1/q^2)e^{-q} + (T_L/T)^2\,(1/q^3)e^{-2q} \mp \cdots \qquad (63.29)$$

Diese Reihe kann nun gliedweise in den Originalbereich zurücktransformiert werden. Die zur Bildfunktion $1/q^n$ gehörige Originalfunktion ist nach Anhang Ib

$$\mathfrak{L}^{-1}\,(1/q^n) = [1/(n-1)!]\,\tau^{n-1}. \qquad (63.30)$$

Die gliedweise Rücktransformation ergibt unter Beachtung des Verschiebungssatzes den zeitlichen Verlauf des Regelvorganges:

$$\frac{z(\tau)}{M} = 1 - (T_L/T)(\tau - 1) + \frac{1}{2!}(T_L/T)^2(\tau - 2)^2 - \frac{1}{3!}(T_L/T)^3(\tau - 3)^3 \pm \cdots \quad (63.31)$$

Bild 54 und 55 zeigen den durch die Reihe (.31) dargestellten Regelverlauf bei Berücksichtigung der ersten drei Glieder für die Stabilitätsgrenze sowie für

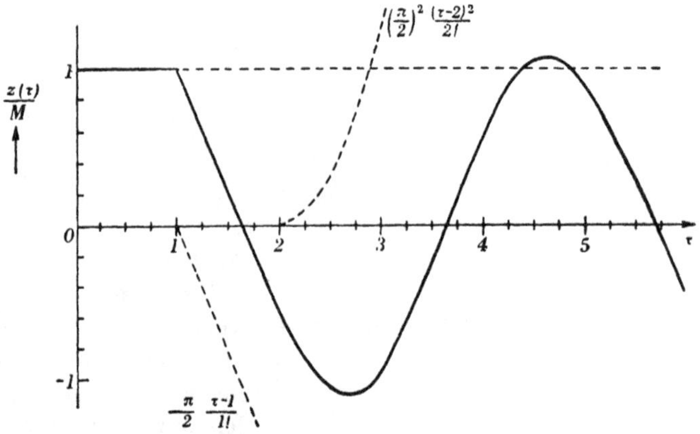

Bild 54: Ermittlung des Regelverlaufs durch Reihenentwicklung für den Stabilitätsgrenzfall (siehe Bild 52)

den aperiodischen Grenzfall. Diese Methode gestattet in einfacher Weise, sehr rasch den Regelverlauf für kleine Zeiten zu ermitteln, versagt aber für große Zeiten, da die Ausdrücke dann zu unübersichtlich werden. Für große Zeiten ist aber die Methode der direkten Integration besonders geeignet, so daß wir in den beiden Verfahren Hilfsmittel besitzen, den Regelverlauf in jedem Falle mit beliebiger Genauigkeit zu ermitteln.

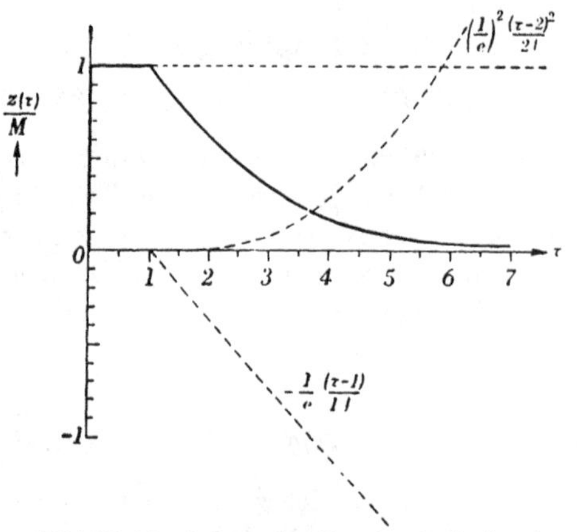

Bild 55: Ermittlung des Regelverlaufs durch Reihenentwicklung für den aperiodischen Grenzfall (siehe Bild 53)

§ 64 Astatischer Regelkreis mit Verzögerung erster Ordnung und Laufzeit

Das Beispiel des vorigen Paragraphen war weitgehend idealisiert insofern, als die Regelstrecke zur Vermeidung unnötigen Rechenaufwandes verzögerungsfrei angenommen wurde. Es konnten aber so in aller Deutlichkeit die Mittel aufgezeigt werden, mit denen eine Regelaufgabe beherrscht werden kann. Ist nun in praktischen Fällen der Regelkreis komplizierter, besteht beispielsweise der Regler aus einer größeren Anzahl von Gliedern, oder hat auch die Regelstrecke, wie wir nun annehmen wollen, eine Verzögerung, so könnten trotzdem alle bisherigen Rechnungen ohne prinzipielle Schwierigkeiten auch hier durchgeführt werden. Der erforderliche Arbeitsaufwand freilich würde unter Umständen ein erheblich größerer sein. In solchen Fällen genügt es im allgemeinen, die Bedingungen für Stabilität und für den aperiodischen Grenzfall der Grundwelle zu ermitteln, wobei die in § 44 definierte Regelgüte ein sehr zweckmäßiges Kriterium zur Beurteilung der günstigsten Verhältnisse liefert.

Wir wollen nun einen Regelkreis betrachten, dessen Regelstrecke eine Verzögerung aufweist, die im wesentlichen durch die Laufzeit T_L bestimmt wird. Der Regler soll eine Meßeinrichtung mit einer Verzögerung erster Ordnung (Zeitkonstante T_a) und einen astatischen Stellmotor (Schließzeit T) enthalten. Eine praktische Anordnung, bei der diese Annahmen mit weitgehender Näherung erfüllt sind, stellt etwa die Mischtemperaturregelung nach Bild 56 dar: Von einem beliebigen flüssigen oder gasförmigen Medium werden zwei Teilmengen mit verschiedener, jedoch jeweils gleichbleibender Temperatur an der Stelle 1 in eine gemeinsame Rohrleitung geführt. Durch eine Regelanordnung soll die Mischtemperatur an der Stelle 2 — aus betrieblichen Gründen meist in beträchtlicher Entfernung von der Mischstelle 1 — konstant gehalten werden. Es ist ohne weiteres einzusehen, daß diese Regelstrecke eine praktisch reine Laufzeit besitzt, deren Größe nur von der Strömungsgeschwindigkeit und der Entfernung zwischen Misch- und Meßstelle abhängt.

(Als weiteres Beispiel für Regelstrecken, die Laufzeit von beträchtlicher Größe aufweisen, sei die Feuerungsregelung von Dampfkesseln unter Verwendung von Krämer-Mühlen erwähnt. Die hier beobachteten Laufzeiten erreichen häufig die Größenordnung von einigen Minuten.)

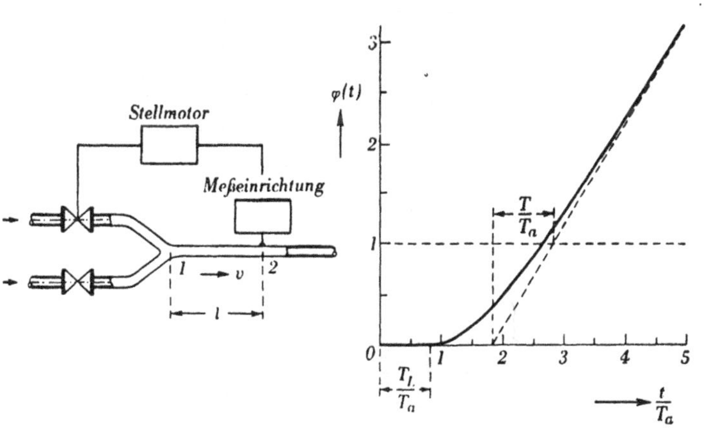

Bild 56: Schema und Übergangsfunktion eines astatischen Regelkreises mit Verzögerung erster Ordnung und Laufzeit

a) Bedingungen für Stabilität und für aperiodischen Verlauf der Grundwelle

Die Übergangsfunktion des aufgetrennten Regelkreises (nach Bild 56) hat die dort angedeutete Form.

Die Einzelfrequenzgänge sind:

$$\text{Meßorgan:} \quad \mathfrak{F}_a(p) = 1/(1 + pT_a), \tag{64.1}$$

$$\text{Stellmotor:} \quad \mathfrak{F}_s(p) = 1/pT, \tag{64.2}$$

$$\text{Regelstrecke:} \quad \mathfrak{F}_z(p) = e^{-pT_L}. \tag{64.3}$$

Durch ihre Multiplikation erhalten wir den Frequenzgang des aufgetrennten Regelkreises:

$$\mathfrak{F}(p) = (1/pT)\,[1/(1 + pT_a)]\,e^{-pT_L}. \tag{64.4}$$

Hieraus und mit Einführung der bezogenen Untervariablen $q = pT_L$ folgt nach einigen Umformungen der Regelverlauf im Unterbereich:

$$\frac{z(q)}{M} = \frac{1}{q}\left[\left(\frac{T_a}{T_L}\frac{T}{T_L}q^2 + \frac{T}{T_L}q\right)\Big/\left(\frac{T_a}{T_L}\frac{T}{T_L}q^2 + \frac{T}{T_L}q + e^{-q}\right)\right]\cdot e^{-q} \tag{64.5}$$

und somit die Stammgleichung:

$$(T_a/T_L)\,(T/T_L)\,q^2 + (T/T_L)\,q + e^{-q} = 0. \tag{64.6}$$

Diese liefert mit $q = i\Omega$ in der bekannten Weise die Stabilitätsbedingungen:

$$\boxed{\begin{array}{l}\Omega \operatorname{tg} \Omega = T_L/T_a \\ T_L/T = \Omega/\sin \Omega\end{array}}\,. \tag{64.7}$$

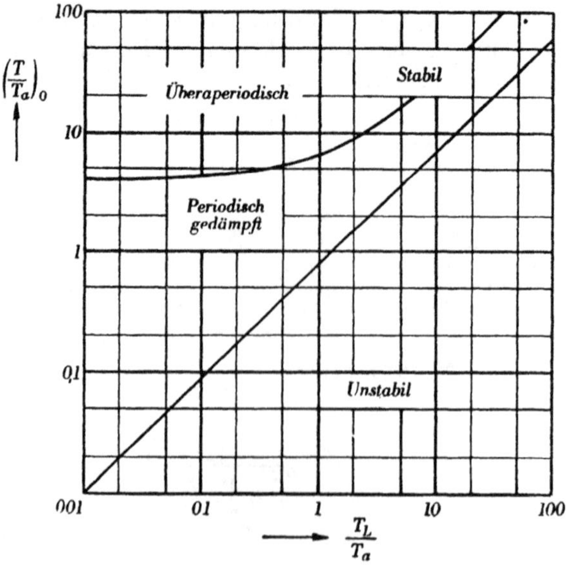

Bild 57: Zulässige Schließzeit (T) für Stabilitätsgrenzfall sowie aperiodischen Verlauf der Grundwelle bei der Übergangsfunktion nach Bild 56

Als Bedingungen für aperiodischen Grenzfall der Grundwelle ergeben sich mit $q = -\Delta$ und nach einmaligem Differenzieren

$$\begin{aligned} \Delta &= \left(1 + \frac{1}{2}\frac{T_L}{T_a}\right)(\pm)\sqrt{1 + \left(\frac{1}{2}\frac{T_L}{T_a}\right)^2}\,. \\ T_L/T &= e^{-\Delta}\left[1 - 2\,(T_a/T_L)\,\Delta\right] \end{aligned} \qquad (64.8)$$

Die erste der Gleichungen (.7) kann wiederum graphisch gelöst werden. Sehr einfach und rasch gestaltet sich ihre Lösung auch mit Hilfe der Tafeln elementarer Funktionen von Emde [7]. Die sich als Funktion von T_L/T_a ergebenden Werte von Ω sind dann in die zweite Gleichung einzusetzen und liefern den zugehörigen Wert von T_L/T für den Stabilitätsgrenzfall. Die Auflösung der Gleichungen (.8) ist elementar; das positive Vorzeichen in der ersten erweist sich als unbrauchbar, da es negative Werte für T_L/T ergibt. Die zahlenmäßige Auswertung wird durch das Diagramm 57 veranschaulicht, in dem die für Stabilität und für aperiodischen Grenzfall der Grundwelle zulässigen Werte $(T/T_a)_0$ als Funktion von T_L/T_a aufgetragen sind. Für $T_a \to 0$, also $T_L/T_a \to \infty$, streben die Kurven nach den Grenzwerten, die sich bereits in § 63b ergeben hatten $[(T_L/T)_0 = \pi/2$ bzw. $1/e]$.

b) *Optimaler Regelverlauf*

Wir wollen die vorstehenden Ergebnisse noch im Hinblick auf die in § 44 definierte Regelgüte untersuchen. Nach § 45 und Anhang Ia ergibt sich mit Gleichung (.5) als Regelfläche:

$$F/M\,T_L = [z(q)/M]_{\infty}^{0} = T/T_L\,, \quad \text{also} \quad F = M \cdot T \qquad (64.9)$$

das überraschend einfache Ergebnis, daß sie gleich der Schließzeit des Stellmotors ist. Ein Regelvorgang spielt sich nun qualitativ etwa wie folgt ab (Bild 58):

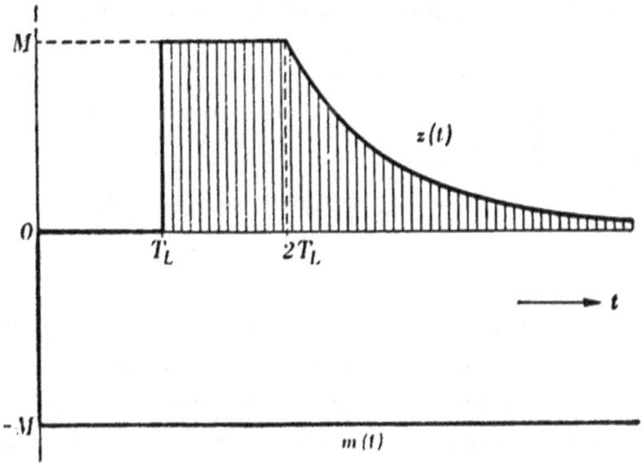

Bild 58: Prinzipieller Regelverlauf bei einer Übergangsfunktion nach Bild 56, wobei die Regelstrecke Träger der Laufzeit ist

Die im Zeitpunkt $t = 0$ einsetzende stoßförmige Störung kommt erst nach Ablauf der Laufzeit T_L in der Regelstrecke zur Auswirkung. Im gleichen Augenblick beginnt auch die Tätigkeit des Reglers, der die entstandene Abweichung zu beheben trachtet. Die von ihm vorgenommenen Verstellungen des Regelorgans können sich jedoch erst nach Ablauf einer weiteren Zeitspanne vom Betrag T_L, also im Zeitpunkt $t = 2\,T_L$ auf die

Regelgröße bemerkbar machen. Wäre nicht, wie in unserem Falle, die Regelstrecke, sondern der Regler Träger der Laufzeit, so würde sich die Unterfunktion der Gleichung (.5) ergeben, jedoch ohne das multiplikative Glied e^{-q} (Verschiebungsfaktor). Der Regelvorgang würde also bereits im Zeitpunkt $t = 0$ beginnen, im übrigen aber denselben Verlauf aufweisen. Es ist klar, daß der Wert der Regelfläche in beiden Fällen der gleiche sein muß.
Nach Gleichung (.9) wird der Regelvorgang um so günstiger, je kleiner T ist. Der kleinste Wert, den T annehmen kann, ohne daß die Grundwelle des Regelvorganges periodisch verläuft, wird aber durch den oben berechneten aperiodischen Grenzfall gekennzeichnet. Daß dabei die Oberwellen alle sehr rasch abklingen, läßt sich leicht nachweisen. In diesem Beispiel stellt also die Bedingung für aperiodischen Grenzfall der Grundwelle zugleich die Bedingung für optimalen Regelverlauf dar, so daß mit ihr die Aufgabe erschöpfend behandelt ist. Wir werden im folgenden noch Beispiele kennenlernen, bei denen dies nicht der Fall ist.

c) *Die Wirkung einer periodischen Störung*

An diesem einfachen Beispiel soll schließlich noch die Wirkung untersucht werden, die ein sinusförmiger Verlauf der Störung zur Folge hat. Wir wissen bereits aus § 41, daß dann der Regelverlauf nach hinreichend langer Zeit ebenfalls sinusförmig mit der gleichen Frequenz erfolgt. Das Amplitudenverhältnis der Regelgröße zur Störgröße ist nach Gleichungen (41. 6) und (41. 8):

$$Z/M = |\mathfrak{F}_G| = |\mathfrak{F}_z(i\,\omega)/[1 + \mathfrak{F}\,(i\,\omega)]|, \qquad (64.\,11)$$

also in unserem Falle mit Gleichungen (.3) und (.4):

$$\frac{Z}{M} = \left| e^{-i\,\omega\,T_L} \Big/ \left(1 + \frac{1}{1 + i\,\omega\,T_a}\,\frac{1}{i\,\omega\,T}\,e^{-i\,\omega\,T_L}\right)\right|. \qquad (64.\,12)$$

Hieraus ergibt sich nach einigen einfachen Umformungen mit $\omega\,T_L = \Omega$:

$$\frac{Z}{M} = \sqrt{\frac{\left(\frac{T}{T_L}\right)^2 \Omega^2 \left[1 + \left(\frac{T_a}{T_L}\right)^2 \Omega^2\right]}{1 + \left(\frac{T}{T_L}\right)^2 \Omega^2 \left[1 + \left(\frac{T_a}{T_L}\right)^2 \Omega^2\right] - 2\,\frac{T}{T_L}\,\Omega \left(\frac{T_a}{T_L}\,\Omega \cos \Omega + \sin \Omega\right)}}. \qquad (64.\,13)$$

Dieses Amplitudenverhältnis ist für $T_a/T_L = 1$ über der bezogenen Störfrequenz Ω in Diagramm 59 aufgetragen, und zwar einmal mit $T_L/T = 0{,}16$ (aperiodischer Grenzfall nach Diagramm 57) und mit $T_L/T = 1$ (Nähe der Stabilitätsgrenze). Es zeigt, daß unter Umständen starke Resonanzerscheinungen auftreten können, namentlich wenn die Frequenz der Störung der Frequenz der Grundwelle nahekommt. Die weiteren Überhöhungen entsprechen den Frequenzen der einzelnen Oberwellen.

Für sehr große Störfrequenzen wird das Amplitudenverhältnis gleich 1, da in diesem Falle der Regler den schnellen Änderungen nicht mehr zu folgen vermag, und die dem Verstellorgan aufgedrückten Schwingungen als Regelgröße zwar um die Laufzeit verspätet, im übrigen jedoch unverzerrt in Erscheinung treten.

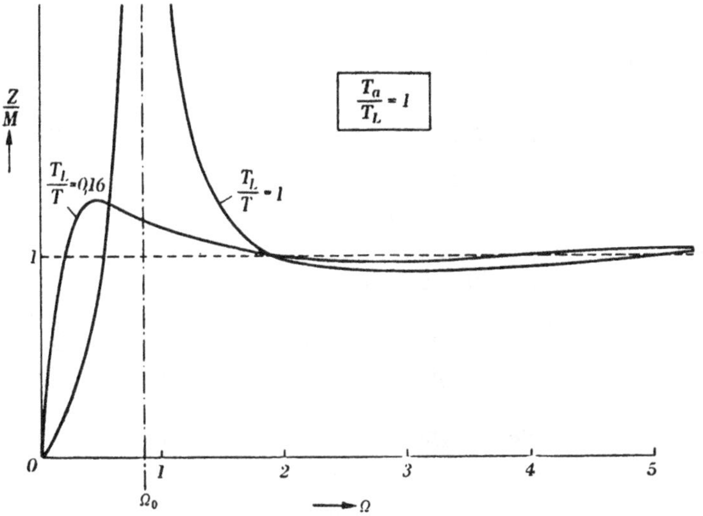

Bild 59: Die Wirkung einer periodischen Störung auf den Regelkreis nach Bild 56 für zwei verschiedene Schließzeiten T

4. REGELKREISE MIT RÜCKFÜHRUNG

§ 65 Die Verbesserung der Regelgüte durch nachgebende Rückführung, dargestellt an einem einfachen astatischen Regelkreis

a) Der Regelkreis ohne Rückführung

Um die prinzipielle Wirkungsweise der Rückführung kennenzulernen, wollen wir zunächst von einer einfachen astatischen Regelung mit einer Regelstrecke erster Ordnung ausgehen. Da diese Regelung nie unstabil sein kann und durch geeignete Wahl der Arbeitsgeschwindigkeit des Stellmotors stets aperiodischer Betrieb möglich ist, erscheint hier die Einführung einer zusätzlichen Stabilisierungseinrichtung zunächst als überflüssig. Wir werden jedoch sehen, daß hier die Verwendung einer Rückführung durchaus zweckmäßig sein kann, da man durch sie in der Lage ist, die Regelgüte ganz wesentlich zu verbessern.

Das simultane Gleichungssystem dieser Regelung lautet:

$$\text{Regelstrecke:} \quad T_z\, z' + z = m, \tag{65. 1}$$

$$\text{Regler:} \quad m' = -(1/T)\, z. \tag{65. 2}$$

Die simultanen Differentialgleichungen (.1) und (.2) können in eine einzige Differentialgleichung zusammengefaßt werden, indem man Gleichung (.1) differenziert und dann hieraus und aus Gleichung (.2) die Größe m' eliminiert:

$$z'' + (1/T_z)z' + 1/(T\,T_z)\,z = 0. \qquad (65.3)$$

Durch diese Differentialgleichung wird der Regelvorgang vollständig gekennzeichnet, wenn noch die beiden Anfangswerte $z(0)$ und $z'(0)$ berücksichtigt werden.

Nach § 9 erfolgt die Lösung bekanntlich mit dem Ansatz:

$$z = Z e^{pt}, \qquad (65.4)$$

mit dessen Einführung in Gleichung (.3) die charakteristische Gleichung erhalten wird:

$$p^2 + (1/T_z)p + 1/(T\,T_z) = 0. \qquad (65.5)$$

Nicht immer ist das Zusammenfassen des simultanen Systems zur vollständigen Differentialgleichung so einfach wie in unserem Beispiel, dann nämlich, wenn das System aus mehreren Gleichungen höherer Ordnung besteht. Es ist dann zweckmäßiger, den Lösungsansatz bereits in die Einzelgleichungen einzuführen. Das Zusammenfassen der einzelnen Gleichungen zur charakteristischen Gleichung ist dann als rein algebraischer Rechenvorgang immer leicht durchzuführen.

Diese Lösungsansätze für die Differentialgleichungen (.1) und (.2) lauten:

$$z = Z e^{pt}, \qquad (65.6)$$

$$m = M e^{pt}. \qquad (65.7)$$

Setzt man diese Ansätze in die Gleichungen (.1) und (.2) ein, so erhält man:

$$Z/M = 1/(1 + p\,T_z), \qquad (65.8)$$

$$Z/M = -p\,T \qquad (65.9)$$

und hieraus nach Elimination von Z/M wieder die charakteristische Gleichung:

$$p^2 + (1/T_z)\,p + 1/(T\,T_z) = 0.$$

Aus dieser Stammgleichung folgt, daß der Vorgang bei endlichen Werten von T und T_z nie unstabil sein kann, da selbst beim Auftreten eines komplexen Wurzelpaares der Realteil stets negativ ist, wodurch eine positive Dämpfung gewährleistet wird:

$$p_{1,2} = -1/(2\,T_z) \pm \sqrt{1/(4\,T_z^2) - 1/(T\,T_z)}. \qquad (65.10)$$

Der Regelvorgang verläuft dann aperiodisch, wenn $T/T_z \geqq 4$, da in diesem Falle die Wurzeln der Stammgleichung reell sind. Der Grenzfall des aperiodischen Regelverlaufes ist gegeben, wenn $T/T_z = 4$.

Zur Beurteilung der Regelgüte muß nun noch die Regelfläche bestimmt werden. Da wir diesmal die Behandlung einer Regelaufgabe ohne das Hilfsmittel der Laplacetransformation durchführen wollen, kann die Regelfläche nur nach vorhergehender Ermittlung des Regelverlaufes angegeben werden. Der Regelverlauf ergibt sich als das allgemeine Integral der Differentialgleichung (.3). Es lautet bei zwei verschiedenen Wurzeln p_1 und p_2:

$$z(t) = C_1 e^{p_1 t} + C_2 e^{p_2 t}. \qquad (65.11)$$

C_1 und C_2 sind dabei zwei Konstanten, die durch die Anfangsbedingungen des Systems noch näher bestimmt werden müssen.

Wir wollen als Störung wieder die plötzliche Mengenstörung vom Betrage M zugrunde legen:

$$m_{\mathrm{St}} = \left\{ \begin{array}{c} 0 \text{ für } t < 0 \\ M \text{ für } t > 0 \end{array} \right\}. \tag{65.12}$$

Wirkt diese auf die Regelstrecke, so hätte dies ohne Regler einen Zustandsverauf z ur Folge, der durch Gleichung (.1) bestimmt wird:

$$z(t) = M\,(1 - e^{-t/T_z}). \tag{65.13}$$

Aus Gleichung (.13) findet man die beiden Anfangswerte:

$$z(0) = 0, \qquad z'(0) = M/T_z, \tag{65.14}$$

mit deren Hilfe die beiden Konstanten angegeben werden können:

$$\left. \begin{array}{l} C_1/M = (1/T_z)\,[1/(p_1 - p_2)] \\ C_2/M = -(1/T_z)\,[1/(p_1 - p_2)] \end{array} \right\}. \tag{65.15}$$

Der Regelverlauf kann demnach angeschrieben werden:

$$z(t)/M = (1/T_z)\,(e^{p_1 t} - e^{p_2 t})/(p_1 - p_2). \tag{65.16}$$

Für die Regelfläche gilt nun, wie die Ausführung der Integration unter Beachtung von (.10) leicht ergibt:

$$\frac{F}{M} = \int_0^\infty \frac{z(t)}{M}\,dt = T. \tag{65.17}$$

Sie ist also gleich dem Zeitfestwert T des Stellmotors.

Wenn vereinbarungsgemäß (§ 44) ein schwingender Regelvorgang ausgeschlossen wird, so ist der günstigste Betriebszustand durch den aperiodischen Grenzfall gegeben, da hierbei T und damit die Regelfläche ein Kleinstwert wird:

$$F/(M\,T_z) = T/T_z = 4. \tag{65.18}$$

Am Schlusse dieser Betrachtung des Regelkreises wollen wir nun dieselben Rechnungen unter Zuhilfenahme der Frequenzgänge und der Laplacetransformation durchführen, um die damit erreichte Rechenerleichterung zu zeigen.

Es sind die kennzeichnenden Frequenzgänge:

$$\left. \begin{array}{ll} \text{der Regelstrecke:} & \mathfrak{F}_z = 1/(1 + p\,T_z), \\ \text{des Reglers:} & \mathfrak{F}_R = 1/(p\,T) \end{array} \right\} \tag{65.19}$$

Nach § 33 können wir den Regelverlauf im Unterbereich sofort anschreiben:

$$\frac{z(p)}{M} = \frac{1}{p}\left[\frac{1}{1 + p\,T_z} \Big/ \left(1 + \frac{1}{p\,T}\,\frac{1}{1 + p\,T_z}\right)\right] \tag{65.20}$$

oder etwas umgeformt:

$$\frac{z(p)}{M} = \frac{1}{T_z} \Big/ \left(p^2 + \frac{1}{T_z}\,p + \frac{1}{T\,T_z}\right). \tag{65.21}$$

In Gleichung (.21) erkennen wir wieder die Stammgleichung (.5) mit den Wurzeln p_1 und p_2. Die Regelfläche folgt direkt aus Gleichung (.21)

$$F/M = [z(p)/M]_{\infty}^{0} = T.$$

Auch der Regelverlauf erscheint als Summe der Residuen direkt in bestimmter Form, also ohne daß die Bestimmung von Konstanten erforderlich wäre

$$z(t)/M = (1/T_z)\,(e^{p_1 t} - e^{p_2 t})/(p_1 - p_2)\,.$$

b) Der Regelkreis mit nachgebender Rückführung

Wir wollen nun in den Regelkreis eine nachgebende Rückführung einfügen, wie es in Bild 60 angedeutet ist, und dabei wieder die Frequenzgänge der einzelnen Elemente zugrunde legen.

Der Regler besteht hier aus dem astatischen Stellmotor mit dem Frequenzgang $1/(pT)$ und der nachgebenden Rückführung mit dem Frequenzgang $\varrho p T_r/(1 + p T_r)$ [s. Gleichung (56. 8)].

Der Regler, als geschlossenes Übertragungsglied betrachtet, entsteht also durch Gegenschaltung seiner beiden Bestandteile, da die Rückführung von der Ausgangsgröße des Stellmotors betätigt wird und auf dessen Eingang zurückwirkt. Nach Gleichung (33. 8) können wir nun den Frequenzgang des Reglers angeben:

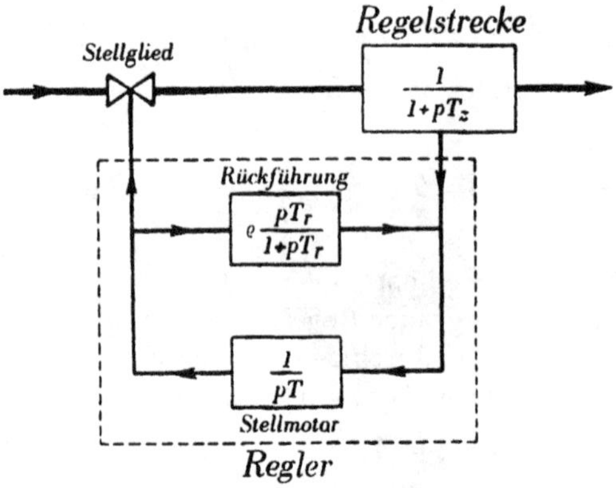

Bild 60: Schema eines speziellen Regelkreises mit nachgebender Rückführung

$$\mathfrak{F}_R = \frac{1}{pT} \Bigg/ \left(1 + \frac{1}{pT}\,\varrho\,\frac{pT_r}{1+pT_r}\right). \tag{65. 22}$$

Der Frequenzgang des geschlossenen Regelkreises schließlich ergibt sich ebenfalls nach Gleichung (33. 8) als eine weitere Gegenschaltung, nämlich der Regelstrecke ($\mathfrak{F}_z$) und des Reglers ($\mathfrak{F}_R$):

$$\mathfrak{F}_G = \mathfrak{F}_z/(1 + \mathfrak{F}_z \cdot \mathfrak{F}_R)\,. \tag{65. 23}$$

Werden hier die einzelnen Frequenzgänge eingesetzt, so ergibt sich:

$$\mathfrak{F}_G = \frac{1}{1+pT_z} \Bigg/ \left(1 + \frac{1}{1+pT_z} \cdot \frac{1/(pT)}{1 + \frac{1}{pT}\,\varrho\,\frac{pT_r}{1+pT_r}}\right). \tag{65. 24}$$

Für die weiteren Betrachtungen ist es vorteilhaft, Gleichung (.24) mit Einführung der bezogenen Untervariablen: $\quad q = pT_z \quad$ (65. 25) auf folgende Form zu bringen:

$$\mathfrak{F}_G(q) = \frac{q^2 + \left(\frac{T_z}{T_r} + \varrho \frac{T_z}{T}\right) q}{q^2 + \left(1 + \frac{T_z}{T_r} + \varrho \frac{T_z}{T}\right) q^2 + \left(\frac{T_z}{T} + \frac{T_z}{T_r} + \varrho \frac{T_z}{T}\right) q + \frac{T_z}{T} \frac{T_z}{T_r}} \cdot \quad (65.26)$$

Es könnten nun für beliebige Werte der Parameter die Wurzeln der Stammgleichung bestimmt und dann der zeitliche Verlauf des Regelvorganges angegeben werden. Wir wollen hiervon jedoch Abstand nehmen und unsere Aufgabe darin sehen, die Kenngrößen der nachgebenden Rückführung, also den Rückführeinfluß ϱ und die Rückführzeit T_r zu berechnen, die einen optimalen Regelverlauf gewährleisten. Bevor wir aber hierzu in der Lage sind, ist es notwendig, ganz allgemein für diesen Regelvorgang dritter Ordnung, dessen Stammgleichung also vom dritten Grad ist, die Bedingungen für kleinste Regelfläche abzuleiten. Wir wollen dies im folgenden Absatz tun.

c) *Die Bedingungen für kleinste Regelfläche*

Wir schreiben Gleichung (.20) abgekürzt:

$$\mathfrak{F}_G(q) = [q^2 + (A - 1) q]/(q^3 + A q^2 + B q + C). \quad (65.27)$$

Die Regelfläche ist dann:

$$\frac{F}{M T_z} = \left[\frac{z(q)}{M}\right]_\infty^0 = \left[\frac{1}{q} \mathfrak{F}_G(q)\right]_\infty^0 = \frac{A - 1}{C}. \quad (65.28)$$

Da nach der Definition der Regelgüte der Regelverlauf aperiodisch vor sich gehen soll, müssen wir zunächst einmal die Bedingungen finden, die die Konstanten A, B und C erfüllen müssen, damit grundsätzlich die Wurzeln der Stammgleichung reell werden können. Da weiter alle Konstanten positiv sind, kann die Stammgleichung nur mit negativen reellen Werten von q erfüllt werden. Wir können also mit $q = -\Delta$ (65.29)
schreiben:

$$\Delta^3 - A \Delta^2 + B \Delta - C = 0. \quad (65.30)$$

Man kann nach F. Emde [7] eine Gleichung dritten Grades auf die wesentlich übersichtlichere, verkürzte Form mit nur einem Parameter h bringen, wenn man folgende Substitutionen einführt:

$$k^2 = -(A/3)^3 + (A B/6) - (C/2), \quad (65.31)$$

$$h = [1/(3 k^2)] (A^2/3 - B), \quad (65.32)$$

$$\Delta = k y + A/3, \quad (65.33)$$

wobei für k nur die aus Gleichung (.31) sich ergebende reelle Wurzel zu verwenden ist.

Damit geht die Stammgleichung (.30) in folgende dreiwertige Funktion über:

$$y^3 - 3\,h\,y + 2 = 0, \tag{65.34}$$

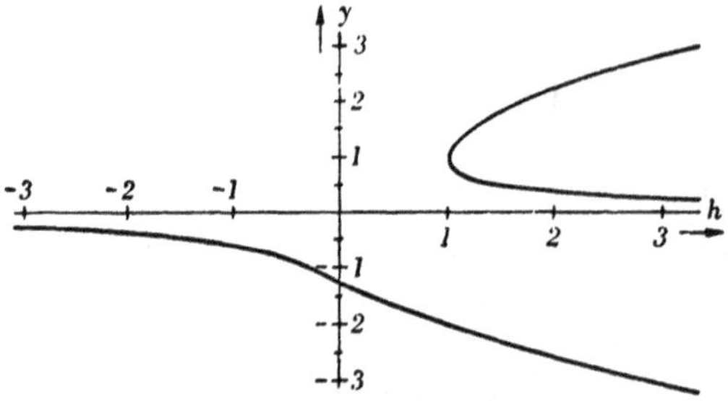

Bild 61: Die dreiwertige Funktion: $y^3 - 3\,hy + 2 = 0$

die in Bild 61 dargestellt ist. Es ist hieraus zu ersehen, daß y und damit Δ nur dann durchwegs reelle Werte annehmen, wenn $h \geqq 1$ (65. 35) wird, da k stets reell sein soll. Aus den Gleichungen (.32) und (.35) folgt als Bedingung für drei reelle Wurzeln:

$$3\,k^2 \gtreqless (A^2/3 - B). \tag{65.36}$$

Diese Ungleichung ist offenbar nur dann erfüllbar, wenn

$$A^2/3 - B \geqq 0. \tag{65.37}$$

Beachtet man nun, daß für $A^2/3 = B$ nach Gleichung (.36) $k = 0$ sein muß, so folgt aus (.37) und (.31)

$$C \leqq (A/3)^3 \tag{65.38}$$

als weitere notwendige (aber nicht hinreichende!) Bedingung dafür, daß sämtliche Wurzeln der Stammgleichung reell werden[1]).

Der zweite Teil unserer Aufgabe, nämlich die Entscheidung, wann die Fläche [Gleichung (.28)] ein Minimum wird, gestaltet sich sehr einfach, wenn man in einer räumlichen Darstellung die Fläche als Funktion der beiden Parameter A und C aufzeichnet (Bild 62). In der AC-Ebene ist die Kurve $C = (A/3)^3$ eingezeichnet. Da für A und C die Bedingung (.38) erfüllt sein muß, und außerdem beide Konstanten positiv sind, kommt nur der Bereich der AC-Ebene für unsere Betrachtung in Frage, der zwischen der Grenzkurve und der A-Achse liegt.

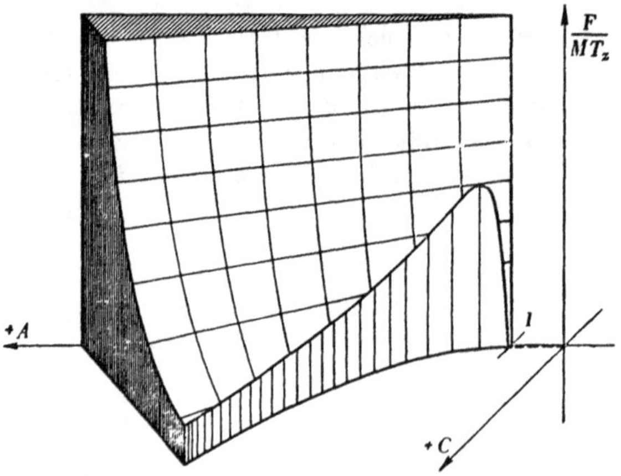

Bild 62: Zur Ableitung der Bedingung für kleinste Regelfläche für den Regelkreis nach Bild 60 *(Flächenrelief)*

Längs der Grenzkurve ist die Fläche:

$$F/(M\,T_z) = (A - 1)/(A/3)^3,$$

längs der A-Achse:

$$F/(M\,T_z) = \infty.$$

[1]) Die notwendige und hinreichende Bedingung wird bekanntlich von der *Diskriminante* geleistet, welche für den Fall der Gleichung (.30) lautet:

$$A^2\,B^2 + 18\,ABC - 4\,A^3\,C - 4\,B^3 - 27\,C^2 \geqq 0.$$

Zeichnet man noch einige Höhenlinien für konstantes F und die entsprechenden Fallinien ein, so erhält man ein anschauliches Bild des *Regelflächenreliefs*. Man erkennt hieraus sofort, daß die Fläche dann einen Kleinstwert annimmt, wenn

$$C = (A/3)^3 .$$

Setzt man dies in (.31) ein, so zeigt sich, daß die zusammen mit (.36) entstehende Ungleichung nur mit $A^2/3 = B$, also $k = 0$ befriedigt werden kann Aus Gleichung (.33) folgt nun als Endergebnis:

$$\boxed{\Delta = \Delta_1 = \Delta_2 = \Delta_3 = A/3.} \qquad (65.39)$$

Die Regelgüte ist also dann ein Optimum, wenn die Stammgleichung eine reelle Dreifachwurzel besitzt. Die Bedingungen hierfür lauten:

$$\boxed{\begin{aligned} B &= A^2/3 \\ C &= (A/3)^3 \end{aligned}\;.} \qquad (65.40)$$

Man kann diesen Fall als den *eigentlich aperiodischen Grenzfall* unserer Differentialgleichung dritter Ordnung auffassen, da er den Übergang von drei reellen Wurzeln zu einem komplexen Wurzelpaar darstellt, wobei die dritte, notwendig reelle Wurzel so bestimmt ist, daß die Regelgüte ein Optimum wird.

d) *Dimensionierung der Rückführung für optimalen Regelverlauf*

Soll die Stammgleichung eine reelle *Dreifachwurzel* besitzen, so müssen an dieser Stelle die Stammfunktion und ihre ersten beiden Ableitungen gleich Null sein. Wir können hiernach schreiben:

$$\left.\begin{aligned} N(q) &\equiv \Delta^3 - A\,\Delta^2 + B\,\Delta - C = 0 \\ N'(q) &\equiv 3\,\Delta^2 - 2\,A\,\Delta + B = 0 \\ N''(q) &\equiv 6\,\Delta - 2\,A = 0 \end{aligned}\right\}. \qquad (65.41)$$

Aus diesen Gleichungen folgt:

$$\left.\begin{aligned} A &= 3\,\Delta \\ B &= 3\,\Delta^2 \\ C &= \Delta^3 \end{aligned}\right\}. \qquad (65.42)$$

Ganz analog findet man bei einer Gleichung n-ten Grades als Bedingungen für eine n-fache reelle Wurzel:

$$\left.\begin{aligned} A &= \tbinom{n}{1}\,\Delta \\ B &= \tbinom{n}{2}\,\Delta^2 \\ C &= \tbinom{n}{3}\,\Delta^3 \\ &\cdots\cdots \\ N &= \tbinom{n}{n}\,\Delta^n \end{aligned}\right\} \qquad (65.43)$$

Wir werden in den folgenden Paragraphen die für die Behandlung von Regelaufgaben sehr bedeutsamen Folgerungen dieser einfachen Beziehungen kennenlernen.

Wird aus dem Gleichungssystem (.42) Δ eliminiert, so findet man wieder die Bedingungen der Gleichungen (.40):

$$B = A^2/3, \qquad C = (A/3)^3.$$

In unserem Beispiel sind nun die Konstanten A, B, C Funktionen der *Kenngrößen* des Regelkreises:

$$\left.\begin{aligned} A &= 1 + T_z/T_r + \varrho T_z/T \\ B &= T_z/T + T_z/T_r + \varrho T_z/T \\ C &= (T_z/T)(T_z/T_r) \end{aligned}\right\}. \qquad (65.44)$$

Mit Hilfe der Gleichungen (.42) und (.44) sind wir nun in der Lage, für jedes T/T_z diejenigen Werte der Rückführeinstellung zu berechnen, die eine Dreifachwurzel der Stammgleichung und damit günstigsten Regelverlauf verbürgen. Man findet mühelos:

$$\Delta = (1/2) \underset{(-)}{+} \sqrt{(1/3)(T_z/T) - (1/12)}, \qquad (65.45)$$

$$T_r/T_z = (T_z/T)/\Delta^3, \qquad (65.46)$$

$$\varrho = (T/T_z)(3\Delta - 1 - T_z/T_r). \qquad (65.47)$$

In Gleichung (.45) erweist sich nur das positive Vorzeichen als sinnvoll, da das negative Zeichen — wie man sich leicht überzeugen kann — zu erheblich größeren Regelflächen führt.

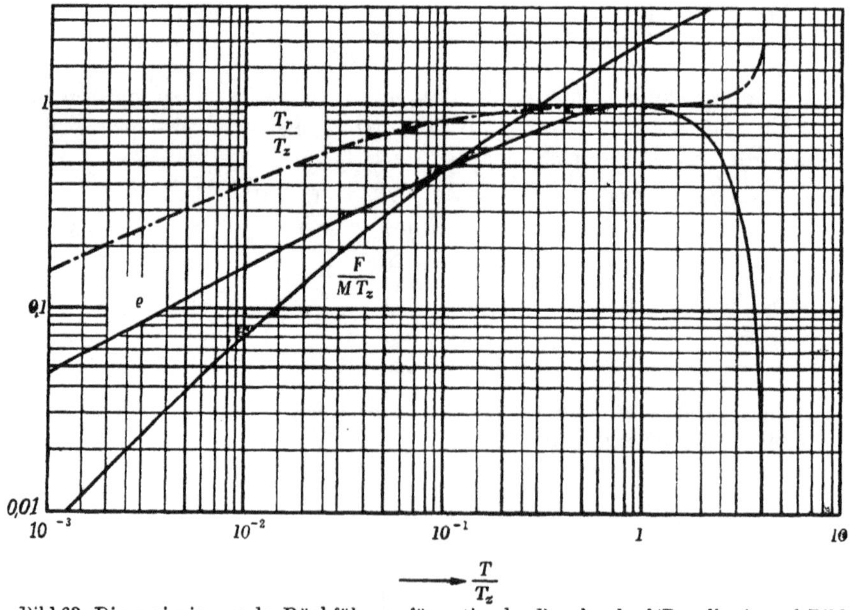

Bild 63: Dimensionierung der Rückführung für optimalen Regelverlauf (Regelkreis nach Bild 60)

Im Diagramm 63 sind die aus den Gleichungen (.45) bis (.47) errechneten Werte der bezogenen Rückführzeit T_r/T_z sowie des Rückführeinflusses ϱ als Funktion des Verhältniswertes T/T_z aufgetragen. Für $T/T_z = 4$ (aperiodischer Grenzfall der Regelung ohne Rückführung) wird der Einflußgrad $\varrho = 0$, da hier der Vorgang ohne weitere Hilfsmittel aperiodisch erfolgt. Für größeres T/T_z wird die Verwendung einer nachgebenden Rückführung überhaupt sinnlos, da hierbei die Regelung ohnehin überaperiodisch vor sich geht, ein aperiodischer Grenzfall also nur mit negativem ϱ erzwungen werden könnte.

Mit abnehmendem T/T_z, also rascher arbeitendem Stellmotor wächst der Einflußgrad ϱ schnell bis zum Wert 1 an, um dann allmählich gegen den Wert Null hin abzunehmen. Diese Tatsache ist zunächst erstaunlich, deckt sich jedoch mit den Beobachtungen der Praxis, nach denen eine Rückführung um so besser wirkt, der Einflußgrad also um so kleiner gewählt werden kann, je rascher der Regler arbeitet.

Die bezogene Rückführzeit T_r/T_z nimmt mit kleiner werdendem T/T_z ebenfalls ab und strebt schließlich gegen den Wert Null.

In dem Diagramm sind auch noch die Werte der Regelfläche eingetragen, die nach Gleichungen (.28) und (.42) für jedes T/T_z berechnet werden kann:

$$F/(M\,T_z) = (A - 1)/C = (3\,\Delta - 1)/\Delta^3. \tag{65.48}$$

Für $T/T_z = 4$ ist $F/(M\,T_z) = 4$, ein Wert, der sich natürlich mit dem in Gleichung (.18) gefundenen deckt. Wächst nun die Regelgeschwindigkeit, d. h. nimmt T/T_z ab, so nimmt auch die Regelfläche monoton ab. Es ist hieraus klar zu ersehen, daß die Regelgüte um so besser wird, je größer die Arbeitsgeschwindigkeit des Stellmotors gemacht werden kann.

Wird die Rückführzeitkonstante T_r unendlich groß gemacht, so geht die nachgebende Rückführung in die sog. starre Rückführung über, die in manchen Fällen die Stabilisierung einer Regelung mit einfachsten Mitteln gestattet. Allerdings tritt bei einer Regelung mit starrer Rückführung, wie bei der Verwendung eines statischen Reglers, eine bleibende Regelabweichung auf, die um so kleiner wird, je kleiner der Einflußgrad ϱ der Rückführung gemacht werden kann.

Der Frequenzgang des Reglers mit starrer Rückführung ergibt sich mit $T_r \to \infty$ aus Gleichung (.22):

$$\mathfrak{F}_R = \frac{1/\varrho}{1 + p\,T/\varrho}. \tag{65.49}$$

Wenn wir nun die dem Frequenzgang entsprechende Übergangsfunktion des Reglers bestimmen, so finden wir, daß durch die starre Rückführung das astatische Verhalten des Reglers verschwindet. Es ist nämlich:

$$\varphi_R(t) = \mathfrak{L}^{-1}\left(\frac{1}{p}\,\mathfrak{F}_R(p)\right) = \frac{1}{\varrho}\left(1 - e^{-\frac{t}{T/\varrho}}\right). \tag{65.50}$$

Der Regler verhält sich nun wie ein statischer Regler mit einer Verzögerung erster Ordnung. Aus Gleichung (.26) erhalten wir den Gesamtfrequenzgang des geschlossenen Regelkreises, wenn wir wieder $T_r \to \infty$ gehen lassen:

$$\mathfrak{F}_G = (q + \varrho\,T_z/T) \Bigg/ \left[q^2 + \left(1 + \varrho\frac{T_z}{T}\right)q + \frac{T_z}{T}(1 + \varrho)\right]. \tag{65.51}$$

Den Betrag der bleibenden Regelabweichung bestimmen wir aus Gleichung (.51):

$$\left[\frac{z(\tau)}{M}\right]_{\tau\to\infty} = \lim_{q\to 0} q\frac{z(q)}{M} = \frac{\varrho}{1+\varrho}. \tag{65.52}$$

Für den aperiodischen Grenzfall muß nach Gleichung (.51) sein:

$$(1 + \varrho T_z/T)^2 = 4\,(T_z/T)\,(1 + \varrho) \tag{65.53}$$

oder

$$\varrho = T/T_z \underset{(-)}{+} 2\sqrt{T/T_z}\,, \tag{65.54}$$

wobei für positives ϱ nur das positive Vorzeichen in Frage kommt. Der Gleichung (.54) können wir entnehmen, daß eine Stabilisierung mittels starrer Rückführung nur dann zu empfehlen ist, wenn mit sehr großer Arbeitsgeschwindigkeit (kleinem T/T_z) des Stellmotors gearbeitet werden kann, da sonst die bleibende Regelabweichung unzulässig große Werte annehmen würde [Gleichung (.52)].

Der Vollständigkeit halber wollen wir nun noch den zeitlichen Regelvorgang für den Fall der Dreifachwurzel bestimmen.

e) *Der Regelverlauf beim eigentlich aperiodischen Grenzfall*

Nach Gleichung (.27) ergibt sich der Regelverlauf im Unterbereich:

$$\frac{z(q)}{M} = \frac{1}{q}\,\frac{q^2 + (A-1)q}{(q+\Delta)^3}. \tag{65.55}$$

Die Rücktransformation in den Originalbereich kann durch die Residuenbestimmung nach Gleichung (25. 4) erfolgen:

$$\frac{z(\tau)}{M} = \mathfrak{Res}\,(q^3) = \lim_{q\to -\Delta} \frac{d^2}{dq^2}\left(\frac{q + A - 1}{2} e^{q\tau}\right), \tag{65.56}$$

wobei $\tau = t/T_z$ die der bezogenen Untervariablen q entsprechende bezogene Zeit bedeutet.

Die Auswertung der Gleichung (.56) ergibt mit $A = 3\,\Delta$ den Regelverlauf zu:

$$\boxed{z(\tau)/M = [(\Delta - 1/2)\tau^2 + \tau]\, e^{-\Delta\tau}.} \tag{65.57}$$

f) *Berücksichtigung weiterer Einflußgrößen*

Bei den vorhergehenden Untersuchungen sind wir im Interesse der Übersichtlichkeit teilweise von vereinfachten Verhältnissen ausgegangen. So wurde [s. Gleichung (.1)] für die Regelstrecke die einfache Beziehung

$$T_z\, z' + z = m$$

herangezogen. Es wird demgegenüber häufig erforderlich sein, eine Reihe weiterer Einflußgrößen zu berücksichtigen. Daß hierbei die abgeleiteten Beziehungen grundsätzlich bestehen bleiben, soll im folgenden kurz gezeigt werden.

Bei Gasdruckregelstrecken beispielsweise werden die Ausgleichsverhältnisse wesentlich durch den Belastungszustand und die Höhe des Sollwertes beeinflußt. An Stelle von Gleichung (.1) tritt hier folgende Beziehung

$$T_A z' + \lambda\mu z = m, \tag{65.58}$$

wo T_A die als (Inhalt/max. Volumendurchsatz) definierte sog. *Anlaufzeit*, $\lambda =$ (Durchsatz/Maximaldurchsatz) den *Belastungsfaktor* und μ den durch die Höhe des Sollwertes gegebenen *Ausgleichsgrad* der Regelstrecke bedeuten. Wir erhalten hiermit als Frequenzgang:

$$\mathfrak{F}_z = z(p)/m(p) = 1/(\lambda\mu + p T_A). \tag{65.59}$$

Wir wollen ferner annehmen, daß eine Meßeinrichtung mit verstärkender Wirkung $(1/\zeta)$ vorhanden sein soll, außerdem sei an Stelle der unmittelbaren Betätigung des Regelgliedes durch den Stellmotor eine veränderbare Übersetzung $(1/\sigma)$ vorgesehen. Es ergibt sich dann das in Bild 64 angedeutete Schema des Regelkreises, in dem bei den einzelnen Gliedern die entsprechenden Frequenzgänge eingetragen sind. Wenn wir nun in bekannter Weise den Gesamtfrequenzgang des Regelkreises anschreiben:

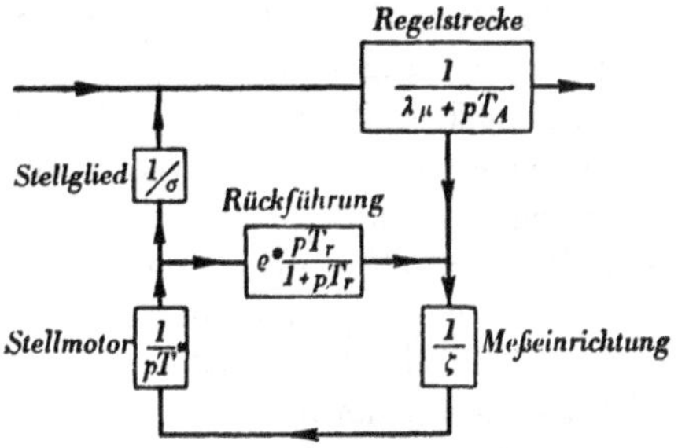

Bild 64: Regelkreis nach Bild 60 mit Berücksichtigung weiterer Einflußgrößen

$$\mathfrak{F}_G = \frac{1}{\lambda\mu + p T_A} \Bigg/ \left(1 + \frac{1}{\lambda\mu + p T_A} \frac{1}{\zeta} \frac{1/(p T^*)}{1 + \frac{1}{p T^*} \varrho^* \frac{p T_r}{1 + p T_r}} \frac{1}{\sigma}\right), \tag{65.60}$$

so läßt sich dieser Ausdruck leicht wie folgt umformen:

$$\mathfrak{F}_G = \frac{1}{\lambda\mu} \frac{1 \Bigg/ \left(1 + p \frac{T_A}{\lambda\mu}\right)}{1 + \frac{1}{1 + p \frac{T_A}{\lambda\mu}} \frac{1/(p\zeta\lambda\mu\sigma T^*)}{1 + \frac{1}{p\zeta\lambda\mu\sigma T^*} \zeta\lambda\mu\sigma\varrho^* \frac{p T_r}{1 + p T_r}}}. \tag{65.61}$$

Durch Vergleich mit Gleichung (.24) findet man, daß alle abgeleiteten Beziehungen unverändert bleiben, wenn T_z, T und ϱ wie folgt ersetzt werden:

$$\left.\begin{array}{ll} \text{a)} & T_z \to T_A/(\lambda\mu) \\ \text{b)} & T \to \zeta\lambda\mu\sigma T^* \\ \text{c)} & \varrho \to \zeta\lambda\mu\sigma\varrho^* \end{array}\right\} \tag{65.62}$$

und T_r beibehalten bleibt.

§ 66 Die nachgebende Rückführung an einer Regelstrecke mit Laufzeit

Nachdem wir im vorigen Paragraphen die prinzipielle Wirkungsweise einer nachgebenden Rückführung kennengelernt und gesehen haben, wie man über das Hilfsmittel der Regelgüte ein System mit mehreren *Freiheitsgraden* rechnerisch beherrschen kann, wollen wir dazu übergehen, eine Anordnung mit einer weiteren *Einflußgröße*, nämlich einer Laufzeit T_L zu betrachten. Es wird dadurch möglich sein, die Ergebnisse des letzten Paragraphen auch auf nicht idealisierte Regelstrecken der Praxis zu erweitern. Die Verhältnisse liegen hier insofern etwas anders, als die Stammgleichung transzendent wird, wobei im allgemeinen unendlich viele Wurzeln auftreten können. Eine Anzahl von ihnen kann unter gewissen Umständen reell werden, während die übrigen stets komplex sein müssen. Nach den Erörterungen des vorigen Paragraphen ist es naheliegend, daß die Regelfläche dann ein Minimum wird, wenn die Wurzeln, die grundsätzlich reell sein können, sämtlich gleich sind. Es würde den Rahmen dieser Betrachtungen übersteigen, auf den exakten Nachweis dieser Tatsache näher einzugehen, der aber im übrigen in ähnlicher Weise wie bei algebraischen Gleichungen zu führen ist. Wenn nun eine im wesentlichen gleiche Regelanordnung zugrunde gelegt wird, wie sie auch im letzten Paragraphen verwendet wurde, so hat dies lediglich den Zweck, die Ergebnisse mit den vorangehenden vergleichen zu können. Ebenso ohne prinzipielle Schwierigkeiten und mit denselben Mitteln wären jedoch die gleichen Überlegungen auch für jede beliebig andere Anordnung durchzuführen.

Die Regelstrecke besteht also aus einem System erster Ordnung, das aber zusätzlich mit einer gewissen Laufzeit T_L behaftet sein soll. Man kann sich hierunter das Ersatzschema etwa einer Temperaturregelstrecke vorstellen (vgl. § 51).

Der Regler sei wieder astatisch ohne weitere Verzögerungen, d. h die unvermeidlichen Trägheiten des Reglers seien gegenüber den sonst auftretenden Verzögerungen, insbesondere der Systemzeitkonstanten T_z zu vernachlässigen.

Die Frequenzgänge lauten also:

$$\text{Regelstrecke:}\quad \mathfrak{F}_z = [1/(1 + p\,T_z)]\,e^{-p\,T_L}, \tag{66.1}$$

$$\text{Stellmotor:}\quad \mathfrak{F}_m = 1/(p\,T). \tag{66.2}$$

Hierzu kommt noch der Frequenzgang der nachgebenden Rückführung, die in derselben Art in den Regelkreis eingefügt sei, wie sie in Bild 60 angedeutet ist:

$$\mathfrak{F}_r = \varrho\,[p\,T_r/(1 + p\,T_r)]. \tag{66.3}$$

Der Frequenzgang des Reglers ist als Gegenschaltung von Stellmotor und Rückführung wieder [Gleichung (65. 22)]:

$$\mathfrak{F}_R = \frac{1}{p\,T} \Bigg/ \left(1 + \frac{1}{p\,T}\,\varrho\,\frac{p\,T_r}{1 + p\,T_r}\right), \tag{66.4}$$

so daß wir als Frequenzgang des geschlossenen Regelkreises sofort anschreiben können:

$$\mathfrak{F}_G = \frac{1}{1 + p\,T_z}\,e^{-p\,T_z} \Bigg/ \left(1 + \frac{1}{1 + p\,T_z}\,e^{-p\,T_z}\,\frac{1/(p\,T)}{1 + \dfrac{1}{p\,T}\,\varrho\,\dfrac{p\,T_r}{1 + p\,T_r}}\right). \tag{66.5}$$

Führen wir wieder die bezogene Untervariable

$$q = p T_L \tag{66.6}$$

ein und formen Gleichung (.5) in der gewohnten Weise, unter Vermeidung aller Doppelbrüche um, so erhalten wir:

$$\mathfrak{F}_G(q) = \frac{\left[\frac{T_L}{T_z} q^2 + \frac{T_L}{T_z}\left(\frac{T_L}{T_r} + \varrho \frac{T_L}{T}\right) q\right] e^{-q}}{q^3 + \left(\frac{T_L}{T_z} + \frac{T_L}{T_r} + \varrho \frac{T_L}{T}\right) q^2 + \left(\frac{T_L}{T_z}\right)\left(\frac{T_L}{T_r} + \varrho \frac{T_L}{T}\right) q + \left(\frac{T_L^3}{T T_r T_z} + \frac{T_L^2}{T T_z} q\right) e^{-q}}. \tag{66.7}$$

Hier läßt sich nun gleich die Regelfläche bestimmen (s. auch § 64 b), die nach unserer Definition jedoch nur sinnvoll ist, wenn der Regelvorgang aperiodisch verläuft

$$\frac{F}{M \cdot T_L} = \Big[z(q)\Big]_\infty^0 = \left[\frac{1}{q}\, \mathfrak{F}_G(q)\right]_\infty^0 = \left(\frac{T_L}{T_r} + \varrho \frac{T_L}{T}\right) : \frac{T_L^2}{T T_r}$$

oder

$$\boxed{F/(M T_z) = T/T_z + \varrho\, T_r/T_z.} \tag{66.8}$$

Zur Abkürzung schreiben wir nun:

$$\left.\begin{aligned} &\text{a)} \quad A = T_L/T_z \\ &\text{b)} \quad B = T_L/T_r + \varrho\, T_L/T \\ &\text{c)} \quad C = T_L^3/(T T_r T_z) \\ &\text{d)} \quad D = T_L^2/(T T_z) \end{aligned}\right\}. \tag{66.9}$$

Dann lautet die für den ganzen Vorgang charakteristische Stammgleichung:

$$q^3 + (A + B) q^2 + A B q + (C + D q) e^{-q} = 0. \tag{66.10}$$

Wir können von ihr schon jetzt wieder mit Sicherheit aussagen, daß die reellen Wurzeln negativ sein müssen, da alle Konstanten nach ihren Definitionsgleichungen (.9) positiv sind. Da wir uns zunächst nur für die reellen Wurzeln interessieren, schreiben wir mit $q = -\Delta$ (66. 11)

$$\Delta^3 - (A + B)\Delta^2 + A B \Delta - (C - D\Delta) e^{\Delta} = 0. \tag{66.12}$$

In den Gleichungen (.9) sind die Konstanten A, B, C und D aus Größen aufgebaut, von denen einige als Gegebenheiten anzusehen sind, andere wieder willkürlich wählbar und einstellbar sind. So dürfte beispielsweise T_L/T_z als Kenngröße der Regelstrecke in den meisten Fällen als unbeeinflußbarer Wert gelten, während die Arbeitsgeschwindigkeit des Stellmotors und damit die Größe T/T_z häufig in gewissen Grenzen einstellbar ist. Die beiden letzten Größen, die Kennwerte der Rückführung, ϱ und T_r/T_z, sind wohl immer, eine zweckmäßige Konstruktion vorausgesetzt, in weiten Grenzen veränderbar, so daß sie als willkürliche Konstanten betrachtet werden dürfen.

Wir haben es also mit einem System mit zwei Freiheitsgraden, nämlich den Kenngrößen ϱ und T_r/T_z zu tun. Über diese beiden wollen wir nun in der Weise verfügen, daß drei reelle Wurzeln der Stammgleichung gleich werden. In derselben Weise kann man auch Systeme mit mehr als zwei Freiheitsgraden beherrschen, indem man eine reelle Wurzel entsprechend höherer Ordnung erzwingt. Man ist nun in der Lage, diejenigen Werte der Kenngrößen zu errechnen, die den jeweils günstigsten Regelverlauf ergeben, während sonst die Behandlung des Problems in allgemeiner Form nahezu undurchführbar ist. Ob dann die so bestimmten Größen in der Praxis auch verwirklicht werden können, ist in jedem Fall gesondert zu prüfen.

Wenn unsere Stammgleichung (.12) eine Dreifachwurzel haben soll, so müssen für dieses Δ die Stammfunktion und ihre ersten beiden Ableitungen gleich Null sein. Aus den so entstehenden drei Gleichungen können nun zwei Größen eliminiert werden. Man kann sich diese Arbeit wesentlich erleichtern, wenn man vor dem Differenzieren eine der Größen explizit ausrechnet, die dann beim Differenzieren verschwindet, so daß die erwähnte Elimination erspart wird.

Wir schreiben beispielsweise Gleichung (.12) in der Form:

$$C = [\Delta^3 - (A + B)\,\Delta^2 + A\,B\,\Delta]\,e^{-\Delta} + D\,\Delta, \tag{66.13}$$

differenzieren beide Seiten nach Δ und finden:

$$D = [\Delta^3 - (3 + A + B)\,\Delta^2 + (2\,A + 2\,B + A\,B)\,\Delta + A\,B]\,e^{-\Delta}. \tag{66.14}$$

Durch nochmaliges Differenzieren verschwindet D, und wir erhalten für die Konstante B:

$$B = \frac{\Delta^3 - (6 + A)\,\Delta^2 + (6 + 4\,A)\,\Delta - 2\,A}{\Delta^2 - (4 + A)\,\Delta + (2\,A + 2)}. \tag{66.15}$$

Setzt man B in Gleichung (.14) ein, so erhält man D und mit Gleichung (.13) schließlich auch noch C als Funktion von A und Δ:

$$D = \frac{\Delta^4 - (4 + 2\,A)\,\Delta^3 + (6 + 6\,A + A^2)\,\Delta^2 - (6\,A + 2\,A^2)\,\Delta + 2\,A^2}{\Delta^2 - (4 + A)\,\Delta + (2\,A + 2)}\,e^{-\Delta} \tag{66.16}$$

$$C = \frac{\Delta^3\,[\Delta^2 - (2 + 2\,A)\,\Delta + (2 + 2\,A + A^2)]\,e^{-\Delta}}{\Delta^2 - (4 + A)\,\Delta + (2\,A + 2)}. \tag{66.17}$$

Die Gleichungen (.15) bis (.17) stellen also die Bedingungen dafür dar, daß die Stammgleichung eine reelle Dreifachwurzel besitzt.

Aus den Gleichungen (.9) folgt:

$$\left.\begin{aligned} &\text{a)} & T_L/T_z &= A \\ &\text{b)} & T/T_z &= A^2/D \\ &\text{c)} & T_r/T_z &= A\,D/C \\ &\text{d)} & \varrho &= A\,(B\,D - C)/D^2 \end{aligned}\right\}. \tag{66.18}$$

Setzen wir nun Gleichung (.16) in Gleichung (.18b) ein, so erhalten wir den

Zusammenhang zwischen Δ und den beiden gegebenen Größen $A = T_L/T_z$ und T/T_z:

$$A^3 - \frac{\Delta^2 - 4\Delta + 2 - (\Delta^2 - 2\Delta + 2)(T/T_z)\,e^{-\Delta}}{\Delta - 2} A^2 -$$

$$\frac{(2\Delta^3 - 6\Delta^2 + 6\Delta)(T/T_z)\,e^{-\Delta}}{\Delta - 2} A + \frac{(\Delta^4 - 4\Delta^3 + 6\Delta^2)(T/T_z)\,e^{-\Delta}}{\Delta - 2} = 0. \quad (66.19)$$

Aus dieser Gleichung müßte nun die Größe Δ ausgerechnet werden. Es handelt sich hier jedoch um eine sehr unangenehme Transzendentalgleichung, so daß es zweckmäßig ist, das Verfahren umzukehren, d. h. Werte für Δ anzunehmen und die zugehörigen Werte von A auszurechnen. Es sind dabei bei der Wahl von Δ gewisse Schranken einzuhalten, da A stets positiv sein muß. Diese Grenzen für Δ können mühelos aus den Gleichungen (.15) bis (.17) abgeleitet werden und lauten:

$$2 - \sqrt{2} < \Delta < 2. \quad (66.20)$$

Aus Gleichung (.19) ergeben sich für A stets zwei komplexe und eine reelle positive Wurzel, wobei natürlich nur die letztere für uns in Frage kommt. Nachdem wir nun zusammengehörige Werte von A und Δ gefunden haben, können wir nach Gleichung (.15) bis (.17) die Konstanten B, C, D und dann mit den Gleichungen (.18) die eigentlichen Parameter der Regelung ϱ und T_r/T_z berechnen.

In den Diagrammen 65 sind diese Werte ϱ und T_r/T_z sowie die jeweilige Regelfläche [Gleichung (.8)] als Funktion von T_L/T_z aufgetragen, für drei verschiedene Arbeitsgeschwindigkeiten des Stellmotors ($T/T_z = 1$, 0,1 und 0). Je größer die Laufzeit wird, desto größer muß der Rückführeinfluß und desto länger die Rücklaufzeit T_r/T_z gewählt werden, damit optimaler Regelablauf erzielt wird. Die Regelfläche nimmt mit wachsendem T_L/T_z zunächst sehr wenig, vom Wert $T_L/T_z = 1$ an dagegen unverhältnismäßig rasch zu. Gleichzeitig werden für ϱ praktisch nicht zu verwirklichende Werte erforderlich, so daß T_L/T_z etwa gleich 1 eine obere Grenze für die sinnvolle Anwendung der nachgebenden Rückführung darstellt. Bemerkenswert ist, daß die bezogene Schließzeit des Stellmotors T/T_z den Regelvorgang wesentlich nur bei kleinen Laufzeiten beeinflußt. Dabei ergibt sich auch hier wieder die Tatsache, daß die Regelfläche um so kleiner wird, je größer die Schließgeschwindigkeit gewählt werden kann. Die Kurven für $T/T_z = 0$ gelten gleichzeitig für den Sonderfall des statischen Reglers mit sehr großer Verstärkung.

Wird T_L/T_z immer kleiner und geht schließlich im Grenzfall gegen Null, so ergeben die Gleichungen (.18) unbestimmte Ausdrücke, da sowohl A als auch Δ gleich Null wird. Zur Ausführung des Grenzüberganges führen wir eine neue bezogene Untervariable ein, nämlich:

$$q^* = p\,T_z = q \cdot T_z/T_L; \quad (66.21)$$

damit ist

$$\Delta = A \cdot \Delta^*. \quad (66.22)$$

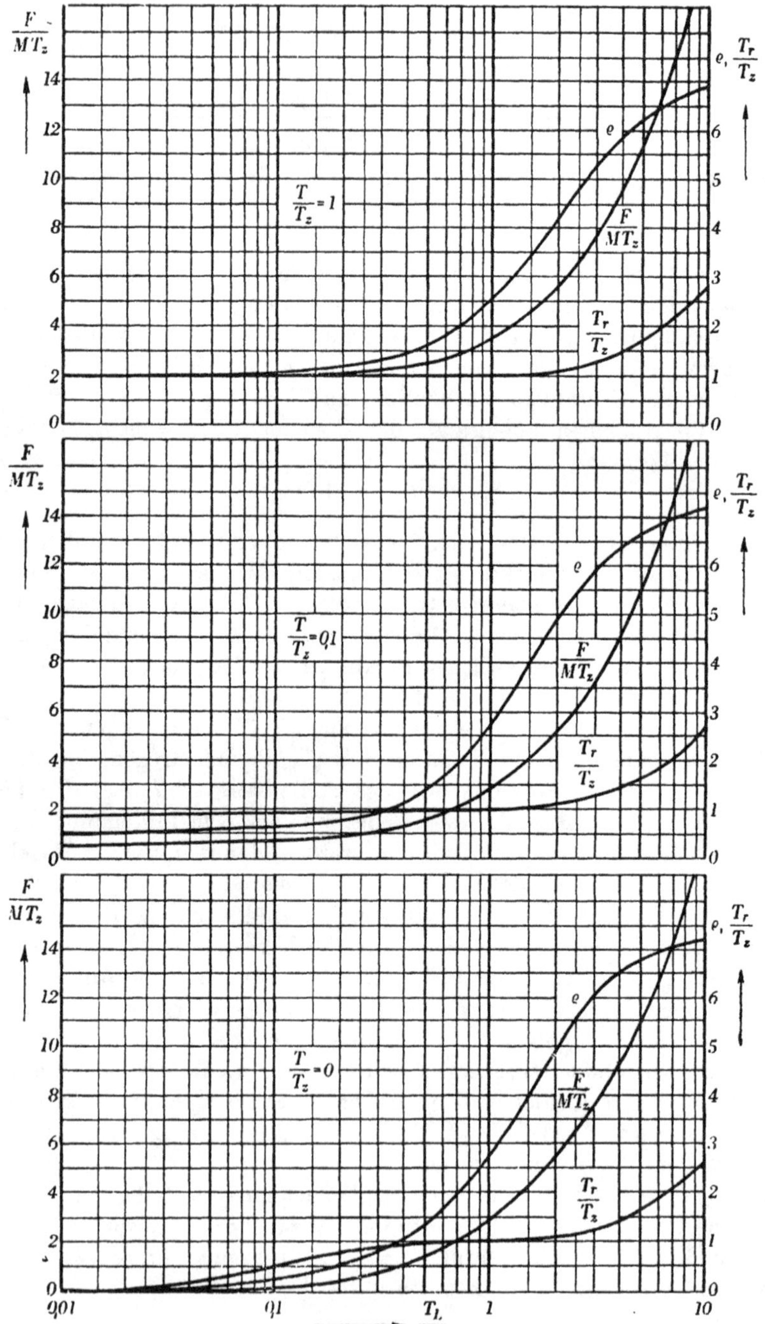

Bild 65: Regelstrecke mit Laufzeit, astatischer Regler mit nachgebender Rückführung: Günstigste Einstellung der Rückführung für drei verschiedene Werte der Schließzeit

Setzt man Gleichung (.22) in Gleichung (.19) ein und läßt dann $A \to 0$ gehen, so findet man:

$$\Delta^* = (1/2) \underset{(-)}{+} \sqrt{(1/3)\,(T_z/T) - (1/12)} \qquad (66.\,23)$$

und mit den Gleichungen (.15) bis (.18) durch den gleichen Grenzübergang:

$$T_r/T_z = (T_z/T)/(\Delta^*)^3, \qquad \varrho = (T/T_z)\,(3\,\Delta^* - 1 - T_z/T_r).$$

Das sind aber dieselben Gleichungen, die wir schon im vorigen Paragraphen für den günstigsten Regelvorgang gefunden haben, wobei der Regelkreis keine Laufzeit enthielt.

Der zeitliche Verlauf des Regelvorganges wird — wie wir im § 63 gesehen haben — durch die Oberwellen nur unwesentlich beeinflußt. Trotzdem müßte in jedem Falle geprüft werden, ob sämtliche Oberwellen positiv gedämpft sind. Der Nachweis ist hier ohne Schwierigkeiten möglich, jedoch umfangreich. Es sei in diesem Zusammenhang auf den nächsten Paragraphen verwiesen, in dem der grundsätzliche Weg dabei wesentlich übersichtlicher aufgezeigt werden kann.

5. REGELKREISE MIT DIFFERENZIERENDEN ORGANEN

§ 67 Einführung der zeitlichen Ableitungen der Regelgröße

Als zweite, wichtige Methode zur Stabilisierung von Regelkreisen und zur Verbesserung der Regelgüte wurde in § 57 bereits die Einführung zeitlicher Ableitungen der Regelgröße erwähnt. Wir wollen uns im folgenden auf die erste Ableitung beschränken, da hierbei die wichtigsten Erscheinungen gezeigt werden können, andererseits aber die Darlegung aller übrigen Möglichkeiten den hier vorgesehenen Rahmen bei weitem übersteigen würde. Es sei die gleiche Regelanordnung zugrunde gelegt, an der auch die Wirkungsweise der nachgebenden Rückführung untersucht wurde, da dann ein Vergleich mit dieser am einfachsten durchzuführen ist.

Der Regelkreis soll demnach im einfachsten Fall aus einer Regelstrecke erster Ordnung, einer Meßeinrichtung und einem verzögerungsfreien, astatischen Stellmotor aufgebaut sein (Bild 66).

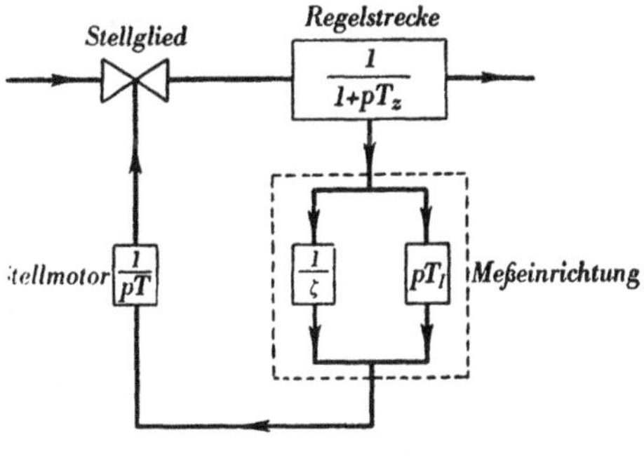

Bild 66: Schema eines Regelkreises mit zusätzlichem differenzierendem Meßgerät

Die Meßeinrichtung setzt sich aus zwei Teilen zusammen, von denen der eine die Regelgröße selbst, der andere deren erste Ableitung erfaßt.

Den Frequenzgang der differenzierenden Meßeinrichtung haben wir bereits in § 57 kennengelernt, und es sei hier an Gleichung (57. 2) erinnert. Die drei

Elemente unseres Regelkreises werden hinsichtlich ihres dynamischen Verhaltens durch die uns schon wohlbekannten Frequenzgänge beschrieben:

$$\text{Regelstrecke:} \quad \mathfrak{F}_z = 1/(1 + pT_z), \tag{67.1}$$

$$\text{Meßeinrichtung:} \quad \mathfrak{F}_a = 1/\zeta + pT_I^*, \tag{67.2}$$

$$\text{Stellmotor:} \quad \mathfrak{F}_m = 1/(pT^*). \tag{67.3}$$

Der Frequenzgang des geschlossenen Regelkreises ergibt sich hieraus nach der Gesetzmäßigkeit gegengeschalteter Frequenzgänge (s. § 33):

$$\mathfrak{F}_G = \frac{1}{1+pT_z} \Bigg/ \left[1 + \frac{1}{1+pT_z}\left(pT_I^* + \frac{1}{\zeta}\right)\frac{1}{pT^*}\right]. \tag{67.4}$$

Setzt man hierin zur Abkürzung:

$$T = \zeta T^*, \qquad T_I = \zeta T_I^*, \tag{67.5}$$

so kann man Gleichung (.4) mit Einführung der bezogenen Untervariablen:

$$pT_z = q \tag{67.6}$$

schreiben:

$$\mathfrak{F}_G(q) = q \Bigg/ \left[q^2 + \left(1 + \frac{T_I}{T}\right) q + \frac{T_z}{T}\right]. \tag{67.7}$$

An dieser Stelle können wir nun sogleich die Regelfläche angeben, wenn wir wieder die „Einheitsstörung", d. h. die Mengenstörung vom Betrage Eins zugrunde legen:

$$\left(\frac{F}{MT_z}\right)_{M=1} = \frac{F}{T_z} = \left[\frac{1}{q}\mathfrak{F}_G\right]_\infty^0 = \frac{T}{T_z}. \tag{67.8}$$

Bei der Berücksichtigung des Differentialquotienten der Regelgröße hat also die Regelfläche denselben Wert wie beim Regelkreis ohne jede Stabilisierungseinrichtung [vgl. Gleichung (65. 17)]. Allerdings war damals der kleinste Wert, den die Regelfläche — aperiodischen Verlauf vorausgesetzt — annehmen konnte, durch die Bedingung des aperiodischen Grenzfalles $T/T_z = 4$ gegeben. Hier dagegen kann durch geeignete Wahl des Zeitfestwertes T_I für jeden beliebigen Wert T/T_z aperiodischer Betrieb erreicht werden, so daß die Regelfläche ganz wesentlich verringert werden kann. Um dies zu zeigen, gehen wir von der Stammgleichung aus [s. Gleichung (.7)]:

$$q^2 + (1 + T_I/T)\,q + T_z/T = 0. \tag{67.9}$$

Die Wahl des Einflußgrades des Differentialquotienten, also des Wertes T_I, werde nun so getroffen, daß der Regelvorgang gerade nicht mehr schwingend erfolgt. Dieser durch den aperiodischen Grenzfall gekennzeichnete Dämpfungszustand wird dann sicher den kleinsten Wert ergeben, den die Regelfläche überhaupt annehmen kann.

Die Bedingung hierfür lautet:

$$(1 + T_I/T)^2 = 4\,T_z/T. \tag{67.10}$$

Sie kann nach T_I/T_z aufgelöst werden:

$$T_I/T_z = -T/T_z \underset{(-)}{+} \sqrt{4\,T/T_z}\,, \tag{67.11}$$

so daß für jedes T/T_z der entsprechende Wert von T_I/T_z bestimmt werden kann. In Gleichung (.11) ergibt nur das positive Vorzeichen physikalisch sinnvolle Werte für T_I/T_z.

Die durch Gleichung (.11) wiedergegebene Beziehung zwischen T_I/T_z und T/T_z ist in Diagramm 67 aufgezeichnet. Für $T/T_z \geqq 4$ verläuft die Regelung auch ohne Stabilisierungseinrichtung, wie wir in § 65a gesehen haben, aperiodisch,

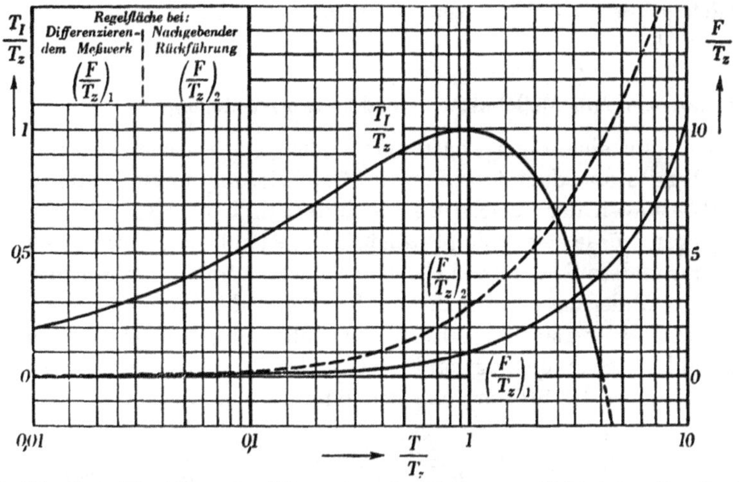

Bild 67: Günstigste Einstellung des differenzierenden Meßgerätes (T_I) bei dem Regelkreis nach Bild 66

so daß der Einflußgrad des Differentialquotienten negativ (im Grenzfall gleich Null) sein müßte, um den aperiodischen Grenzfall zu erreichen. Mit zunehmender Arbeitsgeschwindigkeit des Stellmotors, also abnehmendem T/T_z, wächst zunächst auch T_I/T_z an und erreicht für $T/T_z = 1$ mit $T_I/T_z = 1$ ein Maximum. Nimmt nun die Arbeitsgeschwindigkeit des Reglers weiter zu, so fällt das für den aperiodischen Grenzfall erforderliche T_I/T_z wieder ab und strebt im Grenzfall unendlich großer Geschwindigkeit gegen den Wert Null. Wir finden also hier dieselbe Eigenschaft der Stabilisierungseinrichtung wieder, die wir schon in § 65b kennengelernt haben: die Wirkung des Differentialquotienten ist um so größer, je größer die Arbeitsgeschwindigkeit des Stellmotors gemacht werden kann.

Im nächsten Paragraphen werden wir noch eine Erscheinung kennenlernen, derzufolge der Einflußgrad des Differentialquotienten unter Umständen möglichst klein gehalten werden muß. Die eben erwähnte Tatsache, daß der Wert T_I/T_z um so kleiner gewählt werden kann, je größer die Arbeitsgeschwindigkeit des Reglers ist, ist deshalb für die Stabilisierung von Regelanlagen durch zeitliche Ableitungen der Regelgröße von ganz entscheidender Bedeutung.

In Diagramm 67 ist ferner noch die Regelfläche $(F/T_z)_1$, und zum Vergleich hierzu diejenige Fläche $(F/T_z)_2$ eingetragen, die wir bei Verwendung einer nachgebenden Rückführung gefunden haben (§ 65). In diesem einfachen Fall liefert also die Stabilisierung mit Hilfe des Differentialquotienten der Regelgröße die günstigeren Flächenwerte. Es darf aber hieraus noch nicht geschlossen werden, daß die nachgebende Rückführung immer unterlegen ist. Wir werden in § 70 die differenzierende Meßeinrichtung an einer Regelstrecke mit Laufzeit betrachten und dabei feststellen, daß die Rückführung unter Umständen das bessere Stabilisierungsmittel darstellt. Dazu muß noch gesagt werden, daß die differenzierende Meßeinrichtung in brauchbarer Form meist nur durch einen wesentlich größeren apparativen Aufwand verwirklicht werden kann (vgl. hierzu auch § 69).

§ 68 Differenzierende Meßeinrichtung und Sollwertverstellung

Wir wollen nun eine Eigenschaft untersuchen, die — wie im letzten Paragraphen bereits angedeutet — für die Stabilisierung durch Einführung zeitlicher Ableitungen der Regelgröße charakteristisch ist. Bei allen bisherigen Überlegungen wurde stets eine plötzliche Mengenänderung vorausgesetzt. Nun sei aber eine andere Störung des Gleichgewichtes betrachtet, nämlich die plötzliche Sollwertänderung um den Betrag Z_S. Gemäß der Darlegung des § 33 können wir den Regelverlauf im Unterbereich sofort angeben. Danach haben wir nun im Zähler den Frequenzgang des Teiles des Regelkreises zu schreiben, der zwischen dem Ort der Störung und der untersuchten Größe liegt, also:

$$\frac{z(p)}{Z_S} = \frac{1}{p}\left(\frac{1}{pT}\,\frac{1}{1+pT_z}\right) \Big/ \left[1 + (1+pT_I)\frac{1}{pT}\,\frac{1}{1+pT_z}\right]. \tag{68. 1}$$

Hierin wird durch das Glied $1/p$ zum Ausdruck gebracht, daß die Sollwertverstellung — wie es in der Praxis häufig geschieht — sprunghaft vorgenommen werden soll.

Aus Gleichung (.1) wird nach einigen geringfügigen Umformungen:

$$\frac{z(p)}{Z_S} = \frac{1}{p}\,\frac{1}{TT_z} \Big/ \left(p^2 + \frac{T+T_I}{TT_z}\,p + \frac{1}{TT_z}\right). \tag{68. 2}$$

Nach Ablauf hinreichend langer Zeit strebt die Regelgröße dem eingestellten Sollwert als dem neuen Gleichgewichtszustand zu, der sich aus Gleichung (.2) ganz einfach ermitteln läßt (vgl. § 58):

$$\lim_{t\to\infty} \frac{z(t)}{Z_S} = \lim_{p\to 0}\left(p\,\frac{z(p)}{Z_S}\right) = 1. \tag{68. 3}$$

Wenn wir Gleichung (.1) mit Gleichung (67. 4) vergleichen, so erkennen wir, daß bei beiden Störungsarten die Stammfunktion die gleiche ist. Auch die Ausführung einer Sollwertänderung wird also dann mit dem aperiodischen Grenzfall erfolgen, wenn Bedingung (67. 10) oder (67. 11) erfüllt ist. Ist der Regelvorgang aperiodisch, so ist die vom neuen Gleichgewichtszustand und vom

Regelverlauf eingeschlossene Fläche ein Maß für die Geschwindigkeit, mit der die Sollwertverstellung ausgeführt wird (Bild 68). Diese Fläche ist gleich der Fläche des Einheitsstoßes abzüglich der vom Regelverlauf und dem alten Sollwert eingeschlossenen Fläche, also:

$$\frac{F}{Z_S} = \left|\frac{1}{p}\right|_{\infty}^{0} - \left|\frac{z(p)}{Z_S}\right|_{\infty}^{0} = \left[\frac{1}{p} - \frac{z(p)}{Z_S}\right]_{\infty}^{0} = T + T_I. \tag{68.4}$$

Die Geschwindigkeit der Sollwerteinstellung ist demnach um so größer, je kleiner der für den Einfluß des Differentialquotienten maßgebende Zeitfestwert T_I gewählt wird. Man wird aus diesem Grunde häufig bestrebt sein, den Wert T_I nicht größer zu machen, als es aus Gründen des erwünschten Dämpfungs-

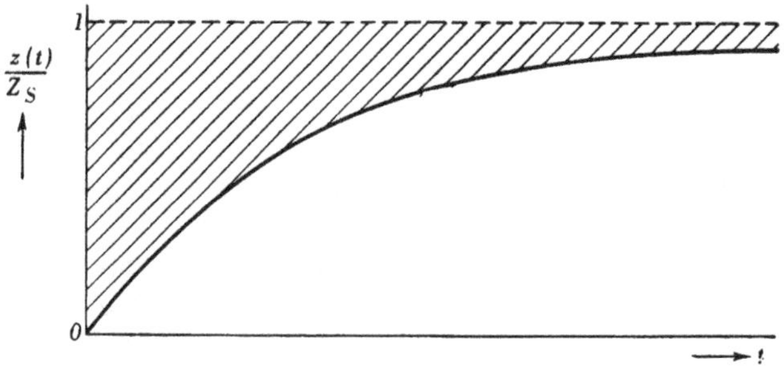

Bild 68: Grundsätzlicher Regelverlauf und Regelfläche bei einer plötzlichen Sollwertverstellung (Z_S)

zustandes erforderlich ist. Es sei hier auch an das Ergebnis des letzten Paragraphen erinnert, nach dem T_I um so kleiner sein kann, je größer die Arbeitsgeschwindigkeit des Reglers, je kleiner also T wird. Durch die Tatsache, daß nach Gleichung (.4) die für Sollwertänderungen maßgebende Regelfläche gleich der Summe $T + T_I$ ist, wird die in § 67 aufgestellte Forderung nach hoher Arbeitsgeschwindigkeit des Reglers noch besonders unterstrichen.

§ 69 Das differenzierende Meßgerät mit Verzögerung

a) Laufzeit

Wir wollen jetzt noch der Tatsache Rechnung tragen, daß die Bildung des Differentialquotienten einer physikalischen Zustandsgröße in exakter Form meist nicht unerhebliche Schwierigkeiten bereitet. Gewöhnlich weist das differenzierende Meßgerät Verzögerungen auf, die nur in seltenen Fällen wirklich zu vernachlässigen sind, und die wir nun zunächst dadurch berücksichtigen wollen, daß wir dem differenzierenden Meßgerät eine gewisse Laufzeit T_L erteilen.

Der Frequenzgang der Meßeinrichtung lautet dann:

$$\mathfrak{F}_a = 1/\zeta + p\,T_I^* \cdot e^{-p\,T_L}. \tag{69.1}$$

Nun schreiben wir in der üblichen Form den Frequenzgang des geschlossenen Regelkreises:

$$\mathfrak{F}_G = \frac{1}{1+pT_z} \Big/ \left[1 + \frac{1}{1+pT_z}\left(\frac{1}{\zeta} + pT_I^* e^{-pT_L}\right)\frac{1}{pT^*}\right]. \qquad (69.2)$$

Unter Verwendung der Gleichungen (67. 5) und der bezogenen Untervariablen:

$$pT_L = q \qquad (69.3)$$

entsteht aus Gleichung (.2):

$$\mathfrak{F}_G(q) = \frac{T_L}{T_z} q \Big/ \left(q^2 + \frac{T_L}{T_z} q + \frac{T_L}{T} \cdot \frac{T_L}{T_z} + \frac{T_I}{T_z} \frac{T_L}{T} q e^{-q}\right). \qquad (69.4)$$

Betrachtet man wieder — wie in § 67 — das Verhältnis T/T_z als eine durch die Gegebenheiten der Regelanlage festgelegte Konstante, so bleibt als einzige willkürlich wählbare Größe T_I/T_z, da natürlich der Wert T_L/T_z als unbeeinflußbar hingenommen werden muß. Die Einstellung des Einflußgrades des Differentialquotienten (T_I/T_z) wird nun zweckmäßig wieder so vorgenommen, daß die Grundwelle des Regelvorganges gerade aperiodisch verläuft, die Stammgleichung also eine reelle Doppelwurzel besitzt.

Die Bedingung hierfür finden wir durch Differentiation der Stammgleichung, die wir zu diesem Zweck mit $\Delta = -q$ in folgender Form schreiben:

$$\frac{T_I}{T_z}\frac{T_L}{T_z}\frac{T_z}{T} = \left(\left[\Delta^2 - \frac{T_L}{T_z}\Delta + \left(\frac{T_L}{T_z}\right)^2 \frac{T_z}{T}\right] \Big/ \Delta\right) e^{-\Delta}. \qquad (69.5)$$

Differenziert man jetzt nach Δ, so findet man nach einigen kleinen Umformungen:

$$\Delta^3 - \left(1 + \frac{T_L}{T_z}\right)\Delta^2 + \left(\frac{T_L}{T_z}\right)^2 \frac{T_z}{T}\Delta + \left(\frac{T_L}{T_z}\right)^2 \frac{T_z}{T} = 0. \qquad (69.6)$$

Die Elimination von T_z/T aus den Gleichungen (.5) und (.6) ergibt dann die gesuchte Größe:

$$\frac{T_I}{T_z} = \left[\frac{T_L}{T_z}\left(2\Delta - \frac{T_L}{T_z}\right) \Big/ \Delta^2 \cdot \left(1 + \frac{T_L}{T_z} - \Delta\right)\right] e^{-\Delta}. \qquad (69.7)$$

Aus den beiden gegebenen Größen T/T_z und T_L/T_z kann aus Gleichung (.6) der Betrag der reellen Doppelwurzel Δ und dann aus Gleichung (.7) dasjenige T_I/T_z berechnet werden, das den aperiodischen Grenzfall der Grundwelle verbürgt.

Die Ergebnisse der Auswertung der Gleichungen (.6) und (.7) für vier verschiedene Laufzeiten des differenzierenden Meßgerätes ($T_L/T_z = 0$, 0,01, 0,1, 1) ergeben sich aus dem Diagramm 69. Die Gleichung (.6) liefert (neben einer physikalisch sinnlosen negativen) zwei positive reelle Wurzeln Δ, von denen die eine aus den bereits erwähnten Gründen ausgeschieden werden kann, da sie erheblich größeres T_I/T_z zur Folge hat. Für $T_L/T_z = 0$ findet man selbstverständlich wieder die schon in § 67 ermittelten Werte für T_I/T_z. Die Kurven für endliche Laufzeiten haben grundsätzlich einen ähnlichen Verlauf, brechen jedoch in einem bestimmten Punkt plötzlich ab. Wird die Arbeitsgeschwindigkeit des

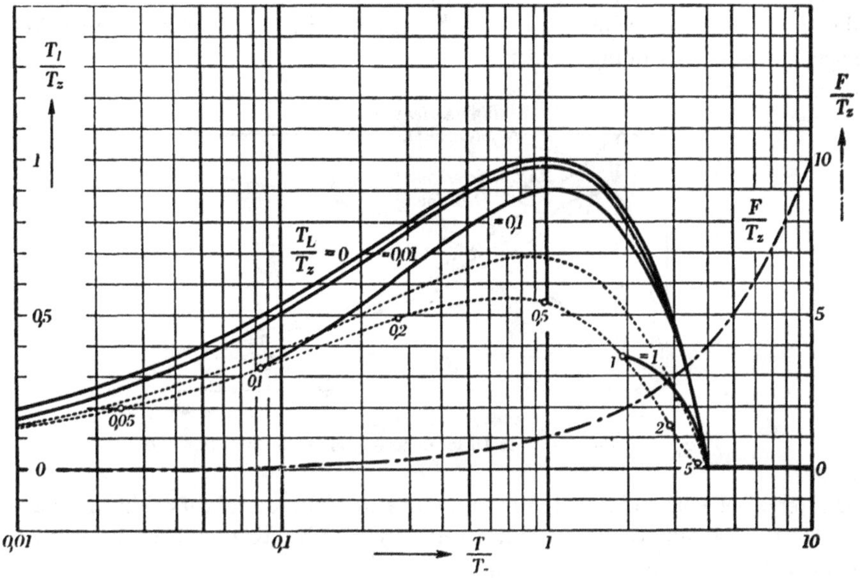

Bild 69: Regelkreis nach Bild 66, jedoch mit laufzeitbehaftetem differenzierendem Meßgerät(T_I); günstigste Einstellung von T_I mit verschiedenen Werten der Laufzeit T_L als Parameter

Reglers größer als der Wert, der durch diesen Aufhörpunkt gekennzeichnet wird, so ist ein aperiodischer Verlauf der Grundwelle nicht mehr möglich. Während also im Falle des verzögerungsfreien Meßgerätes (§ 67) die Regelfläche durch Erhöhung der Arbeitsgeschwindigkeit beliebig verringert werden konnte, ist dies hier nur in beschränktem Umfange möglich. Solange aber aperiodischer Betrieb zu erzielen ist, hat die Regelfläche, wie man leicht aus Gleichung (.4) ableiten kann, denselben Wert wie im Falle des verzögerungsfreien Meßgerätes, nämlich:

$$\frac{F}{T_z} = \frac{T_L}{T_z}\left[\frac{1}{q}\,\mathfrak{F}(q)\right]_{\infty}^{0} = \frac{T}{T_z}. \tag{69.8}$$

Diese Fläche ist als Funktion von T/T_z ebenfalls in das Diagramm eingezeichnet. Es ist dabei zu beachten, daß sie, von größeren Werten T/T_z kommend, nur bis zu den Endwerten der T_I/T_z-Kurven Gültigkeit besitzt. Diese Kurven gehen im übrigen für alle Parameter T_L/T_z durch den Punkt $T/T_z = 4$, $T_I/T_z = 0$, da hier der Einflußgrad des Differentialquotienten Null werden muß, denn die Regelung verläuft ja ohnehin für größeres T/T_z aperiodisch. Die punktierte Kurve gibt die Lage der Endpunkte bei verschiedenen Laufzeiten $T\ /T_z$, die auf ihr markiert sind, wieder. Da für eine bestimmte Laufzeit in diesem Endpunkt die Größe T/T_z ein Minimum ist, stellt dieser Punkt den jeweils günstigsten Betriebszustand dar. Seine Abszisse und Ordinate ergeben die hierzu erforderlichen Werte von T_I/T_z und T/T_z.

b) Verzögerung erster Ordnung

Ganz ähnliche Erscheinungen treten auf, wenn die zusätzliche Verzögerung des differenzierenden Meßgerätes nicht in einer Laufzeit, sondern einer Verzögerung erster Ordnung besteht.

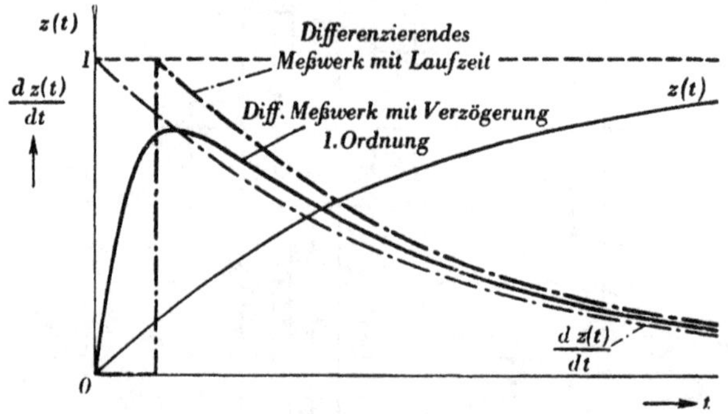

Bild 70: Fehlerbehaftete Differenzierung einer Zeitfunktion $z(t)$

Während bei vorhandener Laufzeit die exakte Differentialkurve um die Laufzeit verspätet auftritt, wird im zweiten Falle die Kurvenform verschliffen (Bild 70).
Der Frequenzgang der Meßeinrichtung lautet hier:

$$\mathfrak{F}_a(p) = 1 + p\,T_I\,[1/(1 + p\,T_V)],$$

wenn hierin durch die Zeitkonstante T_V der Verzögerung Rechnung getragen wird. Der Rechnungsgang ist im übrigen genau der gleiche, wie der im Abschnitt *a*) durchgeführte.
Als Ergebnis findet man auch hier wieder eine Grenzkurve, auf der die einzelnen T_I/T_z-Kurven für konstantes T_V/T_z endigen. Sie ist in Diagramm 69 ebenfalls punktiert eingetragen. Die hierdurch gekennzeichneten Werte T_I/T_z liegen durchwegs etwas oberhalb der in Abschnitt *a*) gefundenen.
Bemerkenswert ist, daß die Regelung bei verzögertem Differentialquotienten hinsichtlich der Sollwertänderung günstiger verläuft als ohne Verzögerung, vorausgesetzt, daß aperiodischer Betrieb überhaupt möglich ist.

c) Das Verhalten der Oberwellen

In Abschnit *a*) haben wir uns lediglich für den Verlauf der Grundwelle des Regelvorganges interessiert und wissen, daß diese bei den gefundenen Wertegruppen gerade aperiodisch verläuft. Der Vollständigkeit halber müssen wir den Oberwellen eine kurze Betrachtung widmen und prüfen, ob diese gedämpft verlaufen. Bei allen bisher untersuchten Regelkreisen war dies der Fall, wie wir besonders deutlich an dem einfachen Beispiel des § 63 erkennen konnten. Nicht ganz so klar aber liegen die Verhältnisse, wenn der Regelkreis ein differenzierendes Organ enthält. Es ist hier grundsätzlich möglich, daß bei aperiodischem Verlauf der Grundwelle irgendeine (oder auch mehrere) Oberwellen und damit natürlich der gesamte Regelverlauf unstabil sind. Diese Tatsache ist leicht einzusehen, wenn man das differenzierende Organ als Übertragungssystem für sich betrachtet. In unserem Falle lautet dessen Frequenzgang:

$$\mathfrak{F}_a(i\omega) = 1 + i\omega T_I \cdot e^{-i\omega T_L}. \tag{69.9}$$

Wirkt auf den Eingang eine sinusförmige Größe, so wird bekanntlich das Verhältnis von Ausgangsamplitude zur Eingangsamplitude durch den absoluten Betrag des komplexen Frequenzganges (.9) dargestellt:

$$|\mathfrak{F}_a(i\omega)| = \sqrt{1 + 2\,\omega T_I\ \sin\omega T_L + (\omega T_I)^2}. \tag{69.10}$$

Mit zunehmender Frequenz ω wächst also die Amplitude der Ausgangsschwingung schließlich über alle Grenzen an. Innerhalb eines Regelkreises müßte ein derartiges System zwangsläufig zu unstabilen Verhältnissen führen, wenn nicht die übrigen Glieder entsprechend entgegenarbeiten würden. Glücklicherweise sind wohl bei den meisten Regelkreisen der Praxis Glieder vorhanden, deren Dämpfung mit zunehmender Frequenz so stark ansteigt, daß der eben aufgezeigte stabilitätsgefährdende Einfluß des differenzierenden Organs aufgehoben wird. In zweifelhaften Fällen ist es unbedingt erforderlich, den Nachweis zu führen, daß alle Oberwellen positiv gedämpft verlaufen. Wie man dabei vorzugehen hat, soll nun an vorliegendem Beispiel gezeigt werden.

Wir gehen dabei von den Überlegungen des § 35 aus und haben demgemäß nur zu zeigen, daß die in der komplexen Zahlenebene aufgetragene Ortskurve des Frequenzganges den Punkt $(-1,\ i\cdot 0)$ nicht umschließt. Der Frequenzgang des aufgetrennten Regelkreises lautet hier:

$$\mathfrak{F}(i\omega) = (1 + i\omega T_I \cdot e^{-i\omega T_L})\,[1/(i\omega T)]\,1/(1 + i\omega T_z). \tag{69.11}$$

Wir führen die bezogene Frequenz

$$\Omega = \omega T_L \tag{69.12}$$

ein und erhalten durch den Übergang auf bezogene Zeitfestwerte aus Gleichung (.11):

$$\mathfrak{F}(i\Omega) = \left(\frac{T_L}{T_z} \Big/ \frac{T}{T_z}\right)\left[\left(\frac{T_L}{T_z} + \frac{T_I}{T_z}\, i\Omega \cdot e^{-i\Omega}\right)\right] \Big/ \left[i\Omega\left(\frac{T_L}{T_z} + i\Omega\right)\right]. \tag{69.13}$$

Die Schnittpunkte der Ortskurve mit der reellen Achse erhalten wir, wenn wir den Imaginärteil der Gleichung (.13) gleich Null setzen. Hierbei ergibt sich

$$\frac{T_L}{T_z}\left(\frac{T_L}{T_z} + \frac{T_I}{T_z}\,\Omega\sin\Omega\right) + \frac{T_I}{T_z}\,\Omega^2\cos\Omega = 0. \tag{69.14}$$

Aus dieser Gleichung könnten wir nun diejenigen Frequenzen bestimmen, bei welchen die Ortskurve die reelle Achse schneidet. Da wir uns aber nur für die Schnitte mit der negativen Halbachse interessieren, erhalten wir eine weitere Bedingung, nämlich, daß für jene Werte von Ω der Realteil des Frequenzganges (.13) kleiner als Null sein muß. Hieraus findet man leicht folgende Ungleichung:

$$\frac{T_L}{T_z} + \frac{T_I}{T_z}\,\Omega \sin \Omega - \frac{T_L}{T_z}\,\frac{T_I}{T_z} \cos \Omega > 0. \qquad (69.15)$$

Aus den Gleichungen (.14) und (.15) folgt:

$$-\Omega^2 \cos \Omega > (T_L \,/\, T_z)^2 \cos \Omega \qquad (69.16)$$

Da Ω und T_L/T_z reelle Größen sind, kann die Ungleichung (.16) nur erfüllt werden, wenn

$$\cos \Omega < 0. \qquad (69.17)$$

Mit Gleichung (.17) haben wir nun eine untere Schranke für Ω gefunden, nämlich:

$$\Omega \geqq \pi/2, \qquad (69.18)$$

und wissen dann, daß Schnittpunkte der Ortskurve mit der negativen Halbachse nur bei höheren Frequenzen möglich sind.

Aus Gleichung (.13) findet man den Betrag des Ortsvektors:

$$|\mathfrak{F}(i\Omega)| = \frac{\dfrac{T_L}{T_z}}{\dfrac{T}{T_z}}\,\frac{1}{\Omega}\sqrt{\frac{\left(\dfrac{T_L}{T_z}\right)^2 + 2\,\dfrac{T_L}{T_z}\,\dfrac{T_I}{T_z}\,\Omega \sin \Omega + \left(\dfrac{T_I}{T_z}\right)^2 \Omega^2}{\left(\dfrac{T_L}{T_z}\right)^2 + \Omega^2}}\,. \qquad (69.19)$$

Hieraus ergibt sich:

$$|\mathfrak{F}(i\Omega)| \leqq \left(\frac{T_L}{T_z} \Big/ \frac{T}{T_z}\right) \cdot \frac{1}{\Omega} \cdot \left(\frac{T_L}{T_z} + \frac{T_I}{T_z}\,\Omega\right) \Big/ \sqrt{\left(\frac{T_L}{T_z}\right)^2 + \Omega^2}. \qquad (69.20)$$

Ist nun die Stabilitätsbedingung $|\mathfrak{F}(i\Omega)| < 1$ für den kleinstmöglichen Wert $\Omega = \pi/2$ erfüllt, so ist sie es bestimmt auch für alle höheren Frequenzen, da $|\mathfrak{F}(i\omega)|$ mit wachsendem Ω abnimmt. Durch Gleichung (.20) sind wir also in der Lage, für alle Punkte des Diagramms 69 den Nachweis zu erbringen, daß sämtliche Oberwellen positiv gedämpft sind, indem wir die entsprechenden Zahlenwerte in Gleichung (.20) einsetzen. Es genügt dabei, die Kontrolle nur für die Endpunkte durchzuführen, da diese die größten Werte von $|\mathfrak{F}(i\Omega)|$ ergeben.

Wir haben nun gesehen, daß der an sich sehr günstige Einfluß von zeitlichen Ableitungen, durch Unzulänglichkeiten des differenzierenden Meßgerätes beträchtlich herabgemindert wird. Erfahrungsgemäß treten derartige gerätetechnische Schwierigkeiten bei nachgebenden Rückführungen in weit geringerem Umfange auf, so daß diese in vielen Fällen doch das einfachere und zweckmäßigere Stabilisierungsmittel darstellen.

Um uns aber ein vollständiges Bild der Wirkungsweise zeitlicher Ableitungen machen zu können, wollen wir nun im folgenden Paragraphen eine Regelstrecke annehmen, die neben einer Verzögerung erster Ordnung auch noch eine gewisse Laufzeit besitzt. Dabei sei zur Vereinfachung der Rechnung jedoch wieder das fehlerfreie differenzierende Meßgerät zugrunde gelegt.

§ 70 Die differenzierende Meßeinrichtung bei einer Regelstrecke mit Laufzeit

a) *Optimaler Regelverlauf bei vorgegebener Arbeitsgeschwindigkeit des Stellmotors*

Der Regelkreis besteht aus denselben Elementen wie der in § 67 zugrunde gelegte (Bild 66), wobei nur die Regelstrecke neben der Verzögerung erster Ordnung auch noch eine Laufzeit T_L enthalten soll.

Der Frequenzgang des geschlossenen Regelkreises lautet dann:

$$\mathfrak{F}_G(p) = \left(\frac{1}{1+pT_z}\, e^{-pT_L}\right) \Big/ \left(1 + \frac{1}{1+pT_z}\, e^{-pT_L}(1+pT_I)\frac{1}{pT}\right). \quad (70.\,1)$$

Nach der gewohnten Vereinfachung findet man mit

$$pT_L = q \quad (70.\,2)$$

$$\mathfrak{F}_G(q) = \left(\frac{T_L}{T_z}\, q e^{-q}\right) \Big/ \left[q^2 + \frac{T_L}{T_z}\, q + \left(\frac{T_L^2}{T T_z} + \frac{T_I T_L}{T T_z}\, q\right) e^{-q}\right]. \quad (70.\,3)$$

Gegeben sei die Konstante T_L/T_z der Regelanlage; die Arbeitsgeschwindigkeit des Stellmotors sei, wie auch in § 65 angenommen, in einigen Stufen einstellbar. Die Aufgabe lautet nun, die einzige willkürliche Konstante der Regelung, nämlich T_I/T_z, so zu wählen, daß der Regelvorgang optimal abläuft. Das ist aber dann wieder der Fall, wenn der zur Grundwelle gehörige Eigenwert durch eine reelle Doppelwurzel gebildet wird. Die Bedingungsgleichung dafür erhalten wir, wenn wir die Stammgleichung einmal differenzieren.

Wir schreiben sie mit

$$q = -\Delta \quad (70.\,4)$$

in der Form:

$$B = C\Delta - (\Delta^2 - A\Delta)\cdot e^{-\Delta}, \quad (70.\,5)$$

worin A, B, C drei zur Abkürzung eingeführte Konstanten bedeuten:

$$A = T_L/T_z \qquad B = T_L^2/(T T_z) \qquad C = T_I T_L/(T T_z). \quad (70.\,6)$$

Gleichung (.5) wird nun nach Δ differenziert und dann nach C aufgelöst:

$$C = [(A+2)\,\Delta - (A+\Delta^2)]e^{-\Delta}. \quad (70.\,7)$$

Weiterhin folgt aus den Gleichungen (.6)

$$\text{a)}\ T_L/T_z = A \qquad \text{b)}\ T/T_z = A^2/B \qquad \text{c)}\ T_I/T_z = AC/B \quad (70.\,8)$$

Aus den Gleichungen (.5), (.7) und (.8b) kann A als Funktion von Δ ermittelt werden, wobei T/T_z als Parameter zu betrachten ist:

$$A = \frac{1}{2}\frac{T}{T_z}\,\Delta e^{-\Delta}\left(\Delta \pm \sqrt{\Delta^2 + \frac{4\,(1-\Delta)}{(T/T_z)\, e^{-\Delta}}}\right). \quad (70.\,9)$$

Mit Gleichung (.9) sind wir in der Lage, zusammengehörige Wertepaare von A und Δ zu errechnen und dann mit Hilfe der Gleichungen (.5), (.7) und (.8c) die gesuchte Größe T_I/T_z zu bestimmen. Diese Gleichungen sind nun auszuwerten; dabei sei angenommen, daß die Arbeitsgeschwindigkeit des Reglers in drei Stufen einstellbar ist ($T/T_z = 0{,}1,\ 1,\ 10$).

In Gleichung (.9) ist aus physikalischen Gründen für $\Delta < 1$ nur das positive Vorzeichen sinnvoll, da das negative Zeichen auch negative Werte von A ergeben würde.

In Diagramm 71 sind mit T/T_z als Parameter die gefundenen Werte T_I/T_z als Funktion von T_L/T_z aufgetragen. Die Kurven bestehen aus zwei Ästen, von denen für unsere Betrachtungen jedoch nur der untere, stark ausgezogene Ast in Frage kommt. Den Grund hierfür haben wir in § 68 kennengelernt, wo wir gesehen haben, daß T_I/T_z möglichst klein gewählt werden muß, um günstige Regelbedingungen bei Sollwertänderungen zu erzielen. Grundsätzlich ver-

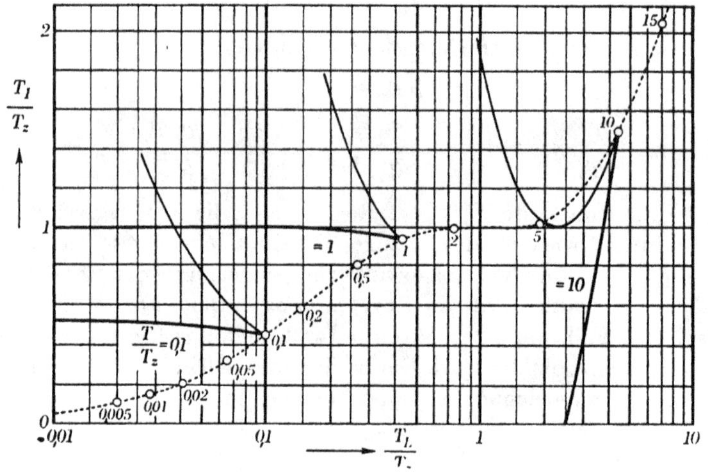

Bild 71: Regelstrecke mit Laufzeit, astatischer Regler mit differenzierender Meßeinrichtung (T_I). Günstigste Einstellung von T_I bei vorgegebener Schließzeit T

schieden ist der Verlauf der Kurven, je nachdem ob T/T_z kleiner oder größer als 4 ist. Im ersten Falle streben sie für verschwindende Laufzeit ($T_L/T_z \to 0$) einem endlichen, positiven Grenzwert zu, der auch aus dem Diagramm 69 entnommen werden kann. Ist dagegen $T/T_z > 4$, so ist der Vorgang ohne Laufzeit überaperiodisch, so daß für entsprechend kleines T_L/T_z der aperiodische Grenzfall nur mit negativem T_I/T_z erreicht werden könnte. Gemeinsam ist allen Kurven das Merkmal, daß sie nicht für alle T_L/T_z definiert sind. Überschreitet die Laufzeit eine gewisse Grenze, so ist der aperiodische Grenzfall nicht mehr möglich, so daß der Regelvorgang zwangsläufig schwingend erfolgen muß. Es sei demgegenüber an dieser Stelle an die Ergebnisse des § 66 erinnert (Diagramm 65), nach denen bei Verwendung einer nachgebenden Rückführung ein aperiodischer Verlauf der Grundwelle bei jedem T_L/T_z zu erreichen war. Die Grenzwerte der Laufzeit (T_L/T_z), bei denen ein aperiodischer Regelverlauf gerade noch möglich ist, sind im Diagramm 71 für verschiedene Arbeitsgeschwindigkeiten (T/T_z) punktiert eingetragen, wobei die Ordinaten die jeweils erforderlichen Werte von T_I/T_z angeben. Die gerade noch zulässigen Werte von T_L/T_z liegen um so höher, je geringer die Arbeitsgeschwindigkeit des Reglers, je größer also T/T_z ist.

Bemerkenswert ist ferner, daß bei großen Geschwindigkeiten der Einfluß der Laufzeit wesentlich geringer ist als bei träge arbeitendem Stellmotor.

Wenn wir nun noch die Regelfläche:

$$F/T_z = T/T_z \tag{70.10}$$

mit der des § 66, bei Verwendung einer nachgebenden Rückführung, vergleichen, so können wir feststellen, daß nun die Regelfläche kleiner ist. Allerdings darf hierbei die Laufzeit einen bestimmten Wert nicht überschreiten, wenn nicht die Arbeitsgeschwindigkeit beliebig einstellbar ist. Zusammenfassend kann man hierzu etwa folgendes feststellen: Hat die Regelstrecke eine nicht vernachlässigbare Laufzeit und ist die Arbeitsgeschwindigkeit nicht beliebig einstellbar, so ist die nachgebende Rückführung vorzuziehen, da hierbei stets optimaler Betrieb möglich ist. Liegen die Verhältnisse jedoch so, daß aperiodischer Regelverlauf überhaupt einstellbar ist, so ergibt die Verwendung eines differenzierenden Meßgerätes flächenmäßig günstigeren Regelverlauf als die nachgebende Rückführung.

b) Optimaler Regelverlauf bei beliebig einstellbarer Geschwindigkeit des Stellmotors

Wesentlich günstigere Verhältnisse ergeben sich, wenn die Arbeitsgeschwindigkeit des Stellmotors frei wählbar ist und immer den jeweiligen Erfordernissen angepaßt werden kann.

Das Regelsystem besitzt dann zwei Freiheitsgrade, nämlich T_I/T_z und T/T_z, so daß eine Dreifachwurzel der Stammgleichung erzwungen werden kann, wodurch bei allen Werten T_L/T_z optimaler Betrieb erreichbar ist. Um bei gegebener Laufzeit (T_L/T_z) die erforderlichen Werte T/T_z und T_I/T_z zu be-

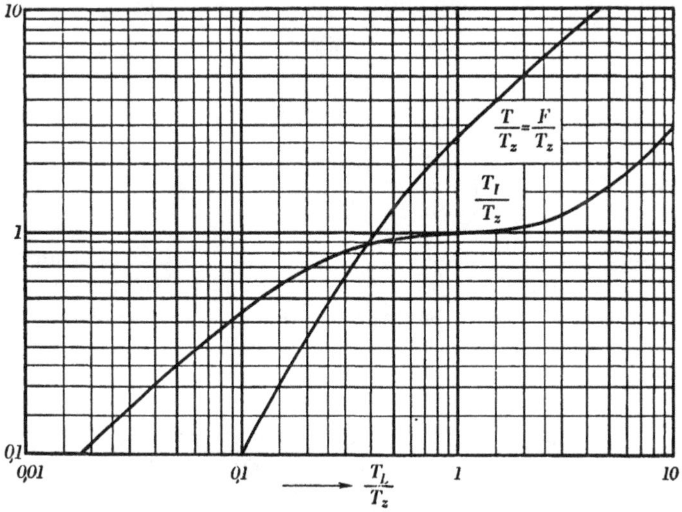

Bild 72: Regelstrecke mit Laufzeit, astatischer Regler mit differenzierender Meßeinrichtung (T_I): Günstigste Einstellung von T_I bei geeignet einstellbarer Schließzeit T

stimmen, haben wir die Stammgleichung nun zweimal zu differenzieren. Es ergibt sich damit folgendes Gleichungssystem:

$$\left.\begin{aligned} &\text{a)}\quad B = C\Delta - (\Delta^2 - A\,\Delta)\,e^{-\Delta} \\ &\text{b)}\quad C = [(A+2)\,\Delta - (A + \Delta^2)]\,e^{-\Delta} \\ &\text{c)}\quad A = (4\,\Delta - 2 - \Delta^2)\,(2 - \Delta)\,. \end{aligned}\right\}. \qquad (70.11)$$

Aus Gleichung (.11c) können wieder zusammengehörige Werte von Δ und A ermittelt werden, die mit den Gleichungen (.11a), (.11b) und (.8) die Bestimmung von T_I/T_z und T/T_z gestatten. Beide Werte sind in Diagramm 72 als Funktion von T_L/T_z aufgetragen.

Der Verlauf der Regelfläche:

$$F/T_z = T/T_z \qquad (70.12)$$

ist ebenfalls in dem Diagramm enthalten; vergleicht man diese Fläche mit derjenigen, die sich in § 66 für die nachgebende Rückführung ergeben hatte (Diagramm 65), so findet man, daß beide Stabilisierungsverfahren die gleiche Regelfläche ergeben, sofern bei Verwendung der Rückführung $T/T_z = 0$, d. h. die Arbeitsgeschwindigkeit des Reglers unendlich groß ist. Bei endlichen Regelgeschwindigkeiten ergaben sich entsprechend größere Regelflächen, so daß die Verwendung eines differenzierenden Meßgerätes bessere Regelergebnisse ermöglicht; doch muß auch an dieser Stelle nochmals an die §§ 68, 69 erinnert werden.

c) *Das Verhalten der Oberwellen*

Wir wollen schließlich auch für dieses Beispiel den Nachweis führen, daß alle Oberwellen gedämpft verlaufen. Der hierbei einzuschlagende Weg wurde bereits in § 69c ausführlich dargelegt.

Der Frequenzgang des aufgetrennten Regelkreises lautet:

$$\mathfrak{F}(p) = (1 + p\,T_I)\,[1/(p\,T)]\,[1/(1 + p\,T_z)]\,e^{-p\,T_L} \qquad (70.13)$$

oder mit

$$p\,T_L = i\,\Omega \qquad (70.14)$$

geschrieben:

$$\mathfrak{F}(i\,\Omega) = \left(\frac{T_L}{T_z}\Big/\frac{T}{T_z}\right)\cdot\left(\frac{T_L}{T_z} + i\cdot\frac{T_I}{T_z}\,\Omega\right)e^{-i\,\Omega}\Big/\left[i\,\Omega\left(\frac{T_L}{T_z} + i\,\Omega\right)\right]. \qquad (70.15)$$

Sollen nun alle Oberwellen gedämpft verlaufen, so darf die Ortskurve des Frequenzganges den Punkt $(-1, i\cdot 0)$ nicht umschließen. Um dies zu entscheiden, suchen wir wieder die Schnittpunkte der Ortskurve mit der reellen Achse. Der Betrag des Ortsvektors, der diesen Frequenzen zugeordnet ist, muß dann kleiner als Eins sein.

Aus Gleichung (.15) folgt:

$$|\mathfrak{F}(i\,\Omega)| = \frac{T_L/T_z}{\Omega\,T/T_z}\sqrt{\left[\left(\frac{T_L}{T_z}\right)^2 + \left(\frac{T_I}{T_z}\right)^2\Omega^2\right]\Big/\left[\left(\frac{T_L}{T_z}\right)^2 + \Omega^2\right]}\,. \qquad (70.16)$$

Setzt man den Imaginärteil des Frequenzganges (.15) gleich Null, so ergibt sich folgende Bedingung für die Frequenzen, bei welchen die Ortskurve die reelle

Achse schneidet:

$$\left[\left(\frac{T_L}{T_z}\right)^2 + \frac{T_I}{T_z}\,\Omega^2\right]\cos\Omega + \frac{T_L}{T_z}\,\Omega\left(\frac{T_I}{T_z} - 1\right)\sin\Omega = 0. \qquad (70.17)$$

Da außerdem nur die Schnitte mit der negativen Halbachse interessieren, bekommt man eine zweite Bedingung:

$$\Re\mathrm{e}\,[\mathfrak{F}(i\Omega)] < 0 \text{ oder}$$

$$\frac{T_L}{T_z}\,\Omega\left(\frac{T_I}{T_z} - 1\right)\cos\Omega - \left[\left(\frac{T_L}{T_z}\right)^2 + \frac{T_I}{T_z}\,\Omega^2\right]\sin\Omega < 0. \qquad (70.18)$$

Aus den Gleichungen (.17) und (.18) folgt die einfache Bedingung:

$$\frac{\cos\Omega}{T_I/T_z - 1} < 0. \qquad (70.19)$$

Es genügt nun, den Nachweis für große Laufzeiten ($T_L/T_z > 1$) zu erbringen. Es ist dann auch $T_I/T_z > 1$ (s. Diagramm 72), so daß aus Gleichung (.19) die untere Schranke für Ω folgt:

$$\Omega > \pi/2. \qquad (70.20)$$

Setzt man diese niedrigste Frequenz in Gleichung (.16) ein, so kann man sich für alle Zahlenwerte der übrigen Konstanten leicht davon überzeugen, daß $|\mathfrak{F}(i\Omega)| < 1$. Für alle höheren Frequenzen ist dann diese Forderung erst recht erfüllt, da $\mathfrak{F}(i\Omega)$ mit wachsendem Ω monoton gegen Null konvergiert.
Um ganz sicher zu gehen, kann der Nachweis auch für Werte $T_I/T_z < 1$ erbracht werden. Man hätte hierzu Gleichung (.17) zu lösen. Die Bestimmung der Wurzeln Ω dieser transzendenten Gleichung erfolgt für bestimmte Zahlenwerte aus Diagramm 72 am zweckmäßigsten graphisch.
Man schreibt hierfür Gleichung (.17) besser in der Form:

$$\Omega\,\mathrm{tg}\,\Omega = \frac{T_L/T_z}{1 - T_I/T_z} + \frac{T_I/T_z}{(T_L/T_z)(1 - T_I/T_z)}\,\Omega^2 = A + B\Omega^2. \qquad (70.21)$$

Zeichnet man nun die durch die beiden Gleichungsseiten dargestellten Funktionen auf, so ergeben die Abszissen der Schnittpunkte die gesuchten Werte von Ω. Sie liegen in der Nähe ungerader Vielfacher von $\pi/2$, und zwar um so näher, je größer Ω ist (Bild 73).
Durch Einsetzen der gefundenen Frequenzen Ω sowie der entsprechenden Werte der übrigen Konstanten in Gleichung (.16) kann dann gezeigt werden, daß $|\mathfrak{F}(i\Omega)|$ immer kleiner als Eins ist. Es genügt dabei, diese Probe mit dem kleinsten Ω durchzuführen, das durch die graphische Lösung der Gleichung (.21) gefunden wurde.

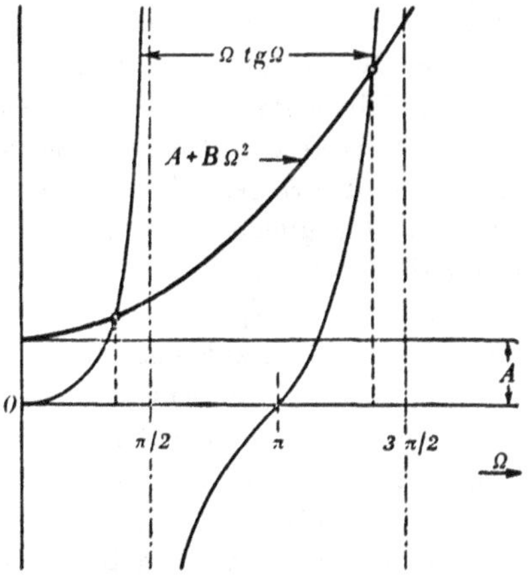

Bild 73: Zur graphischen Lösung der Gleichung (70.21)

IV. NICHTLINEARITÄTEN

1. ENTSTEHUNG VON NICHTLINEARITÄTEN IM REGELKREIS

§ 71 Allgemeines

Bei allen bisher behandelten Problemen wurde ein linearer Zusammenhang zwischen den veränderlichen Größen vorausgesetzt. Das bedeutet, daß die aufgestellten Gesetzmäßigkeiten — etwa für die Abweichungsgröße z — für jeden Betrag der Abweichung vom Gleichgewichtszustand Gültigkeit besitzen sollen. Insbesondere wurde beispielsweise die Übergangsfunktion für kleine und große Abweichungen als übereinstimmend angenommen. Auf Grund dieser Voraussetzung konnten wir von dem Superpositionsprinzip Gebrauch machen, und die Ergebnisse erhielten so eine einfache und geschlossene Form. Ebenso waren wir erst nach dieser Vereinbarung berechtigt, für die rechnerische Untersuchung lineare Differentialgleichungen aufzustellen.

Wenn wir nun diese Voraussetzung nicht mehr als gegeben betrachten können, wenn also, um ein Beispiel herauszugreifen, der Zusammenhang zwischen Dämpfung und Geschwindigkeit nicht linear, sondern etwa quadratisch anzusetzen ist, dann wird die rechnerische Behandlung im allgemeinen wesentlich komplizierter, ja unter Umständen undurchführbar. Hinzu kommt, daß die bei praktischen Problemen auftretenden *Nichtlinearitäten* äußerst mannigfaltig und oft sehr verwickelt sind, so daß sie einen einfachen analytischen Ansatz nicht ermöglichen. In solchen Fällen kann eine Klärung dann nur sehr umständlich durch graphische Integration erfolgen, denn es müssen hier alle Verfahren versagen, die von dem Superpositionsprinzip Gebrauch machen.

Es kann nicht Aufgabe der vorliegenden Ausführungen sein, die hier mögliche Mannigfaltigkeit der Probleme auch nur aufzuzählen. Vielmehr sollen lediglich zwei in der Regeltechnik häufig vorkommende Erscheinungen untersucht werden, die in vielen Fällen Anlaß von Unklarheiten und Fehlern sind, und zwar *Reibung* und *Lose* innerhalb der einzelnen Übertragungsorgane.

Es wird sich im folgenden zeigen, daß Reibung und Lose ganz verschiedene Auswirkungen besitzen können. Man kann darüber hinaus auch nachweisen, daß eine und dieselbe Erscheinung von grundsätzlich verschiedenem Einfluß ist, je nach der Stelle ihres Auftretens innerhalb des Regelkreises. So wirkt z. B. reine Lose im allgemeinen entdämpfend, während sie bei sinngemäßer Anwendung im Rückführkreis sogar zur Stabilisierung herangezogen werden kann. Die Behandlung der hier gegebenen Möglichkeiten würde den Rahmen der vorliegenden Ausführungen überschreiten. Es wird daher zweckmäßig sein, zunächst grundsätzlich die beiden möglichen Erscheinungsformen von Reibung und Lose aufzuzeigen und sodann an einem speziellen Beispiel näher zu untersuchen. Die dabei verwendeten Methoden können leicht auch auf beliebige andere Probleme angewandt werden. Nichtlinearitäten, wie die im folgenden behandelten, treten häufig in der Praxis auf. Sie sind jedoch nur bei Regelungen möglich, die mechanisch wirkende Organe enthalten.

§ 72 Ansprechempfindlichkeit

Die in diesem Zusammenhang auftretenden Nichtlinearitäten bestehen darin, daß bei stetig durchlaufenem Änderungsbereich der untersuchten Größe die dynamischen Gesetzmäßigkeiten sich ohne Übergang sprungweise ändern. Wir betrachten zu diesem Zweck ein Übertragungsglied mit der Eingangsgröße z_1 und der Ausgangsgröße z. In Bild 74a möge die Größe z_1 in Form einer Drehbewegung der Kurbel K dargestellt sein, die mittels der Gabel G als Drehbewegung z weiter übertragen werden soll. Wenn nun die Gabel eine Öffnung g hat, die größer als die Zapfenstärke k der Kurbel ist, dann kann ersichtlich innerhalb eines Drehwinkels, der der Differenz $(g—k)$ entspricht, keine Übertragung von z_1 auf z stattfinden. Man spricht von einer gewissen Lose zwischen Kurbel und Gabel. Bei weiterer Änderung von z_1 wird dann die Gabel von der Kurbel mitgenommen, wie wenn die Verbindung starr wäre. Die dabei gespannte Feder F sorgt dafür, daß auch nach einer Drehrichtungsumkehr die Kurbel an dem anfänglich berührten Gabelschenkel angelegt bleibt. Erst bei Rückkehr in den entspannten Zustand der Feder hebt sich die Kurbel von dem einen Gabelschenkel ab, durchläuft die *tote Zone*, bis sie den anderen Schenkel berührt und derselbe Vorgang sich auf der entgegengesetzten Seite wiederholt. Solange sich die Kurbel zwischen den Gabelschenkeln bewegt, bleibt z unverändert in seiner Nullage. Wenn wir nun die Eingangsgröße (z_1) eine sinusförmige Drehbewegung ausführen lassen, dann wird die Ausgangsgröße den in Bild 74b angedeuteten unstetigen Verlauf annehmen: z bleibt innerhalb eines gewissen Änderungsbereiches von z_1 in seiner Nullage und folgt im übrigen dem Verlauf von z_1, jedoch nach der positiven wie nach der negativen Seite um die halbe Breite der toten Zone verschoben. Wir bezeichnen diese Erscheinung als *Ansprechgrenze* und werden im folgenden auch noch eine andere Entstehungsursache kennenlernen. Von besonderer Wichtigkeit ist nun, paß die Kurvenform des zeitlichen Verlaufs von z je nach der Amplitude von

a

b

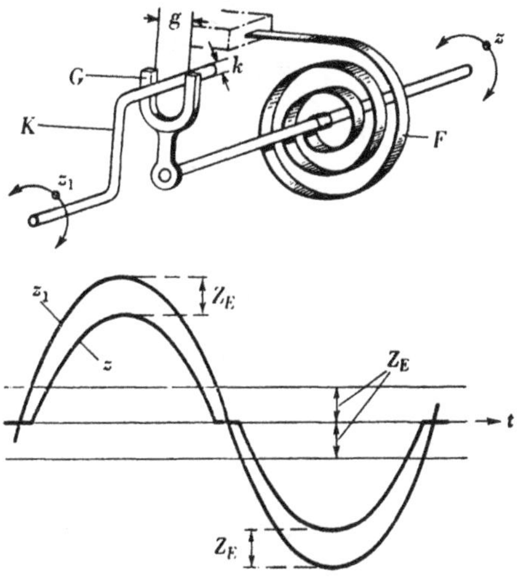

Bild 74: Ansprechempfindlichkeit. *a* Schema, *b* Schwingungsverlauf

z_1 verschieden ist. Sie unterscheidet sich relativ um so weniger, je größer die primären Bewegungen sind. Ist die Eingangsamplitude kleiner als die tote Zone, so findet überhaupt keine Übertragung statt.

§ 73 Reibung und reine Lose

Wir betrachten nun Bild 75a. Es sind hier die gleichen Elemente dargestellt wie in obigem Beispiel, mit Ausnahme der Rückzugsfeder. Wieder werden also innerhalb eines gewissen Drehwinkelbereiches die Änderungen von z_1 nicht auf

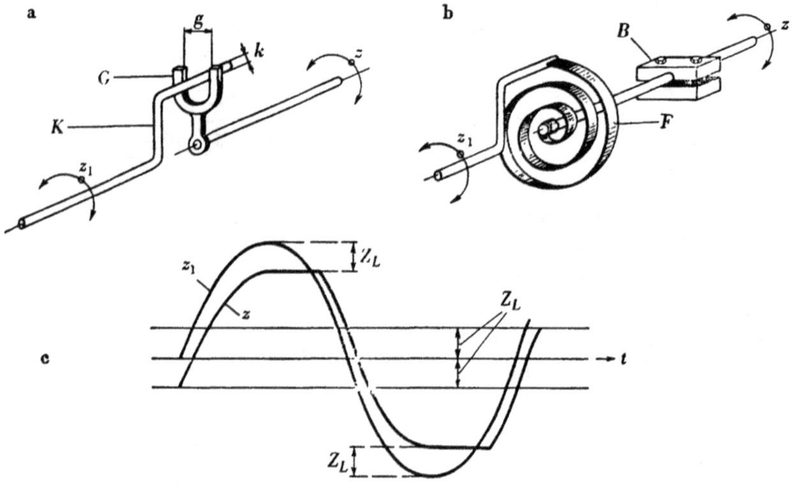

Bild 75: Lose und Reibung.
a, *b* Schematische Darstellungen, *c* Schwingungsverlauf

z übertragen. Wenn jedoch hier nach Überschreiten der toten Zone eine Drehrichtungsumkehr von z_1 eintritt, dann muß zunächst die Lose von der Kurbel durchlaufen werden, bis die Mitnahme der Gabel im neuen Drehsinn wiederum zwangsläufig erfolgt. In Bild 75c sind diese Verhältnisse für sinusförmige Eingangsänderung dargestellt. Die Kurvenform von z ist hier grundsätzlich anders als in Bild 74b, aber wiederum von der Amplitude von z_1 abhängig. Auch hier ergibt sich mit abnehmender Amplitude schließlich eine tote Zone, innerhalb deren keine Übertragung möglich ist. Der Verlauf von z erscheint aber nun im Sinne einer zeitlichen Nacheilung gegenüber z_1 verschoben.
Ganz entsprechende Erscheinungen ergeben sich häufig auch bei Vorhandensein von (*Coulombscher*) *Reibung*. Man braucht sich, wie in Bild 75b schematisch angedeutet, die Bewegungsgröße z_1 nur mit Hilfe der Feder F in eine Kraftgröße umgeformt und die Größe z etwa durch die Bremsklötze B mit Reibung behaftet denken, um die Analogie zu dem vorhergehenden Beispiel deutlich zu erkennen. Um die Verhältnisse nicht unnötig zu komplizieren, sei dabei angenommen, daß kein Unterschied zwischen *Reibung der Ruhe* und *Reibung der Bewegung* besteht.

2. BEISPIEL FÜR DIE RECHNERISCHE BEHANDLUNG VON NICHTLINEARITÄTEN

§ 74 Der lineare Regelkreis

Wir wollen die eben beschriebenen Verhältnisse nun auf ein einfaches praktisches Beispiel übertragen und wählen dazu den Regelkreis nach Bild 76. Der Druck in einem Behälter vom Rauminhalt I, der von einem gasförmigen Me-

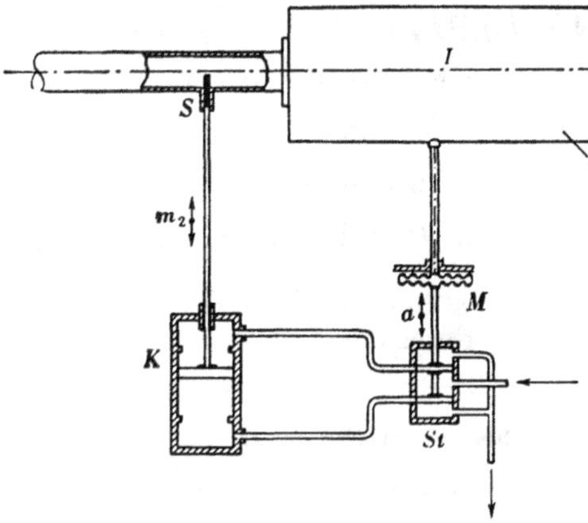

Bild 76: Der in den §§ 74 bis 76 zugrunde gelegte fehlerfreie Regelkreis

dium durchströmt wird, soll durch Betätigung des Schiebers S geregelt werden. Die Druckabweichungen mögen durch eine Dosenmembrane M gemessen werden, die einen Steuerschieber St betätigt. Steuerschieber St und Kraftkolben K bilden zusammen einen astatischen Stellmotor. Wenn dann unter z die Druckabweichung vom Sollwert verstanden wird, die durch die Membrane in einen proportionalen Hub a umgesetzt und durch die Verstellung m_2 des Schiebers behoben werden soll, dann läßt sich folgendes simultane Gleichungssystem für den fehlerfreien Regelkreis anschreiben:

$$\left.\begin{aligned} &\text{a)} & T_z\, z' + z &= m_1 - m_2 \\ &\text{b)} & a &= (1/\zeta) z \\ &\text{c)} & m'_2 &= (1/T) a \end{aligned}\right\}. \qquad (74.1)$$

Dabei sind Belastungsfaktor und Ausgleichsgrad der Regelstrecke = 1 gesetzt und die Abhängigkeit der Gasmenge von der Schieberstellung als linear angenommen. Die Berücksichtigung anderer Verhältnisse macht keinerlei Schwierigkeiten (s. § 65 f), ist hier jedoch der Übersichtlichkeit halber unterlassen. Mit Hilfe der Laplacetransformation, die sich wegen der einfachen Berücksichtigung der Anfangswerte bei allen Untersuchungen der vorliegenden Art als besonders zweckmäßig erweist (s. Anhang 1), erhalten wir aus dem Gleichungssystem (.1) als Lösung im Unterbereich:

$$z(p) = \frac{z(0) \cdot p + [(1/T_z)\, z(0) + z'(0)] + (1/T_z)\,(1/p)\, m_1(p)}{p^2 + (1/T_z)\, p + 1/(\zeta\, T\, T_z)}. \qquad (74.2)$$

Dabei ist, mit $m_1 = 0$, also ohne äußere Störung, die aus Gleichung (.1a) folgende Beziehung: $m_2(0) = -T_z z'(0) - z(0)$ (74.3) verwertet.

Es zeigte sich oben (§§ 72 und 73), daß Lose oder Reibung nur zur Auswirkung kommen können, wenn eine Umkehr der Bewegungsrichtung stattfindet. Bei den durch Gleichung (.2) beschriebenen Ausgleichsvorgängen kann dies nur der Fall sein, wenn die Nennergleichung ein konjugiert komplexes Wurzelpaar

$$p_{1,2} = 1/(2T_z) \pm i\sqrt{1/(\zeta T T_z) - 1/(4T_z^2)} \tag{74.4}$$

besitzt, wenn also ein schwingender Verlauf möglich ist. Es lautet dann mit

$$m_1 = 0 \qquad \omega t = \tau \qquad \text{und} \qquad z'(0)/\omega = \dot{z}(0) \tag{74.5}$$

die Lösung von Gleichung (.2) im Oberbereich:

$$z(\tau) = e^{-(\delta/\omega)\tau}\left([(\delta/\omega)z(0) + \dot{z}(0)]\sin\tau + z(0)\cos\tau\right). \tag{74.6}$$

Man sieht, daß dieser Regelkreis grundsätzlich stabil ist und daß sich die Ausgleichsvorgänge im wesentlichen durch das Verhältnis δ/ω kennzeichnen lassen (s. § 43).

§ 75 Der Regelkreis mit endlichen Ansprechgrenzen

Wir nehmen nun an, daß der Regelkreis an beliebiger Stelle eine endliche *Ansprechempfindlichkeit* besitzt. Diese möge beispielsweise nach Bild 77a durch Lose in der Verbindung zwischen Membrane M und Steuerschieber St bedingt

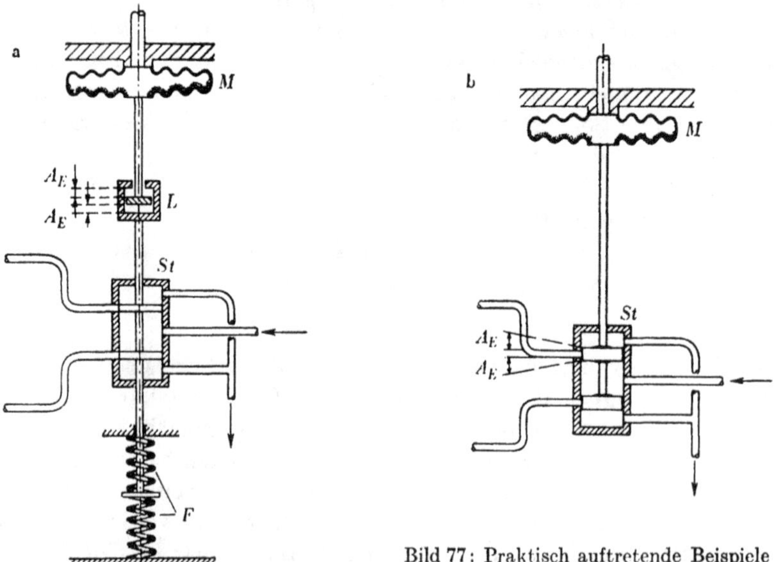

Bild 77: Praktisch auftretende Beispiele für endliche Ansprechgrenzen

sein, wobei die Feder F das Bestreben hat, den Steuerschieber in seine neutrale Lage zu drücken. Dieselbe Wirkung, die in Bild 74 bereits schematisch an-

gedeutet wurde, ergibt sich offensichtlich auch, wenn nach Bild 77 b die Steuerkanten des Steuerschiebers eine gewisse Überdeckung aufweisen.
In beiden Fällen besteht eine *Unempfindlichkeitszone* vom Betrag $\pm Z_E = \zeta \cdot A_E$, innerhalb deren die Regelgröße z sich bewegen kann, ohne daß ein Eingriff des Reglers erfolgt. An Stelle der Beziehung (74. 1 b) erhalten wir nun also:

$$a = (1/\zeta)\,(z \mp Z_E), \qquad (75.\ 1)$$

wobei für positive, die Unempfindlichkeitszone überschreitende Abweichungsgrößen z das negative Vorzeichen, für negative z das positive Vorzeichen zu verwenden ist. Innerhalb der Unempfindlichkeitszone ist der Regelkreis unterbrochen, und die Regelgröße verhält sich so, wie wenn kein Regler vorhanden wäre. Die Zusammenfassung der Gleichungen (.1) und (74.1 c) liefert die in Bild 78 dargestellten Verhältnisse.

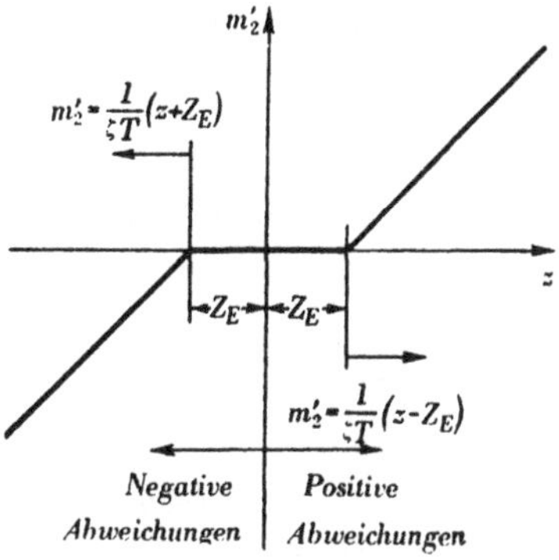

Bild 78; m'_2 als Funktion von z bei vorhandener Ansprechgrenze (Z_E)

Wir nehmen nun an, daß die Anordnung im Gleichgewicht ist und die Regelgröße sich dabei in der Mitte der toten Zone befindet. Der Ausgangswert von z ist demnach gleich 0, und wir erhalten aus Gleichung (74. 1a) für eine stoßförmige Störung vom Betrag M_1 mit $m_2 = 0$:

$$z = M_1(1 - e^{-t/T_z}). \qquad (75.\ 2)$$

Wenn wir, was für die Auslösung eines Regelvorganges notwendig ist, $M_1 > Z_E$ annehmen, so strebt also, wie in Bild 79 angedeutet, die Regelgröße zunächst nach einer e-Funktion dem Endwert M_1 zu. In dem Zeitpunkt, in dem $z = Z_E$, tritt die Regelgröße gerade aus dem Unempfindlichkeitsbereich heraus. Wir erhalten für diesen Zeitpunkt t^* aus Gleichung (.2):

$$e^{-t^*/T_z} = 1 - Z_E/M_1. \qquad (75.\ 3)$$

Es erweist sich als zweckmäßig, den Beginn der Zeitrechnung in den Zeitpunkt t^* zu verlegen. Damit ergeben sich nach den Gleichungen (.2) und (.3) die Anfangswerte:

$$\left.\begin{aligned} z(0) &= Z_E \\ m_2(0) &= 0 \end{aligned}\right\}. \qquad (75.\ 4)$$

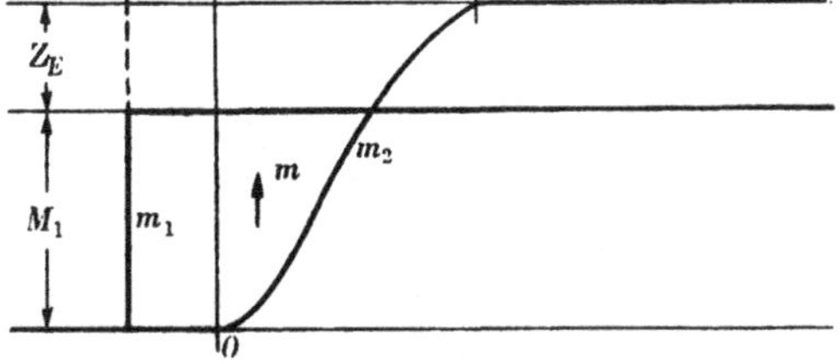

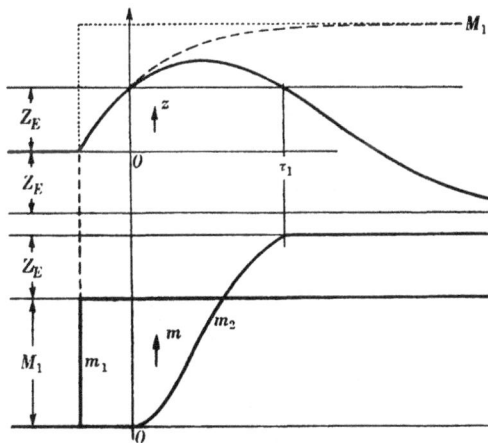

Bild 79: Prinzipieller Regelverlauf bei vorhandener Ansprechgrenze

Da von nun an der Regler eingreift, ist der Regelkreis jetzt geschlossen und wird durch die Einzelgleichungen (74. 1a, c) und (.1) beschrieben. Diese lauten im Bildbereich (s. Anhang Ia):

$$\left.\begin{aligned} p T_z z(p) - T_z z(0) + z(p) &= m_1(p) - m_2(p) \\ a(p) &= (1/\zeta)\,[z(p) - (1/p)\, Z_E] \\ p m_2(p) - m_2(0) &= (1/T)\, a(p) \end{aligned}\right\} \qquad (75.5)$$

und es ergibt sich mit $m_1(p) = M_1\, 1/p$ nach einigen einfachen Umrechnungen mit den Anfangswerten aus Gleichung (.4):

$$z(p) = Z_E \left(p + \frac{M_1}{T_z Z_E} + \frac{1}{\zeta T T_z}\, \frac{1}{p}\right) \Big/ \left(p^2 + \frac{1}{T_z}\, p + \frac{1}{\zeta T T_z}\right). \qquad (75.6)$$

Mit den in § 74 für den linearen Regelkreis eingeführten Bezeichnungen $p = -\delta \pm i\omega$ und $\omega t = \tau$ bedeutet dies im Oberbereich (s. Anhang Ib):

$$z(\tau) = Z_E \left[1 + e^{-(\delta/\omega)\tau} \cdot 2 \frac{\delta}{\omega} \left(\frac{M_1}{Z_E} - 1\right) \sin \tau\right], \qquad (75.7)$$

da nach Gleichung (74.4) $1/T_z = 2\delta$ und $1/(\zeta T T_z) = \delta^2 + \omega^2$. Diese Gleichung ist so lange gültig, bis die Regelgröße auf Grund der Wirkung des Reglers wieder an der Grenze der toten Zone angelangt, also $z(\tau_1) = Z_E$ ist (s. Bild 79). Für den Zeitpunkt τ_1, in dem dies der Fall ist, folgt aus Gleichung (.7)

$$\sin \tau_1 = 0, \qquad \text{d. h.} \qquad \tau_1 = \pi. \qquad (75.8)$$

Um zu bestimmen, welchen Wert m_2 in diesem Augenblick angenommen hat, ist das Gleichungssystem (.5) nach $m_2(p)$ aufzulösen:

$$m_2(p) = \frac{1}{\zeta T T_z}\, \frac{1}{p}\, \frac{M_1 - Z_E}{p^2 + (1/T_z)\, p + 1/(\zeta T T_z)}. \qquad (75.9)$$

Die Rücktransformation in den Oberbereich liefert (Anhang Ib):

$$m_2(\tau) = (M_1 - Z_E)\,(1 - e^{-(\delta/\omega)\tau}\,[(\delta/\omega)\, \sin \tau + \cos \tau]) \qquad (75.10)$$

und es ergibt sich mit Gleichung (.8)

$$m_2(\tau_1) = (M_1 - Z_E)\,[1 + e^{-(\delta/\omega)\pi}]. \qquad (75.11)$$

Da nun vom Zeitpunkt τ_1 an die Regelgröße z sich im toten Bereich befindet, wird der Regelkreis zunächst wieder unterbrochen sein. m_2 wird also den Wert beibehalten, den es zur Zeit τ_1 erreicht hat, und der weitere Verlauf von z wird jetzt ausschließlich durch die Gleichung (74. 1a) mit konstantem $m_2 = m_2(\tau_1)$ bestimmt. Ob dann die Regelgröße nochmals aus der toten Zone heraustritt, hängt von der im Zeitpunkt τ_1 bestehenden Differenz zwischen M_1 und m_2 ab. Man erkennt dies sofort, wenn man Gleichung (74. 1a) in den Unterbereich transformiert, nach $z(p)$ auflöst und als Anfangswerte die im Zeitpunkt τ_1 bestehenden Werte einsetzt:

$$z(p) = \frac{T_z z(\tau_1) + [M_1 - m_2(\tau_1)]\, 1/p}{1 + p T_z}. \qquad (75.12)$$

Wir wollen nun vorschreiben, daß nach hinreichend langer Zeit die Regelgröße gerade an den Rand der Unempfindlichkeitszone herankommen soll, so daß gerade kein weiterer Eingriff des Reglers erfolgt. Zu diesem Zweck bestimmen wir aus Gleichung (.12) diesen Endwert, den wir gleich $-Z_E$ zu setzen haben (s. auch Bild 79):

$$z(\infty) = \lim_{p\to 0} p\,z(p) = M_1 - m_2(\tau_1) = -Z_E. \tag{75.13}$$

Hieraus folgt: $m_2(\tau_1) = M_1 + Z_E$ (75.14)

und an Hand von Gleichung (.11) schließlich:

$$\boxed{\left(\frac{\delta}{\omega}\right)_{\text{gr}} = \frac{1}{\pi}\ln\left[\frac{1}{2}\left(\frac{M_1}{Z_E} - 1\right)\right]}. \tag{75.15}$$

Es läßt sich demnach eine nichtschwingende Einstellung erzielen, auch wenn der Regelkreis ohne Ansprechempfindlichkeit durch ein endliches δ/ω gekennzeichnet ist, also gedämpfte Schwingungen ausführen würde (s. § 43 und Diagramm 19). Der kleinste dabei zulässige Wert von $(\delta/\omega)_{\text{gr}}$ hängt von der Größe der Störung M_1 und der Unempfindlichkeitszone Z_E ab. Diese Abhängigkeit ist in Diagramm 80 über dem Verhältnis Z_E/M_1 aufgetragen. Mit zunehmenden Werten von Z_E/M_1, also wenn die Störung in die Größenordnung der Ansprechempfindlichkeit rückt, erhält man schließlich aperiodische Einstellung, auch wenn der fehlerfreie Regelkreis ungedämpfte (oder sogar aufschaukelnde)

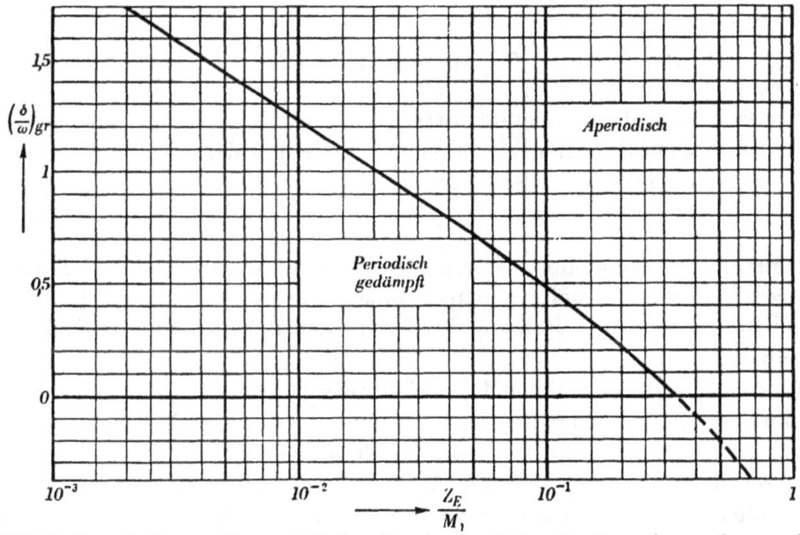

Bild 80: Grenzbedingung für aperiodischen Regelverlauf bei vorhandener Ansprechgrenze Z_E/M_1
Zulässiger Wert der Kenngröße δ/ω des fehlerfreien Regelkreises nach Bild 76

Schwingungen ausführen würde. Das heißt aber grundsätzlich, daß kleine Schwingungen durch die Ansprechempfindlichkeit sehr wirksam gedämpft werden. Allerdings kann dabei ein Regelfehler, das heißt eine Abweichung des Beharrungswertes vom Sollwert mit einem Maximalbetrag von $\pm Z_E$ verbleiben.

§ 76 Der Regelkreis mit Lose oder Reibung

Wir wollen jetzt annehmen, daß in Bild 76 das Übertragungsgestänge zwischen Membrane und Steuerschieber Lose aufweist, wobei nun aber der Steuerschieber nicht mehr (wie in Bild 77) eine durch eine Feder definierte Nullage besitzt, sondern in jeder beliebigen Lage stehenbleiben kann. Es ergibt sich damit das

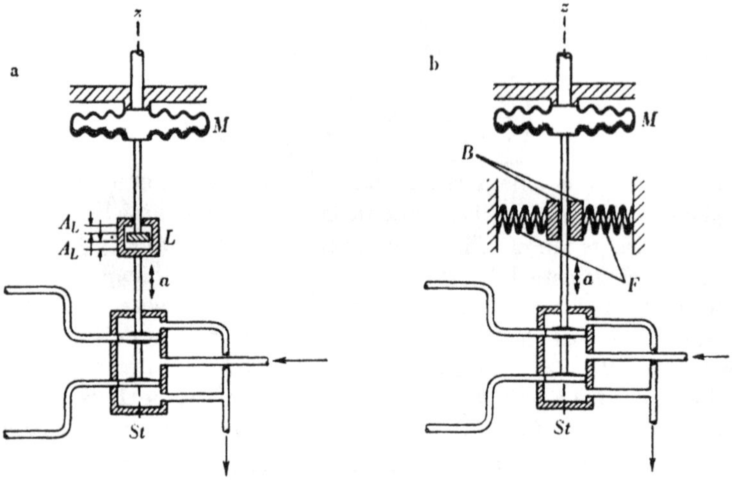

Bild 81: Praktisch auftretende Beispiele von a Lose, b Reibung

Schema nach Bild 81a, in dem der Betrag der Lose A_L, in Einheiten der Veränderlichen a gemessen, eingetragen ist. In Einheiten der Regelgröße ausgedrückt, wird die Lose nach Gleichung (74. 1b)

$$Z_L = \zeta A_L. \tag{76. 1}$$

Wir könnten uns ebenso die Übertragung zwischen Membrandose und Steuerschieber mit Reibung behaftet denken, wobei sich das Schema nach Bild 81b ergeben würde, in dem die Reibung durch die Bremsklötze B und die Federn F versinnbildlicht ist.

Um uns ein qualitatives Bild von der Wirkung derartiger Erscheinungen machen zu können, brauchen wir uns nur an Bild 75 und an die Ausführungen des § 73 erinnern. Wir hatten damals festgestellt, daß bei sinusförmiger Bewegung der Eingangsgröße in beiden Fällen die Ausgangsgröße durch eine zeitlich nacheilende Welle dargestellt wird, und müssen daher annehmen, daß Lose oder Reibung eine stabilitätsmindernde Wirkung haben wird.

Nach Bild 81 wird der Steuerschieber bei beliebigen Regelabweichungen alle von der Membrane diktierten Bewegungen ausführen, solange diese in einer Richtung liegen, allerdings um einen durch die Lose oder die Reibung bedingten Betrag verschoben. Wir können dann den Regelkreis als geschlossen betrachten und die ihn beschreibende lineare Differentialgleichung ansetzen.

Wenn jedoch die Regelabweichung ihren Bewegungssinn umkehrt, dann wird der Steuerschieber zunächst seine im Augenblick der Umkehr eingenommene Stellung beibehalten, bis der Membranstift (im Falle des Beispiels nach Bild 81a) wiederum einen der beiden Gabelanschläge berührt und den Steuerschieber neuerdings verschiebt. Innerhalb dieser Zeit vollziehen sich die Ausgleichsvorgänge nach der Differentialgleichung des geöffneten Regelkreises, wobei die vom Augenblick der Umkehr an feste Stellung des Steuerschiebers als Störungsfunktion einzusetzen ist.

Wir wollen nun untersuchen, ob bei diesem Sachverhalt der an sich, d. h. ohne Lose oder Reibung stabile Regelvorgang (s. § 74) bleibende Schwingungen ausführen kann. Zu diesem Zweck betrachten wir das Vorhandensein bleibender Schwingungen nach Art von Bild 75c als Gegebenheit und bestimmen die hierzu erforderlichen Bedingungen unter Annahme einer endlichen, durch Lose oder Reibung bedingten toten Zone $\pm A_L$.

Es sind dabei vier verschiedene Bereiche zu unterscheiden:

Bereich I: Aufwärtsbewegung des Steuerschiebers, Membranstift am oberen Gabelanschlag,

Bereich II: Obere Endlage des Steuerschiebers, Membranstift zwischen den Gabelanschlägen,

Bereich III: Abwärtsbewegung des Steuerschiebers, Membranstift am unteren Gabelanschlag,

Bereich IV: Untere Endlage des Steuerschiebers, Membranstift zwischen den Gabelanschlägen.

Von der Wirkung äußerer Störungen während des Schwingungsvorganges wollen wir absehen und können daher in Gleichung (74. 1a) $m_1 = 0$ setzen. Unverändert gilt nach wie vor Gleichung (74. 1c). Diese beiden Gleichungen, die in allen vier Bereichen gelten, fassen wir nun zusammen und erhalten:

$$T_z z'' + z' + (1/T) a = 0. \qquad (76.2)$$

In den Bereichen I und III folgt a mit einer gewissen Verschiebung den Änderungen von z, steht also mit z in einer linearen Beziehung. In den Bereichen II und IV besitzt a den konstanten, zu Beginn des jeweiligen Bereiches eingenommenen Wert. Die Vorgänge werden daher durchwegs durch eine lineare Differentialgleichung zweiter Ordnung beschrieben, deren Lösung bekanntlich durch zwei Anfangswerte, nämlich $z(0)$ und $z'(0)$ eindeutig festgelegt ist. Es ist daher naheliegend, von zwei zunächst willkürlichen Anfangswerten auszugehen und schrittweise die am Ende jedes Bereiches bestehenden Werte als Anfangswerte für den folgenden Bereich einzusetzen. Wenn der Vorgang periodisch sein soll, dann müssen die Endwerte des vierten Bereiches gleich den Anfangswerten des ersten Bereiches sein. Mit diesen Bedingungsgleichungen besteht dann die Möglichkeit, die Wertekombination der Einflußgrößen zu berechnen, die bleibende Schwingungen verursachen.

Ähnlich wie im vorhergehenden Paragraphen gilt nun in Bereich I:

$$a_{\mathrm{I}} = (1/\zeta)\, z_{\mathrm{I}} - A_L. \tag{76.3}$$

Aus den Gleichungen (.2) und (.3) findet man nach Elimination von a:

$$z_{\mathrm{I}}'' + (1/T_z)\, z_{\mathrm{I}}' + [1/(\zeta T T_z)]\, z_{\mathrm{I}} = [1/(T T_z)] A_L \tag{76.4}$$

und als Lösung im Unterbereich:

$$z_{\mathrm{I}}(p) = \frac{z_{\mathrm{I}}(0)\cdot p + [(1/T_z)\, z_{\mathrm{I}}(0) + z_{\mathrm{I}}'(0)] + [1/(T T_z)]\, A_L/p}{p^2 + (1/T_z)\, p + 1/(\zeta T T_z)}. \tag{76.5}$$

Der Übergang in den Originalbereich (Anhang Ib) liefert mit den in § 74 festgesetzten Bezeichnungen:

$$z_{\mathrm{I}}(\tau) - \zeta A_L = e^{-\frac{\delta}{\omega}\tau}\left[\left(\frac{\delta}{\omega}[z_{\mathrm{I}}(0) - \zeta A_L] + \dot{z}(0)\right)\sin\tau + [z_{\mathrm{I}}(0) - \zeta A_L]\cos\tau\right]. \tag{76.6}$$

Die Bedingungsgleichung für den Zeitpunkt der Bewegungsumkehr τ_1 lautet:

$$d[z_{\mathrm{I}}(\tau_1)]/d\tau = 0. \tag{76.7}$$

Durch Differenzieren erhält man aus Gleichung (.6):

$$\dot{z}_{\mathrm{I}}(\tau) = e^{-\frac{\delta}{\omega}\tau}\left[\dot{z}_{\mathrm{I}}(0)\cos\tau - \left(\left(1 + \frac{\delta^2}{\omega^2}\right)[z_{\mathrm{I}}(0) - \zeta A_L] + \frac{\delta}{\omega}\dot{z}_{\mathrm{I}}(0)\right)\sin\tau\right] \tag{76.8}$$

und hieraus mit Gleichung (.7):

$$\tau_1 = \operatorname{arc\,tg}\frac{\dot{z}_{\mathrm{I}}(0)}{(\delta/\omega)\, \dot{z}_{\mathrm{I}}(0) + (1 + \delta^2/\omega^2)[z_{\mathrm{I}}(0) - \zeta A_L]}. \tag{76.9}$$

Von diesem Zeitpunkt τ_1 an behält nun der Steuerschieber seine zuletzt angenommene Stellung

$$a_{\mathrm{I}}(\tau_1) = (1/\zeta)\, z(\tau_1) - A_L \tag{76.10}$$

bei [s. Gleichung (.3)]. Zusammen mit Gleichung (.2) ergibt sich nun ganz ähnlich wie oben für eine neue, im Bereich II gültige Zeitrechnung:

$$z_{\mathrm{II}}(\tau) = z_{\mathrm{I}}(\tau_1) - \frac{1 + \delta^2/\omega^2}{4\delta^2/\omega^2}[z_{\mathrm{I}}(\tau_1) - \zeta A_L]\left(2\frac{\delta}{\omega}\tau + e^{-2\frac{\delta}{\omega}\tau} - 1\right), \tag{76.11}$$

da $$z_{\mathrm{II}}(0) = z_{\mathrm{I}}(\tau_1) \quad \text{und} \quad \dot{z}_{\mathrm{II}}(0) = \dot{z}_{\mathrm{I}}(\tau_1) = 0; \tag{76.12}$$

ferner nach Differentiation von Gleichung (.11)

$$\dot{z}_{\mathrm{II}}(\tau) = -\frac{1 + \delta^2/\omega^2}{2\delta/\omega}[z_{\mathrm{I}}(\tau_1) - \zeta A_L](1 - e^{-2(\delta/\omega)\tau}). \tag{76.13}$$

Die Gleichungen (.11) und (.13) gelten nun so lange, bis nach Ablauf der Zeit τ_2 der Membranstift am entgegengesetzten Gabelanschlag anzuliegen kommt. Von diesem Augenblick an (Bereich III) würde dann Gleichung (.3) und somit Gleichung (.6) mit umgekehrtem Vorzeichen von A_L zu verwenden sein, bis nach Ablauf der Zeit τ_3 eine abermalige Bewegungsumkehr eintritt. Für den folgenden Zeitabschnitt (Bereich IV) gelten dann die aus den Gleichungen (.10), (.11) und (.13) mit umgekehrtem Vorzeichen von A_L hervorgehenden Beziehungen. Wenn schließlich nach der Zeit τ_4 der Membranstift wieder den ursprünglichen Gabelanschlag berührt, dann muß, wenn die Schwingungen bestehen bleiben sollen,

$$\text{und} \qquad \begin{aligned} z_{IV}(\tau_4) &= z_I(0) \\ \dot{z}_{IV}(\tau_4) &= \dot{z}_I(0) \end{aligned} \qquad (76.14)$$

sein.

Die beschriebenen Verhältnisse sind in Bild 82 dargestellt. Man erkennt, daß die Periodizität aus Symmetriegründen auch durch die Bedingungen

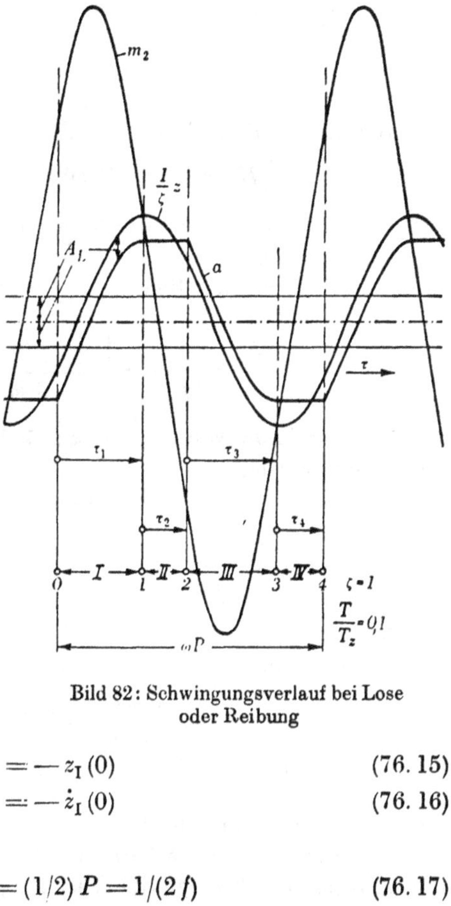

Bild 82: Schwingungsverlauf bei Lose oder Reibung

$$z_{II}(\tau_2) = -z_I(0) \qquad (76.15)$$

$$\dot{z}_{II}(\tau_2) = -\dot{z}_I(0) \qquad (76.16)$$

gewährleistet ist, und daß durch

$$(\tau_1 + \tau_2)/\omega = (1/2)\, P = 1/(2f) \qquad (76.17)$$

die halbe Periodendauer der verbleibenden Schwingung mit der Frequenz f dargestellt wird.

In den bisher abgeleiteten Gleichungen haben wir $z_I(\tau_1)$, die Amplitude der Schwingung, sowie τ_1 und τ_2 als Unbekannte zu betrachten, die als Funktion von δ/ω und ζA_L berechnet werden sollen. Hierzu sind offensichtlich die beiden Bedingungen (.15) und (.16) nicht ausreichend. Aus Bild 82 können wir aber, wiederum aus Symmetriegründen, leicht noch folgende Bedingung ablesen:

$$a_I(0) = -a_I(\tau_1)\,. \qquad (76.18)$$

Wenn wir die Hilfsfunktionen

$$\left.\begin{aligned} H_0 &= [z_I(0) - \zeta A_L]/\dot{z}_I(0) \\ H_1 &= [z_I(\tau_1) - \zeta A_L]/\dot{z}_I(0) \end{aligned}\right\} \qquad (76.19)$$

einführen und uns der Gleichung (.3) erinnern, so bedeutet dies:

$$H_0 = -H_1 . \tag{76.20}$$

Hiermit können wir Gleichung (.9) wie folgt schreiben:

$$H_1 = \frac{\delta/\omega - \operatorname{tg}\tau_1}{1 + \delta^2/\omega^2} . \tag{76.21}$$

Andererseits erhalten wir aus Gleichung (.6):

$$H_1 = \sin\tau_1 \, [(\delta/\omega)\sin\tau_1 + \cos\tau_1 + e^{(\delta/\omega)\tau_1}] \tag{76.22}$$

und können nun mit den Gleichungen (.21) und (.22) auf graphischem Wege zusammengehörige Werte von H_1 und τ_1 mit δ/ω als Parameter bestimmen. Aus Gleichung (.13) mit der Bedingung (.16) folgen dann die entsprechenden Werte von τ_2:

$$\tau_2 = \frac{1}{2\delta/\omega} \ln\left[-\frac{(1+\delta^2/\omega^2)\,H_1}{2\delta/\omega - (1+\delta^2/\omega^2)\,H_1}\right], \tag{76.23}$$

so daß sich an Hand von Gleichung (.17) bereits die bezogene Frequenz der verbleibenden Schwingung

$$f \cdot T_z = 1/[4\,(\delta/\omega)\,(\tau_1 + \tau_2)] \tag{76.24}$$

angeben läßt.

Aus Gleichung (.20) folgt: $z_I(0) = 2\,\zeta A_L - z_I(\tau_1)$, und da nach Bedingung (.15) $z_{II}(\tau_2) = -z_I(0)$, ergibt sich: $z_{II}(\tau_2) = z_I(\tau_1) - 2\zeta A_L$. (76.25)

Mit Gleichung (.25) findet man schließlich aus Gleichung (.11) mit $\tau = \tau_2$ die Amplitude der Schwingung:

$$\frac{z_I(\tau_1)}{Z_L} = \frac{\dfrac{8\,\delta^2/\omega^2}{1+\delta^2/\omega^2} + [2\,(\delta/\omega)\,\tau_2 + e^{-2(\delta/\omega)\tau_2} - 1]}{[2\,(\delta/\omega)\,\tau_2 + e^{-2(\delta/\omega)\tau_2} - 1]}, \tag{76.26}$$

die hier an Hand von Gleichung (.1) auf den in Einheiten der Regelgröße gemessenen Betrag der Lose bezogen ist.

Das zahlenmäßige Ergebnis der Gleichungen (.24) und (.26) ist in Diagramm 83 über dem Dämpfungsverhältnis δ/ω des fehlerfreien Regelkreises eingetragen. Diese Darstellung hat den Vorteil, daß die an sich für den speziellen Regelkreis nach Bild 76 berechneten Verhältnisse sich so mit genügender Näherung auch auf andere Anordnungen übertragen lassen. Mit wachsendem δ/ω nimmt die im wesentlichen interessierende Amplitude der verbleibenden, durch Lose oder Reibung bedingten Schwingung gleichmäßig ab, bis schließlich (bei $\delta/\omega = 0{,}299$) die Schwingung sich nicht mehr aufrechterhalten kann, da die Regelgröße aus dem toten Bereich nicht mehr heraustritt $[z_I(\tau_1)/Z_L = 1]$. Diese Schranke ergibt sich dadurch, daß in Gleichung (.23) das Argument des Logarithmus ≥ 0 sein muß. In allen Fällen, in denen der fehlerfreie Regelkreis durch ein Dämpfungsverhältnis $\delta/\omega \leq 0{,}299$ gekennzeichnet ist, d. h. nach Bild 19 ein Amplitudenverhältnis $\varkappa \geq 0{,}4$ besitzt, führt also Lose oder Reibung zu bleibenden Schwingungen, deren Frequenz und Amplitude Bild 83 zu entnehmen ist.

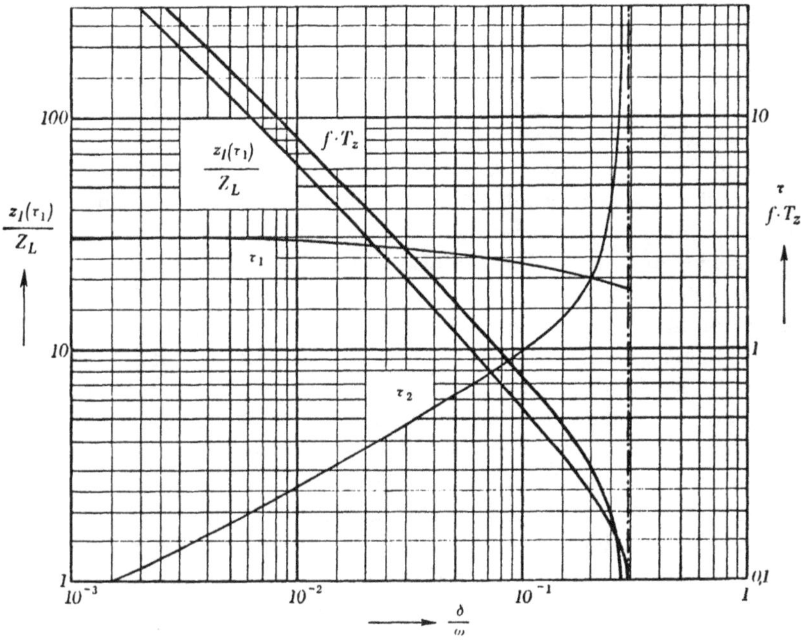

Bild 83: Amplitude $z_I(\tau_1)$ und Frequenz f der bleibenden Schwingung bei Vorhandensein von Lose oder Reibung Z_L als Funktion der Kenngröße δ/ω des fehlerfreien Regelkreises

§ 77 Zusammenfassung

Reibung und Lose sind Nichtlinearitäten, die nahezu bei allen Regelkreisen mit mechanischen Gliedern nachweisbar sind. Da bei ihrer rechnerischen Berücksichtigung das Superpositionsprinzip nicht angewendet werden kann, ist die Angabe des Regelverlaufes in geschlossener Form nicht möglich. Zu seiner Ermittlung kann die Integration der Differentialgleichungen nur abschnittsweise durchgeführt werden. Mit Hilfe dieses Verfahrens wurden in § 74 die Bedingungen dafür aufgestellt, daß der Regelverlauf bei vorhandener Ansprechgrenze gerade aperiodisch erfolgt. Im Falle des Vorhandenseins von Reibung oder reiner Lose wurden nach demselben Verfahren in § 75 die Bedingungen abgeleitet, unter denen der Regelvorgang mit bleibenden Schwingungen bestimmter Amplitude vor sich geht.

Zusammenfassend kann hierüber folgendes gesagt werden:

Je nach den apparativen Gegebenheiten müssen bei Lose zwei Erscheinungsformen unterschieden werden: Die Ansprechempfindlichkeit und die reine Lose. Während erstere stets dämpfend wirkt, wird reine Lose immer zu ungedämpften Schwingungen führen, wenn das Amplitudenverhältnis des Einstellvorganges (bei fehlerfreiem Regelkreis) einen bestimmten Wert überschreitet. Reibung dagegen wirkt immer wie reine Lose, also entgegen der weitverbreiteten Ansicht stets den Regelvorgang entdämpfend. Es sei hier nochmals betont, daß diese Feststellungen nur für den Regelkreis ohne Energieverzweigung zutreffend sind. Grundsätzlich andere Erscheinungen können sich ergeben, wenn die Ursache derartiger Nichtlinearitäten in einem Verzweigungsast — etwa dem Rückführungszweig — des Regelkreises zu suchen ist. Eine rechnerische Untersuchung solcher Anordnungen wäre jedoch in gleicher Weise durchzuführen.

Die Tatsache, daß der Regelverlauf auch bei vorhandener Lose immer stabil wird, wenn der Regelvorgang des fehlerfreien Regelkreises entsprechend gut gedämpft ist, ermöglicht es, den Vorgang mit den gleichen Mitteln zu stabilisieren, die schon in den früheren Paragraphen erörtert wurden. Auch von diesen Überlegungen ausgehend, wird man also immer den aperiodischen Grenzfall als günstigsten Betriebszustand anstreben.

In den §§ 74 und 75 wurde der Übersichtlichkeit halber Ansprechempfindlichkeit und Reibung (oder reine Lose) getrennt betrachtet. In der Praxis liegen die Verhältnisse jedoch meist so, daß Reibung stets auch mit einer bestimmten Ansprechgrenze gepaart ist, deren stabilisierende Wirkung namentlich für Schwingungen kleiner Amplitude in § 74 gezeigt wurde. Dies ist mit ein Grund, weswegen auch reibungsbehaftete mechanische Regler vollkommen schwingungsfreien Betrieb zulassen. Da aber endliche Ansprechgrenzen und Reibung gleichbedeutend sind mit Verminderung der Regelgenauigkeit, so stellen diese mechanischen Fehler einen wichtigen Faktor bei der Beurteilung eines Reglers dar.

V. UNSTETIGE REGELUNGEN

§ 78 Allgemeines

Alle in Teil III behandelten Regelungen haben das gemeinsame Kennzeichen, daß der Regler in jedem Augenblick betriebsbereit ist und daß seine Korrektureingriffe immer in linearem Zusammenhang mit der Abweichung der Regelgröße vom Sollwert stehen.

Bei der in Teil IV angedeuteten Behandlung typischer Fälle von Nichtlinearitäten liegt zwar das Merkmal der ständigen Betriebsbereitschaft vor, doch besteht hier die lineare Abhängigkeit der Bewegungen des Stellgliedes, der sog. Stellgröße, von der Regelgröße teilweise nicht.

Die Eigenschaften der Regelstrecke können in der überwiegenden Zahl von praktischen Fällen als stetig angenommen werden; sie sind darüber hinaus für eine aussichtsreiche theoretische Untersuchung als linear vorauszusetzen, was — wie bereits mehrfach erwähnt — in einem beschränkten Bereich der Regelabweichung auch durchaus zulässig ist. Dagegen werden in der Praxis eine große Zahl von Reglern verwendet, deren Arbeitsweise *unstetig* ist. Bei Anwendung derartiger Regler wird auch das Verhalten der gesamten Regelung unstetig; wir wollen in diesem Sinne von *unstetigen Regelungen* sprechen, deren dynamisches Verhalten nun in dem folgenden Teil untersucht werden soll.

Zu den unstetigen Reglern gehören einmal die sog. *Ein-Aus-Regler*, die so gekennzeichnet werden können, daß das Stellglied nur einzelne wenige stabile Lagen besitzt, welche im wesentlichen von dem Vorhandensein und dem Vorzeichen einer Regelabweichung und nur bedingt von deren Größe abhängig sind. Eine wichtige Klasse bilden ferner die sog. *Schrittregler*, die nur in bestimmten, regelmäßig aufeinanderfolgenden Zeitintervallen Korrektureingriffe vornehmen. Bei ersteren ist also die Arbeitsweise in erster Linie hinsichtlich der Stellgröße, bei letzteren zeitlich unstetig.

Die Gründe für die Einführung derartiger Regler sind vorwiegend apparativer Natur. Der Ein-Aus-Regler läßt sich schlechthin als der konstruktiv einfachste bezeichnen und ausführen. Trotzdem können mit ihm viele Regelprobleme durchaus befriedigend beherrscht werden. Das gilt im allgemeinen jedoch nur für verhältnismäßig träge Regelstrecken. So liegt auch das Hauptanwendungsgebiet von Ein-Aus-Reglern auf dem Gebiete der Temperaturregelung und insbesondere bei der Regelung von Elektroöfen. In Abschnitt A wird kurz gezeigt, wie das Verhalten derartiger Regelungen untersucht werden kann.

Schrittregler entstanden zunächst ausschließlich auf Anwendungsgebieten, bei denen eine stetige Arbeitsweise des Stellgliedes mit Rücksicht auf die Regelgenauigkeit oder aus Gründen der Belastung der Energiequellen angestrebt wurde, wo aber aus meßtechnischen Gründen der Meßeinrichtung bzw. dem Fühler nur ganz geringe Energien entnommen werden können. Es gelingt mit derartigen Einrichtungen, bei niedrigem gerätetechnischen Aufwand eine erstaunlich hohe verstärkende oder Relaiswirkung zu erzielen, die unter Umständen nur mit erheblich umfangreicheren, stetig arbeitenden Geräten erreicht werden kann. Ein typisches Anwendungsgebiet bilden auch hier wieder Temperaturregelungen, und zwar unter Verwendung von Thermoelementen, die bekanntlich nur sehr kleine Energien abgeben können. In solchen und ähnlichen Fällen lassen sich mit Schrittreglern hochwertige Regelungen aufbauen. Die Größe der Korrekturschritte des Stellgliedes kann ohne Schwierigkeiten in lineare Abhängigkeit von der Abweichung der Regelgröße vom Sollwert gebracht werden. Man spricht dann von *ausschlagabhängigen Schrittreglern*. Ihre theoretische Behandlung wird in Abschnitt B abgeleitet. Meist bleibt bei diesen Regelungen die schrittförmige Arbeitsweise ohne jeden nachteiligen Einfluß auf das Ergebnis der Regelung. Unter bestimmten, ebenfalls in Abschnitt B behandelten Voraussetzungen zeigt sich der ausschlagabhängige Schrittregler stetig arbeitenden Reglern sogar überlegen, woraus sich wichtige Hinweise für seine Anwendung und Ausführung ergeben werden (s. auch § 92).

A. Die Ein-Aus-Regelung mit vorgegebenen Ansprechgrenzen

§ 79 Der Ein-Aus-Regler an einer Regelstrecke mit Laufzeit und Verzögerung erster Ordnung

Um ein konkretes Beispiel vor Augen zu haben, stellen wir uns die einfachste Form einer Temperaturregelung vor. Der Regler möge aus einem Quecksilberkontaktthermometer als Meßeinrichtung und einem Relais als Stellglied bestehen. Bei Erreichen der Solltemperatur berührt der Quecksilberfaden einen Kontaktstift, wodurch der Spulenstromkreis des Relais geschlossen und die von letzterem gesteuerte elektrische Heizmittelzufuhr zu dem zu regelnden Ofen unterbrochen bzw. reduziert wird. Als Folge davon wird die Temperatur absinken, der Quecksilberfaden den Kontaktstift wieder verlassen, das Relais abfallen und damit die volle Heizmittelzufuhr auf den Ofen geschaltet, wodurch die Temperatur wiederum steigt und das Spiel von neuem beginnt.
Durch die Meniskusbildung des Quecksilbers erfolgt die Ein- und Ausschaltung nicht absolut bei derselben Temperatur, womit eine gewisse Ansprechgrenze $\pm Z_E$ gegeben ist. Von den beiden, der Ein- und Ausschaltung zugeordneten Heizenergien bzw. den ihnen entsprechenden Beharrungstemperaturen nehmen wir der Übersichtlichkeit halber an, daß sie symmetrisch zum Sollwert liegen und die Beträge $\pm Z$ besitzen. Im Beharrungszustand wird dann zur Aufrechterhaltung des Sollwertes das Relais jeweils gleichlange Zeiten ein- und ausgeschaltet sein.
Die Eigenschaften der Regelstrecke, also des elektrischen Ofens, mögen durch eine gewisse Laufzeit T_L und durch einen Verzögerungsvorgang erster Ordnung

mit der Zeitkonstante T_z gekennzeichnet sein, womit sich eine große Zahl praktischer Regelstrecken sehr gut beschreiben läßt. Infolge des Vorhandenseins von Laufzeit wird sich auch nach einer Umschaltung die Temperatur in dem unmittelbar vorher gegebenen Sinne zunächst noch weiter ändern und erst nach Ablauf der Laufzeit die geänderte Energiezufuhr erkennbar sein. Die Temperaturschwankungen werden also größere als die durch die Ansprechgrenzen gegebenen Werte annehmen; ihr Maximalbetrag sei $\pm Z_{\max}$.
Der Regelvorgang wird sich bei den geschilderten Voraussetzungen in Form einer periodischen Ein- und Ausschaltung des Relais abspielen, deren Auswirkung eine regelmäßige Schwankung der Temperatur um den Sollwert ist. Von Interesse sind dabei die Frequenz f dieses Vorganges und die sich einstellende maximale Temperaturabweichung $Z_{\max}$ als Funktion der Ansprechgrenze und der Laufzeit.
Belastungsänderungen des Ofens, Sollwertverstellungen oder Schwankungen der Heizenergie ändern nur das Verhältnis von Einschaltzeit zu Ausschaltzeit. Damit werden sich entgegen dem vorhin Erwähnten notwendig auch unsymmetrische Verhältnisse ergeben, deren Untersuchung keine Schwierigkeiten macht, sich aber als wesentlich umfangreicher erweist. Wir werden uns daher auf die Darstellung des Regelvorganges bei symmetrischen Verhältnissen, also für den Beharrungszustand mit gleichen Ein- und Ausschaltzeiten beschränken.

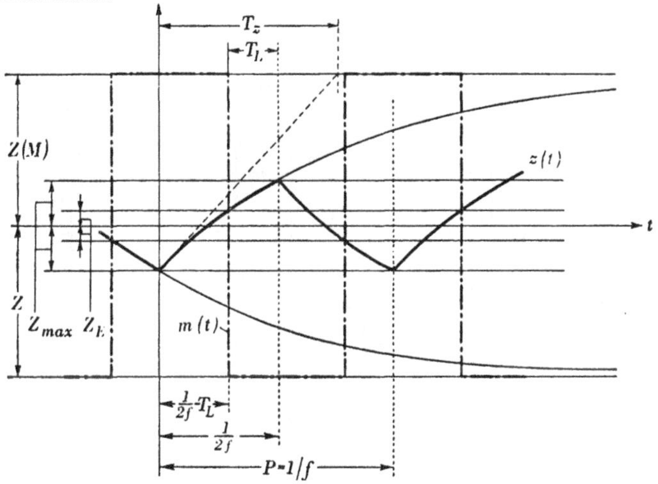

Bild 84: Ein-Aus-Regelung. Verlauf der Systemgrößen bei einer Regelstrecke mit Laufzeit und Verzögerung erster Ordnung

Die beschriebenen Verhältnisse sind in Bild 84 dargestellt. Die Umschaltung des Stellgliedes [strichpunktierte Linie $m(t)$] erfolgt in den Zeitpunkten, in denen die Temperaturkurve $z(t)$ die Ansprechgrenzen schneidet, während die maximalen Temperaturabweichungen erst um den Betrag der Laufzeit verspätet erreicht werden. Aufheiz- und Abkühlvorgang verlaufen symmetrisch zur Nullinie, durch die der Sollwert dargestellt wird. Es genügt daher, einen dieser Vorgänge zu untersuchen. In jedem Abschnitt wird der Verlauf der Temperatur durch die Gleichung

$$z(t) = z(0)e^{-t/T_z} + z(\infty)(1 - e^{-t/T_z}) \tag{79. 1}$$

beschrieben, wovon man sich durch Integration der Ausgangsdifferentialgleichung erster Ordnung leicht überzeugen kann. Betrachten wir z. B. den Aufheizvorgang, so bedeutet $z(0)$ dabei die Anfangstemperatur, also

$$z(0) = -Z_{max} \tag{79. 2}$$

und $z(\infty)$ den Wert der Temperatur, der ohne jede weitere Änderung nach genügend langer Zeit erreicht würde, also

$$z(\infty) = Z. \tag{79. 3}$$

In Wirklichkeit kommt jedoch die Umschaltung der Heizmittelzufuhr zur Auswirkung, und die Temperatur wird wieder sinken, wenn nach Ablauf einer halben Periode die Temperatur $+Z_{max}$ erreicht ist. Wir können also schreiben:

$$[z]_{t=P/2} = z[1/(2f)] = +Z_{max}. \tag{79. 4}$$

Setzt man nun die speziellen Werte aus den Beziehungen (.2) bis (.4) in Gleichung (.1) ein, so erhält man folgende Gleichung

$$Z_{max} = -Z_{max}\, e^{-1/(2fT_z)} + Z[1 - e^{-1/(2fT_z)}] \tag{79. 5}$$

und hieraus die bezogene Schaltfrequenz $f \cdot T_z$

$$\boxed{fT_z = 1/[4\,\mathfrak{Ar}\,\mathfrak{Tg}\,(Z_{max}/Z)]} \tag{79. 6}$$

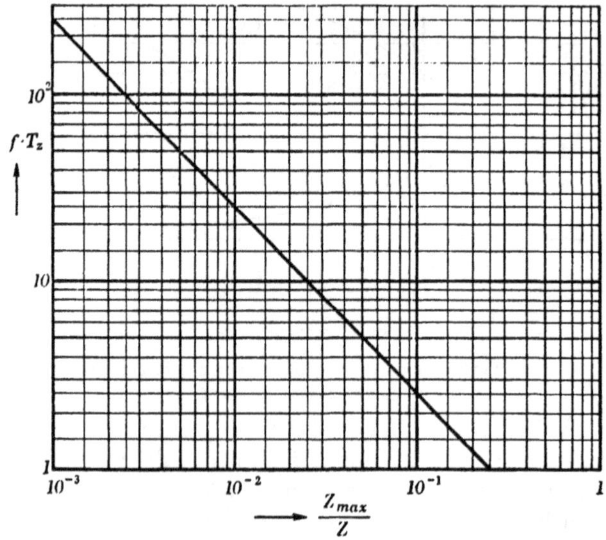

Bild 85: Ein-Aus-Regelung. Zusammenhang zwischen bezogener Schaltfrequenz $f\,T_z$ und bezogener Schwingungsamplitude Z_{max}/Z

als Funktion des Verhältnisses Schwingungsamplitude zu Temperaturendwert. Diese einfache Abhängigkeit ist in Bild 85 aufgetragen[1]).
Der Umschaltpunkt des Relais liegt um die Laufzeit verspätet gegenüber der Temperaturumkehr, also im Zeitpunkt

$$t = 1/(2f) - T_L. \tag{79.7}$$

Die Temperaturabweichung besitzt in diesem Augenblick den Wert Z_E. Wir können also an Hand von Gleichung (.1) schreiben:

$$Z_E = -Z_{\max} \exp(-[1/(2fT_z) - T_L/T_z]) + Z[1 - \exp(-[1/(2fT_z) - T_L/T_z])] \tag{79.8}$$

und finden hiermit folgende Beziehung

$$Z_E/Z = 1 - (1 + Z_{\max}/Z)\, e^{-1/(2fT_z)} \cdot e^{T_L/T_z}. \tag{79.9}$$

Werden hierin die Werte für $f \cdot T_z$ aus Gleichung (.6) eingesetzt, so kann der Zusammenhang zwischen Schwingungsamplitude und Ansprechgrenze mit der Laufzeit als Parameter angegeben werden:

$$\boxed{Z_{\max}/Z = 1 - (1 - Z_E/Z)\, e^{-T_L/T_z}.} \tag{79.10}$$

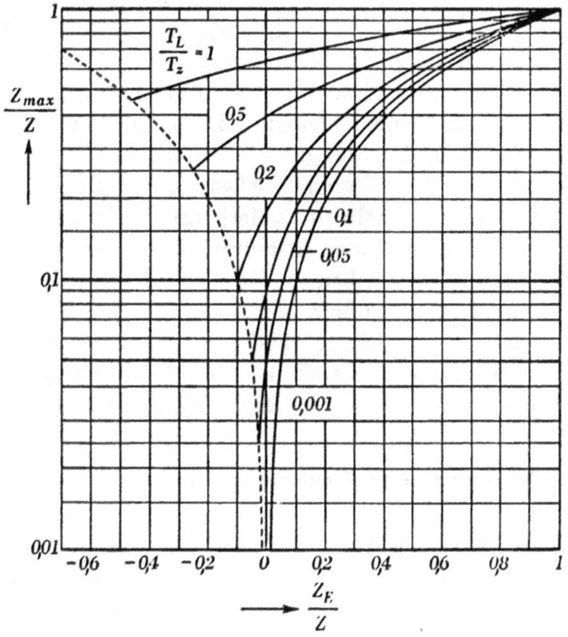

Bild 86: Ein-Aus-Regelung einer Regelstrecke mit Laufzeit (T_L) und Verzögerung erster Ordnung (T_z). Die Schwingungsamplitude ($Z_{\max}/Z$) als Funktion der Ansprechgrenze (Z_E/Z) bei verschiedenen Laufzeiten (T_L/T_z).

[1]) Die Werte von $Z_{\max}$ als Funktion von Z_E sind aus Bild 86 zu entnehmen.

Die zahlenmäßige Auswertung dieser Gleichung zeigt Bild 86. Mit zunehmenden Werten der Ansprechgrenze ergeben sich auch zunehmende Werte der Amplitude, was physikalisch ohne weiteres einleuchtend ist. Alle Kurven streben dem Grenzwert 1 zu, da sowohl die Ansprechgrenze als auch die Amplitude niemals größer als der Temperaturendwert sein können. Es fällt dagegen auf, daß mit wachsendem Betrag der Laufzeit die Amplitude immer weniger von der Größe der Ansprechgrenze abhängig ist, die in zunehmendem Maße auch negatives Vorzeichen besitzen kann. Negative Ansprechgrenzen lassen sich durch *Schleppschalter* oder durch Einrichtungen verwirklichen, die nach Art einer Rückführung aber mit negativem Einflußsinn arbeiten. Hierdurch kann bei vorgegebenem Verhältnis von Laufzeit zu Zeitkonstante der Regelstrecke die Amplitude weiter verringert werden, womit gleichzeitig (s. Bild 85) die Schaltfrequenz erhöht wird. Eine Grenze bildet die physikalisch bedingte Tatsache, daß die Amplitude der Temperaturschwingung nicht unter den Betrag der Ansprechgrenze herabsinken kann. Diese Grenze ist in Bild 86 gestrichelt eingetragen. Würde man die Ansprechgrenzen noch weiter negativ machen, so ist ein periodischer Schaltvorgang nicht mehr möglich, und das Stellglied würde ständig eine seiner Gleichgewichtslagen beibehalten. Dieser Tatsache ist bei praktisch auszuführenden Anordnungen dieser Art Rechnung zu tragen.

Fast alle in der Praxis auftretenden Regelstrecken besitzen Eigenschaften, die der Wirkung einer Laufzeit sehr nahe kommen. Auch die *Schaltverzögerung* der Relais hat bei Ein-Aus-Reglern dieselbe Auswirkung. Es wird hierdurch der Schaltfrequenz eine nicht überschreitbare Grenze nach oben gesetzt, weshalb auch die Amplitude der Zustandsschwingung nicht unter eine gewisse Grenze herabgedrückt werden kann. Darüber hinaus ist die Genauigkeit von Ein-Aus-Regelungen dadurch beschränkt, daß mit Belastungsänderungen auch das Verhältnis von Einschalt- zu Ausschaltzeit variiert wird. Es läßt sich leicht zeigen, daß hiermit auch der lineare zeitliche Mittelwert des Verlaufes der Regelgröße Abweichungen im Sinne einer bleibenden Ungleichförmigkeit erfährt.

Die obigen Berechnungen wurden unter der Voraussetzung abgeleitet, daß das Stellglied nur zwei mögliche Gleichgewichtslagen besitzt. Sie lassen sich jedoch ohne Schwierigkeiten sinngemäß auch auf *Mehrstellungsregler* übertragen, wie sie in der Praxis etwa in Form der sog. *Dreieck-Stern-Aus-Regler* häufig vorkommen.

§ 80 Der Ein-Aus-Regler an einer Regelstrecke mit räumlich verteilten Verzögerungsgliedern

Auf Grund der Tatsache, daß Ein-Aus-Regler vorwiegend für Temperaturregelungen verwendet werden, soll nun ihr Verhalten noch in Verbindung mit einer als Kontinuum dargestellten Temperaturregelstrecke untersucht werden. Wir wählen hierzu ein Verfahren, das von IVANOFF [13. 14] angegeben wurde und das sich gerade bei Fällen wie dem vorliegenden als sehr zweckmäßig erweist. Man geht dabei von der Überlegung aus, daß der Regelvorgang bei Ein-Aus-Regelungen rein periodisch ist und deshalb mit Hilfe von Fourierreihen sehr leicht darstellbar sein muß.

Bezüglich der apparativen Einzelheiten sollen dieselben Verhältnisse vorliegen, wie sie zu Beginn des vorhergehenden Paragraphen beschrieben wurden, und es sollen auch jetzt die dort angegebenen vereinfachenden Voraussetzungen gelten (s. auch Bild 84).

Wir gehen nun von der zeitlichen Bewegung des Stellgliedes aus, die die Form einer symmetrischen Rechteckwelle mit der Amplitude M und einer zunächst noch unbekannten Kreisfrequenz ω aufweist. Die Fourierreihe dieser Zeitfunktion lautet bekanntlich (s. etwa [11])

$$m(t) = (4/\pi) M\,[\sin \omega t + (1/3) \sin 3\,\omega t + (1/5) \sin 5\,\omega t + \cdots] =$$

$$= \frac{4}{\pi} M \sum_{n=0}^{\infty} \frac{\sin[(2\,n+1)\,\omega\,t]}{2\,n+1}\,. \tag{80. 1}$$

Sie läßt sich nach den Ausführungen von § 11 auch sehr schnell berechnen. Wenn das Stellglied eine derartige Bewegung ausführt, wird die Temperatur einen Verlauf annehmen, der aus ihr mit Hilfe des Frequenzganges der Regelstrecke hervorgeht. Nach § 49 ist dieser

$$\mathfrak{F}_z(i\,\omega) = e^{-\sqrt{i\,\omega\,T}}, \tag{80. 2}$$

und wir erinnern uns, daß T hier näherungsweise die Halbwertzeit T_H des Ofens darstellt. Für den vorliegenden Fall zerlegen wir nun diesen komplexen Frequenzgang in seinen Betrag und seinen Arcus:

$$e^{-\sqrt{i\omega T}} = e^{-\sqrt{\omega T/2}(1+i)} = e^{-\sqrt{\omega T/2}}\,e^{-i\sqrt{\omega T/2}}, \qquad \text{so daß:}$$

$$|\mathfrak{F}_z(i\,\omega)| = e^{-\sqrt{\omega T/2}} \text{ und } \operatorname{arc}[\mathfrak{F}_z(i\,\omega)] = -\sqrt{\omega\,T/2}\;^{1)} \tag{80. 3}$$

Eine harmonische Schwingung der Frequenz ω tritt also nach Durchlaufen der Regelstrecke hinsichtlich ihrer Amplitude um den Faktor $e^{-\sqrt{\omega T/2}}$ reduziert und in der Phase um den Winkel $\sqrt{\omega\,T/2}$ im Sinne einer zeitlichen Nacheilung verschoben in Erscheinung. Für den Verlauf einer Temperaturschwingung erhalten wir mithin an Stelle von Gleichung (.1):

$$z(t) = \frac{4}{\pi} M \sum_{n=0}^{\infty} \frac{\exp\{-\sqrt{T/2}\sqrt{(2n+1)\,\omega}\}}{2n+1} \sin[(2n+1)\,\omega\,t - \sqrt{T/2}\sqrt{(2n+1)\,\omega}]. \tag{80. 4}$$

In dieser Gleichung läßt sich für M auch der Wert der Endtemperatur Z einsetzen, wenn der Ausgleichsgrad der Regelstrecke wie in Gleichung (.2) gleich 1 angenommen wird.

Die Umschaltung [s. Gleichung (.1)] erfolgt jeweils nach Ablauf einer halben Periodendauer $P/2 = 1/(2\,f) = \pi/\omega$, also in den Zeitpunkten $\omega\,t = k\pi$, wobei k eine ganze Zahl ist. In den Schaltaugenblicken besitzt dabei die Temperaturabweichung die Werte $(-1)^{k+1} Z_E$. Setzt man diese Werte in Gleichung (.4)

---

1) Man nennt diese beiden kennzeichnenden Größen auch die *Frequenzcharakteristiken* des betreffenden Übertragungsgliedes.

ein, dann ergibt sich nach einigen Umrechnungen mit $\omega = 2\pi f$ die Gleichung:

$$\frac{Z_E}{Z} = 4 \sum_{n=0}^{\infty} \frac{\exp\{-\sqrt{(2n+1)\pi}\,\sqrt{fT}\}}{(2n+1)\pi} \sin|\sqrt{(2n+1)\pi}\,\sqrt{fT}| \quad , \quad (80.5)$$

die mit angenommenen Werten der bezogenen Schaltfrequenz die zugehörigen Werte der Ansprechgrenze zu berechnen gestattet. Die Auswertung macht keinerlei Schwierigkeiten, da die Konvergenz der Reihe infolge des Exponentialgliedes außerordentlich gut ist. In Bild 87 ist der zahlenmäßige Zusammen-

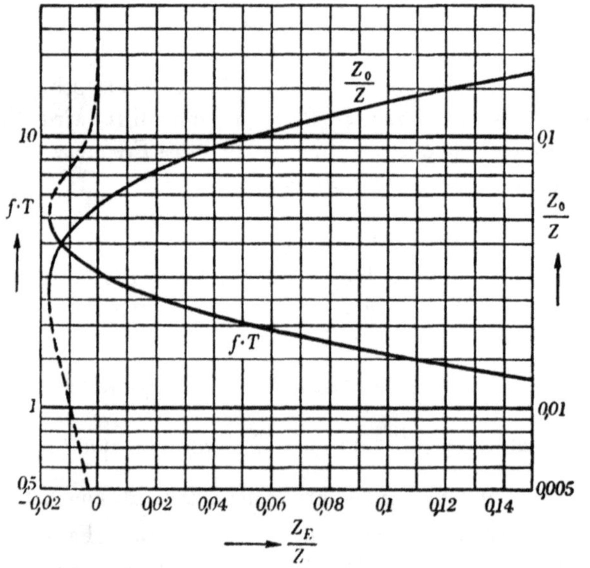

Bild 87: Ein-Aus-Regelung einer Regelstrecke mit räumlich verteilten Verzögerungsgliedern. Schaltfrequenz ($f \cdot T$) und Amplitude der Grundschwingung (Z_0/Z) als Funktion der Ansprechgrenze (Z_E/Z)

hang aufgetragen. Die Schaltfrequenz nimmt wiederum mit zunehmenden Ansprechgrenzen ab. Das Diagramm enthält ferner die entsprechenden Werte für die Amplitude der Grundschwingung Z_0, die an Hand von Gleichung (.4) mit $n = 0$ und den Ergebnissen von Gleichung (.5) berechnet werden kann. Es ist eine weitere Folge der guten Konvergenz der Reihe, daß der Einfluß der Oberwellen auf die maximale Temperaturabweichung mit guter Näherung zu vernachlässigen ist.

Wie im § 79, so zeigt sich auch hier die Einstellung negativer Ansprechgrenzen als möglich, womit die *Schalthäufigkeit* erhöht und die Temperaturschwankungen vermindert werden können. Deutlich ist ferner wieder zu erkennen, daß dies nicht unbeschränkt geschehen darf. Die gestrichelt eingetragenen Äste der Kurven stellen nach der Rechnung mögliche Betriebsfälle dar, die sich jedoch praktisch als labil erweisen.

B. Die ausschlagabhängige Schrittregelung

1. GRUNDLAGEN

§ 81 Der Begriff der Schrittregelung

Unter einer Schrittregelung wird eine Regelanordnung verstanden, bei welcher das Regelglied nicht kontinuierlich, sondern absatz- oder schrittweise verstellt wird. Ist dabei der Betrag des einzelnen Schrittes von der Regelgröße abhängig, etwa dem Ausschlag eines Meßwerkes proportional, so spricht man von einer ausschlagabhängigen Schrittregelung. Dieser Zweig der selbsttätigen Regelung hat namentlich auf dem Gebiet der Temperaturregelung eine große Bedeutung erlangt. Die Gründe dafür sind zweifacher Art: erstens läßt sich im allgemeinen die schrittweise Steuerung eines Regelgliedes mit den üblichen Temperaturmeßgeräten (etwa durch ein Thermoelement mit Drehspulmeßwerk) mit weitaus geringerem apparativem Aufwand vornehmen, als dies bei kontinuierlicher Betätigung möglich wäre. Weiterhin zeigte sich, daß die Schrittregelung unter gewissen Umständen besonders günstige regeldynamische Eigenschaften aufweist, die wir in den folgenden Betrachtungen im einzelnen kennenlernen wollen.

Gerätetechnisch gesehen ist die Wirkungsweise eines Schrittreglers ungefähr folgende: Durch eine sog. *Abtasteinrichtung* wird die Steuergröße, etwa der Zeigerausschlag eines Drehspulgerätes in gleichbleibenden Zeitabständen abgetastet und dann durch eine Hilfskraft weitere Glieder des Regelkreises in geeigneter Weise nach Maßgabe der abgetasteten Zeigerstellung beeinflußt.

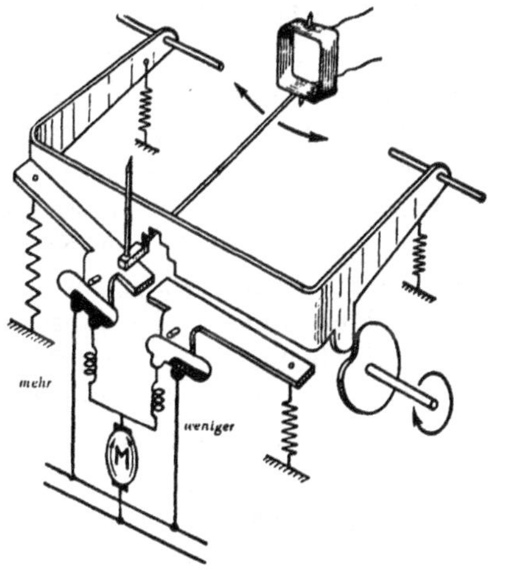

Bild 88: Schematischer Aufbau eines Schrittreglers *(Fallbügelrelais)*

Als Beispiel hierzu möge der sog. *Fallbügelregler* nach Bild 88 dienen. Solange sich der Zeiger des Meßgerätes zwischen den beiden Kontaktfedern des Reglers befindet, bleibt der Stromkreis bei der periodischen, durch eine Nockenscheibe gesteuerten Hubbewegung des *Fallbügels* unterbrochen und wird erst dann geschlossen, wenn der Zeiger aus seiner Nullage ausgelenkt wird. Die Schaltdauer ist dabei um so länger, je größer die Zeigerauslenkung ist. Wird nun von den Kontakten beispielsweise der Umkehrmotor eines Stellgliedes betätigt, so haben wir ein Beispiel eines **astatischen** Schrittreglers vor uns, da bei einer gleichbleibenden Steuergröße das Stellglied schrittweise über seinen ganzen Bereich verstellt wird, wobei die mittlere Verstellgeschwindigkeit der Zeigerauslenkung proportional ist. Gelegentlich finden sich auch Schrittregler mit statischer Arbeitsweise. Es ist hier jeder Zeigerauslenkung eine bestimmte Stellung des Stellgliedes zugeordnet, die nun allerdings schrittförmig erreicht wird.

In den folgenden Paragraphen wurde den Rechnungen stets astatische Wirkungsweise zugrunde gelegt, da ihr die praktisch größere Bedeutung zukommt. Mit den dort aufgezeigten Mitteln wird es aber jederzeit möglich sein, die Überlegungen auch auf beliebig anders geartete Anordnungen und Bauformen von Schrittreglern zu übertragen.

§ 82 Der Ansatz der simultanen Differenzengleichungen[1])

Um uns einen Überblick zu verschaffen, in welcher Weise derartige unstetige Vorgänge rechnerisch zu erfassen sind, wollen wir zuerst einmal ein ganz einfaches, spezielles Beispiel mit folgenden vereinfachenden Annahmen zugrunde legen:

1. Die Abhängigkeit zwischen Steuer- und *Schrittgröße* sei linear und unbegrenzt, d. h. es werde von natürlichen Begrenzungen durch Endanschläge oder dergleichen abgesehen.
2. Die Regelstrecke werde als von erster Ordnung angenommen. Belastungsfaktor und Ausgleichsgrad bleiben unberücksichtigt. [Siehe hierzu Gleichung (65. 58)].
3. Der Regler arbeite verzögerungslos, d. h. die *Abtast-* und *Verstellzeit* (*Arbeitszeit*) sei gegenüber der Periodendauer des *Tastzyklus* vernachlässigbar klein.

Wir bezeichnen wieder die Regelgröße mit z, die Stellungsabweichung des Regelgliedes mit m. Die Ausgleichsvorgänge dieser beiden Größen, die durch einen Störstoß ausgelöst werden, haben prinzipiell den in Bild 89 gezeichneten Verlauf. Es ist hierbei angenommen, daß die Störung im ungünstigsten Zeitpunkt, nämlich im *Abtastmoment* erfolgt, so daß ein voller Tastzyklus vorübergehen muß, bevor eine Gegenwirkung des Reglers einsetzen kann. Da voraussetzungsgemäß das *Arbeitsintervall* gleich Null sein soll, so ändert sich die Stellung m des Regelgliedes im Abtastmoment sprunghaft um einen bestimmten Betrag und bleibt dann während der ganzen Dauer des Tastzyklus konstant. Entsprechend der Bewegung des Regelgliedes hat der zeitliche Verlauf der Zustandsgröße in diesen äquidistanten Zeitpunkten Knickstellen.

Grundsätzlich werden bezüglich der Bezeichnungen und Symbole folgende Festlegungen getroffen:

1. Als Intervall T_C wird die Dauer eines Tastzyklus, also der Zeitraum zwischen zwei benachbarten Abtastmomenten bezeichnet. Die Intervalle werden von 1 an fortlaufend numeriert.

2. Das Abtasten erfolgt in den Zeitpunkten $t = n \cdot T_C$ oder bei Verwendung einer bezogenen Zeit $\tau = t/T_C$ in den Punkten $\tau = n$; n kann dabei alle ganzen Zahlen von 0 bis ∞ durchlaufen.

[1]) Siehe auch Anhang II.

3. Die Zeitfunktionen innerhalb eines Intervalls bzw. deren Unterfunktionen werden in Klammern gesetzt und erhalten als Index die betreffende Intervallnummer. Im Falle der sprungförmig sich ändernden Systemgröße m ist der Verlauf durch Bild 89 festgelegt. Der Stoß wird dabei als unmittelbar nach dem Tastmoment erfolgend angenommen, so daß jedem Zeitpunkt ein eindeutiger Wert von m zugeordnet ist.

4. Die Ableitung der simultanen Gleichungen soll stets im n-ten Intervall vorgenommen werden. Die Anfangswerte der Systemgrößen tragen dann den Index (n — 1), die Endwerte den Index n.

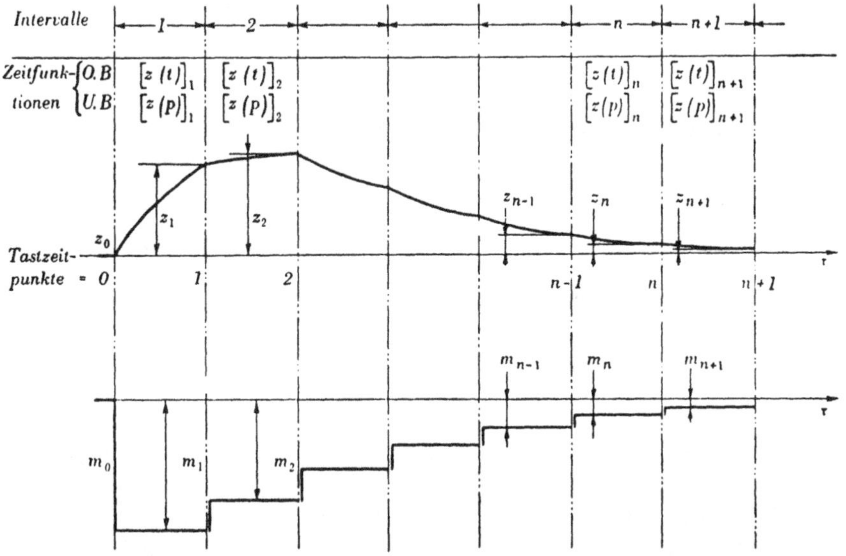

Bild 89: Ausschlagabhängige Schrittregelung. Der prinzipielle Verlauf der Regelgröße z bei stoßförmiger Änderung der Stellgröße m

Innerhalb eines Tastzyklus ist der Verlauf von z stetig und wird durch die Differentialgleichung der Regelstrecke beschrieben (s. § 47):

$$T_z(dz/dt) + z = m_{zu} - m_{ab}. \qquad (82.\ 1)$$

m_{zu} bedeutet hier die vom Regler gesteuerte Zuflußmenge, während auf die Abflußmenge m_{ab} eine stoßförmige Störung vom Betrag M einwirken soll. Es ist vorteilhaft, eine bezogene Zeit einzuführen. Dabei erweist sich als Bezugsgröße die Dauer T_C des Tastzyklus als besonders zweckmäßig:

$$\tau = t/T_C. \qquad (82.\ 2)$$

Führt man Gleichung (.2) in die Differentialgleichung (.1) ein und faßt noch m_{zu} und m_{ab} in die Größe m zusammen, wobei

$$m = m_{zu} - m_{ab}, \qquad (82.\ 3)$$

so erhält man:

$$(T_z/T_C) \cdot (dz/d\tau) + z = m. \tag{82.4}$$

Betrachten wir nun in Bild 89 irgendein Abtastintervall, beispielsweise das n-te, so gilt in diesem Zeitraum für den Zustand z die Differentialgleichung:

$$(T_z/T_C)\,[d(z)_n/d\,\tau] + (z)_n = [m(\tau)]_n = \text{const} = m_n, \tag{82.5}$$

mit der Anfangsbedingung für $\tau = 0$:

$$z(0) = z_{n-1}. \tag{82.6}$$

Die Lösung dieser inhomogenen Differentialgleichung — man erhält sie etwa nach der Methode der Variation der Konstanten oder mit Hilfe der Laplace-Transformation — lautet:

$$[z(\tau)]_n = z_{n-1} \cdot e^{-(T_C/T_z)\,\tau} + m_n\,(1 - e^{-(T_C/T_z)\,\tau}). \tag{82.7}$$

Mit $\tau = 1$ findet man hieraus die Zustandsgröße z_n am Ende des n-ten Intervalls und damit den Anfangswert für das nächstfolgende Intervall:

$$z_n = e^{-T_C/T_z} \cdot z_{n-1} + (1 - e^{-T_C/T_z})\,m_n. \tag{82.8}$$

Nun betrachten wir noch das Verhalten der Größe m in den *Tastzeitpunkten.* Es wird hier die Regelgröße abgetastet und m um einen entsprechenden Betrag verstellt. Nach der oben getroffenen Annahme soll dieser Zusammenhang linear sein, und wir können deshalb schreiben:

$$m_n - m_{n-1} = -S z_{n-1}. \tag{82.9}$$

S ist ein Proportionalitätsfaktor und soll als *spezifische Schrittgröße* bezeichnet werden. Das Minuszeichen der Gleichung (.9) berücksichtigt wieder die für die Regelung charakteristische Schaltung der Anordnung.

Zur Abkürzung führen wir in Gleichung (.8) noch die *Dämpfungskonstante*

$$D = e^{-T_C/T_z} \tag{82.10}$$

ein und erhalten damit für die beiden simultanen Gleichungen:

$$\left.\begin{aligned} &\text{a)} \quad z_n = D \cdot z_{n-1} + (1 - D)\,m_n \\ &\text{b)} \quad m_n = m_{n-1} - S \cdot z_{n-1} \end{aligned}\right\}. \tag{82.11}$$

Durch diese beiden Gleichungen werden die dynamischen Eigenschaften des Regelkreises vollständig beschrieben. Da wir uns ausschließlich für den zeitlichen Verlauf der Zustandsgröße z interessieren, können wir aus Gleichung (.11) die Größe m eliminieren. Zu diesem Zweck löst man Gleichung (.11 a) nach m_n auf:

$$m_n = [1/(1 - D)]\,z_n - [D/(1 - D)]\,z_{n-1} \tag{82.12}$$

und bildet:

$$m_{n-1} = [1/(1 - D)]\,z_{n-1} - [D/(1 - D)]\,z_{n-2}. \tag{82.13}$$

Man ist hierzu berechtigt, da die für das n-te Intervall abgeleiteten Gleichungen (.11) natürlich für jedes Intervall gelten müssen.

Wird nun m_n und m_{n-1} in Gleichung (.11b) eingesetzt, so ergibt sich nach geringfügiger Umformung die Gleichung des Regelvorganges:

$$z_n - [1 + D - S(1 - D)]z_{n-1} + Dz_{n-2} = 0,$$

die gewöhnlich in folgender Form geschrieben wird:

$$\boxed{z_{n+2} - [1 + D - S(1 - D)]z_{n+1} + Dz_n = 0.} \qquad (82.14)$$

§ 83 Die Differenzengleichung des Regelvorganges

Durch die Gleichung des Regelvorganges (82. 14) sind wir in der Lage, die Funktionswerte für alle äquidistanten Zeitpunkte $\tau = 0, 1, 2, \ldots n$ zu berechnen. Man bezeichnet eine derartige Gleichung, in der aufeinanderfolgende Funktionswerte gleicher Entfernung vorkommen, als eine *Differenzengleichung zweiter Form.* In unserem Beispiel handelt es sich speziell um den einfachen Fall einer linearen und homogenen Differenzengleichung zweiter Ordnung mit konstanten Koeffizienten.

Die bestehende, weitgehende Analogie zwischen Differenzen- und Differentialgleichungen soll uns nun ein kurzer Vergleich der Gleichung (82. 14) mit der Differentialgleichung einer entsprechenden stetigen Regelanordnung klarmachen.

Es ist hierfür zweckmäßig, die Gleichung (82. 14) in eine *Differenzengleichung erster Form* zu überführen. Nach Anhang II ist dies möglich, wenn man in die Differenzengleichung zweiter Form die später folgenden Funktionswerte durch einen früheren und die entsprechenden Differenzen ersetzt.

Es ist (Anhang IIa):

$$\left.\begin{aligned} z_{n+2} &= z_n + 2\Delta z_n + \Delta^2 z_n \\ z_{n+1} &= z_n + \Delta z_n \end{aligned}\right\}. \qquad (83.1)$$

Führt man z_{n+1} und z_{n+2} in Gleichung (82. 14) ein, so findet man:

$$\Delta^2 z_n + (1 - D)(1 + S) \cdot \Delta z_n + (1 - D)S \cdot z_n = 0. \qquad (83.2)$$

Wir können hier mit

$$\tau = t/T_C, \text{ also: } \Delta\tau = \Delta t/T_C = 1 \qquad (83.3)$$

die Differenzen durch die Differenzenquotienten ersetzen und erhalten dann die Differenzengleichung erster Form:

$$(\Delta^2 z_n/\Delta\tau^2) + (1 - D)(1 + S)(\Delta z_n/\Delta\tau) + (1 - D)S \cdot z_n = 0. \qquad (83.4)$$

Es ist auch bei dieser Schreibweise klar zu erkennen, daß wir eine lineare Differenzengleichung zweiter Ordnung vor uns haben.

Kehren wir nun noch zur ursprünglichen Zeitrechnung

$$t = \tau \cdot T_C \qquad (83.5)$$

zurück, so erhalten wir für Gleichung (.4) mit $\Delta\tau = \Delta t/T_C$:

$$\frac{\Delta^2 z(t)}{\Delta t^2} + \frac{1 - D}{T_C}(1 + S)\frac{\Delta z(t)}{\Delta t} + \frac{1 - D}{T_C}\frac{S}{T_C}z(t) = 0. \qquad (83.6)$$

Wenn wir den Schrittregler durch einen ebenfalls verzögerungslosen, stetigen astatischen Regler mit der Schließzeit T ersetzen, so ergibt sich die der Differenzengleichung (.6) entsprechende, leicht ableitbare Differentialgleichung:

$$(d^2z/dt^2) + (1/T_z) \cdot (dz/dt) + (1/T_z) \cdot (1/T)\, z = 0. \qquad (83.7)$$

Vergleichen wir nun die beiden Gleichungen (.6) und (.7), so erkennen wir, daß beide einen vollkommen analogen Aufbau zeigen. Ihre Koeffizienten sind jedoch gänzlich verschieden. Sie müssen aber trotzdem ineinander übergehen, wenn im Falle des Schrittreglers der Tastzyklus immer kleiner gemacht wird, da sich dann dessen Wirkungsweise immer mehr derjenigen des kontinuierlich arbeitenden Reglers nähert. Diese Überführung gelingt tatsächlich durch folgende leicht ableitbaren Grenzübergänge, wenn dabei der zwischen S und T bestehende Zusammenhang: $S = T_C/T$ berücksichtigt wird (s. § 87)

$$\left.\begin{aligned} &\lim_{T_C\to 0} (1 - D)/T_C = 1/T_z \\ &\lim_{T_C\to 0} S = \lim_{T_C\to 0} T_C/T = 0 \\ &\lim_{T_C\to 0} S/T_C = \lim_{T_C\to 0} 1/T = 1/T \\ &\lim_{T_C\to 0} \Delta z/\Delta t = \lim_{\Delta t\to 0} \Delta z/\Delta t = dz/dt \end{aligned}\right\} . \qquad (83.8)$$

Mit den Grenzwerten (.8) geht die Differenzengleichung (.6) direkt in die Differentialgleichung (.7) über.

Diese kurze Überlegung hat gezeigt, daß in all den Fällen, in denen der Tastzyklus gegenüber den übrigen zeitlichen Verzögerungen des Regelkreises vernachlässigbar klein ist, so gerechnet werden kann, als ob ein stetig wirkender Regler vorhanden wäre. Diese Annahme ist unter Umständen bei technischen Temperaturregelungen durchaus gerechtfertigt.

Uns interessieren aber gerade solche Anordnungen, bei denen der Tastzyklus zeitlich in Erscheinung tritt. Wenn wir uns dabei ausschließlich der Differenzengleichungen zweiter Form bedienen, so hat das seinen Grund darin, daß die Ableitung der simultanen Gleichungen stets auf diese Form führt und daß die Diskussion und Lösung der Differenzengleichungen zweiter Form ohne Schwierigkeiten durchzuführen ist.

§ 84 Die Bedingungen für stabilen Regelverlauf[1])

Ähnlich wie im Falle stetiger Regelungen kann auch bei Schrittregelungen bereits aus der Differenzengleichung auf den Dämpfungszustand des Regelvorganges geschlossen werden, ohne daß die vollständige Lösung hierzu erforderlich wäre. Als grundlegende Forderung besteht natürlich auch hier die nach

---

[1]) Die in diesem Paragraphen gewählten Symbole weichen von den im übrigen festgesetzten etwas ab. Es war hierfür maßgebend, daß die durchgeführte Abbildung mit der in der Funktionentheorie üblichen Schreibweise besonders deutlich wird. Siehe hierzu [16].

Stabilität des Vorganges. Zur Ableitung dieser Bedingungen gehen wir allgemein von einer Differenzengleichung m-ter Ordnung aus, die im übrigen linear und homogen sein soll:

$$A_0 y_{n+m} + A_1 y_{n+m-1} + \cdots + A_{m-1} y_{n+1} + A_m y_n = 0. \tag{84. 1}$$

Die Lösung erfolgt bekanntlich mit dem Ansatz:

$$y_n = C \cdot z^n. \tag{84. 2}$$

(s. Anhang IIb).

Führt man diesen Ansatz in die Differenzengleichung (.1) ein, so ergibt sich eine charakteristische Gleichung:

$$A_0 z^m + A_1 z^{m-1} + \cdots + A_{m-1} z + A_m = 0. \tag{84. 3}$$

Sind deren Wurzeln $z_1, z_2, \cdots z_m$ reell oder komplex, aber durchwegs verschieden, so lautet die allgemeine Lösung der Differenzengleichung (.1):

$$y_n = C_1 z_1^n + C_2 z_2^n + \cdots + C_m z_m^n. \tag{84. 4}$$

Sind jedoch k Wurzeln gleich, so hat die allgemeine Lösung die Form:

$$y_n = [C_1 + C_2 n + \cdots + C_k n^{k-1}] z_1^n + C_{k+1} z_2^n + \cdots + C_m z_{m-k}^n. \tag{84. 5}$$

Mit Hilfe der Gleichungen (.4) oder (.5) können die Funktionswerte y in jedem Tastaugenblick berechnet werden. Die m-Summationskonstanten C_μ ergeben sich aus den Funktionswerten der m ersten Tastaugenblicke des vorgelegten Problems. Wir werden dieses Aufsuchen der speziellen Lösung an Hand eines Beispieles in § 86 noch näher kennenlernen.

Wenn wir nun verlangen, daß die Funktionswerte y_n auch nach sehr langer Zeit, also für $n \to \infty$ innerhalb endlicher Grenzen bleiben, so kann dies nach Gleichung (.4) oder (.5) offenbar nur dann möglich sein, wenn keine der Wurzeln z_μ ihrem Betrage nach größer als Eins ist. Die Stabilitätsbedingung in allgemeiner Form lautet demnach:

$$|z_\mu| \leqq 1. \tag{84. 6}$$

Mit anderen Worten heißt dies: Der Regelvorgang ist nur dann stabil, wenn sämtliche Wurzeln der charakteristischen Gleichung innerhalb des Einheitskreises der Gaußschen Zahlenebene liegen. Kommen eine oder mehrere Wurzeln auf dessen Peripherie zu liegen, so bedeutet dies den Stabilitätsgrenzfall des Regelvorganges.

Wir finden hier also gegenüber der Stabilitätsbedingung im Falle stetiger Regelungen einen grundlegenden Unterschied. Dort genügte es (s. § 30), daß sämtliche Wurzeln negativen Realteil besaßen, also durchwegs in der linken Halbebene, im Grenzfall auf der imaginären Achse lagen. Die Auswertung dieser Bedingung gelang damals in einfacher Weise mit Hilfe der Hurwitz-Bedingungen (s. § 30). Auch in unserem Falle können wir uns zur Auswertung der allgemeinen Stabilitätsbedingung [Gleichung (.6)] der Hurwitz-Kriterien bedienen, wenn es gelingt, durch eine Transformation die z-Ebene so auf eine w-Ebene abzubilden, daß dem Inneren des Einheitskreises in der z-Ebene die linke Hälfte der w-Ebene entspricht. Die verlangte Abbildung wird durch die verschiedensten linearen Transformationen geleistet. Da wir keine weiteren Vorschriften über die Abbildung einzelner Punkte zu machen brauchen, sind wir in der Wahl der Funktion frei und verwenden am einfachsten:

$$w = (z + 1)/(z - 1). \tag{84.7}$$

Daß die durch Gleichung (.7) vermittelte Abbildung tatsächlich den gestellten Forderungen entspricht, erkennt man leicht, wenn man $z = x + iy$ in sie einsetzt. Es ist dann:

$$w = u + iv = \frac{(x^2 + y^2 - 1) - i \cdot 2y}{x^2 + y^2 + 1 - 2x}. \tag{84.8}$$

Es entspricht, da der Nenner stets > 0 ist:

	in der z-Ebene	in der w-Ebene
1.	$x^2 + y^2 < 1$	$u < 0$
	dem Inneren des Einheitskreises	Punkte der linken Halbebene
2.	$x^2 + y^2 > 1$	$u > 0$
	dem Äußeren des Einheitskreises	Punkte der rechten Halbebene
3.	$x^2 + y^2 = 1$	$u = 0$
	dem Einheitskreis	die imaginäre Achse

Außerdem entsprechen sich noch folgende Punkte:

4.	$z = 1 + i \cdot 0$	$w = \infty$
5.	$z = 0 + i$	$w = 0 - i$
6.	$z = -1 + i \cdot 0$	$w = 0$
7.	$z = 0 - i$	$w = 0 + i$
8.	$z = \infty$	$w = 1 + i \cdot 0$
	$z = 0$	$w = -1 + i \cdot 0.$

Diese Abbildungsverhältnisse sind in Bild 90 aufgezeichnet.

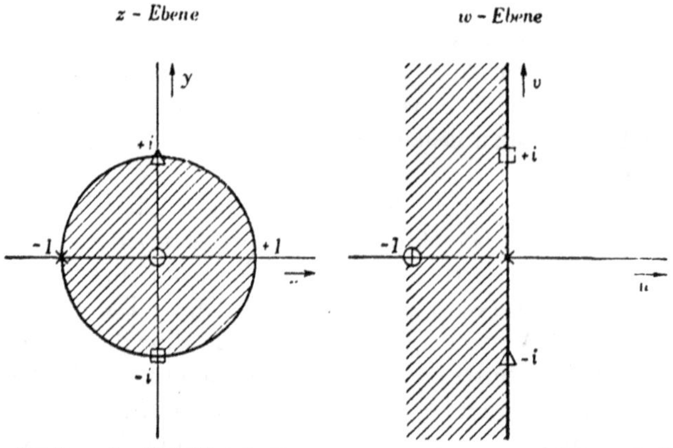

Bild 90: Zur Ableitung der Stabilitätsbedingung aus der Differenzengleichung des Regelvorganges. Die lineare Transformation $w = (z + 1)/(z - 1)$

Wenden wir nun die Hurwitzbedingungen auf eine dieser Transformation unterworfene Gleichung an, so erhalten wir die Bedingungen dafür, daß die Wurzeln der vorgelegten Gleichung innerhalb des Einheitskreises liegen. Um die Verhältnisse möglichst übersichtlich zu gestalten, wollen wir nun von der allgemeinen Gleichung m-ten Grades [Gleichung (.3)] abgehen und den speziellen Fall einer Gleichung zweiten Grades untersuchen. Wir haben also:

$$A_0 z^2 + A_1 z + A_2 = 0. \tag{84.9}$$

Wird hier die aus Gleichung (.7) folgende Substitution

$$z = (w + 1)/(w - 1) \tag{84.10}$$

eingeführt, so erhalten wir nach einiger Umformung:

$$(A_0 + A_1 + A_2) w^2 + 2(A_0 - A_2) w + (A_0 - A_1 + A_2) = 0. \tag{84.11}$$

Bezeichnet man die Koeffizienten dieser transformierten Gleichung mit B_0, B_1, B_2, so haben wir nun die Hurwitzbedingungen auf folgende Gleichung anzuwenden:

$$B_0 w^2 + B_1 w + B_2 = 0, \tag{84.12}$$

wobei

$$B_0 = A_0 + A_1 + A_2 \qquad B_1 = 2(A_0 - A_2) \qquad B_2 = A_0 - A_1 + A_2. \tag{84.13}$$

In dem vorliegenden einfachen Fall einer Gleichung zweiten Grades wird durch die Hurwitzbedingung lediglich gefordert, daß sämtliche Koeffizienten gleiches Vorzeichen besitzen.

Ist also $B_0 > 0$ (was nötigenfalls dadurch erreicht werden kann, daß die Gleichung mit -1 multipliziert wird) und demnach:

$$A_0 + A_1 + A_2 > 0, \tag{84.14}$$

dann lauten die Stabilitätsbedingungen für eine Differenzengleichung zweiter Ordnung:

$$\left.\begin{aligned} &B_1 > 0 \quad \text{also} \quad A_0 - A_2 > 0 \\ &B_2 > 0 \quad \text{also} \quad A_0 - A_1 + A_2 > 0 \end{aligned}\right\}. \tag{84.15}$$

Es fällt auf, daß sich schon bei diesem einfachen Problem zweiter Ordnung zwei Stabilitätsbedingungen ergeben. Diese Tatsache ist indessen nicht verwunderlich, denn die Bedingung dafür, daß die Wurzeln einer Gleichung innerhalb des Einheitskreises liegen sollen, muß offensichtlich strenger sein, als wenn für sie das weitaus größere Gebiet der linken Halbebene erlaubt ist.

In dem Beispiel der §§ 81 und 82 war:

$$A_0 = 1 \qquad A_1 = -[1 + D - S(1 - D)] \qquad A_2 = D. \tag{84.16}$$

In diesem Falle ergeben sich also mit Gleichung (.15) folgende Stabilitätsbedingungen:

$$\text{a)} \quad D < 1 \qquad \text{b)} \quad S < 2[(1 + D)/(1 - D)]. \tag{84.17}$$

Mit $D = e^{-T_C/T_z}$ findet man hieraus:

$$\text{a)} \quad T_C/T_z > 0 \qquad \text{b)} \quad S < 2\,\mathfrak{Ctg}[T_C/(2T_z)]. \tag{84.18}$$

Die erste Bedingung ist hier von Natur aus immer erfüllt, so daß die Gleichung (.18b) die allein maßgebende Stabilitätsbedingung darstellt. Wenn man die Rechnung für ein Problem dritter Ordnung, also für eine charakteristische

Gleichung dritten Grades:

$$A_0 z^3 + A_1 z^2 + A_2 z + A_3 = 0 \tag{84.19}$$

durchführt, so findet man in gleicher Weise die transformierten Koeffizienten:

$$\left.\begin{array}{ll} B_0 = A_0 + A_1 + A_2 + A_3 & B_1 = 3(A_0 - A_3) + A_1 - A_2 \\ B_2 = 3(A_0 + A_3) - A_1 - A_2 & B_3 = A_0 - A_1 + A_2 - A_3 \end{array}\right\}. \tag{84.20}$$

Nach Hurwitz lauten hier die Stabilitätsbedingungen mit $B_0 > 0$

$$\left.\begin{array}{l} \text{a)}\ B_1 > 0 \quad \text{b)}\ B_2 > 0 \quad \text{c)}\ B_3 > 0 \\ \text{d)}\ \begin{vmatrix} B_1 & B_3 \\ B_0 & B_2 \end{vmatrix} = B_1 B_2 - B_0 B_3 > 0 \end{array}\right\}. \tag{84.21}$$

Setzt man hierin die Beziehungen (.20) ein, so findet man die Stabilitätsbedingungen ausgedrückt durch die Koeffizienten der ursprünglichen Gleichung dritten Grades:

$$\left.\begin{array}{ll} \text{a)}\ 3(A_0 - A_3) + A_1 - A_2 > 0 & \text{b)}\ 3(A_0 + A_3) - A_1 - A_2 > 0 \\ \text{c)}\ A_0 - A_1 + A_2 - A_3 > 0 & \text{d)}\ A_0^2 - A_3^2 + A_1 A_3 - A_0 A_2 > 0 \end{array}\right\}. \tag{84.22}$$

Der Vollständigkeit halber sollen nun noch die transformierten Koeffizienten B_j für eine charakteristische Gleichung m-ten Grades angegeben werden. Bezeichnet man mit:

m die Ordnung der charakteristischen Gleichung,

j die Ordnungszahl der transformierten Koeffizienten,

k die Ordnungszahl der Koeffizienten der vorgelegten charakteristischen Gleichung, so ist:

$$B_j = \sum_{k=0}^{m} A_k \left[\binom{m-k}{j} - \binom{k}{1}\binom{m-k}{j-1} + \binom{k}{2}\binom{m-k}{j-2} - \cdots + \right.$$
$$\left. + (-1)^{j-1}\binom{k}{j-1}\binom{m-k}{1} + (-1)^j \binom{k}{j}\right]. \tag{84.23}$$

Für eine charakteristische Gleichung dritten Grades, also $m = 3$, findet man die transformierten Koeffizienten aus Gleichung (.23)

$$B_0 = \sum_{k=0}^{3} A_k = A_0 + A_1 + A_2 + A_3$$

$$B_1 = \sum_{k=0}^{3} A_k \left[\binom{3-k}{1} - \binom{k}{1}\right] =$$
$$= A_0 \cdot 3 + A_1(2-1) + A_2(1-2) + A_3(-3) = 3(A_0 - A_3) + A_1 - A_2$$

$$B_2 = \sum_{k=0}^{3} A_k \left[\binom{3-k}{2} - \binom{k}{1}\binom{3-k}{1} + \binom{k}{2}\right] =$$
$$= A_0 \cdot 3 + A_1(1-2) + A_2(-2+1) + A_3 \cdot 3 = 3(A_0 + A_3) - A_1 - A_2$$

$$B_3 = \sum_{k=0}^{3} A_k \left[\binom{3-k}{3} - \binom{k}{1}\binom{3-k}{2} + \binom{k}{2}\binom{3-k}{1} - \binom{k}{3}\right] =$$
$$= A_0 - A_1 + A_2 - A_3.$$

Sie ergeben sich also in der gleichen Form, wie wir sie schon mit Gleichung (.20) gefunden hatten.

§ 85 Der zeitliche Verlauf des Regelvorganges. Eigenwerte und Teilvorgänge

Im letzten Paragraphen haben wir die Stabilitätsbedingung des Regelverlaufes kennengelernt. Rein mathematisch bedeutet es nun keinerlei Schwierigkeiten, die Bedingungen aufzustellen, daß zwei oder mehrere Wurzeln der charakteristischen Gleichung einander gleich werden. Dieser Fall, in dem der Vorgang — unter gewissen, in § 85c erörterten Einschränkungen — gerade nicht mehr schwingend erfolgt, müßte dann entsprechend als aperiodischer Grenzfall bezeichnet werden. Der dabei einzuschlagende Weg unterscheidet sich in keiner Weise von dem bereits bei stetigen Reglern erörterten. Es erübrigt sich deshalb in diesem Zusammenhang, nochmals näher darauf einzugehen, zumal der so definierte aperiodische Grenzfall bei Schrittreglern nur eine untergeordnete Rolle spielt. Wir werden in den §§ 90 bis 91 noch eine Form des Regelvorganges kennenlernen, die bei Schrittregelungen etwa die gleiche Bedeutung hat wie der aperiodische Grenzfall bei kontinuierlich wirkenden Regelungen. Wir können nun vor dem Studium spezieller Regelkreise dazu übergehen, uns die Ermittlung des tatsächlichen Regelverlaufes klarzumachen.
Dazu gehen wir wieder von der Differenzengleichung m-ter Ordnung aus:

$$A_0 z_{n+m} + A_1 z_{n+m-1} + \cdots + A_{m-1} z_{n+1} + A_m z_n = 0. \qquad (85.1)$$

Nach den Ausführungen des § 84 erhält man hieraus mit dem Probeansatz:

$$z_n = C w^n \qquad (85.2)$$

die charakteristische Gleichung:

$$A_0 w^m + A_1 w^{m-1} + \cdots + A_{m-1} w + A_m = 0, \qquad (85.3)$$

aus der die m-Wurzeln $w_1 \ldots w_m$ zu bestimmen sind.
Die allgemeine Lösung der Differenzengleichung (.1) lautet dann:

$$z_n = C_1 w_1^n + C_2 w_2^n + \cdots + C_{m-1} w_{m-1}^n + C_m w_m^n, \qquad (85.4)$$

wenn sämtliche Wurzeln verschieden angenommen werden. Hier kann man nun, ganz analog den Verhältnissen bei Differentialgleichungen, die einzelnen Summanden als Normalfunktionen (Nf) bezeichnen, die den Eigenwerten $w_1 \ldots w_m$ zugeordnet sind:

$$N f_\mu (z_n) = C_\mu w_\mu^n. \qquad (85.5)$$

Nach besonderen ordnenden Gesichtspunkten lassen sich dann einzelne Normalfunktionen zu Teilvorgängen vereinigen, die mit $Tv(z_n)$ bezeichnet werden sollen.
Der Gesamtvorgang ergibt sich schließlich als Summe aller Teilvorgänge und gegebenenfalls einzelner Normalfunktionen.
In den folgenden Überlegungen werden wir uns deshalb auf die Betrachtung eines Teilvorganges beschränken. Es sind dabei drei Fälle zu unterscheiden:

a) die Eigenwerte sind konjugiert komplex,
b) die Eigenwerte sind reell und verschieden,
c) die Eigenwerte sind reell und gleich.

a) Der Teilvorgang bei konjugiert komplexen Eigenwerten

Ist eine Wurzel komplex, so muß auch eine hierzu konjugierte vorhanden sein, da die Koeffizienten der charakteristischen Gleichung durchwegs reell sind. Die Normalfunktionen dieser konjugiert komplexen Eigenwerte fassen wir nun zu einem Teilvorgang zusammen:

$$T v(z_n) = C_\mu w_\mu^n + C_\nu w_\nu^n , \tag{85.6}$$

dabei sind:

$$w_\mu = (u_\mu + i v_\mu) \qquad w_\nu = (u_\mu - i v_\mu) = \overline{w}_\mu \tag{85.7}$$

und C_μ und C_ν zwei zunächst noch unbestimmte Summationskonstanten. Ihre Bestimmung ist für einen Teilvorgang allein nicht möglich, sondern muß für den Gesamtvorgang erfolgen. Es müssen zu ihrer Ermittlung die m Anfangswerte von z bekannt sein, so daß folgendes bestimmende Gleichungssystem aufgestellt werden kann:

$$\left.\begin{array}{ll} 1) & z_0 = C_1 + C_2 + \cdots + C_m \\ 2) & z_1 = C_1 w_1 + C_2 w_2 + \cdots + C_m w_m \\ 3) & z_2 = C_1 w_1^2 + C_2 w_2^2 + \cdots + C_m w_m^2 \\ & \cdots\cdots\cdots\cdots\cdots\cdots \\ m) & z_{m-1} = C_1 w_1^{m-1} + C_2 w_2^{m-1} + \cdots + C_m w_m^{m-1} \end{array}\right\} . \tag{85.8}$$

Diese Gleichungen ergeben sich in derselben Form bei der Bestimmung der Integrationskonstanten im Falle linearer Differentialgleichungen m-ter Ordnung mit konstanten Koeffizienten (wobei als Anfangswerte die konstanten Werte der Funktion selbst und ihrer $m - 1$ ersten Ableitungen im Zeitpunkt $t = 0$ auftreten). Die Konstanten C werden also in beiden Fällen den gleichen Aufbau zeigen. Diese Erkenntnis wollen wir uns für den Teilvorgang der Gleichung (.6) zunutze machen und daraus den Schluß ziehen, daß die zu den beiden konjugiert komplexen Eigenwerten gehörigen Summationskonstanten — genau wie die Integrationskonstanten im gleichen Falle — ebenfalls konjugiert komplex sind. Wir können also Gleichung (.6) schreiben:

$$T v(z_n) = C_\mu (u_\mu + i v_\mu)^n + \overline{C}_\mu (u_\mu - i v_\mu)^n . \tag{85.9}$$

Kennzeichnet man in Gleichung (.9) die komplexen Größen durch ihren absoluten Betrag und ihr Argument, so lautet diese Gleichung:

$$T v(z_n) = |C_\mu|\, e^{i\psi_\mu}\, |w_\mu|^n\, e^{i n \varphi_\mu} + |C_\mu|\, e^{-i\psi_\mu}\, |w_\mu|^n\, e^{-i n \varphi_\mu}, \tag{85.10}$$

wenn

$$\psi_\mu = \operatorname{arc} C_\mu \qquad \text{und} \qquad \varphi_\mu = \operatorname{arc} w_\mu = \operatorname{arc\,tg} (v_\mu / u_\mu) \tag{85.11}$$

bedeuten.

Hieraus findet man nach Einführung der trigonometrischen Funktionen:

$$\boxed{T v(z_n) = 2|C_\mu| \cdot \left(\sqrt{u_\mu^2 + v_\mu^2}\right)^n \cdot \cos (n \cdot \varphi_\mu + \psi_\mu)} . \tag{85.12}$$

Dieser Teilvorgang zeigt ganz ähnlichen Aufbau wie der entsprechende Teilvorgang bei stetigen Regelungen (s. § 43), nur tritt hier an Stelle des Dämpfungsfaktors $e^{-\delta t}$ die Potenz $\left(\sqrt{u_\mu^2 + v_\mu^2}\right)^n$, die aber ebenfalls als Dämpfungsglied wirkt. Der Teilvorgang erfolgt prinzipiell schwingend, und zwar mit zu-

bzw. abnehmender Amplitude, je nachdem, ob die Wurzel größer oder kleiner als Eins ist. $\sqrt{u_\mu^2 + v_\mu^2} = 1$ ergibt die Bedingung für Stabilität des Teilvorganges (s. auch § 84). Gleichung (.12) ist nur für ganzzahliges n definiert, so daß sich der Teilvorgang als eine Folge einzelner diskreter Funktionswerte z_n ergibt.

b) Der Teilvorgang bei reellen und verschiedenen Eigenwerten gleichen Vorzeichens

Die Zusammenfassung von reellen Eigenwerten verschiedenen Vorzeichens zu einem Teilvorgang ist zwar möglich, aber wenig sinnvoll, da sie auf ziemlich komplizierte Ausdrücke führt. Deshalb werde die Ermittlung der Teilvorgänge auf Eigenwerte gleichen (positiven oder negativen) Vorzeichens beschränkt. Die Eigenwerte haben die Form:

$$w_\mu = u_\mu + v_\mu \qquad w_\mu = u_\mu - v_\mu \tag{85.13}$$

oder können durch folgende Definitionsgleichungen hierauf gebracht werden:

$$u_\mu = (w_\mu + w_\nu)/2 \qquad v_\mu = (w_\mu - w_\nu)/2 \;; \tag{85.14}$$

dann heißt der Teilvorgang in allgemeiner Form:

$$Tv(z_n) = C_\mu\,(u_\mu + v_\mu)^n + C_\nu\,(u_\mu - v_\mu)^n . \tag{85.15}$$

Man setzt nun (was nur möglich ist, wenn w_μ und w_ν gleiches Vorzeichen haben):

$$w_\mu = R_\mu\,e^{\varphi_\mu} \qquad w_\nu = R_\mu\,e^{-\varphi_\mu} . \tag{85.16}$$

Aus (.16) bestimmen sich die Größen R_μ und φ_μ wie folgt:

$$\varphi_\mu = \mathfrak{Ar\,Cof}\,\frac{w_\mu + w_\nu}{2\sqrt{w_\mu \cdot w_\nu}} = \mathfrak{Ar\,Cof}\,\frac{u_\mu}{\pm\sqrt{u_\mu^2 - v_\mu^2}} = \mathfrak{Ar\,Tg}\left(\pm\frac{v_\mu}{u_\mu}\right) \tag{85.17}$$

$$R_\mu = \pm\sqrt{w_\mu\,w_\nu} = \pm\sqrt{u_\mu^2 - v_\mu^2} . \tag{85.18}$$

Dabei ist das positive Vorzeichen zu verwenden, wenn beide Eigenwerte positiv sind, während im anderen Falle das negative Zeichen Gültigkeit besitzt. Mit Gleichung (.16) geht der Teilvorgang der Gleichung (.15) über in die Form:

$$Tv(z_n) = C_\mu\,R_\mu^n e^{n\varphi_\mu} + C_\nu\,R_\mu^n e^{-n\varphi_\mu} \tag{85.19}$$

oder nach Einführung der Hyperbelfunktionen:

$$Tv(z_n) = R_\mu^n\,[(C_\mu + C_\nu)\,\mathfrak{Cof}\,n\varphi_\mu + (C_\mu - C_\nu)\,\mathfrak{Sin}\,n\varphi_\mu] . \tag{85.20}$$

Faßt man nun noch die beiden Hyperbelfunktionen zusammen, so ergibt sich mit Gleichung (.18):

$$\boxed{\begin{aligned} Tv(z_n) &= C(\pm\sqrt{u_\mu^2 - v_\mu^2})^n\,\mathfrak{Cof}\,(n\varphi_\mu + \psi), \\ \text{wobei}\quad \varphi_\mu &= \mathfrak{Ar\,Tg}\,(\pm\,v_\mu/u_\mu) \end{aligned}} \tag{85.21}$$

und C und ψ zwei neue, zusammengefaßte Summationskonstanten bedeuten. Hier finden wir nun einen wesentlichen Unterschied gegenüber den Verhältnissen bei Differentialgleichungen. Während dort schwingender Verlauf nur bei komplexen Eigenwerten möglich war, kann jetzt der Teilvorgang auch bei reellen Eigenwerten periodisch vor sich gehen. Dies ist immer dann der Fall, wenn w_μ und w_ν negativ sind, da dann in Gleichung (.21) das negative Vorzeichen Gültigkeit besitzt und demzufolge der Vorgang zwischen positiven und negativen Werten oszilliert. Wir verstehen jetzt auch, weshalb sich bei Differenzengleichungen strengere Stabilitätsbedingungen ergeben haben als im Falle von Differentialgleichungen.

c) Der Teilvorgang bei gleichen, reellen Eigenwerten

In § 84 haben wir die Form des Teilvorganges bei k gleichen Eigenwerten bereits kennengelernt:

$$T v(z_n) = (C_1 + C_2 \cdot n + C_3 n^2 + \cdots + C_k n^{k-1}) w_\mu^n . \qquad (85.22)$$

Es ist ohne weiteres einzusehen, daß auch hier der Vorgang schwingend erfolgen und sogar unstabil sein kann, wenn die Mehrfachwurzel negativ bzw. < -1 ist, so daß die übliche Definition dieses Vorganges als aperiodischer Grenzfall ihren Sinn verliert.
Durch diese kurze Betrachtung der wichtigsten Teilvorgänge hat sich gezeigt, daß der durch die Differenzengleichung beschriebene Vorgang immer unstabil sein kann, gleichgültig ob die Eigenwerte reell und verschieden, gleich oder konjugiert komplex sind. Aperiodischer Verlauf ist nur dann gewährleistet, wenn sämtliche Eigenwerte positiv und kleiner als Eins sind. Positive Eigenwerte größer als Eins würden ein Weglaufen des Zustandes zur Folge haben, kommen aber bei Regelanordnungen praktisch wohl kaum vor. Ist auch nur ein Eigenwert negativ, so ist der Gesamtvorgang immer schwingend, und zwar mit zu- oder abnehmender Amplitude, je nachdem der Absolutbetrag der entsprechenden Wurzel der charakteristischen Gleichung größer oder kleiner als Eins ist.
Diese Erscheinungsvielfalt fordert, daß bei allen Rechnungen der Stabilitätsbetrachtung besondere Aufmerksamkeit zu schenken ist. Maßgebend hierfür sind die in § 84 abgeleiteten Stabilitätsbedingungen.

§ 86 Die Ermittlung der Summationskonstanten (gezeigt am Beispiel der §§ 82, 83)

Die Ermittlung des zeitlichen Verlaufes der Regelgröße erfordert die Auswertung der allgemeinen Lösung einer linearen Differenzengleichung für spezielle Anfangsbedingungen. Im vorigen Paragraphen haben wir das Gleichungssystem bereits kennengelernt, das die Errechnung der Summationskonstanten gestattet [Gleichung (85.8)]. Es ist hierzu die Kenntnis von Anfangswerten notwendig. Sie sind erstens eine Funktion der Gegebenheiten des Regelkreises, zum andern aber auch von der Art, d. h. der Größe und dem Zeitpunkt der plötzlichen Störung abhängig.
Grundsätzlich ist dazu folgendes zu sagen: Die Berücksichtigung einer Störung durch die Anfangswerte bei Differenzen- oder auch Differentialgleichungen ist nur dann möglich, wenn es sich um eine stoßförmige, also während des ganzen Verlaufes konstante Störung handelt. Jede andere Störungsart muß notwendig auf eine vollständige Gleichung (mit Störungsfunktion) führen, wie wir sie bei stetigen Regelungen fast durchwegs verwendet haben. Da aber die stoß-

förmige Mengenstörung die regeldynamisch ungünstigste und für uns daher wichtigste Störungsart ist, wurde darauf verzichtet, die folgenden Betrachtungen auf vollständige (inhomogene) Differenzengleichungen auszudehnen. Ihre Behandlung und Lösung ist im übrigen ganz ähnlich derjenigen von inhomogenen Differentialgleichungen. Es wird deshalb dem interessierten Leser leicht möglich sein, Aufgaben, die auf vollständige Differenzengleichungen führen, selbst zu lösen. Als Literaturhinweis diene [21] und [3].

Im folgenden soll nun die Bestimmung der Summationskonstanten für eine plötzliche Mengenstörung an dem Beispiel des § 82 gezeigt werden.

Die den Regelvorgang beschreibende Differenzengleichung lautet nach Gleichung (82. 14):

$$z_{n+2} - [1 + D - S(1 - D)]\, z_{n+1} + D\, z_n = 0. \qquad (86.\,1)$$

Die Wurzeln der charakteristischen Gleichung:

$$w^2 - [1 + D - S(1 - D)]\, w + D = 0 \qquad (86.\,2)$$

sind:

$$w_{1,2} = \frac{1}{2}[1 + D - S(1 - D)] \pm \frac{1}{2}\sqrt{(1 - D)^2(1 + S^2) - 2S(1 - D^2)}. \qquad (86.\,3)$$

Die allgemeine Lösung der Gleichung (.1) wird damit:

$$z_n = C_1 w_1^n + C_2 w_2^n. \qquad (86.\,4)$$

Die Summationskonstanten werden durch das Gleichungssystem:

$$\left.\begin{aligned} &\text{a) für } n = 0 \qquad z_0 = C_1 + C_2 \\ &\text{b) für } n = 1 \qquad z_1 = C_1 w_1 + C_2 w_2 \end{aligned}\right\} \qquad (86.\,5)$$

bestimmt zu:

$$\text{a) } C_1 = -[(z_0 w_2 - z_1)/(w_1 - w_2)] \qquad \text{b) } C_2 = (z_0 w_1 - z_1)/(w_1 - w_2). \qquad (86.\,6)$$

Es ist zweckmäßig, für den Anfangswert z_0 den Funktionswert im Zeitpunkt der Störung zu wählen, da dann $z_0 = 0$ wird. Es ergeben sich in diesem Falle für die Rechnung besondere Erleichterungen, von denen wir in den folgenden Paragraphen häufig Gebrauch machen werden (s. § 87). Mit der Wahl von z_0 liegen nun aber die durch die Differenzengleichung definierten Funktionswerte zeitlich fest. Erfolgt zum Beispiel, wie in Bild 91 dargestellt, die Störung im Zeitpunkt t_{St} und wählt man $z_0 = 0$, so erhält

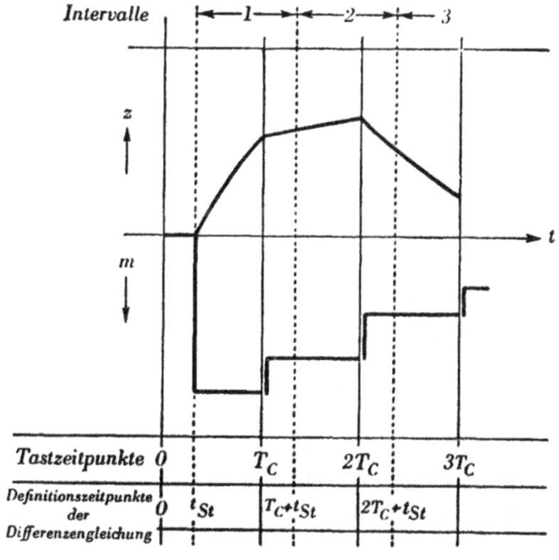

Bild 91: Der prinzipielle Verlauf von z bei beliebig einsetzender Störung

man durch Auswerten der Gleichung (.4) nicht die Funktionswerte in den Tastaugenblicken, sondern in den äquidistanten Zeitpunkten:

$$t = t_{St}, \quad T_C + t_{St}, \quad 2\,T_C + t_{St}, \cdots n\,T_C + t_{St}.$$

Um nun die Summationskonstanten [Gleichung (.6)] ermitteln zu können, muß noch der Funktionswert

$$z_1 = z(T_C + t_{St}) \tag{86.7}$$

bestimmt werden.

In dem Bereich: $\tau_{St} < \tau < 1$ (86.8)

gilt für den Zustand die Differentialgleichung ($\tau = t/T_C$):

$$(T_z/T_C)\cdot(dz/d\tau) + z = M \tag{86.9}$$

mit dem Anfangswert $z(\tau_{St}) = 0$. (86.10)

Für die Störung wurde dabei ein im Zeitpunkt τ_{St} erfolgender Mengenstoß vom Betrag M angenommen. Die Lösung der Gleichung (.9) mit dem speziellen Anfangswert ist: $z = M\,[1 - e^{-(T_C/T_z)\tau}]$. (86.11)

Setzt man hierin $\tau = 1 - \tau_{St}$, (86.12)

so erhält man die Zustandsgröße $z(1)$ im Zeitpunkt $t = T_C$ $(\tau = 1)$

$$z(1) = M\,[1 - e^{-(T_C/T_z)(1-\tau_{St})}]$$

oder mit Gleichung (82. 10) abgekürzt geschrieben:

$$z(1) = M\,(1 - D^{1-\tau_{St}}). \tag{86.13}$$

In diesem Zeitpunkt wird nun die Stellgröße um den Betrag $S \cdot z(1)$ geändert, so daß die Differentialgleichung der Regelgröße im nächsten Intervall:

$$1 < \tau < 2 \tag{86.14}$$

lautet: $(T_z/T_C)\cdot(dz/d\tau) + z = M - S\cdot z(1)$. (86.15)

Mit dem Anfangswert $z(1)$ findet man hieraus den zeitlichen Zustandsverlauf in dem betrachteten Intervall:

$$z = z(1)\,e^{-(T_C/T_z)\tau} + [M - S\cdot z(1)]\cdot[1 - e^{(T_C/T_z)\tau}]. \tag{86.16}$$

Der interessierende Funktionswert $z(1 + \tau_{St})$ entsteht aus Gleichung (.16), wenn hierin $\tau = \tau_{St}$ gesetzt wird. Mit Gleichung (.13) ergibt sich demnach:

$$z(1 + \tau_{St}) = M\,[1 - D - S\,(1 - D^{1-\tau_{St}} - D^{\tau_{St}} + D)]. \tag{86.17}$$

Damit ist nun der Funktionswert $z_1 = z(1 + \tau_{St})$ gefunden, so daß die Konstanten C_1 und C_2 der Gleichung (.6) angegeben werden können.

Erfolgt die Störung gerade in einem Tastaugenblick, ist also

$$\tau_{St} = 0 \quad \text{oder} \quad \tau_{St} = 1 \tag{86.18}$$

so wird: $z_1 = z(1) = M\,(1 - D)$. (86.19)

Es ist offensichtlich, daß dieser Fall der denkbar ungünstigste ist, da dann ein ganzer Tastzyklus vorübergehen muß, bevor eine Gegenwirkung des Reglers erfolgen kann. In den folgenden Paragraphen werden wir im allgemeinen — aus Gründen der Einfachheit — die Störung im Tastzeitpunkt erfolgend annehmen und wissen dann, daß die praktisch vorkommenden Verhältnisse nur günstiger als die theoretisch ermittelten sein können. Wir werden in § 87 noch einmal auf die Frage des Störungszeitpunktes zurückkommen.

Abschließend sei hier zur Wahl der Anfangswerte noch erwähnt, daß natürlich auch andere Funktionswerte als z_0 und z_1 verwendet werden können. Forderung ist nur, daß die betreffenden Funktionswerte um genau einen Tastzyklus oder ein ganzzahliges Vielfaches davon auseinanderliegen, da nur für solche Zeitpunkte die Differenzengleichung definiert ist. Weiterhin ist darauf zu achten, daß kein Funktionswert herangezogen wird, der vor dem Beginn der Störung liegt.

Setzt man nun etwa für $\tau_{St} = 0$ die gefundenen Anfangswerte z_0 und z_1 [Gleichung (.19)] in Gleichung (.6) ein, so erhält man:

$$C_1 = -C_2 = C = z_1/(w_1 - w_2) = M[(1 - D)/(w_1 - w_2)]. \qquad (86.20)$$

Damit wird der Regelvorgang nach Gleichung (.4)

$$z_n = M[(1 - D)/(w_1 - w_2)](w_1^n - w_2^n). \qquad (86.21)$$

Sind nun beispielsweise die Wurzeln der charakteristischen Gleichung konjugiert komplex

$$w_{1,2} = u \pm iv, \qquad (86.22)$$

dann wird aus Gleichung (.21)

$$z_n = M[(1 - D)/(2iv)](w_1^n - w_2^n). \qquad (86.23)$$

Wenn wir nun noch auf die trigonometrische Form der Gleichung (85. 12) übergehen, so ergibt sich:

$$z_n = M[(1 - D)/v](\sqrt{u^2 + v^2})^n \cos[n \cdot \operatorname{arc\,tg}(v/u) - (\pi/2)] \quad \text{oder}$$

$$\boxed{z_n = M[(1 - D)/v](\sqrt{u^2 + v^2})^n \sin[n \cdot \operatorname{arc\,tg}(v/u)].} \qquad (86.24)$$

Die durch Gleichung (.24) definierten Funktionswerte z_n sind in Bild 92 für den Fall: $T_C/T_z = 0{,}5$, $S = 3$ aufgezeichnet.

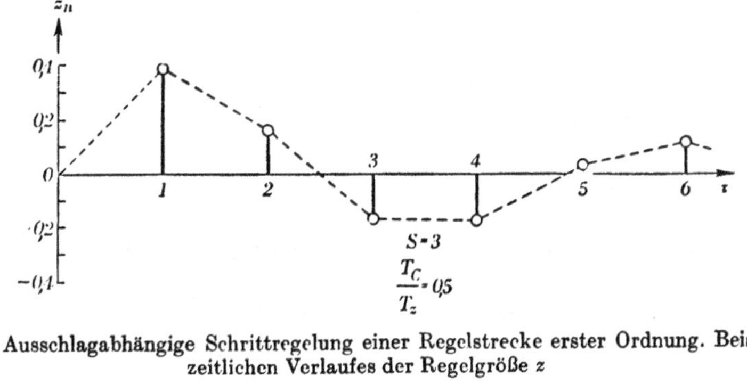

Bild 92: Ausschlagabhängige Schrittregelung einer Regelstrecke erster Ordnung. Beispiel des zeitlichen Verlaufes der Regelgröße z

§ 87 Die Berechnung der Regelfläche

Um die Ergebnisse unserer Berechnungen bewerten und die günstigsten Betriebsbedingungen auswählen zu können, werden wir, wie bei stetigen Regelungen, wiederum mit Vorteil den Begriff der Regelgüte heranziehen (s. § 44). Zu diesem Zweck müssen wir uns zunächst der Berechnung der Regelfläche zuwenden, wie sie sich bei Schrittregelungen einstellt.

Die Verhältnisse liegen hier insofern komplizierter als bei stetigen Vorgängen, da eine einfache Integration der Regelgröße (etwa nach Bild 89) zwischen 0 und ∞ nicht möglich ist. Die Integration läßt sich nur innerhalb der einzelnen Tastintervalle durchführen, während die gesamte Regelfläche durch Summation aller dieser Flächenstücke entsteht. Nun ist der Verlauf der Regelgröße innerhalb eines Intervalls einmal von den kennzeichnenden Eigenschaften der Regelstrecke und zum zweiten von dem Arbeitsprinzip des Schrittreglers, also von der *Schrittform*, weitgehend abhängig. Es ist bei diesem Sachverhalt klar, daß die Ermittlung der Regelfläche unter ganz beliebigen Voraussetzungen nur schwer durchzuführen und das Ergebnis wenig übersichtlich sein wird. Wir wollen daher annehmen, daß eine Regelstrecke mit Verzögerung erster Ordnung und ferner stoßförmige Schrittform vorliegen soll. Beide Annahmen bedeuten keine wesentliche Einschränkung der Ergebnisse. Wir werden nämlich in § 89 sehen, daß der prinzipielle Verlauf der Regelgröße bei entsprechender Wahl der Intervalle durch Laufzeit nicht verändert wird, und wissen andererseits (s. § 51), daß eine große Zahl von Regelstrecken der Praxis sich mit sehr guter Näherung durch Laufzeit und Verzögerung erster Ordnung beschreiben läßt. Bezüglich der Schrittform sei auf § 88 verwiesen, in dem gezeigt wird, daß die Annahme eines stoßförmigen Verlaufs der Stellgröße eine durchaus zulässige Vereinfachung darstellt.

Unter diesen Voraussetzungen wird der Verlauf der Regelgröße im n-ten Intervall allgemein durch folgende Funktion dargestellt [s. auch Gleichung (82. 7)]:

$$[z(t)]_n = A_1 e^{-t/T_z} + A_2(1 - e^{-t/T_z}). \tag{87. 1}$$

Die beiden zunächst willkürlichen Konstanten A_1 und A_2 bestimmen wir nun so, daß für $t = 0$ die Regelgröße z den Anfangswert z_{n-1} und für $t = T_C$ den Endwert z_n des n-ten Intervalls annimmt. Man erhält also mit Gleichung (.1):

$$\left.\begin{aligned} z(0) &= z_{n-1} = A_1 \\ z(T_C) &= z_n = A_1 \cdot D + A_2 \cdot (1 - D) \end{aligned}\right\} \tag{87. 2}$$

und hieraus die Konstanten:

$$\left.\begin{aligned} A_1 &= z_{n-1} \\ A_2 &= [1/(1 - D)]\, z_n - [D/(1 - D)]\, z_{n-1} \end{aligned}\right\}. \tag{87. 3}$$

Werden diese in Gleichung (.1) eingesetzt, dann ergibt sich der Verlauf von z:

$$[z(t)]_n = -[(z_n - z_{n-1})/(1 - D)]\, e^{-t/T_z} + [(z_n - D z_{n-1})/(1 - D)], \tag{87. 4}$$

ausgedrückt durch Anfangs- und Endwert des betrachteten Intervalls. Die von dieser Kurve und der Zeitachse eingeschlossene Fläche

$$F_n = \int\limits_0^{T_C} [z(t)]_n \, dt \tag{87.5}$$

stellt dann den Anteil des n-ten Intervalls an der Regelfläche dar. Mit den Gleichungen (.5) und (.4) findet man leicht:

$$\frac{F_n}{T_C} = B_1 z_n - B_2 z_{n-1}, \tag{87.6}$$

wobei $B_1 = [1/(1-D)] - (T_z/T_C) \quad B_2 = [D/(1-D)] - (T_z/T_C)$. (87.7)

Um die Regelfläche zu gewinnen, müssen nun all diese Flächenstücke vom ersten Intervall ($n = 1$) bis unendlich summiert werden, also:

$$\frac{F}{T_C} = \sum_{n=1}^{\infty} \frac{F_n}{T_C} = \sum_{n=1}^{\infty} (B_1 z_n - B_2 z_{n-1}). \tag{87.8}$$

Die Gleichung des Regelvorganges nehmen wir allgemein von m-ter Ordnung an. Dann lautet ihre allgemeine Lösung (s. Anhang IIb):

$$z_n = C_1 w_1^n + C_2 w_2^n + \cdots + C_m w_m^n \tag{87.9}$$

mit $w_1, w_2 \ldots w_m$, den m Wurzeln der charakteristischen Gleichung. Die Ausführung der Summation in Gleichung (.8) liefert dann (s. Anhang IIa):

$$\frac{F}{T_C} = B_1 \left(C_1 \frac{w_1^n}{w_1 - 1} + C_2 \frac{w_2^n}{w_2 - 1} + \cdots + C_m \frac{w_m^n}{w_m - 1} \right)_1^{\infty} - \\ - B_2 \left(C_1 \frac{w_1^{n-1}}{w_1 - 1} + C_2 \frac{w_2^{n-1}}{w_2 - 1} + \cdots + C_m \frac{w_m^{n-1}}{w_m - 1} \right)_1^{\infty}. \tag{87.10}$$

Nun muß, wie wir in § 84 gesehen haben, aus Gründen der Stabilität immer gefordert werden: $|w_\mu| < 1$, so daß wir schließlich finden:

$$F/T_C = [C_1/(1 - w_1)] (B_1 w_1 - B_2) + [C_2/(1 - w_2)] (B_1 w_2 - B_2) + \cdots \\ + [C_m/(1 - w_m)] (B_1 w_m - B_2). \tag{87.11}$$

Hätten wir die Regelfläche nicht exakt bestimmt, sondern, wie in Bild 93 angedeutet, durch die Annahme angenähert, daß über jedes Intervall dessen Anfangswert konstant besteht, dann hätte sich an Stelle von Gleichung (.5):

$$F_n^* = z_{n-1} \cdot T_C, \tag{87.12}$$

für die Regelfläche also:

$$\frac{F^*}{T_C} = \sum_{n=1}^{\infty} z_{n-1} \tag{87.13}$$

und mit Gleichung (.9) schließlich

$$F^*/T_C = [C_1/(1 - w_1)] + [C_2/(1 - w_2)] + \cdots + [C_m/(1 - w_m)] \tag{87.14}$$

ergeben. Bei dem Vergleich der beiden Flächen nach Gleichung (.11) und Gleichung (.14) fällt nun folgendes auf:

Eine Identität unabhängig von den Werten der Konstanten C_μ kann nur dann bestehen, wenn $B_1 = 0$ und $B_2 = -1$. Diese beiden Bedingungen führen an

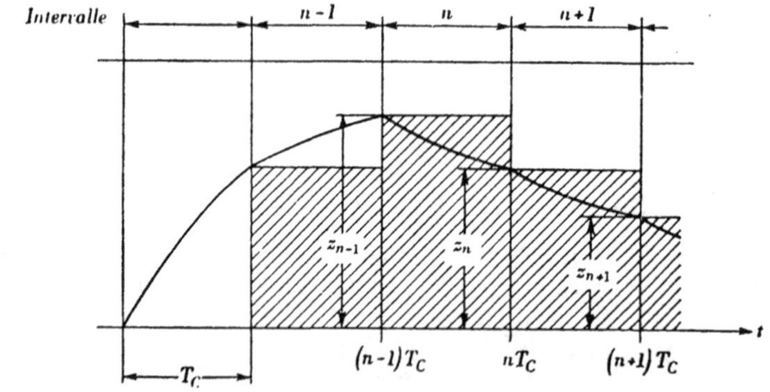

Bild 93: Zur Berechnung der Regelfläche

Hand von Gleichung (.7) zu ein und derselben Transzendentalgleichung für T_C/T_z, die nur mit einem einzigen, physikalisch sinnvollen Wert von T_C/T_z erfüllbar ist. Diese Möglichkeit stellt also gleichzeitig den Verzicht auf Allgemeingültigkeit dar und scheidet also für unsere Betrachtungen aus.
Dagegen läßt sich auch eine Gleichheit der beiden Flächen erreichen, wenn für die Konstanten C_μ bestimmte Vorschriften gemacht werden. Es ist nämlich in unserem Falle [s. Gleichung (.7)]:

$$B_2 = B_1 - 1. \tag{87.15}$$

Wird dies in Gleichung (.11) eingesetzt, so findet man leicht:

$$F/T_C = (F^*/T_C) - B_1(C_1 + C_2 + \cdots + C_m). \tag{87.16}$$

Die Flächen F und F^* sind einander also gleich, wenn die Summe der Konstanten C_μ verschwindet. Erinnern wir uns nun der Ausführungen des § 86 bzw. obiger Gleichung (.9), so bedeutet dies, daß in diesem Falle der Anfangswert z_0 gleich Null wird.
Wir können zusammenfassend folgendes feststellen: Wenn ein Regelvorgang mit dem Anfangswert $z_0 = 0$ erfolgt, so kann die Regelfläche sehr einfach durch Bildung der Summe:

$$\boxed{F/T_C = \sum_{n=0}^{\infty} z_n} \tag{87.17}$$

ermittelt werden. Dabei ist jedoch Voraussetzung, daß die Fläche des n-ten Intervalls durch Anfangs- und Endwert eines oder mehrerer Intervalle darstellbar ist.
Die Bestimmung der Regelfläche durch die einfache Summation kann beispielsweise nicht durchgeführt werden, wenn die Störung nicht im Abtastmoment erfolgt. Werden nämlich die Intervalle so gewählt, daß die erste Voraussetzung $z_0 = 0$ erfüllt ist, so werden im allgemeinen die Knickstellen der

Zustandsfunktion nicht mit den Intervallgrenzen zusammenfallen. Es ist dann aber unmöglich, die Fläche des n-ten Intervalls allein durch Werte der Zustandsgröße am Anfang und Ende des betreffenden Intervalls anzugeben. Vielmehr wird hierzu auch die Kenntnis des Funktionswertes der Knickstelle erforderlich sein. Es ist in solchen Fällen notwendig, die Fläche exakt zu ermitteln. Am schnellsten führt dabei wohl ein Weg zum Ziel, auf den wir durch folgende Überlegung geführt werden. Die Differenzengleichung des Regelvorganges sei von m-ter Ordnung mit der allgemeinen Lösung:

$$z_n = C_1 w_1^n + C_2 w_2^n + \cdots + C_m w_m^n. \qquad (87.18)$$

Durch diese Gleichung sind die äquidistanten Funktionswerte festgelegt, ganz gleichgültig, wie die Intervalleinteilung vorgenommen wird, wenn nur die Summationskonstanten entsprechend den jeweiligen Anfangswerten bestimmt werden. Die Gleichung (.18) wird demnach den zeitlichen Verlauf der Zustandsgröße im $(n+1)$-ten Intervall wiedergeben, wenn (bei konstantem n) die Anfangswerte die Zeitfunktionen der betreffenden Anfangsintervalle durchlaufen. In diesem Falle sind also die Summationskonstanten Funktionen der Zeit, so daß für den Zustandsverlauf im n-ten Intervall geschrieben werden kann:

$$[z(\tau)]_n = C_1(\tau) \cdot w_1^{n-1} + C_2(\tau) \cdot w_2^{n-1} + \cdots + C_m(\tau) \cdot w_m^{n-1}. \qquad (87.19)$$

Die Fläche in diesem Intervall findet man durch Integration von 0 bis 1:

$$F_n/T_C = \int_0^1 [z(\tau)]_n d\tau. \qquad (87.20)$$

Mit Gleichung (.19) wird hieraus:

$$F_n/T_C = \int_0^1 C_1(\tau) d\tau \cdot w_1^{n-1} + \int_0^1 C_2(\tau) d\tau \cdot w_2^{n-1} + \cdots + \int_0^1 C_m(\tau) d\tau \cdot w_m^{n-1}$$

oder einfacher geschrieben:

$$F_n/T_C = A_1 w_1^{n-1} + A_2 w_2^{n-1} + \cdots + A_m w_m^{n-1}. \qquad (87.21)$$

Die Konstanten $A_1, A_2, \ldots A_m$ können wir nun aus den Flächen der Anfangsintervalle, also durch folgende Gleichungen errechnen

$$\left.\begin{array}{l} F_1/T_C = A_1 + A_2 + \cdots + A_m \\ F_2/T_C = A_1 w_1 + A_2 w_2 + \cdots + A_m w_m \\ \cdots\cdots\cdots\cdots\cdots\cdots\cdots \\ F_m/T_C = A_1 w_1^{m-1} + A_2 w_2^{m-1} + \cdots + A_m w_m^{m-1} \end{array}\right\}. \qquad (87.22)$$

Durch Bildung einer bestimmten Summe kann aus Gleichung (.21) die Summe der Teilflächen beliebiger aufeinanderfolgender Intervalle erhalten werden. Im besonderen findet man die uns allein interessierende Regelfläche durch Summation in den Grenzen von 1 bis ∞, also aus Gleichung (.21):

$$F/T_C = \sum_{n=1}^{\infty} F_n/T_C. \tag{87.23}$$

Als einfaches Beispiel wollen wir nun noch die Regelfläche der Regelung des § 86 für den Fall ermitteln, daß die Störung nicht im Abtastmoment ($\tau = 0$), sondern im Zeitpunkt $\tau = \tau_{St}$ erfolgt.

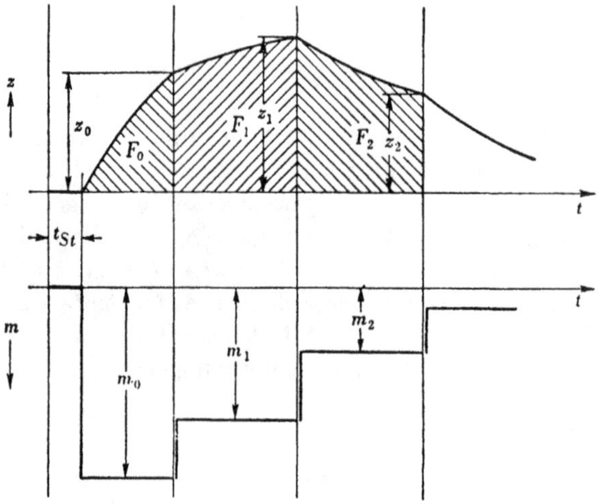

Bild 94: Zur Bestimmung der Fläche bei beliebigem Störzeitpunkt

Wir wählen die in Bild 94 gezeigte Intervalleinteilung. Dann ist die Regelfläche:

$$F/T_C = F_0/T_C + \sum_{n=1}^{\infty} F_n/T_C. \tag{87.24}$$

Für die Anfangswerte z_0 und z_1 gelten die folgenden, leicht ableitbaren Bestimmungsgleichungen:

$$\left.\begin{aligned} z_0 &= M(1 - D^{1-\tau_{St}}) \\ z_1 &= M(D(1 - D^{1-\tau_{St}}) + [1 - S(1 - D^{1-\tau_{St}})] \cdot (1 - D)) \end{aligned}\right\} . \tag{87.25}$$

Weiter folgt mit den Gleichungen (86. 3) und (86. 4) nach Berechnung der Summationskonstanten C_1 und C_2 aus den Anfangswerten z_0 und z_1:

$$z_2 = z_1(w_1 + w_2) - z_0 \cdot w_1 \cdot w_2. \tag{87.26}$$

Für die Flächen der Anfangsintervalle findet man unschwer [Gleichungen (.6) und (.7)]:

$$\left.\begin{aligned} F_1/T_C &= z_1([1/(1 - D)] - (T_z/T_C)) - z_0([D/(1 - D)] - (T_z/T_C)) \\ F_2/T_C &= z_2([1/(1 - D)] - (T_z/T_C)) - z_1([D/(1 - D)] - (T_z/T_C)) \end{aligned}\right\} \tag{87.27}$$

und

$$F_0/T_C = \int_0^{1-\tau_{St}} M(1 - D^\tau)\,d\tau = M[1 - \tau_{St} - (T_z/T_C)(1 - D^{1-\tau_{St}})]. \tag{87.28}$$

Mit Gleichung (.24) folgt nun aus den Gleichungen (.25) bis (.28) für die Regelfläche:

$$\frac{F}{M T_C} = \frac{1 - D}{(1 - w_1)(1 - w_2)} - \frac{1 - D^{1 - \tau_{St}}}{1 - D} + (1 - \tau_{St}). \qquad (87.29)$$

Wird $\tau_{St} = 0$ oder $= 1$, d. h. erfolgt die Störung im Abtastmoment, so ist die Regelfläche:

$$F/(M T_C) = (1 - D)/[(1 - w_1)(1 - w_2)] \doteq 1/S.$$

In Bild 95 ist die auf T_z bezogene Regelfläche als Funktion des Störzeitpunktes τ_{St} für den aperiodischen Grenzfall (s. §§ 85 und 88) mit verschiedenen Werten der Tastzeit als Parameter aufgezeichnet. Grundsätzlich ist die Fläche für $\tau_{St} = 0$ und für $\tau_{St} = 1$, also wenn die Störung in einem Tastaugenblick einsetzt, gleich und besitzt dann jeweils den ungünstigsten Wert. Diese Verhältnisse werden daher auch bei allen weiteren Berechnungen zugrunde gelegt. Bis zu Tastzeiten von $T_C/T_z = 1$ sind die Unterschiede gegenüber dem Fall der stetigen Regelung ($T_C/T_z = 0$) vernachlässigbar klein. Bei weiter zunehmendem T_C/T_z tritt nun eine immer größere Abhängigkeit der Regelfläche vom Störzeitpunkt in Erscheinung. Entgegen den üblichen naheliegenden Vermutungen kann der Schrittregler dann sogar regeldynamisch günstiger als ein stetiger Regler sein. Doch besitzen derart große Tastzeiten geringes praktisches Interesse, und außerdem hat man die Wahl des Störzeitpunktes ja in keiner Weise in der Hand. Unter normalen Voraussetzungen ($T_C < T_z$) sind hingegen bei richtiger Dimensionierung beide Regelungsarten durchaus gleichwertig; das Vorhandensein von Laufzeit bei nicht idealisierten Regelstrecken erfordert besondere Überlegungen, die in § 92 angedeutet werden.

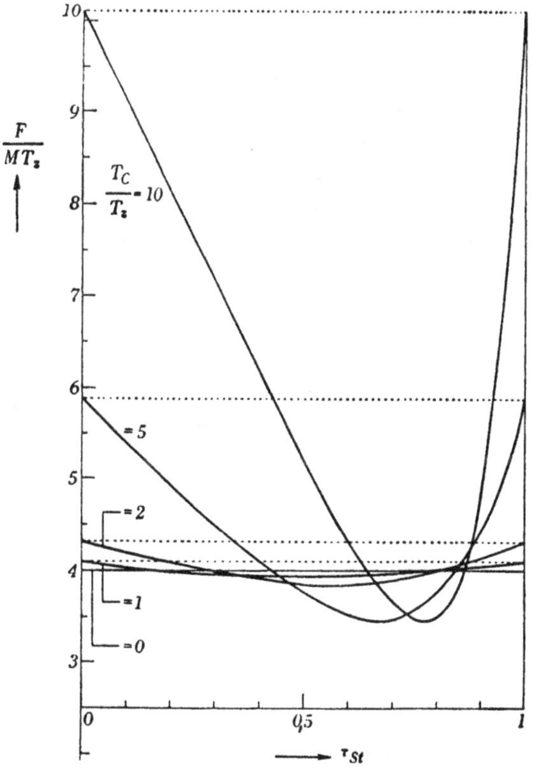

Bild 95: Die Abhängigkeit der Regelfläche vom Zeitpunkt der Störung. Regelstrecke ohne Laufzeit

2. SPEZIELLE REGELKREISE

§ 88 Die verschiedenen Schrittformen

In den bisherigen Ausführungen haben wir gesehen, daß es bei dem Ansatz der simultanen Gleichungen darauf ankommt, die einzelnen Funktionswerte, also z. B. die Regelgröße z oder die Stellgröße m, am Ende eines Tastintervalls durch entsprechende Werte zu dessen Beginn oder auch zu früher liegenden Zeitpunkten auszudrücken. (Man kann daher die Differenzengleichung zweiter Form auch als *Rekursionsformel* auffassen.)
Dem Beispiel des § 82 lag dabei eine einfache Regelstrecke mit Verzögerung erster Ordnung zugrunde, deren Verhalten im n-ten Tastintervall durch die Differentialgleichung

$$T_z[z'(t)]_n + [z(t)]_n = [m(t)]_n \tag{88.1}$$

beschrieben wird. Diese Voraussetzung wollen wir auch jetzt beibehalten. Um die Verhältnisse besser übersehen zu können, transformieren wir Gleichung (.1) in den Unterbereich, wobei wir über den zeitlichen Verlauf von m innerhalb des Tastintervalls, also über die Schrittform, noch keine speziellen Festlegungen treffen wollen. Man findet leicht (s. Anhang Ia):

$$\mathfrak{L}[z(t)]_n = [z(p)]_n = (T_z z_{n-1} + [m(p)]_n)/(1 + pT_z). \tag{88.2}$$

Diese Gleichung vermittelt explizit den Verlauf von z, ausgehend von dem Anfangswert z_{n-1} als Folge eines beliebigen zeitlichen Verlaufs der Stellgröße m mit der Laplacetransformierten $m(p)$. Wir werden auf sie in der Folge häufig zurückkommen.
In unserem Beispiel des § 82 hatten wir nun ferner angenommen, daß die durch den Schrittregler vorgenommenen Verstellungen stoßförmig in den Tastaugenblicken erfolgen (s. Bild 89). Daß die Meßeinrichtung bei dieser Voraussetzung verzögerungsfrei arbeiten muß, ist eine zulässige Vereinfachung, da ihre Verzögerung in den meisten Fällen gegenüber denen der Regelstrecke vernachlässigbar sein wird und auch klein gegenüber dem Tastintervall gehalten werden kann. Dagegen stellt zweifellos die stoßförmige Schrittform eine idealisierte Annahme dar, deren Berechtigung wir im folgenden nachzuprüfen haben.

a) *Ausschlagabhängiges Arbeitsintervall*

Das in Bild 88 dargestellte Tastrelais ist eine praktisch häufig verwendete Ausführungsform von Schrittreglern. Hier ist die *Kontaktzeit* eine Funktion der Abweichung vom Sollwert. Durch die Schalter wird in der Regel ein elektromotorisch angetriebenes Stellglied im einen oder anderen Drehsinn betätigt. Bei dauerndem Stromschluß würde dieses mit gleichförmiger Geschwindigkeit verstellt werden; wenn dabei zum Durchlaufen des gesamten Verstellbereiches die Zeit T beansprucht wird, so beträgt also die Schließgeschwindigkeit $1/T$. Nun ist aber betriebsmäßig der Schalter innerhalb eines Tastzyklus nur während einer gewissen Zeit, der sog. *Arbeitszeit*, geschlossen und dann bis zum nächsten Tastaugenblick geöffnet. Diese Zeit, innerhalb derer der Zeiger des Meßwerkes in Bild 88 sich einstellen kann, wird *Freizeit* genannt. Wenn wir die Arbeitszeit proportional der Abweichung der Regelgröße vom Sollwert annehmen, dann erfolgt — unter Vernachlässigung des An- und Auslaufvorganges des Motors — die Betätigung des Stellgliedes nach einer in Bild 96 angedeuteten Zeitfunktion. Die Schrittform ist hier jeweils für eine kleine (ausgezogene Kurve) und für eine größere (strichpunktierte Kurve) konstante Abweichung vom Sollwert dargestellt. Man sieht, daß durch die Änderung der Arbeitszeit sich die mittlere Neigung, also die effektive Verstellgeschwindigkeit verändert.

Bezeichnet man mit γ den Anteil der Arbeitszeit am gesamten Tastintervall T_C, dann ist die Arbeitszeit:

$$\text{Arbeitszeit} = \gamma T_C \qquad (88.\,3)$$

und die Höhe jeder Stufe:

$$\text{Schrittgröße} = \gamma T_C \operatorname{tg} \alpha = \gamma T_C/T. \qquad (88.\,4)$$

γ ist nun proportional der Abweichung z vom Sollwert zu setzen, etwa:

$$\gamma = -V \cdot z \qquad (88.\,5)$$

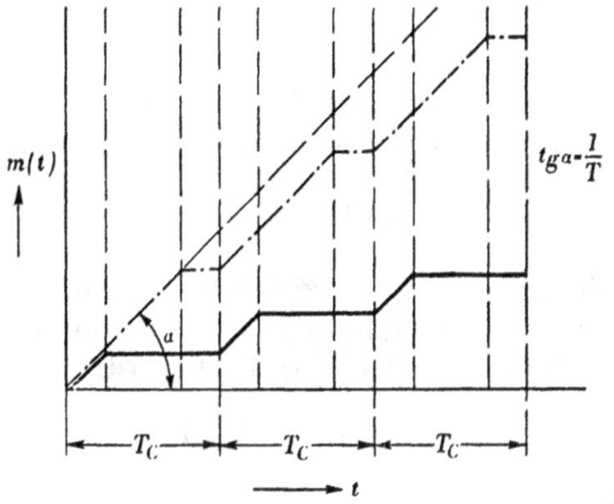

Bild 96: Verlauf der Stellgröße bei ausschlagabhängiger Arbeitszeit

und hier ist zu fordern, daß $| V \cdot z | \leqq 1$, eine Bedingung, die aus konstruktiven Gründen immer erfüllt ist. Das negative Vorzeichen berücksichtigt den Sinn der Regelung.

Da wir die Größe des Schrittes kennen [s. Gleichung (.4)], können wir analog Gleichung (82. 9) die Gleichung für den Regler anschreiben:

$$m_n = m_{n-1} - V(T_C/T) z_{n-1}. \qquad (88.\,6)$$

Für den Ansatz der Gleichung der Regelstrecke müssen wir dagegen erst Gleichung (.2) für unsere spezielle Schrittform auswerten.

Der zeitliche Verlauf von m ist für den n-ten Tastzyklus durch folgende Gleichungen gegeben:

$$[m(t)]_n - m_{n-1} = \begin{cases} t/T & \text{für } 0 \leqq t \leqq \gamma T_C \\ \gamma T_C/T & \text{für } \gamma T_C \leqq t \leqq \infty \end{cases}. \qquad (88.\,7)$$

Wir müssen dabei den Endwert des Schrittes unendlich lange bestehend annehmen, da bei unserer Darstellung sich alle weiteren Schritte auf ihm aufbauen. Die Anwendung der Laplacetransformation auf die Gleichungen (.7) ergibt:

$$[m(p)]_n = (1/p)\, m_{n-1} + \int_0^{\gamma T_C} (t/T)\, e^{-pt}\, dt + \int_{\gamma T_C}^{\infty} \gamma\, (T_C/T) e^{-pt}\, dt. \qquad (88.\,8)$$

Nach Auswertung der Integrale findet man unter Verwendung von Gleichung (.5) mit dem Tastwert z_{n-1}:

$$[m(p)]_n = p^{-1}\, m_{n-1} + (T p^2)^{-1} (1 - e^{V T_C z_{n-1} p})\,. \tag{88.9}$$

Dies ist in Gleichung (.2) einzusetzen. Die hierbei entstehende Gleichung liefert nach Rücktransformation in den Oberbereich, unter Verwendung des Verschiebungssatzes (Anhang I a) für Zeiten $t > V\,T_C\, z_{n-1}$,

$$[z(t)]_n = (e^{-t/T_z} - V\,T_C/T_z)\, z_{n-1} + (T_z/T)\, e^{-t/T_z} (1 - \exp[-V(T_C/T_z)\, z_{n-1}]) + (1 - e^{-t/T_z})\, m_{n-1}. \tag{88.10}$$

Um wieder lineare Verhältnisse zu erhalten, können wir hier für kleine Werte der Regelgröße z die Exponentialfunktion näherungsweise wie folgt ersetzen:

$$\exp[- V(T_C/T_z)\, z_{n-1}] \doteq 1 - V(T_C/T_z)\, z_{n-1}. \tag{88.11}$$

Wenn wir außerdem in Gleichung (.10) für $t = T_C$ einsetzen, dann finden wir unter Verwendung des Dämpfungsfaktors D [s. Gleichung (82.10)] schließlich die Differenzengleichung der Regelstrecke

$$z_n = [D - V(T_C/T)(1 - D)]\, z_{n-1} + (1 - D)\, m_{n-1}. \tag{88.12}$$

Die Zusammenfassung der Gleichungen (.6) und (.12) ergibt dann nach Elimination von m

$$z_{n+2} - [(1 + D) - V(T_C/T)(1 - D)]\, z_{n+1} + D z_n = 0. \tag{88.13}$$

Hier kann nun an Hand von Gleichungen (.4) und (.5) ohne weiteres $V(T_C/T)$ als spezifischer Schritt, d. h. als Schrittgröße für die Abweichung $z = 1$ gedeutet werden, und wir finden somit eine völlige Übereinstimmung mit Gleichung (82. 14).

Die wesentliche Voraussetzung, die wir bei dieser Ableitung getroffen haben, ist in Gleichung (.11) enthalten, welche nur für $V(T_C/T_z)\, z_{n-1} < 1$ gültig ist.

Das Ergebnis kann also so ausgesprochen werden, daß für kleine Abweichungen z vom Sollwert sicher die Annahme einer stoßförmigen Schrittform zulässig ist; erst auf diese Weise wird der Rechnungsgang in geschlossener Form möglich.

b) *Ausschlagabhängige Stellgeschwindigkeit*

Neben den bisher behandelten Schrittformen ist je nach den konstruktiven Gegebenheiten des Reglers eine große Vielzahl weiterer Möglichkeiten denkbar. Wir wollen im folgenden zwei weitere Beispiele untersuchen, um einen noch besseren Einblick in die Vorgänge zu gewinnen.

Wir nehmen nun an, daß das Verhältnis von Arbeitszeit zu Freizeit fest gegeben und daß die Schließgeschwindigkeit des Stellmotors ausschlagabhängig gesteuert sei. Je nachdem, ob die Arbeitszeit dann beispielsweise die Hälfte des

Tastintervalls beträgt ($\gamma = 0{,}5$) oder sich praktisch über das ganze Tastintervall erstreckt ($\gamma = 1$), erhält man nun die in Bild 97 unter *b* bzw. *c* dargestellten Schrittformen, die hier zusammen mit der stoßförmigen Verstellung (Kurve *a*) für gleiche Schrittgröße angegeben sind. Der Neigungswinkel α ist ein Maß für die Schließgeschwindigkeit des Stellmotos [s. auch Gleichung (.4)]

$$\operatorname{tg} \alpha = 1/T. \tag{88.14}$$

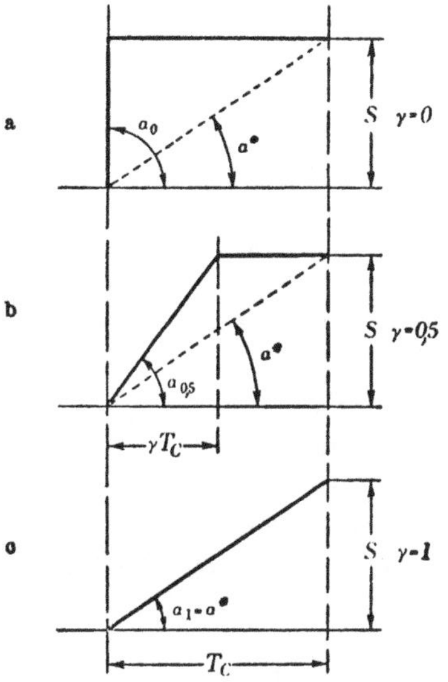

Bild 97: Verschiedene Schrittformen

Diese muß, um vergleichbare Ergebnisse zu erhalten, so abgestimmt werden, daß sich in allen Fällen eine gleiche spezifische Schrittgröße einstellt [s. Gleichung (82. 9)]. Das heißt mit anderen Worten, daß sich das Stellglied bei gleicher konstanter Steuergröße unabhängig von der Schrittform mit gleichbleibender mittlerer Geschwindigkeit bewegt, welche dann auch mit der Schließgeschwindigkeit eines stetigen, astatisch wirkenden Stellgliedes vergleichbar ist. Die so gewonnene mittlere Schließzeit nennen wir T^*. Aus Bild 97 läßt sich ablesen:

$$\operatorname{tg} \alpha = S/(\gamma T_C) \quad \text{und} \quad \operatorname{tg} \alpha^* = S/T_C = 1/T^*.$$

Wir finden also mit Gleichung (.14)

$$T^* = T/\gamma, \tag{88.15}$$

so daß wir an Stelle von Gleichung (82. 9) nun schreiben können:

$$m_n = m_{n-1} - (T_C/T^*)\, z_{n-1}. \tag{88.16}$$

Da nicht mehr die Arbeitszeit, sondern die Stellgeschwindigkeit ausschlagabhängig ist, gilt ferner an Stelle von Gleichung (.7) jetzt:

$$[m(t)]_n - m_{n-1} = \begin{cases} -(t/T)\, z_{n-1} & \text{für } 0 \leqq t \leqq \gamma T_C \\ -(\gamma T_C/T)\, z_{n-1} & \text{für } \gamma T_C \leqq t \leqq \infty, \end{cases} \tag{88.17}$$

womit sich ähnlich wie unter a) nach Transformation in den Unterbereich

$$[m(p)]_n = p^{-1}\, m_{n-1} - (T p^2)^{-1} (1 - e^{-\gamma T_C p})\, z_{n-1} \tag{88.18}$$

ergibt. Dies in Gleichung (.2) eingesetzt, liefert schließlich nach Übergang in den Oberbereich mit $t = T_C$ unter Verwendung von Gleichung (.15)

$$z_n = \left[D - \frac{T_C}{T^*} + \frac{T_z}{\gamma T^*} (D^{1-\gamma} - D)\right] z_{n-1} + (1 - D)\, m_{n-1}. \tag{88.19}$$

Durch Zusammenfassen der simultanen Gleichungen (.16) und (.19) erhält man eine Differenzengleichung der Form

$$A_0\, z_{n+2} + A_1\, z_{n+1} + A_2\, z_n = 0 \tag{88. 20}$$

mit den Koeffizienten

$$\left.\begin{aligned} A_0 &= 1 \\ A_1 &= 1 + D - (T_C/T^*) + (T_z/\gamma\, T^*)\,(D^{1-\gamma} - D) \\ A_2 &= D\,[1 - (T_C/T^*)] + (T_z/\gamma\, T^*)\,(D^{1-\gamma} - D) \end{aligned}\right\}, \tag{88. 21}$$

die sich an Hand von Gleichung (.15) mit $\gamma \to 0$ unschwer in die bereits bekannte Form für sprungförmigen Schritt (Bild 97a) überführen lassen [s. Gleichung (82. 14)]. Es ist nun auch die Einführung des Begriffes »spezifischer Schritt« verständlich, da er sich gerade für die sprungförmig verlaufende Stellgröße als zweckmäßig und anschaulich erweist.

Die Wurzeln der zu Gleichung (.20) gehörigen charakteristischen Gleichung

$$A_0 w^2 + A_1 w + A_2 = 0 \tag{88. 22}$$

wollen wir nun, ähnlich wie uns von stetigen Regelungen bekannt, als reell und zusammenfallend erzwingen, so daß wir einen gerade nicht oszillierenden Regelvorgang, den aperiodischen Grenzfall, erhalten. (Siehe hierzu die Ausführungen des § 85c.) Es muß zu diesem Zweck die Bedingung

$$A_1^2 = 4\, A_0 A_2 \tag{88. 23}$$

erfüllt und außerdem sichergestellt sein, daß die so erzwungene Doppelwurzel > 0 und < 1 ist. Durch Einsetzen der Koeffizienten (.21) in die Bedingung (.23) findet man folgende Werte:

$$\left.\begin{aligned} &\text{a) mit } \gamma = 0: && \frac{T^*}{T_z} = \frac{T_C}{T_z}\,\mathfrak{Ctg}\,\frac{T_C}{4\,T_z} \\ &\text{b) mit } \gamma = \frac{1}{2}: && \frac{T^*}{T_z} = \frac{T_C}{T_z}\,\frac{\left[1 + \sqrt{\frac{e^{-T_C/2T_z}}{T_C/2\,T_z}\,(1 - e^{-T_C/2\,T_z})}\,\right]^2}{1 - e^{-T_C/T_z}} \\ &\text{c) mit } \gamma = 1^{1)}: && \frac{T^*}{T_z} = \frac{T_C}{T_z}\,\frac{\left[1 + \sqrt{\frac{1}{T_C/T_z}\,(1 - e^{-T_C/T_z})}\,\right]^2}{1 - e^{-T_C/T_z}} \end{aligned}\right\}, \tag{88. 24}$$

die den Schrittformen nach Bild 97 entsprechen. Die nach Gleichung (.23) mögliche Doppeldeutigkeit ist an Hand der nun folgenden Überlegungen hier bereits ausgeschieden.

Um zu prüfen, ob die so gewonnenen Bedingungen für T^* auch zu einem stabilen Einstellvorgang führen, ist es am einfachsten, die in § 84 abgeleiteten

[1]) Dieser Fall stellt eine Annahme dar, die praktisch nur angenähert erreichbar ist, da die Steuergröße (der Zeiger des Meßwerkes in Bild 88) immer eine endliche Zeit zu ihrer Einstellung erfordert.

Stabilitätskriterien auf das vorliegende Problem anzuwenden. Es müssen hierzu folgende Ungleichungen erfüllt sein [s. Gleichung (84. 15)]

$$A_0 > A_2 \qquad A_0 + A_2 > A_1. \tag{88. 25}$$

Für unsere drei Schrittformen ergeben sich hiernach mit den speziellen Koeffizienten nach Gleichung (.21) die folgenden Stabilitätsbedingungen

$$\left.\begin{array}{ll}
\text{a)} & \dfrac{T^*}{T_z} > \dfrac{T_C}{2\,T_z} \cdot \mathfrak{Tg}\,\dfrac{T_C}{2\,T_z} \\
\text{b)} & \left\{\begin{array}{ll} 1. & \dfrac{T_1^*}{T_z} > 2\,\dfrac{e^{T_C/2\,T_z} - 1 - T_C/2\,T_z}{e^{T_C/T_z} - 1} \\ 2. & \dfrac{T_2^*}{T_z} > \dfrac{T_C}{2\,T_z} - 2\,\dfrac{e^{T_C/2\,T_z} - 1}{e^{T_C/T_z} + 1} \end{array}\right. \\
\text{c)} & \left\{\begin{array}{ll} 1. & \dfrac{T_1^*}{T_z} > 1 - \dfrac{T_C/T_z}{e^{T_C/T_z} - 1} \\ 2. & \dfrac{T_2^*}{T_z} > \dfrac{T_C}{2\,T_z} - \mathfrak{Tg}\,\dfrac{T_C}{2\,T_z} \end{array}\right.
\end{array}\right\}. \tag{88. 26}$$

Bei der Schrittform a) ist die erste der Ungleichungen (.25) immer erfüllt, so daß allein die zweite maßgebend ist. Für die Schrittformen b) und c) dagegen findet man jeweils zwei Bedingungen, die beide erfüllt sein müssen. Maßgebend für die Einstellung der Regelung ist dann natürlich die strengere von beiden.

Die zahlenmäßige Auswertung der Gleichungen (.24) und (.26) ist in Bild 98 wiedergegeben. Wenn wir zunächst den aperiodischen Grenzfall ins Auge fassen, so erkennen wir, daß bis zu Werten von $T_C/T_z = 1$ die Kurven praktisch waagerecht verlaufen. Die mittlere Schließzeit hat dabei durchgehend den von stetigen Regelungen bekannten Wert $4\,T_z$, und zwar um so genauer, je mehr der Tastzyklus gegenüber der Zeitkonstante der Regelstrecke zu vernachlässigen ist. Es wurde bereits in § 83 gezeigt, daß der Schrittregler in diesem Falle mit guter Näherung durch einen entsprechenden stetig arbeitenden ersetzt werden darf. Erst wenn der Tastzyklus gleich der Zeitkonstanten oder größer als sie wird, beginnen die Unterschiede zwischen den beiden Regelungsarten erheblich zu werden; eine Entscheidung darüber, welche von beiden in bestimmten Fällen prinzipiell am günstigsten angewandt wird, ist jedoch an Hand der bisher vorliegenden Ergebnisse nicht möglich. Hierüber werden die folgenden Paragraphen Aufschluß geben.

Wenn man nun die Kurven des aperiodischen Grenzfalls hinsichtlich der Schrittform betrachtet, so fällt auf, daß sie sich für kleine Werte von T_C/T_z kaum unterscheiden. Auch mit wachsendem T_C/T_z nehmen die Abweichungen nur unwesentlich zu, obwohl doch die Schrittformen a) und c) sehr verschiedene Extremfälle darstellen. Wir haben damit einen weiteren Beweis für die oben abgeleitete Tatsache, daß — wenigstens in der Nähe des aperiodischen Grenzfalls — für die Rechnung die am einfachsten zu behandelnde Schrittform a) ohne Bedenken herangezogen werden darf. Die hier gefundene Bestäti-

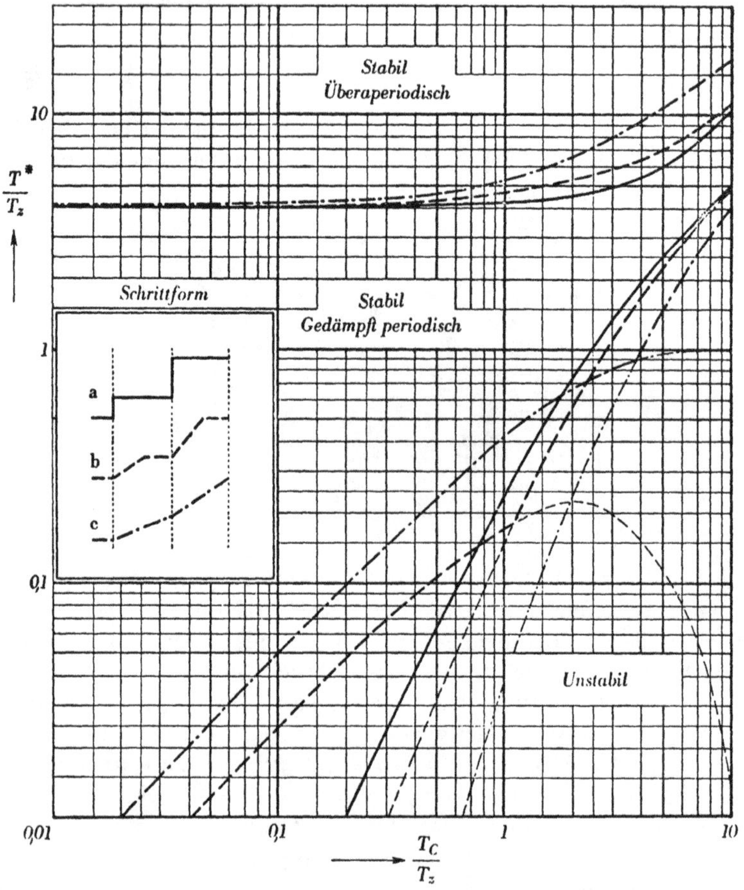

Bild 98: Ausschlagabhängige Schrittregelung einer Regelstrecke erster Ordnung. Stabilität und aperiodischer Grenzfall bei verschiedenen Schrittformen

gung ist deshalb besonders wertvoll, weil wir bei ihrer Ableitung für die Größe der Abweichung vom Sollwert keine einschränkenden Annahmen getroffen haben und weil in der Praxis gerade aperiodische Einstellvorgänge angestrebt werden.

Größere Abweichungen zwischen den einzelnen Schrittformen ergeben sich bei den Kurven für den Stabilitätsgrenzfall, die in Bild 98 ebenfalls eingetragen sind.

Wenn wir in allen folgenden Rechnungen trotzdem auch bei Stabilitätsbetrachtungen stets die einfachste Schrittform zugrunde legen, so deshalb, weil damit die Verhältnisse übersichtlicher werden und dann das jeweils Wesentliche um so klarer erkannt werden kann. Die gleichen Rechnungen mit anderen Schrittformen durchzuführen, dürfte aber nach den Ausführungen dieses Paragraphen weiter keine Schwierigkeit bedeuten.

§ 89 Die Schrittregelung bei einer Regelstrecke mit Laufzeit

a) *Laufzeit kleiner als Tastzyklus*

In § 51 wurde gezeigt, daß viele Regelstrecken mit guter Näherung durch eine Verzögerung erster Ordnung und eine gewisse Laufzeit beschrieben werden können. Wir wollen nun, um den Anschluß an die Praxis zu gewinnen, die dynamischen Verhältnisse betrachten, die sich beim Zusammenwirken einer derartigen Regelstrecke mit einem verzögerungsfreien Schrittregler ergeben. Dabei gelte zunächst für die Größe der Laufzeit die gewiß häufig zutreffende Einschränkung, daß sie kleiner als ein Tastzyklus sei. Den Grund hierfür werden

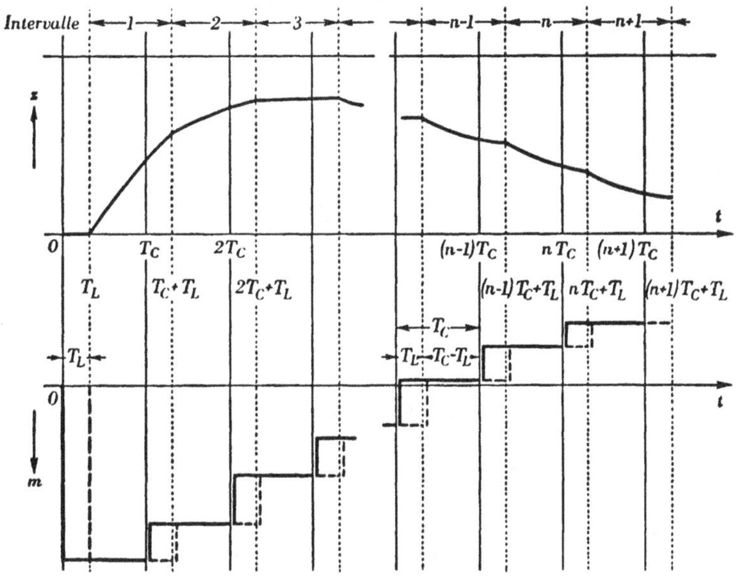

Bild 99: Ausschlagabhängige Schrittregelung einer Regelstrecke mit Verzögerung erster Ordnung und Laufzeit ($T_L < T_C$). Verlauf der Systemgrößen

wir noch kennenlernen und dann gleichzeitig die Rechnungen auf größere Werte der Laufzeit ausdehnen.

Zur Aufstellung der simultanen Gleichungen betrachten wir den prinzipiellen Regelverlauf nach Bild 99. In den Tastaugenblicken nT_C wird die Regelgröße z abgetastet und die Stellgröße m um ein entsprechendes Stück sprungförmig verstellt, nicht anders, wie wir das bereits in § 82 kennengelernt haben. Diese Änderungen der Stellgröße m wirken nun aber nicht sofort, sondern um die Laufzeit T_L verspätet auf die Regelgröße ein. Die charakteristischen Knickstellen der Regelgröße z sind deshalb um die Laufzeit gegenüber den Tastpunkten verschoben. Es ist nun in diesem Falle vorteilhaft, die einzelnen Gleichungen nicht für die Tastpunkte nT_C, sondern für diese später liegenden Zeitpunkte $nT_C + T_L$ aufzustellen, weil dann der Verlauf von z innerhalb eines Intervalls ohne Knickstelle vor sich geht, was die Rechnung zweifellos erleichtert. Da aber die Differenzengleichung des Regelvorganges für alle äquidistanten Zeitpunkte gilt, muß die hierbei entstehende Gleichung auch für die ursprünglichen Tastzeitpunkte richtig sein. In Bild 99 ist gestrichelt der Verlauf einer *fiktiven Stellgröße* $m_{nT_C+T_L}$ eingezeichnet, wie sie infolge der Laufzeit in der Regelstrecke zur Auswirkung kommt. Für diese Größe gilt im n-ten Intervall die Beziehung:

$$m_{nT_C+T_L} = m_{(n-1)T_C+T_L} - S z_{n-1}, \tag{89.1}$$

die direkt aus Bild 99 abgelesen werden kann. Bemerkenswert ist, daß hierin die Größen m und z verschiedenen Index tragen, da für die fiktive Stellgröße *Abtast-* und *Verstellmoment* nicht mehr zusammenfallen. S bedeutet wieder, wie in § 82, die spezifische Schrittgröße.
Verwenden wir wieder die bezogene Zeit

$$\tau = t/T_C, \tag{89.2}$$

so können wir mit Einführung der bezogenen Laufzeit:

$$\lambda = T_L/T_C \tag{89.3}$$

Gleichung (.1) schreiben:

$$m_{n+\lambda} = m_{n-1+\lambda} - S z_{n-1}. \tag{89.4}$$

Für die Größe z gilt in dem wie oben definierten n-ten Intervall die Differentialgleichung:

$$\frac{T_z}{T_C} \cdot \frac{d}{d\tau}[z(\tau)]_n + [z(\tau)]_n = m_{n+\lambda} \tag{89.5}$$

mit der Anfangsbedingung:

$$[z(0)]_n = z_{n-1+\lambda}. \tag{89.6}$$

Aus den Gleichungen (.5) und (.6) findet man für den zeitlichen Verlauf von z:

$$[z(\tau)]_n = z_{n-1+\lambda} \cdot e^{-(T_C/T_z)\tau} + m_{n+\lambda}[1 - e^{-(T_C/T_z)\tau}]. \tag{89.7}$$

Mit $\tau = 1$ entsteht aus Gleichung (.7) der Funktionswert $z_{n+\lambda}$ am Ende des n-ten Intervalls:

$$z_{n+\lambda} = D\, z_{n-1+\lambda} + (1 - D)\, m_{n+\lambda}, \tag{89.8}$$

wobei D die Dämpfungskonstante nach Gleichung (82. 10) bedeutet.
Setzt man in Gleichung (.7)

$$\tau = 1 - \lambda, \tag{89.9}$$

so erhält man den Funktionswert z_n im Tastzeitpunkt, der für die Verstellung der Größe m nach Gleichung (.4) maßgebend ist.
Wir führen noch zur Abkürzung den Laufzeitfaktor

$$L = e^{-T_L/T_z} \tag{89.10}$$

ein; dann ist:

$$z_n = (D/L)\, z_{n-1+\lambda} + (1 - D/L)\, m_{n+\lambda}. \tag{89.11}$$

Ganz analog gilt natürlich im n-ten Intervall:

$$z_{n-1} = (D/L) z_{n-2+\lambda} + (1 - D/L) m_{n-1+\lambda}. \qquad (89.12)$$

Aus den Gleichungen (.4) und (.12) kann nun der Funktionswert z_{n-1} eliminiert werden:

$$m_{n+\lambda} = [1 - S(1 - D/L)] m_{n-1+\lambda} - S(D/L) z_{n-2+\lambda}. \qquad (89.13)$$

Die Gleichungen (.8) und (.13) bilden zusammen das den Regelvorgang beschreibende simultane Gleichungssystem. Es kommen darin nur noch Funktionswerte in den Zeitpunkten $\tau = n + \lambda$ vor. Wir können für die Indizes nun kürzer einfach n schreiben, da die entsprechende Differenzengleichung für alle äquidistanten Zeitpunkte gelten muß.

Wir schreiben deshalb das simultane Gleichungssystem:

$$\left.\begin{aligned} z_n &= D z_{n-1} + (1 - D) m_n \\ m_n &= [1 - S(1 - D/L)] m_{n-1} - S(D/L) z_{n-2} \end{aligned}\right\}, \qquad (89.14)$$

das nach den Ausführungen des § 83 zur Differenzengleichung des Regelvorganges zusammengefaßt werden kann:

$$z_{n+2} + \left[S\left(1 - \frac{D}{L}\right) - (1 + D)\right] z_{n+1} + \left[D - SD\left(1 - \frac{1}{L}\right)\right] z_n = 0. \qquad (89.15)$$

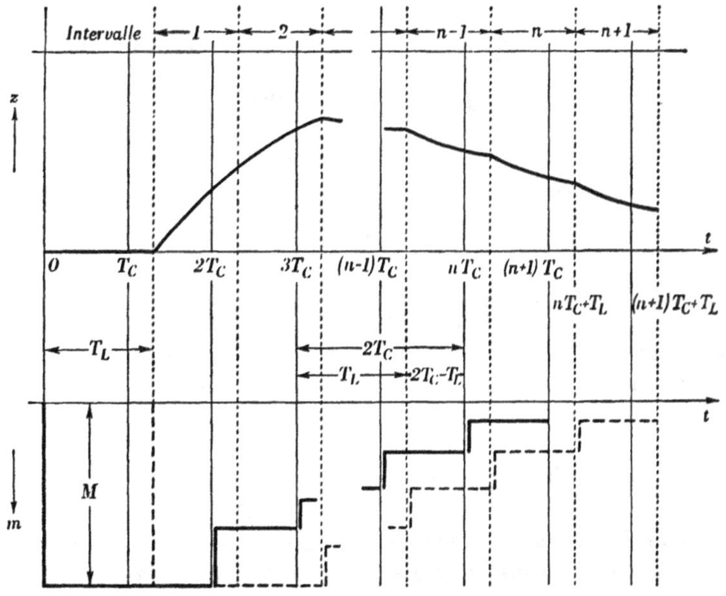

Bild 100: Ausschlagabhängige Schrittregelung einer Regelstrecke mit Verzögerung erster Ordnung und Laufzeit ($T_C < T_L < 2\,T_C$). Verlauf der Systemgrößen

Es ist dies wieder eine lineare Differenzengleichung zweiter Ordnung mit konstanten Koeffizienten, deren charakteristische Gleichung also vom zweiten Grade ist. Diese Tatsache ist überraschend, da bei stetigen Regelungen der Rechnungsgang durch die Laufzeit immer dadurch erschwert wurde, daß er auf eine transzendente Stammgleichung führte. Wir können deshalb schon jetzt vermuten und werden später in der Lage sein, rechnerisch zu begründen, daß die Schrittregelung unter bestimmten Voraussetzungen bei vorhandener Laufzeit regeldynamisch besonders günstig und zweckmäßig sein kann.

b) Laufzeit größer als Tastzyklus

Wir wollen nun die Rechnung auf größere Laufzeiten ausdehnen und dabei annehmen, daß:

$$T_C < T_L < 2\,T_C. \tag{89.16}$$

Der prinzipielle Verlauf der Systemgrößen z und m wird durch Bild 100 wiedergegeben. Dabei wurde die in Bild 99 festgelegte Intervalleinteilung und Numerierung beibehalten. Es gilt deshalb hier für die fiktive Stellgröße m Gleichung (.4), die direkt aus Bild 100 abzulesen ist:

$$m_{n+\lambda} = m_{n-1+\lambda} - S z_{n-1}. \tag{89.17}$$

Auch für den zeitlichen Verlauf der Regelgröße z im n-ten Intervall erweist sich Gleichung (.7) als unverändert geltend:

$$[z(\tau)]_n = z_{n-1+\lambda} \cdot e^{-(T_C/T_z)\tau} + m_{n+\lambda} \cdot (1 - e^{-(T_C/T_z)\tau}), \tag{89.18}$$

so daß für den Funktionswert $z_{n+\lambda}$ am Ende des n-ten Intervalls mit $\tau = 1$ wieder gefunden wird:

$$z_{n+\lambda} = D z_{n-1+\lambda} + (1 - D)\, m_{n+\lambda}. \tag{89.19}$$

Um jedoch den Funktionswert z_{n+1} im Abtastmoment zu erhalten, muß in Gleichung (.18) gesetzt werden:

$$\tau = 2 - \lambda, \tag{89.20}$$

und damit wird:

$$z_{n+1} = (D^2/L)\, z_{n-1+\lambda} + (1 - D^2/L)\, m_{n+\lambda}. \tag{89.21}$$

Die Gleichungen (.17), (.19) und (.21) bilden nun das simultane Gleichungssystem, das sich von demjenigen des Falles $T_L < T_C$ nur durch Gleichung (.21) unterscheidet. Daß die Ordnung der Gleichung (.21) höher ist, erklärt sich daraus, daß der für die Verstellung der fiktiven Stellgröße maßgebende Funktionswert zu einem Zeitpunkt abgetastet wird, der um mehr als eine Intervalldauer verfrüht ist.

Faßt man nun die drei simultanen Gleichungen zusammen, so ergibt sich für den Regelvorgang eine Differenzengleichung dritter Ordnung:

$$z_{n+3} - (1 + D)\, z_{n+2} + \left[D + S\left(1 - \frac{D^2}{L}\right)\right] z_{n+1} + S D\left(\frac{D}{L} - 1\right) z_n = 0. \tag{89.22}$$

Ganz entsprechend wäre diese Gleichung von 4, 5, ... $(n+2)$-ter Ordnung, wenn die Laufzeit $T_L > 2\,T_C, 3\,T_C, \ldots n\,T_C$ würde. Wir verstehen nun auch, daß bei kleiner werdendem Tastzyklus die Ordnungszahl der Differenzengleichung ständig wächst, so daß bei verschwindendem Tastzyklus im Falle einer stetigen Regelung die sich ergebende Stammgleichung notwendig transzendent werden muß. Der Vorteil, den die Schrittregelung für die Rechnung und darüber hinausgehend auch hinsichtlich der regeldynamischen Verhältnisse bietet, liegt aber gerade darin, daß durch die endliche Zeitdauer des Tastzyklus auch bei vorhandener Laufzeit die Ordnung der beschreibenden Gleichung beschränkt bleibt. Es ist ja bekanntlich ein Regelsystem um so schwerer zu beherrschen, je höher dessen Ordnungszahl ist. In den weitaus häufigsten Fällen der Praxis wird die Laufzeit innerhalb einer Abtastperiode liegen, so daß durch sie überhaupt keine Erhöhung der Ordnungszahl der Differenzengleichung bedingt wird. Wir werden in den folgenden Paragraphen sehen, daß auch aus Gründen der Regelgüte vermieden werden muß, daß die Dauer des Tastzyklus kleiner als die Laufzeit wird.

Wenn wir die nun folgenden Stabilitätsbetrachtungen trotzdem auch auf den Fall $T_C < T_L < 2\,T_C$ ausdehnen, so soll dadurch nur gezeigt werden, daß der Behandlung auch für große Laufzeiten keinerlei prinzipielle Schwierigkeiten im Wege stehen, wenn auch das praktische Interesse hieran gering sein dürfte.

c) *Der Grenzfall der Stabilität*

Wenn wir zunächst den Bereich $0 < T_L < T_C$ ins Auge fassen, so ist Gleichung (.15) für die Dynamik des Regelvorganges maßgebend. Ihre Koeffizienten lauten:

$$\left.\begin{aligned} A_0 &= 1 \\ A_1 &= S(1 - D/L) - (1 + D) \\ A_2 &= D - S\,D(1 - 1/L) \end{aligned}\right\}. \qquad (89.23)$$

Die Stabilitätsbedingungen für eine Differenzengleichung zweiter Ordnung sind nach § 84:

$$\left.\begin{aligned} &\text{a)}\quad A_0 - A_2 > 0 \\ &\text{b)}\quad A_0 - A_1 + A_2 > 0 \end{aligned}\right\}. \qquad (89.24)$$

Setzt man die Koeffizienten nach Gleichung (.23) in die Bedingung (.24a) ein, so findet man mühelos:

$$S \leqq [L(1 - D)]/[D(1 - L)]. \qquad (89.25)$$

Die Gleichung (.24b) liefert die Beziehung:

$$S(1 + D - 2\,D/L) < 2(1 + D). \qquad (89.26)$$

Je nachdem, ob $1 + D - 2\,D/L \gtreqless 0$, also

$$L \gtreqless 2\,D/(1 + D) \qquad (89.27)$$

ist, folgt aus (.26) die zweite Stabilitätsbedingung:

$$S \lessgtr 2 \frac{(1 + D)}{1 + D - 2\,D/L} \,. \tag{89. 28}$$

Für $L < 2\,D/(1 + D)$ wird die rechte Seite der Gleichung (.28) negativ, so daß die hierdurch vermittelte Stabilitätsbedingung selbstverständlich wird, da die spezifische Schrittgröße S von Natur aus stets größer als Null sein muß. Die Stabilitätsbedingung (.28) ist also nur verbindlich für Werte von $L \geqq 2\,D/(1 + D)$.

Somit lauten die Bedingungen für stabilen Regelverlauf in dem Bereich $0 < T_L < T_C$:

$$\left.\begin{array}{lll} \text{a)} & S \leqq \dfrac{e^{T_C/T_z} - 1}{e^{T_L/T_z} - 1} & \text{für } 0 < \dfrac{T_L}{T_z} < \dfrac{T_C}{T_z} \\[2ex] \text{b)} & S \leqq \dfrac{2\,(1 + e^{T_C/T_z})}{1 + e^{T_C/T_z} - 2\,e^{T_L/T_z}} & \text{für } 0 < \dfrac{T_L}{T_z} < \ln \dfrac{1 + e^{T_C/T_z}}{2} \end{array}\right\} . \tag{89. 29}$$

In Bild 101 sind die Funktionen der Stabilitätsbedingungen (.29) dargestellt und dabei die Schrittgröße S über der Laufzeit T_L/T_z mit dem Tastzyklus T_C/T_z als Parameter aufgetragen. Die Gleichung (.29a) verkörpert die Kurven mit negativer Neigung. Die durch Gleichung (.29b) beschriebenen Kurven haben dagegen durchwegs positive Neigung und streben für $T_L/T_z = \ln\,[(1 + e^{T_C/T_z})/2]$

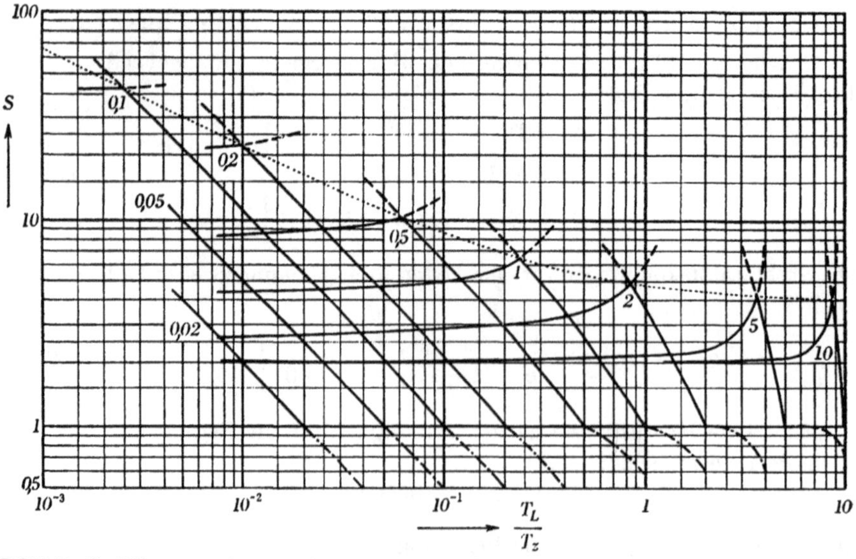

Bild 101: Stabilitätsgrenzkurven. (Regelstrecke mit Verzögerung erster Ordnung und Laufzeit)

gegen Unendlich. Für größeres T_L/T_z verlaufen diese Kurven im negativen Gebiet. Aus den obenerwähnten Gründen können diese negativen Zweige für unsere Betrachtungen außer acht gelassen werden.

Da beide Stabilitätsbedingungen erfüllt sein müssen, kommt als stabiles Gebiet nur das unterhalb der sich schneidenden Kurvenäste in Frage, so daß als Stabilitätsgrenzkurve die stark ausgezogenen Teile der beiden Äste zu werten sind.

Die größten zulässigen Werte der Schrittgröße S ergeben sich in den Schnittpunkten der Kurventeile. Für diese Punkte muß nach Gleichung (29) sein:

$$S_a = S_b. \tag{89.30}$$

Hieraus findet man leicht für die Koordinaten der Schnittpunkte:

$$T_L/T_z = \ln\left((1/2)\,[1 + \mathfrak{Cof}\,(T_C/T_z)]\right) \qquad S = 4\, e^{T_C/T_z}/(e^{T_C/T_z} - 1). \tag{89.31}$$

Die Ortskurve der Schnittpunkte für veränderlichen Tastzyklus T_C/T_z ist in Bild 101 punktiert eingetragen.

Die Gleichungen (.29) und damit die Kurven im Bild 101 haben nur bis zu den Werten $T_L/T_z = T_C/T_z$ Gültigkeit. In diesen Punkten wird S grundsätzlich $= 1$. Um auch die Bedingungen für größere Laufzeit, speziell für $T_C/T_z < T_L/T_z < 2\, T_C/T_z$ zu finden, müssen wir nun in ähnlicher Weise die Differenzengleichung (.22) hinsichtlich der Stabilität des Regelvorganges auswerten.

Die Stabilitätskriterien sind nach § 84 bei einer Differenzengleichung dritter Ordnung in allgemeiner Form:

$$\left.\begin{aligned} &\text{a)}\quad 3\,(A_0 - A_3) + A_1 - A_2 > 0\\ &\text{b)}\quad 3\,(A_0 + A_3) - A_1 - A_2 > 0\\ &\text{c)}\quad A_0 - A_1 + A_2 - A_3 > 0\\ &\text{d)}\quad A_0^2 - A_3^2 + A_1 A_3 - A_0 A_2 > 0 \end{aligned}\right\}. \tag{89.32}$$

In diese Ungleichungen haben wir nun die Koeffizienten der Gleichung (.22) einzusetzen und können dann die für die Stabilitätsgrenze gerade noch zulässige Schrittgröße als Funktion der Laufzeit und des Tastzyklus ausrechnen. Beachtet man dabei, daß die sich ergebenden Werte auch hier negativ werden können — die negativen Bereiche sind für uns uninteressant, — so liefern die Ungleichungen .(32a)...(.32c):

$$\left.\begin{aligned} &\text{a)}\quad S \lessgtr \frac{2\,(1-D)}{(1-D) + 2\,D\,(D/L - 1)} \quad \text{für } L \lessgtr \frac{2\,D^2}{3\,D - 1}\\ &\text{b)}\quad S \lessgtr \frac{4}{(1-D) - 4\,D\,(D/L - 1)} \quad \text{für } L \lessgtr \frac{4\,D^2}{3\,D + 1}\\ &\text{c)}\quad S \lessgtr \frac{2\,(1+D)}{2\,D^2/L - (1+D)} \quad \text{für } L \lessgtr \frac{2\,D^2}{1 + D} \end{aligned}\right\}. \tag{89.33}$$

Nach etwas anderen Überlegungen erfolgt die Auswertung der Bedingung (.32d), da hier die Ungleichung quadratisch in S wird:

$$S^2 + 2\,\frac{(1-D) + D^2\,[D/L - 1]}{2\,D^2[(D/L) - 1]^2}\,S < \frac{1-D}{D^2\,[(D/L) - 1]^2}. \tag{89.34}$$

Wenn wir hier zur Abkürzung schreiben:

$$S^2 + 2\,C_1 S < C_2, \tag{89. 35}$$

so folgt nach der quadratischen Ergänzung: $(S + C_1)^2 < C_1^2 + C_2$ oder

$$|\,S + C_1\,| < \sqrt{C_1^2 + C_2}. \tag{89. 36}$$

Diese Ungleichung kann auch geschrieben werden:

$$-\sqrt{C_1^2 + C_2} < (S + C_1) < +\sqrt{C_1^2 + C_2} \quad \text{oder}$$

$$\text{a)} \quad S > -C_1 - \sqrt{C_1^2 + C_2} \qquad \text{b)} \quad S < -C_1 + \sqrt{C_1^2 + C_2}. \tag{89. 37}$$

In dem Bereich $T_C < T_L < 2\,T_C$ ist also ein stabiler Regelverlauf nur dann gegeben, wenn sämtliche Bedingungen (.33) und (.37) erfüllt sind. Die zahlenmäßige Auswertung ergibt, daß Gleichung (.37b) die strengste Bedingung ist, die alle anderen mitenthält und deshalb für die Stabilität allein maßgebend ist. Die durch sie vermittelten Grenzkurven sind in Bild 101 strichpunktiert eingetragen. Es ist klar, daß sie sich in den Punkten $T_L/T_z = T_C/T_z$ an die bereits vorhandenen Grenzkurven des Bereiches $T_L/T_z < T_C/T_z$ anschließen müssen.

Dieses Verfahren, zur Auffindung der Stabilitätsgrenzkurven könnte nun stückweise von Intervall zu Intervall fortgesetzt werden. Die sich ergebenden Stabilitätsbedingungen würden dabei natürlich, infolge der steigenden Ordnungszahl der Differenzengleichung immer zahlreicher und komplizierter werden. In Spezialfällen ist die Rechnung in der angedeuteten Form ohne weiteres durchführbar.

Zu den Wurzeln der charakteristischen Gleichung im Stabilitätsgrenzfall ist noch folgendes zu sagen: sie können konjugiert komplex, reell verschieden sowie reell und gleich sein. Dementsprechend haben die zugehörigen Teilvorgänge trigonometrische oder hyperbolische Gestalt bzw. die Form nach Gleichung (85. 22). Interessant ist dabei, daß in Bild 101 sämtliche Teilvorgänge, deren Eigenwerte durch Punkte oberhalb des aufsteigenden Kurvenastes entstehen, stets hyperbolische Form haben. Wertegruppen von Punkten unterhalb dieses Kurvenastes liefern dagegen stets trigonometrische Teilvorgänge, gleichgültig ob diese stabil oder unstabil sind. Den Schnittpunkten der beiden Kurvenzweige entsprechen zwei reelle und gleiche Wurzeln vom Betrag —1.

d) Die Bedingung für aperiodischen Grenzfall

Ähnlich wie bei stetigen Regelungen ist der aperiodische Grenzfall dadurch definiert, daß der Regelvorgang gerade nicht mehr schwingend erfolgt. In § 85 haben wir gesehen, daß dies nur möglich ist, wenn alle Wurzeln der charakteristischen Gleichung größer als Null sind. Unter dieser Voraussetzung entsteht der aperiodische Grenzfall aus dem gedämpft schwingenden Teilvorgang, wenn dessen komplexe Eigenwerte gerade reell und gleich werden. Es lautet daher die

Bedingung für den aperiodischen Grenzfall ganz allgemein:

$$1 > w_1 = w_2 = w_0 > 0. \quad (89.39)$$

Die charakteristische Gleichung der Differenzengleichung (.15) hat zwei gleiche Wurzeln, wenn ihre Koeffizienten die Bedingung:

$$(A_1/A_0)^2 = 4\, A_2/A_0 \quad (89.40)$$

erfüllen.

Die spezielle Auswertung der Gleichung (.40) mit den Koeffizienten der Gleichung (.15) ergibt nach einigen einfachen Umrechnungen:

$$S = (1 - D)/(1 \pm \sqrt{D/L}), \quad (89.41)$$

also zwei Werte der spezifischen Schrittgröße S.

Um entscheiden zu können, welcher von beiden für unsere Betrachtungen in Frage kommt, wollen wir die entstehende Doppelwurzel durch die Kenngrößen D und L des Regelkreises ausdrücken.

Bekanntlich wird bei der Gleichung: $A_0 w^2 + A_1 w + A_2 = 0$ durch den Quotienten $-(A_1/A_0)$ die Summe ihrer Wurzeln bestimmt. Da hier die beiden Wurzeln gleich sein sollen, so muß gelten:

$$w_0 = -(1/2)\,(A_1/A_0) \quad (89.42)$$

oder mit den speziellen Koeffizienten der Gleichung (.15)

$$w_0 = -(1/2)[S(1 - D/L) - (1 + D)]. \quad (89.43)$$

Setzt man hierin die durch Gleichung (.41) bestimmte Schrittgröße ein, so wird die Doppelwurzel:

$$w_0 = \frac{D[1 \pm \sqrt{1/(DL)}]}{1 \pm \sqrt{(D/L)}}. \quad (89.44)$$

Da in dem Geltungsbereich der Differenzengleichung (.15) $T_L < T_C$ ist, so muß sein:

$$\sqrt{D/L} < 1 \text{ und } \sqrt{1/(DL)} > 1, \quad (89.45)$$

das bedeutet, daß die Doppelwurzel positiv wird, wenn das positive Zeichen der Gleichung (.41) verwendet wird, andernfalls aber stets negative Werte annehmen muß. Damit lautet nach Gleichung (.41) die Bedingung für aperiodischen Grenzfall in dem Bereich

$$0 < T_L < T_C$$

$$\boxed{S = \frac{1 - e^{-T_C/T_z}}{1 + e^{-T_C/(2\,T_z)} \cdot e^{T_L/(2\,T_z)}}}. \quad (89.46)$$

In Bild 102 ist diese Funktion veranschaulicht, indem die spezifische Schrittgröße S über der Laufzeit T_L/T_z mit dem Tastzyklus T_C/T_z als Parameter aufgetragen ist. Grundsätzlich darf im aperiodischen Grenzfall die spezifische Schrittgröße S nie größer als Eins sein.

Da voraussetzungsgemäß die Laufzeit nicht größer als ein Tastzyklus sein soll, sind die Kurven nur bis zu den Punkten $T_C/T_z = T_L/T_z$ definiert. Es kann nun gezeigt werden, daß mit Rücksicht auf die Güte der Regelung — sie wird hier genau wie bei stetigen Regelungen durch die Regelfläche bestimmt — die

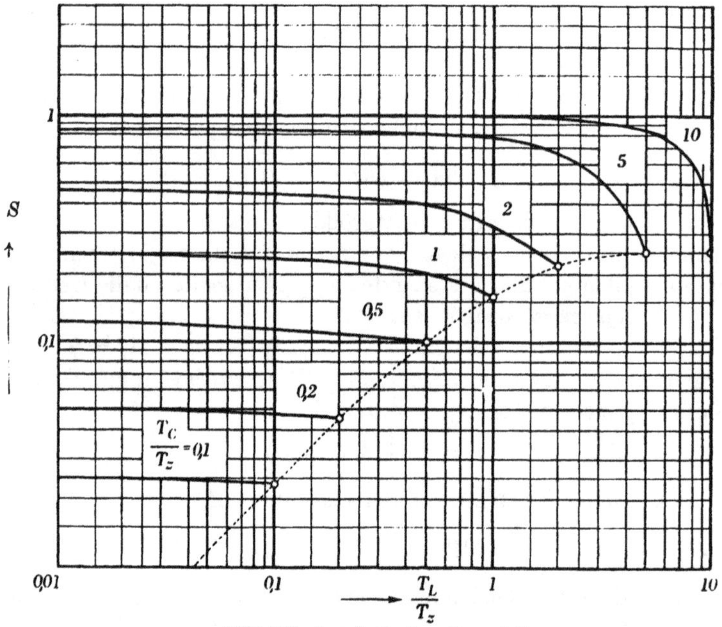

Bild 102: Aperiodischer Grenzfall.
(Regelstrecke mit Verzögerung erster Ordnung und Laufzeit)

günstigsten Werte jeweils durch die Endpunkte der Kurven dargestellt werden. Der Nachweis dieser Tatsache ist einfach, erfordert jedoch einige grundlegende Überlegungen, die wir im § 91 kennenlernen werden. Wir wollen uns deshalb an dieser Stelle mit dem Hinweis auf § 91 begnügen. Die Ortskurve der Endpunkte, durch welche also die günstigste Einstellung der Größen S und T_C/T_z vermittelt wird, ist in Bild 102 punktiert eingezeichnet.

Zur Frage nach Fortsetzung des Diagramms in den Bereich $T_L > T_C$ müssen wir von der Differenzengleichung (.22) ausgehen. Aus ihren Koeffizienten kann bereits auf bestimmte Eigenschaften der Wurzeln der charakteristischen Gleichung geschlossen werden. Es ist sofort zu übersehen, daß der Koeffizient A_1 stets negativ und A_2 stets positiv ist, da im Bereich $T_L > T_C$ auch $D/L > 1$ sein muß. Dies deutet darauf hin, daß zwei Wurzeln der charakteristischen Gleichung positiv, die dritte jedoch immer negativ ist. Aus diesem Grunde ist ein rein aperiodischer Grenzfall gar nicht mehr denkbar, da ein einzelner negativer Eigenwert naturgemäß eine überlagerte Schwingung verursachen muß. Es ist offensichtlich, daß nach diesem Sachverhalt das Diagramm 102 alle überhaupt denkbaren aperiodischen Grenzfälle enthält und eine Fortsetzung in den Bereich größerer Laufzeiten nicht möglich ist.

§ 90 Der Schrittregler mit differenzierendem Meßgerät an einer Regelstrecke mit Laufzeit und Verzögerung erster Ordnung

Wir wollen nun den in Bild 66 angedeuteten Regelkreis zugrunde legen und dabei das stetig wirkende Stellglied durch einen ausschlagabhängigen Schrittregler ersetzt denken. Es wird dann die Schrittgröße nicht, wie bisher angenommen, nur von den Tastwerten der Regelgröße abhängig sein, sondern zusätzlich auch von der zeitlichen Ableitung der Regelgröße in den Tastaugenblicken beeinflußt werden. Wir wollen auch jetzt die in § 89 eingeführte, um den Betrag der Laufzeit verschobene Zeitrechnung beibehalten und erhalten dann an Stelle von Gleichung (89. 4) als Reglergesetz:

$$m_{n+\lambda} = m_{n-1+\lambda} - (S z_{n-1} + T_I z'_{n-1}), \qquad (90.1)$$

wobei m wieder die fiktive Stellgröße und z' die zeitliche Ableitung der Regelgröße z im Tastzeitpunkt mit dem Einflußfaktor T_I bedeuten. Zur Verdeutlichung ist der Verlauf der einzelnen Zeitfunktionen in Bild 103 für drei beliebige aufeinanderfolgende Intervalle dargestellt. Mit $\tau = t/T_C$ führen wir nun

$$\dot{z}(\tau) = \frac{d}{d\tau} z(\tau) = T_C \frac{d}{dt} z(t) = T_C z'(t) \qquad (90.2)$$

ein und können dann Gleichung (.1) folgendermaßen schreiben:

$$m_{n+\lambda} - m_{n-1+\lambda} = - S z_{n-1} - (T_I/T_C) \dot{z}_{n-1}. \qquad (90.3)$$

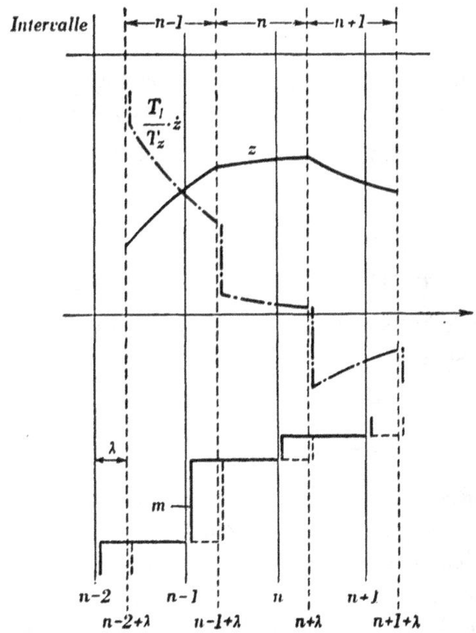

Bild 103: Ausschlagabhängige Schrittregelung einer Regelstrecke mit Laufzeit. Verlauf der Systemgrößen bei Verwendung eines differenzierenden Meßgerätes

Für den Verlauf der Regelgröße im n-ten Intervall gilt Gleichung (89. 7) unverändert:

$$[z(\tau)]_n = z_{n-1+\lambda} \cdot e^{-(T_C/T_z)\tau} + m_{n+\lambda}[1 - e^{-(T_C/T_z)\tau}]. \tag{90. 4}$$

Zur Bestimmung von $\dot{z}$ haben wir diese Gleichung nach τ zu differenzieren:

$$[\dot{z}(\tau)]_n = -(T_C/T_z) z_{n-1+\lambda} \cdot e^{-(T_C/T_z)\tau} + (T_C/T_z) m_{n+\lambda} \cdot e^{-(T_C/T_z)\tau} \tag{90. 5}$$

und erhalten mit $\tau = 1 - \lambda$ aus den Gleichungen (.4) und (.5) die Werte der Regelgröße bzw. ihrer Ableitung in den Tastzeitpunkten:

$$z_n = (D/L) z_{n-1+\lambda} + (1 - D/L) m_{n+\lambda}. \tag{90. 6}$$

$$\dot{z}_n = -(T_C/T_z)(D/L) z_{n-1+\lambda} + (T_C/T_z)(D/L) m_{n+\lambda}. \tag{90. 7}$$

Wir bilden hieraus z_{n-1} bzw. $\dot{z}_{n-1}$, setzen diese Werte in Gleichung (.3) ein und finden:

$$m_{n+\lambda} + \left[S\left(1 - \frac{D}{L}\right) + \frac{T_I}{T_z}\frac{D}{L} - 1\right] m_{n-1+\lambda} = \left(\frac{T_I}{T_z} - S\right)\frac{D}{L} z_{n-2+\lambda}. \tag{90. 8}$$

Mit $\tau = 1$ entsteht aus Gleichung (.4) andererseits der Funktionswert $z_{n+\lambda}$ am Ende des (verschobenen) n-ten Intervalls [s. Gleichung (89. 8)]:

$$z_{n+\lambda} = D z_{n-1+\lambda} + (1 - D) m_{n+\lambda}. \tag{90. 9}$$

Diese Gleichung kann nach $m_{n+\lambda}$ aufgelöst werden:

$$m_{n+\lambda} = [1/(1 - D)] z_{n+\lambda} - [D/(1 - D)] z_{n-1+\lambda}. \tag{90. 10}$$

Durch Einsetzen von $m_{n+\lambda}$ und $m_{n-1+\lambda}$ aus Gleichung (.10) in Gleichung (.8) findet man mühelos die Differenzengleichung unseres Regelvorganges:

$$A_0 z_{n+2} + A_1 z_{n+1} + A_2 z_n = 0 \tag{90. 11}$$

mit

$$\left.\begin{aligned} A_0 &= 1 \\ A_1 &= S(1 - D/L) + (T_I/T_z)(D/L) - (1 + D) \\ A_2 &= D[1 + S(1/L - 1) - (T_I/T_z) \cdot (1/L)] \end{aligned}\right\}, \tag{90. 12}$$

wobei der Einfachheit halber wieder n statt $n + \lambda$ gesetzt ist. Der uns bereits geläufige Lösungsansatz $z_n = C w^n$ führt zu der charakteristischen Gleichung

$$A_0 w^2 + A_1 w + A_2 = 0 \tag{90. 13}$$

mit den Wurzeln

$$w_{1,2} = -A_1/(2A_0) \pm \sqrt{[A_1/(2A_0)]^2 - A_2/A_0}. \tag{90. 14}$$

Die Stabilität des Regelvorganges wollen wir diesmal mit $|w_{1,2}| < 1$ als gesichert voraussetzen und uns sogleich der Betrachtung aperiodischer Betriebsverhältnisse zuwenden. Die Wurzeln müssen dann beide reell sein, so daß wir die Bedingung

$$(A_1/A_0)^2 \geqq 4 A_2/A_0 \tag{90. 15}$$

erhalten. Außerdem besteht nach § 84 die Forderung, daß beide Wurzeln positiv sein müssen. Das ist aber nach Gleichung (.14) offensichtlich nur dann möglich, wenn a) $A_1/A_0 < 0$ und b) $A_2/A_0 > 0$. (90. 16)

Mit den speziellen Werten der Konstanten (.12) sind, wie man leicht sieht, beliebig viele Kombinationen der Parameter S, D, L und T_I/T_z denkbar, die alle die Bedingungen (.15) und (.16) erfüllen.

Um aus ihnen die günstigste Zusammenstellung auszuwählen, verwenden wir nun das Kriterium der Regelgüte. Wir bestimmen daher entsprechend den Darlegungen des § 87 die Regelfläche

$$\frac{F}{T_C} = \sum_{n=0}^{\infty} z_n = \frac{C_1}{1 - w_1} + \frac{C_2}{1 - w_2}, \tag{90.17}$$

wobei

$$C_1 + C_2 = z_0 = 0 \tag{90.18}$$

sein muß. Da der Eingriff des Reglers bis zum Ende des ersten (verschobenen) Intervalls keine Auswirkung auf den Verlauf der Regelgröße besitzt, nimmt diese hier nach Gleichung (.9) bei einer stoßförmigen Störung vom Betrag M mit $n = 1 - \lambda$ den Wert

$$z_1 = (1 - D) M \tag{90.19}$$

an. Entsprechend dem allgemeinen Lösungsansatz gilt ferner [s. Gleichung (86.5)]

$$z_1 = C_1 w_1 + C_2 w_2. \tag{90.20}$$

Setzt man die Bedingungen (.18), (.19) und (.20) in Gleichung (.17) ein, so ergibt sich für die Regelfläche:

$$F/T_C = M(1 - D)/[(1 - w_1)(1 - w_2)]$$

oder

$$F/(M T_z) = (T_C/T_z)(1 - D)/[(1 - w_1)(1 - w_2)]. \tag{90.21}$$

Nun ist

$$(1 - w_1)(1 - w_2) = 1 - (w_1 + w_2) + w_1 w_2. \tag{90.22}$$

Wir erkennen hier in den Summanden die Koeffizienten der charakteristischen Gleichung (.13) und können also vermöge der Gleichung (.14) die Fläche auch wie folgt schreiben:

$$\frac{F}{M T_z} = \frac{T_C}{T_z} \cdot \frac{1 - D}{1 + A_1/A_0 + A_2/A_0}. \tag{90.23}$$

Hier läßt sich im Nenner nach unserer Bedingung (.15) A_2/A_0 durch den Wert $(1/4)(A_1/A_0)^2$ ersetzen, der größer oder höchstens gleich A_2/A_0 ist. Damit wird

$$\frac{F}{M T_z} \geq \frac{T_C}{T_z} \frac{1 - D}{1 + (A_1/A_0) + (1/4)(A_1/A_0)^2} = \frac{T_C}{T_z} \frac{4(1 - D)}{(2 + A_1/A_0)^2} \tag{90.24}$$

und es zeigt sich so, daß der Fall der Doppelwurzel $w_1 = w_2 = w_0$ jeweils zum kleinsten Wert der Regelfläche führt. Mit Rücksicht auf die Stabilität und auf die Bedingung (.16a) können wir ferner für A_1/A_0 folgende Schranken angeben:

$$-1 < A_1/(2 A_0) = -w_0 < 0. \tag{90.25}$$

Die Regelfläche nimmt also dann ein eindeutiges Minimum an, wenn die charakteristische Gleichung eine Doppelwurzel von möglichst kleinem positiven Betrag, im Grenzfall also die Doppelwurzel $w_0 = 0$ besitzt. Dieser Grenzfall liegt dann vor, wenn

$$A_1/A_0 = 0 \quad \text{und} \quad A_2/A_0 = 0. \tag{90.26}$$

Hiermit ergibt sich zunächst für die Regelfläche

$$F/(M\,T_z) = (T_C/T_z)\,(1 - e^{-T_C/T_z}) \tag{90.27}$$

und an Hand der speziellen Konstanten (.12) ferner

$$S = 1/(1 - e^{-T_C/T_z}) \tag{90.28}$$

sowie

$$T_I/T_z = (1 - e^{-T_C/T_z} \cdot e^{-T_L/T_z})/(1 - e^{-T_C/T_z}). \tag{90.29}$$

Dies sind die Werte von S und T_I/T_z, die für optimalen Regelverlauf eingestellt werden müssen. Ihre Gültigkeit ist auf den Bereich $0 < T_L/T_z < T_C/T_z$ beschränkt. Betrachtet man nun Gleichung (.27), so läßt sich feststellen, daß die Regelfläche mit wachsendem T_C/T_z beständig zunimmt. Wenn man daher mit der Wahl von T_C/T_z beliebig frei ist, dann erhält man auf Grund der eben erwähnten Einschränkung die günstigsten Betriebsverhältnisse für $T_C/T_z = T_L/T_z$
und somit

$$\boxed{\begin{aligned} S &= 1/(1 - e^{-T_L/T_z}) \\ T_I/T_z &= 1 + e^{-T_L/T_z} \\ F/(M\,T_z) &= (T_L/T_z)\,(1 - e^{-T_L/T_z}) \end{aligned}}\,. \tag{90.30}$$

Diese erstaunlich einfachen Ergebnisse sind in Bild 104 über der bezogenen Laufzeit T_L/T_z aufgetragen.
Wir haben schließlich noch zu untersuchen, in welcher Form der eigenartige Fall der verschwindenden Doppelwurzel von Gleichung (.13) sich auf den Verlauf der Regelgröße auswirkt.

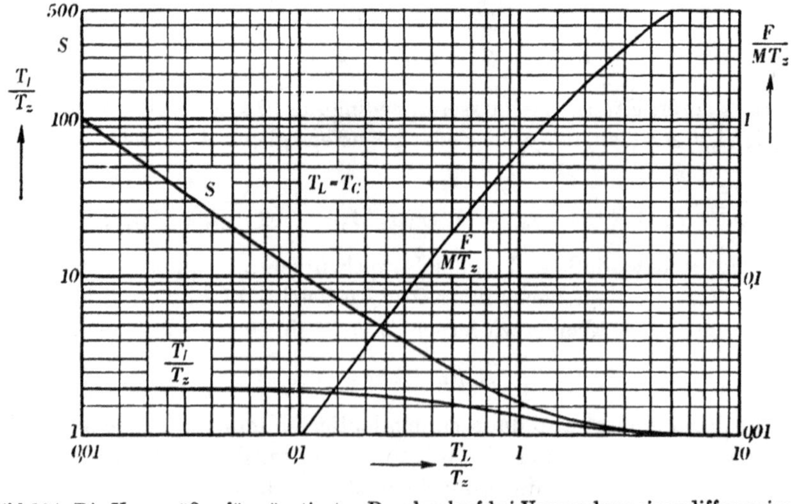

Bild 104: Die Kenngrößen für günstigsten Regelverlauf bei Verwendung eines differenzierenden Meßwerkes. (Regelstrecke mit Laufzeit und Verzögerung erster Ordnung)

Dieser lautet bekanntlich bei zwei gleichen Wurzeln:

$$z_n = (C_1 + n C_2) w_0^n. \tag{90.31}$$

Die Summationskonstanten werden aus den Anfangswerten bestimmt. Es ist, wenn eine Störung vom Betrag M zugrunde gelegt wird:

$$z_0 = 0 \qquad z_1 = M(1 - D), \tag{90.32}$$

so daß sich für C_1 und C_2 folgende Werte ergeben:

$$C_1 = 0 \qquad C_2 = M(1 - D)/w_0. \tag{90.33}$$

Mit Gleichung (.33) erhält man für den Regelverlauf:

$$z_n = M(1 - D) n w_0^{n-1}. \tag{90.34}$$

Setzt man hierin der Reihe nach $n = 0, 1, 2, \ldots$, so bekommt man die Funktionswerte der Regelgröße z in den betreffenden äquidistanten Zeitpunkten:

$$\left.\begin{aligned} z_0 &= 0 \\ z_1 &= M(1 - D) \\ z_2 &= M(1 - D) \cdot 2 w_0 \\ &\ldots\ldots\ldots \end{aligned}\right\}. \tag{90.35}$$

Da in unserem speziellen Falle $w_0 = 0$ ist, verschwinden alle Funktionswerte, deren Zeiger größer als 1 ist, so daß der Regelvorgang die in Bild 105 dargestellte Form haben wird.

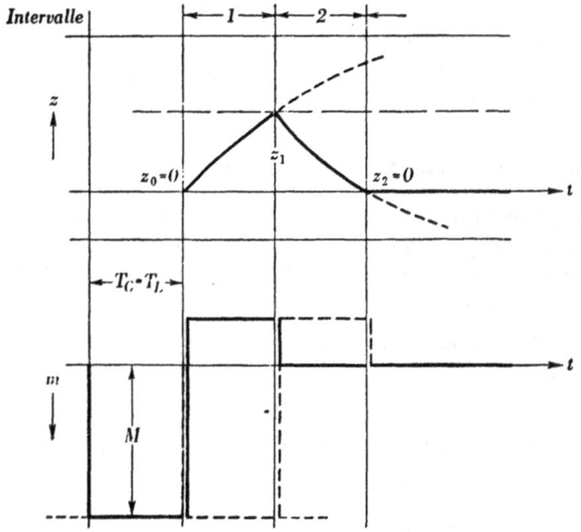

Bild 105. Beispiel eines Regelvorganges zweiter Ordnung mit verschwindenden Eigenwerten

Um auch noch den Verlauf der Stellgröße zu ermitteln, gehen wir von der allgemeinen Gleichung für m aus, die bekanntlich dieselbe Gestalt hat, wie diejenige für die Regelgröße:

$$m_n = (C_3 + nC_4)w_0^n. \quad (90.36)$$

Die Anfangswerte sind hier für den Fall $T_C = T_L$:

$$\left.\begin{aligned} m_1 &= M \\ m_2 &= M - S[M(1-D) + (T_I/T_z)MD] \end{aligned}\right\}. \quad (90.37)$$

Nach Bestimmung der Summationskonstanten ergibt sich der zeitliche Verlauf der Stellgröße zu:

$$m_n = M\left((2-n)w_0^{n-1} - (1-n)[1 - S(1-D) - SD(T_I/T_z)]\,w_0^{n-2}\right). \quad (90.38)$$

Mit den Gleichungen (.30) wird hieraus:

$$m_n = M\left((2-n)w_0^{n-1} + (1-n)D[(1+D)/(1-D)]w_0^{n-2}\right). \quad (90.39)$$

Die einzelnen Funktionswerte findet man aus Gleichung (.39), indem man wieder n alle ganzen Zahlen durchlaufen läßt. Unter Beachtung von $w_0 = 0$ erhält man schließlich den zeitlichen Verlauf nach Bild 105:

$$\boxed{m_1 = M \qquad m_2 = -MD[(1+D)/(1-D)] \qquad m_3 = 0}. \quad (90.40)$$

Der Regler führt also als Gegenwirkung zur Störung einen Korrekturschritt aus, der größer ist, als es dem Betrag der Störung entspricht. In der Praxis wird diese Erscheinung als »*Überregelung*« bezeichnet. Es ist auf diese Weise möglich, daß die Regelgröße bereits am Ende des zweiten Intervalls den Wert Null annimmt. Der in diesem Augenblick noch bestehende Wert der zeitlichen Ableitung der Zustandsgröße z macht dann die Überregelung rückgängig und der Vorgang ist damit beendet.

§ 91 Die ausschlagabhängige Schrittregelung mit nachgebender Rückführung

Da der ausschlagabhängigen Schrittregelung auf dem weiten Gebiet der wärmetechnischen Regelung eine hohe praktische Bedeutung zukommt, sei nun noch die hierbei häufigste Regelungsart mittels nachgebender Rückführung betrachtet. Die Trägheit der Regelstrecke wollen wir dabei, wie es schon wiederholt geschehen, durch eine Verzögerung erster Ordnung und eine zusätzliche Laufzeit ersetzen.

a) Die Differenzengleichung des Regelvorganges (Laufzeit kleiner als Tastzyklus)

Zur Aufstellung des simultanen Gleichungssystems bedienen wir uns wieder einer schematischen Darstellung des mutmaßlichen Verlaufs der einzelnen Systemgrößen (Bild 106). Da auch hier der Regler verzögerungslos angenommen werden soll, erfolgt die Änderung der Stellgröße m im Abtastzeitpunkt sprungförmig. Durch den sprungförmigen Verlauf von m wird die Bewegung der nachgebenden Rückführung eingeleitet. Die Schaltung der Rückführung innerhalb des Regelkreises ist so vorgenommen, daß die Überlagerung der Regelgröße z und der Rückführgröße r als Steuergröße auf den Regler einwirkt.

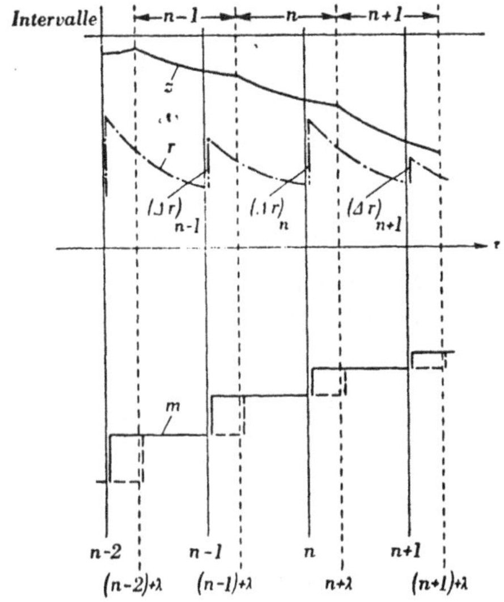

Bild 106: Verlauf der Systemgrößen bei Verwendung einer nachgebenden Rückführung. (Regelstrecke mit Laufzeit und Verzögerung erster Ordnung)

Nach § 56 lautet die Bewegungsgleichung der nachgebenden Rückführung, wenn wir wieder für die Zeit die Bezugsgröße T_C verwenden:

$$\frac{d}{d\tau} r(\tau) + \frac{T_C}{T_r} r(\tau) = \varrho \cdot \frac{dm}{d\tau}. \qquad (91.1)$$

Dabei bedeuten ϱ den Einflußgrad und T_r/T_C die bezogene Rückführzeitkonstante der nachgebenden Rückführung.

Innerhalb eines Tastzyklus, etwa vom Zeitpunkt $\tau = n - 1$ bis $\tau = n$, ist der zeitliche Verlauf der Stellgröße m ein Stoß vom Betrage $(m_n - m_{n-1})$. Nach Anhang I ist die Unterfunktion der Stellgröße m in diesem Bereich:

$$\mathfrak{L}[m(\tau)] = (1/q)(m_n - m_{n-1}). \qquad (91.2)$$

Damit ergibt sich für die Differentialgleichung (.1) im Unterbereich:

$$r(q)(q + T_C/T_r) - r(0) = \varrho(m_n - m_{n-1}). \qquad (91.3)$$

Als Anfangswert $r(0)$ ist dabei der Funktionswert der Rückführgröße im Zeitpunkt $(n - 1)$ zu verwenden. Im Unterbereich ist also die Lösung der Gleichung (.1):

$$r(q) = [r_{n-1} + \varrho(m_n - m_{n-1})]/(q + T_C/T_r). \qquad (91.4)$$

Die Rücktransformation in den Oberbereich liefert dann den zeitlichen Verlauf der Rückführgröße in dem betrachteten Bereich:

$$n-1<\tau\leqq n$$

$$r(\tau)=r_{n-1}\cdot e^{-(T_0/T_r)\tau}+\varrho(m_n-m_{n-1})\,e^{-(T_0/T_r)\tau}. \qquad (91.5)$$

Um nun wieder auf die übliche — um die Laufzeit gegenüber dem Tastzyklus verschobene — Intervalleinteilung übergehen zu können, schreiben wir Gleichung (.5) mit Einführung der fiktiven Stellgröße:

$$m_{n+\lambda}=m_n \qquad (91.6)$$

$$r(\tau)=r_{n-1}\cdot e^{-(T_0/T_r)\tau}+\varrho(m_{n+\lambda}-m_{n-1+\lambda})\,e^{-(T_0/T_r)\tau}. \qquad (91.7)$$

Mit $\tau=1$ findet man aus Gleichung (.7) die Rückführgröße am Ende des untersuchten Bereiches. Führt man hier zur Abkürzung den *Rückführfaktor*:

$$R=e^{-T_0/T_r} \qquad (91.8)$$

ein, so ist: $r_n=R\,r_{n-1}+\varrho\;R(m_{n+\lambda}-m_{n-1+\lambda})$. (91.9)

Im Tastmoment wird nun die Summe der Regel- und Rückführgröße vom Regler erfaßt und das Stellglied entsprechend beeinflußt. Dieser Vorgang wird durch folgende Gleichung beschrieben:

$$m_{n+\lambda}=m_{n-1+\lambda}-S(z_{n-1}+r_{n-1}). \qquad (91.10)$$

Für den Zustand selbst gelten im n-ten Intervall die bereits in § 89a abgeleiteten Gleichungen (89. 8) und (89. 11), so daß mit den Gleichungen (.9) und (.10) unser simultanes System lautet:

$$\left.\begin{aligned}
&\text{a)}\quad z_{n+\lambda}=Dz_{n-1+\lambda}+(1-D)\,m_{n+\lambda}\\
&\text{b)}\quad m_{n+\lambda}=m_{n-1+\lambda}-S(z_{n-1}+r_{n-1})\\
&\text{c)}\quad z_n=(D/L)z_{n-1+\lambda}+(1-D/L)m_{n+\lambda}\\
&\text{d)}\quad r_n=R\,r_{n-1}+\varrho\,R\,(m_{n+\lambda}-m_{n-1+\lambda})
\end{aligned}\right\}. \qquad (91.11)$$

Nach Elimination aller nicht interessierenden Größen entsteht aus dem System der Gleichungen (.11) die Differenzengleichung des Regelvorganges:

$$A_0\,z_{n+3}+A_1\,z_{n+2}+A_2\,z_{n+1}+A_3\,z_n=0 \qquad (91.12)$$

mit den Koeffizienten:

$$\left.\begin{aligned}
&A_0=1\\
&A_1=S(1-D/L+\varrho R)-1-D-R\\
&A_2=S[(D/L)\,(1+R)-\varrho R(1+D)-D-R]+D+DR+R\\
&A_3=DR[S(1+\varrho-1/L)-1]
\end{aligned}\right\}. \qquad (91.13)$$

Vergleichen wir diese Differenzengleichung dritter Ordnung mit derjenigen, die wir bei gleicher Regelanordnung, jedoch ohne nachgebende Rückführung, erhalten hatten [Gleichung (89. 15)], so stellen wir fest, daß hier, ebenso wie im Falle stetiger Regelungen, die den Regelvorgang beschreibende Gleichung durch die Rückführung um eine Ordnung erhöht wird.

b) Der zeitliche Verlauf der Regelgröße. Die Regelfläche

Die Lösung der Differenzengleichung (.12) ergibt den zeitlichen Regelvorgang, oder besser gesagt die einzelnen äquidistanten Funktionswerte desselben. Es ist nach Anhang IIb

$$z_n = C_1 w_1^n + C_2 w_2^n + C_3 w_3^n, \tag{91.14}$$

wobei w_1, w_2, w_3 die drei Wurzeln der charakteristischen Gleichung und C_1, C_2, C_3 drei noch zu bestimmende Summationskonstanten bedeuten.
Ihre Bestimmung erfolgt nach Gleichung (85. 8) aus dem Gleichungssystem:

$$\left.\begin{aligned} z_0 &= C_1 + C_2 + C_3 \\ z_1 &= C_1 w_1 + C_2 w_2 + C_3 w_3 \\ z_2 &= C_1 w_1^2 + C_2 w_2^2 + C_3 w_3^2 \end{aligned}\right\}. \tag{91.15}$$

Für den Anfangswert z_0 können wir festsetzen $z_0 = 0$, da wir ja grundsätzlich bei allen Regelaufgaben voraussetzen, daß vor Beginn der Störung Gleichgewicht geherrscht habe.
Die Berechnung der Summationskonstanten aus den Gleichungen (.15) ist elementar, doch empfiehlt es sich — besonders auch bei Differenzengleichungen höherer Ordnung — dabei zur Ersparung von Rechenarbeit, Determinanten zu verwenden. Man findet damit mühelos:

$$\left.\begin{aligned} C_1 &= [z_2 - z_1(w_2 + w_3)]/[(w_1 - w_2)(w_1 - w_3)] \\ C_2 &= [z_2 - z_1(w_1 + w_3)]/[(w_2 - w_1)(w_2 - w_3)] \\ C_3 &= [z_2 - z_1(w_1 + w_2)]/[(w_3 - w_1)(w_3 - w_2)] \end{aligned}\right\}. \tag{91.16}$$

Um nun aber die Summationskonstanten aus Gleichung (.16) berechnen zu können, müssen neben den Wurzeln der charakteristischen Gleichung auch noch die Anfangswerte z_1 und z_2 bekannt sein. Zu deren Bestimmung betrachten wir Bild 99 und stellen fest, daß die Anfangswerte z_0, z_1, z_2 durch die Funktionswerte in den Zeitpunkten $\tau = \lambda$, $(1 + \lambda)$, $(2 + \lambda)$ gebildet werden. Außerdem ist ohne weiteres klar, daß

$$z_0 = z(\lambda) = 0 \tag{91.17}$$

sein muß.

Im Bereich $\lambda < \tau < 1 + \lambda$ ist die Gleichung der Regelgröße z [s. Gleichung (89. 7)]

$$z(\tau) = z(\lambda) e^{-(T_C/T_z)\tau} + m\,(1 + \lambda) \cdot [1 - e^{-(T_C/T_z)\tau}]. \tag{91.18}$$

$m(1 + \lambda)$ ist gleich der Störung M, so daß sich unter Beachtung der Gleichung (.17) mit $\tau = 1$ ergibt:

$$z_1 = z(1 + \lambda) = M(1 - D). \tag{91.19}$$

Ganz entsprechend lautet die Gleichung der Zustandsgröße z im Bereich

$$1 + \lambda < \tau < 2 + \lambda:$$

$$z(\tau) = z(1 + \lambda) e^{-(T_C/T_z)\tau} + m\,(2 + \lambda)\,(1 - e^{-(T_C/T_z)\tau}). \tag{91.20}$$

Für $m(2+\lambda)$ findet man aus Gleichung (.11b):

$$m(2+\lambda) = m(1+\lambda) - Sz(1), \tag{91.21}$$

da r bis zu dem Augenblick des ersten Korrekturschrittes $= 0$ sein muß. Der Funktionswert $z(1)$ entsteht aus Gleichung (.18) wenn man für $\tau = 1 - \lambda$ einsetzt:

$$z(1) = M(1 - D/L). \tag{91.22}$$

Durch Substitution der Größe $m(2+\lambda)$ an Hand der Gleichungen (.21) und (.22) erhält man schließlich mit $\tau = 1$ aus Gleichung (.20) den Funktionswert:

$$z_2 = z(2+\lambda) = M(1-D)\,[(1+D) - S(1-D/L)]. \tag{91.23}$$

Damit haben wir nun die Anfangswerte gefunden; sie lauten nach den Gleichungen (.17), (.19) und (.23):

$$\left.\begin{aligned} z_0 &= 0 \\ z_1 &= M(1-D) \\ z_2 &= M(1-D)\,[(1+D) - S(1-D/L)] \end{aligned}\right\}. \tag{91.24}$$

Wir wären nun in der Lage, für alle denkbaren Kenngrößen unserer Regelanlage die Wurzeln der charakteristischen Gleichung zu bestimmen und dann den Regelverlauf explizit anzugeben. Dies kann aber nicht der Sinn der Aufgabe sein. Vielmehr wollen wir auch hier wieder versuchen, diejenige Kombination der Kenngrößen des **Reglers** zu ermitteln, die bei den Gegebenheiten der **Regelstrecke** regeldynamisch besonders günstige Betriebsverhältnisse verbürgt. Es ist selbstverständlich, daß wir dabei, sozusagen als erste Eingrenzung, verlangen müssen, daß sämtliche Eigenwerte der Differenzengleichung (.12) positiv und kleiner als Eins sind, weil nur dann schwingungsfreier stabiler Betrieb möglich ist. Da die Koeffizienten der charakteristischen Gleichung bekanntlich Funktionen der Wurzeln sind:

$$\left.\begin{aligned} A_1/A_0 &= -w_1 - w_2 - w_3 \\ A_2/A_0 &= w_1w_2 + w_1w_3 + w_2w_3 \\ A_3/A_0 &= -w_1w_2w_3 \end{aligned}\right\}, \tag{91.25}$$

ergeben sich folgende Schranken:

$$-3 \leqq A_1/A_0 \leqq 0 \qquad 0 \leqq A_2/A_0 \leqq 3 \qquad -1 \leqq A_3/A_0 \leqq 0. \tag{91.26}$$

Sind diese Bedingungen erfüllt, so können wir nach den Ausführungen des § 87 die Regelfläche angeben. Es ist dann nämlich:

$$\frac{F}{T_C} = \sum_{n=0}^{\infty} z_n = \frac{C_1}{1-w_1} + \frac{C_2}{1-w_2} + \frac{C_3}{1-w_3}.$$

Hieraus folgt mit Gleichung (.16)

$$F/T_C = [z_2 + z_1(1 - w_1 - w_2 - w_3)]/[(1-w_1)\,(1-w_2)\,(1-w_3)] \tag{91.27}$$

oder mit Gleichung (.25)

$$F/T_C = [A_0 z_2 + (A_0 + A_1) z_1] / (A_0 + A_1 + A_2 + A_3). \qquad (91.28)$$

Setzt man hierin noch die Koeffizienten aus (.13) und die Anfangswerte aus (.24) ein, so wird:

$$\boxed{F/(M T_C) = [1/S + \varrho R/(1 - R)]}\,. \qquad (91.29)$$

c) *Die Bedingungen für optimalen Regelverlauf*

In § 90 haben wir gesehen, daß bei einer Schrittregelung der Fall denkbar ist, daß der Regelvorgang bereits nach einer endlichen Zeitdauer vollkommen abgeschlossen ist. Wenn auch dieser Betriebsfall zunächst nur theoretisches Interesse besitzt, da keine Regelstrecke exakt einem Exponentialgesetz gehorcht, so stellen doch die dabei geltenden Bedingungen auch für die Praxis Richtwerte zur Bemessung der Kenngrößen dar, die, wenn nicht zu optimalen, so doch zu sehr günstigen Verhältnissen führen müssen. Wir werden deshalb auch bei der Regelung mit nachgebender Rückführung diesen zeitlich begrenzten Regelverlauf als erstrebenswertes Ziel zugrunde legen.

Nach den Ausführungen des § 90 muß also gefordert werden, daß sämtliche Eigenwerte gleich Null werden. Diese Forderung verlangt, daß nach Gleichung (.25) die Koeffizienten A_1, A_2, A_3 ebenfalls gleich Null werden, so daß sich mit Gleichung (.13) folgende Bedingungen ergeben:

$$\left.\begin{aligned} &\text{a)}\quad S[1 - D/L + \varrho R] = 1 + D + R \\ &\text{b)}\quad S[D + R + \varrho R(1 + D) - (D/L)(1 + R)] = D + DR + R \\ &\text{c)}\quad S(1 + \varrho - 1/L) = 1 \end{aligned}\right\}. \qquad (91.30)$$

Hieraus findet man unschwer:

$$R = [D(1 - DL)]/(1 - D^2 L), \qquad (91.31)$$

$$\varrho = (1 - DL)^2/[L(1 - D^2 L)], \qquad (91.32)$$

$$S = (1 - D^2 L)/(1 - D)^2. \qquad (91.33)$$

Setzt man die so gefundenen Werte, welche die Bedingungen dafür darstellen, daß alle Eigenwerte Null sind, in Gleichung (.29) ein, so erhält man den Wert der Regelfläche:

$$F/(M T_C) = [(1 - D)^3 L + (1 - DL)^3 D]/[L(1 - D)(1 - D^2 L)]. \qquad (91.34)$$

Zu jedem L, d. h. zu jedem Wert T_L/T_z der Regelstrecke ergeben sich also für die Einstellung der Kenngrößen T_C (D), T_r (R), ϱ und S unendlich viele Möglichkeiten, die alle zu verschwindenden Eigenwerten führen. Von dieser Vielzahl wollen wir uns nun diejenige Wertegruppe heraussuchen, welche die kleinste Regelfläche ergibt.

Eine Entscheidung hierüber erfolgt am einfachsten, indem man die Regelfläche in einer räumlichen Darstellung über den beiden Parametern D und L aufträgt. Da hierbei die Größe D und damit auch T_C als Veränderliche zu betrachten ist, bezieht man die Fläche zweckmäßig auf den Kennwert T_z der Regelstrecke, der ja als gegeben aufzufassen ist:

$$F/(M\,T_z) = [F/(M\,T_C)] \cdot T_C/T_z. \tag{91.35}$$

Mit Gleichung (.35) folgt dann aus Gleichung (.34):

$$F/(M\,T_z) = -\frac{(1-D)^3 L + (1-D\,L)^3 D}{L\,(1-D)\,(1-D^2 L)} \cdot \ln D. \tag{91.36}$$

Aus den Definitionen der Größen D und L ergeben sich, da $T_L < T_C$ sein muß, folgende Schranken:

$$\text{a)}\quad 0 < D < 1, \qquad \text{b)}\quad D < L < 1. \tag{91.37}$$

Mit diesen Schranken ist in der D-L-Ebene ein Gebiet definiert, das für unsere Betrachtungen allein in Frage kommt.
Es ist durch folgende Gerade begrenzt:

$D = 0$ (L-Achse),
$D = L$ (Winkelhalbierende zwischen D- und L-Achse),
$L = 1$ (Gerade parallel zur D-Achse im Abstand 1).

In Bild 107 ist nun der Verlauf der Regelfläche für diese Grenzkurven sowie für einige Gerade mit konstantem L aufgezeichnet. Die Tatsache, daß sich die kleinste Regelfläche dann ergibt, wenn

$$D = L, \tag{91.38}$$

geht aus dem Flächenrelief ohne weitere Erläuterung hervor.

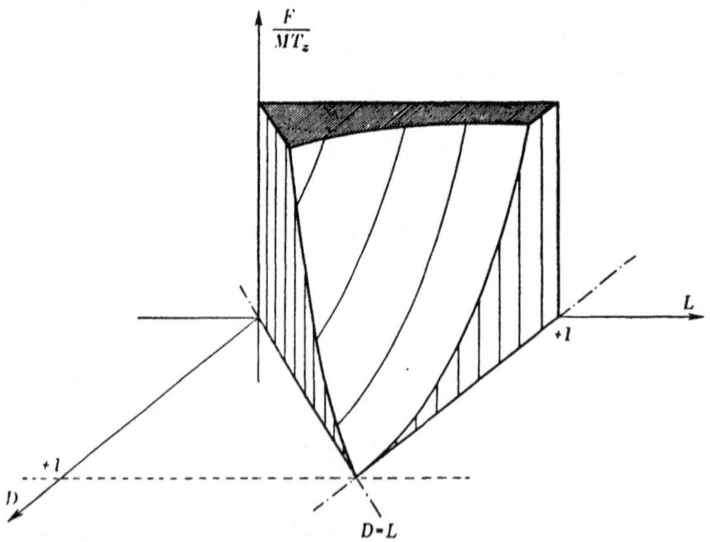

Bild 107: Das Relief der Regelfläche zur Ermittlung der günstigsten Regelbedingungen bei der Schrittregelung mit nachgebender Rückführung

Wir können diese Erkenntnis wie folgt ausdrücken:

Bei gegebener Laufzeit (T_L/T_z) wird der Regelvorgang stets dann optimal ablaufen, wenn der Tastzyklus gleich der Laufzeit ist:

$$\boxed{T_C/T_z = T_L/T_z} \qquad (91.39)$$

und wenn außerdem die aus den Gleichungen (.31) bis (.33) folgenden Bedingungen erfüllt sind:

$$\begin{aligned} \frac{T_r}{T_z} &= -\frac{T_L}{T_z} \ln\left(\frac{1-e^{-2T_L/T_z}}{1-e^{-3T_L/T_z}}\, e^{-T_L/T_z}\right) \\ \varrho &= \frac{(1-e^{-2T_L/T_z})^2}{(1-e^{-3T_L/T_z})^2}\, e^{+T_L/T_z} \\ S &= \frac{1-e^{-3T_L/T_z}}{(1-e^{-T_L/T_z})^2} \end{aligned} \qquad (91.40)$$

Die Auswertung der Optimalbedingungen (.40) veranschaulicht Bild 108. Es zeigt, daß bei kleinen Laufzeiten der Rückführeinfluß und die Rückführkonstante klein, die spezifische Schrittgröße dagegen groß wird, so daß nach Glei-

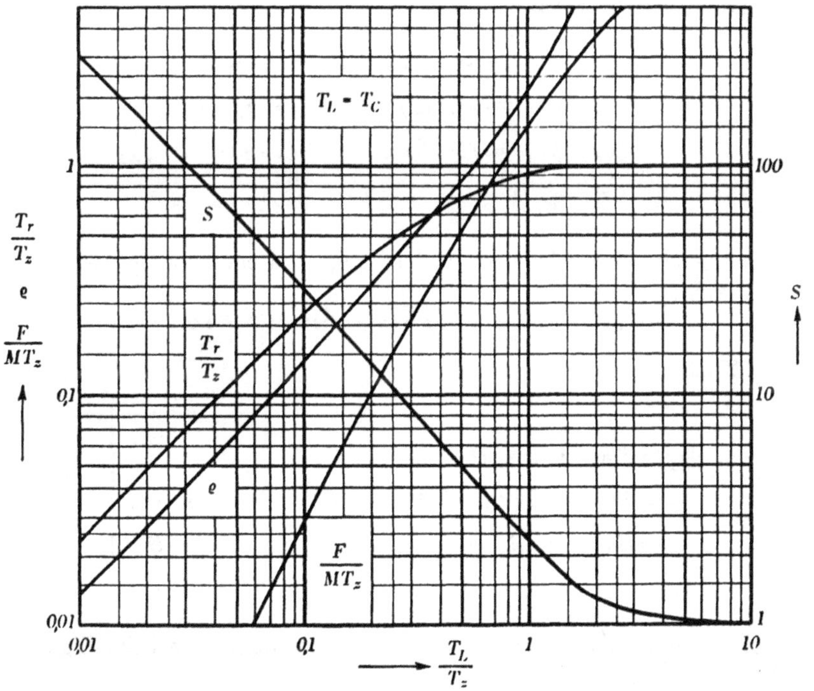

Bild 108: Schrittregelung mit nachgebender Rückführung. Die Kenngrößen für optimalen Regelablauf. (Regelstrecke mit Laufzeit und Verzögerung erster Ordnung)

chung (.29) eine entsprechend günstige Regelfläche zu erwarten ist. Bei Werten von $T_L/T_z > 1$ nimmt der erforderliche Einflußgrad ϱ unverhältnismäßig rasch zu, so daß $T_L/T_z = 1$ eine praktische Grenze bildet, bis zu welcher der zugrunde gelegte Betriebsfall sinnvoll ist. Allerdings dürfte auch ein Verhältnis $T_L/T_z = 1$ in der Praxis kaum vorkommen. In Einzelfällen hat man sich bei größeren Laufzeiten mit weniger günstigen Dämpfungsverhältnissen zu begnügen.

Aus dem Bild 107 ist zunächst nicht zu ersehen, daß die Begingung $D = L$ auch dann den Optimalfall darstellt, wenn man Laufzeiten zuläßt, die größer als ein Tastzyklus sind, d. h., wenn das durch die Gleichung (.37) eingegrenzte Gebiet in den Bereich $L > D$ erweitert wird.

Der Vollständigkeit halber soll nun noch gezeigt werden, daß auch für $T_L > T_C$ die oben ermittelten Bedingungen Gültigkeit besitzen und daß dann der Fall $T_C = T_L$ die einzige Möglichkeit darstellt, daß der Regelvorgang in der charakteristischen zeitlich begrenzten Form verläuft.

Wir legen hierbei fest, daß die Laufzeit

$$T_C < T_L < 2\,T_C \tag{91.41}$$

sein soll.

Analog den Gleichungen (89. 21) und (.11) wird der Regelvorgang durch folgendes simultane System beschrieben:

$$\begin{aligned}
&\text{a)}\quad z_{n+\lambda} = D z_{n-1+\lambda} + (1 - D)\, m_{n+\lambda}\\
&\text{b)}\quad m_{n+\lambda} = m_{n-1+\lambda} + S(z_{n-1} + r_{n-1})\\
&\text{c)}\quad z_{n+1} = (D^2/L)\, z_{n-1+\lambda} + (1 - D^2/L)\, m_{n+\lambda}\\
&\text{d)}\quad r_n = R\, r_{n-1} + \varrho R (m_{n+\lambda} - m_{n-1+\lambda}),
\end{aligned}$$

das zusammengefaßt als Differenzengleichung des Regelvorganges ergibt:

$$A_0 z_{n+4} + A_1 z_{n+3} + A_2 z_{n+2} + A_3 z_{n+1} + A_4 z_n = 0 \tag{91.42}$$

mit den Koeffizienten:

$$\left.\begin{aligned}
A_0 &= 1\\
A_1 &= S\varrho R - 1 - D - R\\
A_2 &= S[(1 - D^2/L) - \varrho R(1 + D)] + D + DR + R\\
A_3 &= S[(D^2/L)(1 + R) - D(1 - \varrho R) - R] - DR\\
A_4 &= SDR(1 - D/L)
\end{aligned}\right\}. \tag{91.43}$$

Der Koeffizient A_4 läßt sofort erkennen, daß nur dann sämtliche Eigenwerte verschwinden können, wenn wieder $D = L$ ist.

Im übrigen liefern die aus Gleichung (.43) folgenden Bedingungen dieselben Ergebnisse der Gleichung (.40).

d) Der zeitliche Verlauf der Regelgröße für verschwindende Eigenwerte

Wenn die Einstellung der Kenngrößen T_r/T_z, ϱ und S nach den in Bild 108 aufgetragenen Optimalbedingungen vorgenommen werden kann, dann wird der Regelvorgang bereits mit einem Korrekturschritt des Reglers vollkommen beendet. Dies kann eine klare, in bestimmten Fällen beachtliche Überlegenheit der Schrittregelung gegenüber einer stetigen Regelung bedeuten. Auf diese Verhältnisse wird in § 92 noch näher einzugehen sein.

Wir wollen uns nun an dem vorliegenden Beispiel darüber Klarheit verschaffen, in welcher Weise ein derartiger, zeitlich begrenzter Regelvorgang durch die Größe des Tastintervalls beeinflußt wird.

In den Gleichungen (.12) und (.13), von denen wir zu diesem Zweck ausgehen wollen, bestand die Forderung, daß $T_C = T_L$ sei. Da wir uns aber in der Wahl von T_C zunächst nicht einschränken wollen, treffen wir noch die vereinfachende Annahme einer Regelstrecke ohne Laufzeit, also $T_L = 0$.

Mit $L = 1$ und den Bedingungen dafür, daß sämtliche Eigenwerte verschwinden: $A_1 = A_2 = A_3 = 0$ findet man aus den Gleichungen (.13) die erforderlichen Werte der Kenngrößen:

$$\text{a) } S = (1+D)/(1-D) \quad \text{b) } \varrho = (1-D)/(1+D) \quad \text{c) } R = D/(1+D) \tag{91.44}$$

Rechnet man nun, ähnlich, wie wir es im § 90 getan, die äquidistanten Funktionswerte der einzelnen Systemgrößen z, m und r aus, so erhält man:

$$\left.\begin{aligned} z_0 &= 0 \\ z_1 &= M(1-D) \\ z_2 &= 0 \\ &\cdots\cdots \\ z_m &= 0 \end{aligned}\right\} \tag{91.45}$$

$$\left.\begin{aligned} m_1 &= M \\ m_2 &= -MD \\ m_3 &= 0 \\ &\cdots\cdots \\ m_m &= 0 \end{aligned}\right\} \tag{91.46}$$

$$\left.\begin{aligned} r_1 &= 0 \\ r_1 + (\Delta r)_1 &= -M(1-D) \\ r_2 &= -MD[(1-D)/(1+D)] \\ r_2 + (\Delta r)_2 &= 0 \\ r_3 &= 0 \\ &\cdots\cdots\cdots\cdots \\ r_m &= 0 \end{aligned}\right\} . \tag{91.47}$$

Der hierdurch bestimmte Regelvorgang ist in Bild 109 aufgezeichnet, und zwar für $T_C/T_z = 1$ und $T_C/T_z = 0{,}2$. Es ist hieraus deutlich zu erkennen, daß die (schraffiert angedeutete) Regelfläche mit abnehmendem Tastzyklus entsprechend kleiner wird, eine Tatsache, die auch direkt aus Gleichung (.36) mit $L = 1$ folgt:

$$F/(M T_z) = (T_C/T_z)(1-D) \;. \tag{91.48}$$

Allerdings muß dabei die spezifische Schrittgröße S nach Gleichung (.44a) im selben Maße zunehmen, da der erforderliche Korrekturschritt des Reglers von immer kleineren Zustandsabweichungen ausgelöst werden muß. Außerdem ist

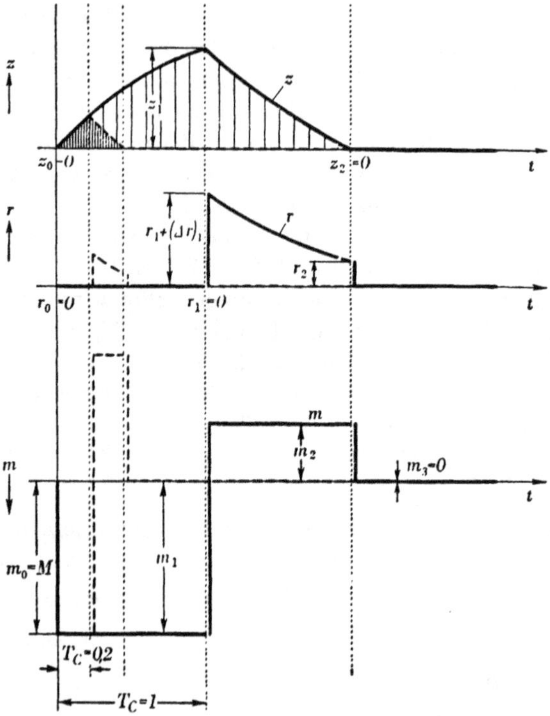

Bild 109: Schrittregelung mit nachgebender Rückführung bei verschwindenden Eigenwerten. Verlauf der Systemgrößen bei verschiedener Größe des Tastzyklus. (Regelstrecke ohne Laufzeit)

leicht einzusehen, daß für die Größe des Tastzyklus Grenzen gesetzt sind, die aus gerätetechnischen Gründen nicht unterschritten werden können. Eine weitere apparative Grenze stellt auch die Einstellzeit des Meßsystems dar.

e) *Übergang zur stetigen Regelung*

Nach den eben gefundenen Ergebnissen ist es von Interesse, ob bei systematischer Verkleinerung des Tastzyklus, das heißt im Grenzfall bei stetig wirkender Regelung, dieser typische Regelverlauf noch zu verwirklichen ist.

Der Übergang zur stetigen Regelung gelingt am elegantesten, wenn wir von der Differenzengleichung erster Form ausgehen. Nach Anhang IIb entsteht diese aus Gleichung (.12), wenn wir hierin die aufeinanderfolgenden Funktionswerte durch einen Funktionswert und die entsprechenden Differenzen ausdrücken:

$$\left.\begin{aligned} z_{n+3} &= z_{\tau+3\Delta\tau} = z_\tau + 3\,\Delta z_\tau + 3\,\Delta^2 z_\tau + \Delta^3 z_\tau \\ z_{n+2} &= z_{\tau+2\Delta\tau} = z_\tau + 2\,\Delta z_\tau + \Delta^2 z_\tau \\ z_{n+1} &= z_{\tau+\Delta\tau} \;\;\, = z_\tau + \Delta z_\tau \end{aligned}\right\}. \qquad (91.49)$$

Damit ergibt sich die Differenzengleichung des Regelvorganges in der ersten Form:

$$\frac{\Delta^3 z_\tau}{(\Delta\tau)^3} + \frac{3 + A_1/A_0}{\Delta\tau} \cdot \frac{\Delta^2 z_\tau}{(\Delta\tau)^2} + \frac{3 + 2A_1/A_0 + A_2/A_0}{(\Delta\tau)^2} \cdot \frac{\Delta z_\tau}{\Delta\tau} +$$

$$+ \frac{1 + A_1/A_0 + A_2/A_0 + A_3/A_0}{(\Delta\tau)^3} \cdot z_\tau = 0. \qquad (91.50)$$

Die Lösung erfolgt hier bekanntlich mit dem Probeansatz (s. Anhang IIb)

$$z_\tau = C e^{\frac{\tau}{\Delta\tau} \ln(1 + p\Delta\tau)} \qquad (91.51)$$

wobei für p die Wurzeln der folgenden charakteristischen Gleichung einzusetzen sind:

$$\left.\begin{aligned} &B_0 p^3 + B_1 p^2 + B_2 p + B_3 = 0 \\ \text{mit}\quad &B_0 = 1 \\ &B_1 = \frac{3 + A_1/A_0}{\Delta\tau} \\ &B_2 = \frac{3 + 2A_1/A_0 + A_2/A_0}{(\Delta\tau)^2} \\ &B_3 = \frac{1 + A_1/A_0 + A_2/A_0 + A_3/A_0}{(\Delta\tau)^3} \end{aligned}\right\}. \qquad (91.52)$$

Bei unserer speziellen Aufgabe handelt es sich durchwegs um drei gleiche Eigenwerte, die gleich Null sind; es müssen also auch die Koeffizienten A_1/A_0, A_2/A_0 und A_3/A_0 verschwinden, so daß sich für Gleichung (.52) ergibt

$$p^3 + 3\,(1/\Delta\tau)p^2 + 3\,[1/(\Delta\tau)^2]\,p + [1/(\Delta\tau)^3] = 0. \qquad (91.53)$$

Die Gleichung liefert also die Dreifachwurzel $p_1 = p_2 = p_3 = p_0$:

$$p_0 = -1/\Delta\tau. \qquad (91.54)$$

Lassen wir nun den Tastzyklus immer kleiner werden und schließlich $\Delta\tau \to 0$ gehen, so ergibt Gleichung (.50) die Differentialgleichung des entsprechenden stetigen Regelvorganges mit den Eigenwerten

$$p_0 = -\infty. \qquad (91.55)$$

Dies bedeutet aber, daß der Ausgleichvorgang unendlich rasch abklingt, was offenbar die Regelfläche Null zur Folge haben muß. Dieses Ergebnis war nach dem Bild 109 zu erwarten.

Die zu diesem Regelverlauf gehörigen Werte der Kenngrößen ergeben sich als Grenzwerte der Gleichungen (.44). Die Regelgeschwindigkeit kennzeichnen wir nach den Ausführungen des § 88 durch die bezogene Schließzeit:

$$\frac{T}{T_z} = \lim_{T_C/T_z \to 0} \frac{T_C}{T_z} \cdot \frac{1}{S}$$

und finden mit Gleichung (.44a)

$$\left.\begin{aligned} &\text{a)}\quad \frac{T}{T_z} = \lim_{D\to 1}\left(-\frac{1-D}{1+D}\ln D\right) = 0 \\ &\text{Weiter ist nach den Gleichungen (.44b, c):} \\ &\text{b)}\quad \varrho = \lim_{D\to 1}\frac{1-D}{1+D} = 0 \\ &\text{c)}\quad \frac{T_r}{T_z} = \lim_{D\to 1}\left(-\frac{\ln D}{\ln R}\right) = 0 \end{aligned}\right\}. \qquad (91.56)$$

Die hier gefundenen Werte für ϱ und T_r/T_z haben wir bereits in Bild 63 als Grenzfall für verschwindendes T/T_z kennengelernt, so daß sich stetige Regelung und Schrittregelung widerspruchslos aneinander anfügen.

Wir können zusammenfassend also feststellen:

Der günstigste Betriebsfall bei der Schrittregelung ist dann gegeben, wenn sämtliche Eigenwerte verschwinden. (Im allgemeinen ist hierbei das Vorhandensein einer Stabilisierungseinrichtung notwendig, da sonst die erforderlichen Kenngrößen physikalisch sinnlose Werte annehmen.) Die dabei auftretende Regelfläche ist stets endlich und wird um so kleiner, je kleiner der Tastzyklus gewählt werden kann. Häufig wird die Größe des Tastzyklus durch die Laufzeit des Regelkreises bestimmt. Aber auch bei fehlender Laufzeit kann aus apparativen Gründen die Tastzeit nicht beliebig verkürzt werden.

Bei stetiger Regelung würden sich die Eigenwerte des entsprechenden Regelvorganges als $-\infty$ ergeben, und die zugehörige Regelfläche wäre damit prinzipiell gleich Null. Im Gegensatz zur Schrittregelung ist jedoch hier dieser Betriebszustand mit endlichen Einflußgrößen nie zu verwirklichen.

VI. DIE ZWECKMÄSSIGE ANWENDUNG DER VERSCHIEDENEN REGELUNGSARTEN

§ 92 Vergleich zwischen stetiger Regelung und Schrittregelung

Im Verlauf der durchgerechneten Beispiele haben wir eine Reihe typischer spezieller Regelkreise sowohl bei stetiger als auch bei schrittweiser Betätigung des Verstellorgans kennengelernt. Die Beispiele wurden so ausgewählt, daß wir jetzt in der Lage sind, die den Praktiker vornehmlich interessierende Frage nach dem zweckmäßigen Anwendungsbereich beider Regelungsarten zu beantworten.

Wenn wir zunächst den Idealfall der Regelstrecke erster Ordnung ins Auge fassen, wobei die Regelung ohne Stabilisierungseinrichtung vorgenommen werden soll, so erhalten wir aus den Gleichungen (82. 14), (83. 7), (88. 26a) und (88. 24a) folgende Ergebnisse:

	Stetige Regelung	Schrittregelung
Gleichung des Regelvorganges	$\frac{d^2 z}{dt^2} + \frac{1}{T_z}\frac{dz}{dt} + \frac{1}{T}\frac{1}{T_z} z = 0$	$z_{n+2} - [1 + D - S(1 - D)] z_{n+1} + D z_n = 0$
Stabilitäts-bedingungen	$\frac{T}{T_z} \geqq 0$	$S \leqq 2\,\mathfrak{Ctg}\,[T_C/(2\,T_z)]$ oder $\frac{T^*}{T_z} \geqq \frac{T_C}{2\,T_z}\,\mathfrak{Tg}\,\frac{T_C}{2\,T_z}$
Bedingung für günstigsten Regelverlauf (Ap. Grenzfall)	$\frac{T}{T_z} = 4$	$S = \mathfrak{Tg}\,[T_C/(4\,T_z)]$ oder $T^*/T_z = (T_C/T_z)\,\mathfrak{Ctg}\,[T_C/(4\,T_z)]$
Regelfläche bei aperiodischem Regelverlauf	$\frac{F}{M\,T_z} = T/T_z$	$\frac{F}{M\,T_z} = T^*/T_z$

Zeichnet man die Bedingung der Stabilität sowie des aperiodischen Grenzfalles für die Schrittregelung auf, so erhält man die in Bild 110 wiedergegebenen Kurvenzüge. Für verschwindenden Tastzyklus T_C/T_z nähern sich die Kurven asymptotisch den entsprechenden Werten beim stetigen Regler ($T/T_z = 0$ bzw. $T/T_z = 4$). Bemerkenswert ist dabei, daß die Schrittregelung in diesem einfachen, weitgehend idealisierten Fall bereits zu unstabilem Betrieb führen kann, während bei der stetigen Regelung Stabilitätsgrenzfall nur mit dem praktisch nie zu verwirklichenden Wert $T/T_z = 0$ denkbar ist. Beim aperiodischen Betriebsfall wird durch die gezeichnete Kurve gleichzeitig die Regelfläche dargestellt, da hier $T^*/T_z = F/M\,T_z$. Sie ist durchwegs größer als 4, so daß die Schrittregelung, besonders bei großen Tastzeiten, erheblich ungünstiger verläuft als die entsprechende stetige Regelung.

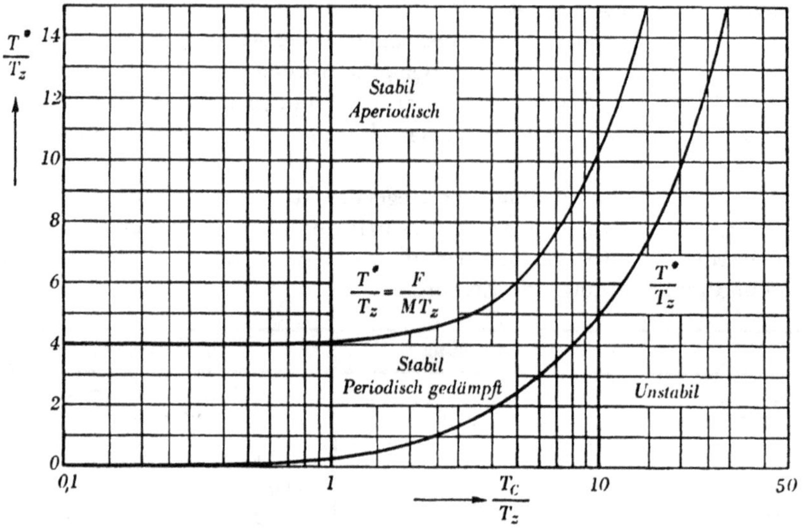

Bild 110: Zum Vergleich zwischen stetiger Regelung und Schrittregelung. Regelstrecke erster Ordnung ohne Laufzeit. Die mittlere Stellzeit T^* des Schrittreglers für Stabilitätsgrenze und aperiodischen Grenzfall als Funktion des Tastzyklus T_C

Ähnliche Verhältnisse ergeben sich auch, wenn die Regelstrecke neben der Verzögerung erster Ordnung auch noch eine gewisse Laufzeit besitzt, und zwar unabhängig davon, ob diese physikalisch gegeben ist oder als Hilfsmittel zur Beschreibung von Regelstrecken höherer Ordnung dient. Vergleichen wir dabei die Regelflächen, die sich aus den Bildern 57 und 102 im aperiodischen Grenzfall ergeben, so erhalten wir die beiden in Bild 111 dargestellten ausgezogenen Kurven. Um vergleichbare Ergebnisse zu erlangen, wurde aus Bild 102 lediglich die Grenzkurve verwendet, für die nach § 89d die Bedingung $T_L = T_C$ gilt. Für kleine Werte der Laufzeit und damit auch des Tastzyklus T_C/T_z unterscheiden sich die beiden Kurven des Bildes 111 naturgemäß kaum merklich. Im übrigen ist aber auch hier die Schrittregelung prinzipiell ungünstiger, wenn auch die Unterschiede selbst bei großen Laufzeiten geringer sind als im zuerst betrachteten Beispiel.

Erheblich andere Verhältnisse ergeben sich jedoch, wenn die Regelung mit Stabilisierungseinrichtung erfolgt, da dann bei der Schrittregelung ein zeitlich begrenzter Regelvorgang erzielt werden kann. Vergleichen wir nun hier die Regelflächen für die jeweils günstigste Einstellung aller Kenngrößen der Bilder 65c, 72, 104, 108 — es ist dies in Bild 111 durchgeführt —, so erkennen wir, daß jetzt die Schrittregelung durchwegs wesentlich günstiger ist. Allerdings muß dabei nach den vorangestellten Überlegungen gesagt werden, daß sich die Einstellung auf verschwindende Eigenwerte nicht für beliebig kleine

Laufzeiten durchführen läßt, da u. a. die geforderte spezifische Schrittgröße sonst Werte annimmt, die praktisch nicht mehr zu verwirklichen sind.

Diese Erkenntnisse lassen sich nun zusammenfassend etwa wie folgt ausdrücken:

Abgesehen von gerätetechnischen Erwägungen ist der zweckmäßigste Einsatz eines Schrittreglers dann gegeben, wenn der Regelkreis beträchtliche Laufzeit besitzt und der Regler mit einer zusätzlichen Stabilisierungseinrichtung ausgerüstet ist. Ohne dieselbe ist die Wirkungsweise eines stetigen Reglers grundsätzlich günstiger.

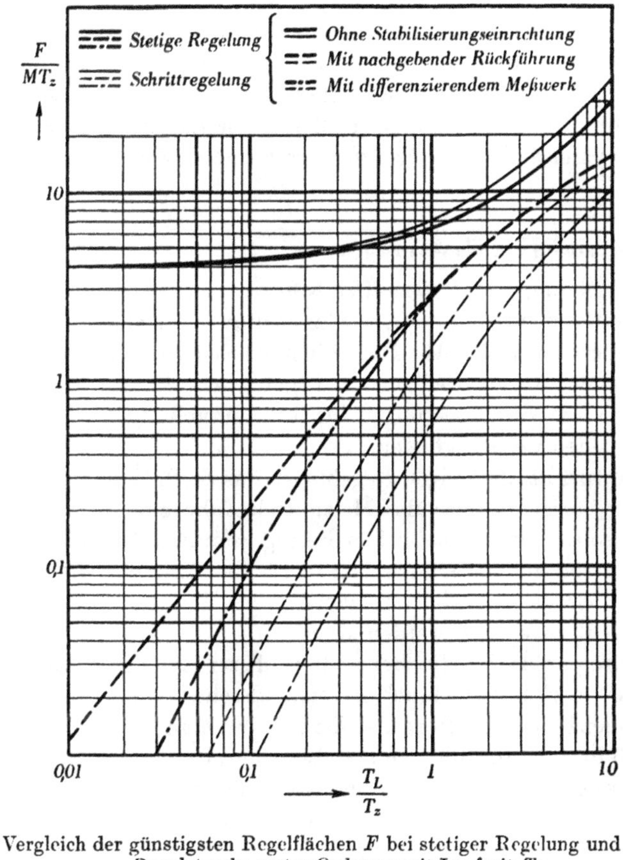

Bild 111: Vergleich der günstigsten Regelflächen F bei stetiger Regelung und Schrittregelung. Regelstrecke erster Ordnung mit Laufzeit T_L

Bei kleinen Laufzeiten bzw. bei kleinem Tastzyklus sind die Unterschiede zwischen den beiden Regelungsarten aber so geringfügig, daß eine Auswahl nur von der apparativen Seite her erfolgen kann. Daß natürlich auch die Frage der Häufigkeit und Form der Störung für die Anwendbarkeit der einen oder anderen Regelungsart von entscheidender Bedeutung sein kann, bedarf wohl keiner weiteren Erläuterung.

Alle unsere Überlegungen setzen voraus, daß die Kenngrößen zur Erreichung des optimalen Betriebszustandes in den erforderlichen Grenzen einstellbar sind. Ist dies jedoch nicht zutreffend, so kann eine Auswahl der zweckmäßigsten Regelungsart nur nach vorheriger genauer Durchrechnung mit den jeweiligen Gegebenheiten vorgenommen werden.

Die Tatsache, daß sich die beiden betrachteten Regelungsarten für kleine Tastzeiten der Schrittregelung praktisch nicht mehr unterscheiden, kann oftmals als bequemes Rechenhilfsmittel ausgewertet werden. Wir haben des öfteren gesehen, daß bei stetigen Regelungen das Vorhandensein von Laufzeit zwangsläufig auf transzendente Stammgleichungen führt, während die entsprechenden Gleichungen bei der Schrittregelung algebraisch bleiben. Man kann diesen, die Berechnung wesentlich erleichternden Vorzug nun dazu benützen, um bei schwierigen stetigen Regelproblemen Näherungslösungen zu erhalten, die der Wirklichkeit um so näher kommen, je kleiner die Laufzeit ist und je kürzer damit der Tastzyklus der ersatzweise durchgerechneten Schrittregelung gewählt werden kann.

§ 93 Die Verwendung des Ein-Aus-Reglers

Die Ein-Aus-Regelung erfordert zweifellos unter allen Regelungsarten den geringsten apparativen Aufwand und verdankt diesem Umstand ihre weite Verbreitung. Das Bestreben, Ein-Aus-Regler in möglichst vielen Fällen einzusetzen, führt aber oftmals zu unbefriedigenden Ergebnissen, die nur durch vorherige genaue Prüfung der Voraussetzungen für ihre sinnvolle und erfolgreiche Verwendung vermieden werden können.

Grundsätzlich wird bei derartigen Regelungen das Stellglied und damit die gesteuerte Größe, beispielsweise die Heizmittelzufuhr einer Temperaturregelanlage stoßweise um einen erheblichen Betrag geändert. Diese Tatsache stellt bereits einen ersten aussondernden Faktor für die Anwendbarkeit eines Auf-Zu-Reglers dar, da in vielen technischen Anlagen derartig große, stoßförmige Änderungen nicht zugelassen werden können.

Weitere Gesichtspunkte für die Beurteilung dieser Art von Regelungen sind die Amplituden der unvermeidlichen Zustandsschwingungen sowie die auftretende Frequenz der Schaltorgane. Betrachtet man zu diesem Zweck die Diagramme 86 und 87, so fällt in erster Linie auf, daß die Amplitude der Zustandsschwingung einen gewissen Mindestbetrag aufweist, der weder durch Erhöhung der Ansprechempfindlichkeit noch selbst durch besondere Einrichtungen zur Erzielung negativer Ansprechgrenzen herabgedrückt werden kann. Eine Ausnahme bilden hier nur (s. Bild 86) Regelstrecken, die sehr geringe Laufzeit besitzen (oder zu deren Beschreibung eine relativ sehr kleine Laufzeit genügt). Wir können hiernach folgende Richtlinien aufstellen:

In den Fällen, wo auf möglichst genaue Einhaltung des Sollwertes ($\pm Z_{\max}$) Wert gelegt wird, darf die Regelstrecke bei Verwendung eines Ein-Aus-Reglers nur vergleichsweise sehr kleine Laufzeit aufweisen oder die den Gleichgewichtslagen des Stellgliedes zugeordnete Spanne der Regelgröße (Z) muß klein sein.

Ferner ist den Diagrammen 85 und 87 zu entnehmen, daß bei vorgegebener Amplitude der Regelgröße die Umschaltfrequenz allein von der Trägheit (T bzw. T_z) der Regelstrecke abhängig ist. Das heißt aber:
Bei geringer Trägheit der Regelstrecke, vor allem wenn außerdem geringe Laufzeit vorliegt (s. Bild 86), kann die Umschaltung sehr häufig werden. Man erhält dann mit einfachen Mitteln eine unter Umständen sehr hochwertige und schnelle Regelung (Tirillregler), die allerdings an die Betriebssicherheit der Schaltorgane hohe Anforderungen stellt. Das gegebene und wohl auch verbreitetste Anwendungsfeld für Ein-Aus-Regler sind jedoch Regelstrecken mit großer Trägheit. Hier sind bei geringstem Aufwand und geringer Abnutzung der Schaltorgane Ergebnisse zu erzielen, die auch mit ausschlagabhängigen Reglern und Stabilisierungseinrichtungen nur unwesentlich verbessert werden könnten.
Von Fall zu Fall werden jedoch noch andere Gesichtspunkte für die Auswahl der geeigneten Regelungsart entscheidend sein. So wird man aus Gründen der Wirtschaftlichkeit einen Ein-Aus-Regler gelegentlich auch dann verwenden, wenn mit ihm nur ein geringes Maß an Regelgenauigkeit erreichbar ist.

ANHANG

I. ZUR LAPLACETRANSFORMATION

a) Die wichtigsten Sätze und Regeln

Im folgenden sind die hier benötigten Sätze und Regeln der Laplacetransformation zusammengestellt. Dabei kann natürlich auf mathematische Grundlagen und Beweise nicht eingegangen werden. Zum genaueren Studium der Laplace-Transformation sei auf die entsprechende Literatur verwiesen [6, 27, 28].

1. Die Transformation in den Unterbereich

Die Transformation einer Funktion $f(t)$ in den Unter- oder Bildbereich erfolgt durch Anwendung des sog. einseitig unendlichen Laplaceintegrals. Diese Operation wird symbolisch durch das Zeichen $\mathfrak{L}$ gekennzeichnet. Die entsprechende Funktion f_b heißt Unter- oder Bildfunktion:

$$f_b(p) = \mathfrak{L}[f(t)] = \int_0^\infty f(t) e^{-pt}\, dt. \tag{I. 1}$$

Im Hauptteil ist der Index b zur Kennzeichnung des Bildbereiches weggelassen, und die zu den Oberfunktionen $f(t)$, $z(t)$, $\varphi(t)$ gehörigen Unterfunktionen kurz als $f(p)$, $z(p)$, $\varphi(p)$ usw. geschrieben. Es sei aber ausdrücklich betont, daß es sich dabei nicht um gleiche Funktionen verschiedener Variabler handelt.
Die Funktion $f(t)$ wird als Ober- oder Originalfunktion bezeichnet. Man unterscheidet entsprechend einen Original- und einen Bildbereich. Die Auswertung des Integrals ist bei allen hier vorkommenden Fällen mit elementaren Mitteln durchführbar.

2. Die Rücktransformation in den Oberbereich

Die Rücktransformation einer Bildfunktion in den Originalbereich vermittelt die sog. komplexe Umkehrformel. Sie wird durch das Zeichen $\mathfrak{L}^{-1}$ versinnbildlicht:

$$f(t) = \mathfrak{L}^{-1}[f_b(p)] = \frac{1}{2\pi i} \int_{-i\infty}^{+i\infty} f_b(p) e^{pt}\, dp. \tag{I. 2}$$

Die Auswertung von Gleichung (.2) ist bei allen hier betrachteten Unterfunktionen mit Hilfe der Integralsätze der Funktionentheorie möglich (§§ 19 bis 26). Diese gelegentlich zeitraubende Integration kann erspart werden durch Zu-

hilfenahme einer geeigneten Zusammenstellung häufig vorkommender Ober- und Unterfunktionen [5, 6, 28].
Die Funktionentafel Anhang Ib stellt einen Auszug aus einer derartigen Funktionentafel für hier häufig verwendete Funktionenpaare dar.

3. Die Differentiation im Oberbereich

Der Differentiation im Oberbereich entspricht im Unterbereich die Multiplikation mit dem Parameter p. Entsprechend ist bei der n-fachen Differentiation die Unterfunktion mit p^n zu multiplizieren. Dabei sind stets die n Anfangswerte der differenzierten Funktion $[f(0), f'(0), f''(0) \ldots]$ zu berücksichtigen. Es ist:

$$\mathfrak{L}\left(\frac{d^n f(t)}{dt^n}\right) = p^n f_b(p) - p^{n-1} f(0) - p^{n-2} f'(0) - \cdots - f^{(n-1)}(0). \quad \text{(I. 3)}$$

Sind speziell alle Anfangswerte, das heißt also die Funktion selbst und ihre $n - 1$ ersten Ableitungen gleich Null, so ist einfach:

$$\mathfrak{L}\left(\frac{d^n f(t)}{dt^n}\right) = p^n f_b(p). \quad \text{(I. 4)}$$

4. Die Integration im Oberbereich

Als Umkehrung der Differentiation entspricht einer bestimmten Integration von 0 bis t im Oberbereich die Division mit p im Unterbereich:

$$\mathfrak{L}\left[\int_0^t f(\xi)\, d\xi\right] = \frac{1}{p} f_b(p). \quad \text{(I. 5)}$$

5. Der Additionssatz

Sind $A_1, A_2 \ldots$ Konstante, so gilt:

$$\mathfrak{L}[A_1 f_1(t) + A_2 f_2(t) + \cdots] = A_1 \mathfrak{L}[f_1(t)] + A_2 \mathfrak{L}[f_2(t)] + \cdots, \quad \text{(I. 6)}$$

d. h. die Reihenfolge der Summation und der Transformation endlicher Summen kann vertauscht werden.

6. Der Verschiebungssatz

Ist die Originalfunktion: $f(t) = 0$ für

$$0 < t \leqq T \qquad \text{bzw.} \qquad -T \leqq t < 0,$$

so entspricht einer Verschiebung der Oberfunktion um den Betrag $\mp T$ im Unterbereich die Multiplikation mit $e^{\pm Tp}$:

$$\mathfrak{L}[f(t \pm T)] = e^{\pm Tp} \cdot f_b(p). \quad \text{(I. 7)}$$

7. Der Ähnlichkeitssatz

Es ist: $\mathfrak{L}[f(At)] = (1/A) f_b(p/A)$ (I. 8)

und $\mathfrak{L}[f(t/A)] = A f_b(Ap)$. (I. 9)

Aus dem Ähnlichkeitssatz folgt die wichtige Tatsache, daß kleinen Werten der Obervariablen t große Werte der Untervariablen p entsprechen, und umgekehrt:

$$\left.\begin{array}{lll} t \to 0 & \text{entspricht} & p \to \infty \\ t \to \infty & \text{,,} & p \to 0 \end{array}\right\}. \quad \text{(I. 10)}$$

Man ist damit in der Lage, aus der Unterfunktion mit $p = 0$ und $p = \infty$ direkt auf den Wert der Originalfunktion für $t = \infty$ bzw. $t = 0$ zu schließen. Es ist nämlich:

$$\lim_{p\to\infty} p f_b(p) = \lim_{t\to 0} f(t) \quad \text{(I. 11)}$$

und unter gewissen Einschränkungen:

$$\lim_{p\to 0} p f_b(p) = \lim_{t\to\infty} f(t). \quad \text{(I. 12)}$$

Die Bedingungen für die Gültigkeit der Gleichung (.12) sind:

a) Die Unterfunktion darf mit Ausnahme des Nullpunktes keine singulären Stellen auf der imaginären Achse oder in der positiven Halbebene der komplexen Ebene besitzen.

b) Es muß sein: $|f_b(p)| < M\ |p|^k$, wobei M und k positive, reelle Zahlen bedeuten.

8. Der Multiplikationssatz

Bedeutet n eine ganze, positive Zahl, so gilt:

$$\mathfrak{L}[t^n \cdot f(t)] = (-1)^n\, d^n f_b(p)/dp^n. \quad \text{(I. 13)}$$

9. Der Faltungssatz

Werden zwei Unterfunktionen miteinander multipliziert, so ist die zugehörige Oberfunktion ein Integral vom Faltungstypus:

$$\left.\begin{array}{ll} & \mathfrak{L}^{-1}[f_b(p)\cdot\varphi_b(p)] = \int\limits_0^t f(\xi)\cdot\varphi(t-\xi)\,d\xi \\ \text{oder} & \mathfrak{L}^{-1}[f_b(p)\cdot\varphi_b(p)] = \int\limits_0^t f(t-\xi)\cdot\varphi(\xi)\,d\xi \end{array}\right\}. \quad \text{(I. 14)}$$

Dabei sind die beiden Integrale der Gleichungen (.14) einander völlig gleichwertig (s. § 17).

10. Die Auswertung bestimmter Integrale

Bei der Auswertung bestimmter Integrale mit den Grenzen 0 und ∞ leistet die Laplace-Transformation häufig hervorragende Dienste. Es ist (s. obige Einschränkungen unter 7) einfach:

$$\int\limits_0^\infty f(t)\,dt = [f_b(p)]_\infty^0. \quad \text{(I. 15)}$$

b) Zusammenstellung einiger häufig vorkommender Funktionenpaare

Unterfunktion	Oberfunktion
$f_b(p) = \int\limits_0^\infty f(t)e^{-pt}dt$	$f(t) = \frac{1}{2\pi i}\int\limits_{-i\infty}^{+i\infty} f_b(p)e^{pt}dp$
1) $f_b(p) = 1/p$	$f(t) = 1$
2) $f_b(p) = 1/p^{n+1}$ $n =$ ganzzahlig	$f(t) = (1/n!)t^n$
3) $f_b(p) = 1/(p \pm \alpha)$	$f(t) = e^{\mp \alpha t}$
4) $f_b(p) = 1/(p \pm \alpha)^{n+1}$ $n =$ ganzzahlig	$f(t) = (1/n!)t^n e^{\mp \alpha t}$
5) $f_b(p) = 1/[p(p+\alpha)]$	$f(t) = (1/\alpha)\ (1 - e^{-\alpha t})$
6) $f_b(p) = p/(p^2+\alpha^2)$	$f(t) = \cos \alpha t$
7) $f_b(p) = \alpha/(p^2+\alpha^2)$	$f(t) = \sin \alpha t$
8) $f_b(p) = p/(p^2-\alpha^2)$	$f(t) = \mathfrak{Cos}\,\alpha t$
9) $f_b(p) = \alpha/(p^2-\alpha^2)$	$f(t) = \mathfrak{Sin}\,\alpha t$
10) $f_b(p) = \frac{1/p}{(p-p_1)(p-p_2)}$	$f(t) = \frac{1}{p_1p_2}\left[1 + \frac{1}{p_1-p_2}(p_2e^{p_1t} - p_1e^{p_2t})\right]$
$= \frac{1/p}{p^2+2\delta p+(\delta^2+\omega^2)}$	$= \frac{1}{\delta^2+\omega^2}\left[1 - \left(\cos\omega t + \frac{\delta}{\omega}\sin\omega t\right)e^{-\delta t}\right]$
11) $f_b(p) = 1/[(p-p_1)(p-p_2)]$ $= 1/[p^2+2\delta p+(\delta^2+\omega^2)]$	$f(t) = [1/(p_1-p_2)]\,(e^{p_1t} - e^{p_2t})$ $= (1/\omega)e^{-\delta t}\sin\omega t$
12) $f_b(p) = p/[(p-p_1)(p-p_2)]$ $= p/[p^2+2\delta p+(\delta^2+\omega^2)]$	$f(t) = [1/(p_1-p_2)]\,(p_1e^{p_1t} - p_2e^{p_2t})$ $= [\cos\omega t - (\delta/\omega)\sin\omega t]e^{-\delta t}$

Ist $\omega^2 < 0$, so gehen in den Funktionenpaaren 10) bis 12) die trigonometrischen in die entsprechenden Hyperbel-Funktionen über [s. 6) bis 9)].

13) $f_b(p) = \frac{1}{p}e^{-a\sqrt{p}}$	$f(t) = 1 - \Phi\left(\frac{a}{2\sqrt{t}}\right)$, wobei $\Phi(x) = (2/\sqrt{\pi})\int\limits_0^x e^{-u^2}du.$

II. ZUR DIFFERENZENRECHNUNG

Es sollen hier in gedrängter Form die wesentlichsten Grundbegriffe der Differenzenrechnung dargestellt werden, die zum Verständnis von Teil V (§§ 78 bis 92) erforderlich sind. Obwohl es sich hierbei nur um die einfachsten Differenzen und Summen sowie lediglich um lineare, homogene Differenzengleichungen mit konstanten Koeffizienten handelt, so kann doch deren Kenntnis nicht als Allgemeingut des Ingenieurs angesehen werden. Das hier interessierende Teilgebiet der Differenzenrechnung befaßt sich mit den Zusammenhängen zwischen äquidistanten Werten der unabhängigen Veränderlichen von reellen und endlichen Funktionen und den zugehörigen Funktionswerten. Dabei ist es gleichgültig, ob die Funktion stetig oder unstetig ist, wenn sie nur in den betreffenden ausgezeichneten (diskreten) Punkten definiert ist. Für ein genaueres Studium, insbesondere auch der mathematischen Grundlagen und Beweise muß auf die einschlägige Literatur verwiesen werden (s. vor allem [21] und [3]).

a) Differenzen und Summen

Wenn eine Funktion $f(x)$ gegeben ist, so heißt der Ausdruck

$$\varphi(x) = f(x + \Delta x) - f(x) \tag{II.1}$$

die Differenz $\Delta f(x)$ (erster Ordnung) von $f(x)$ für die konstante Spanne oder das konstante Intervall Δx, also

$$\Delta f(x) = \varphi(x). \tag{II.2}$$

Bildet man auf die gleiche Weise die Differenz zweier Differenzen erster Ordnung, so entsteht die Differenz zweiter Ordnung:

$$\Delta^2 f(x) = \Delta f(x + \Delta x) - \Delta f(x) = f(x + 2\,\Delta x) - 2 f(x + \Delta x) + f(x) \tag{II.3}$$

Ganz entsprechend findet man für die Differenz n-ter Ordnung:

$$\begin{aligned} \Delta^n f(x) &= \Delta^{n-1} f(x + \Delta x) - \Delta^{n-1} f(x) \\ &= f(x + n\,\Delta x) - \binom{n}{1} f[x + (n-1)\,\Delta x] + \\ &\quad + \binom{n}{2} f[x + (n-2)\,\Delta x] - \cdots + (-1)^n \binom{n}{n} f(x). \end{aligned} \tag{II.4}$$

Die Quotienten $\dfrac{\Delta f(x)}{\Delta x}, \quad \dfrac{\Delta^2 f(x)}{(\Delta x)^2}, \quad \ldots, \quad \dfrac{\Delta^n f(x)}{(\Delta x)^n}$ nennt man die Differenzenquotienten erster, zweiter, ...n-ter Ordnung.

Durch die Gleichungen (.1), (.3), (.4) werden die Differenzen durch aufeinanderfolgende Funktionswerte dargestellt. Umgekehrt lassen sich aber auch einzelne Funktionswerte durch einen Funktionswert und aufeinanderfolgende Differenzen ausdrücken. Aus (.1) und (.2) folgt unmittelbar:

$$f(x + \Delta x) = f(x) + \Delta f(x), \tag{II.5}$$

und man findet weiterhin:

$$f(x + 2\,\Delta x) = f(x) + 2\,\Delta f(x) + \Delta^2 f(x) \tag{II.6}$$

. . . .

$$f(x + n\Delta x) = f(x) + \binom{n}{1}\Delta f(x) + \binom{n}{2}\Delta^2 f(x) + \cdots + \binom{n}{n}\Delta^n f(x) \tag{II.7}$$

Werden bei der Differenzenbildung die Intervalle immer kleiner und schließlich verschwindend klein, so geht der Prozeß in den des Differenzierens über; aus der Differenz $\Delta f(x)$ wird so das Differential $d f(x)$, aus dem Differenzenquotienten $\frac{\Delta f(x)}{\Delta x}$ wird der Differentialquotient $\frac{d f(x)}{dx}$.

Die Bildung der Summe ist die zur Bildung der Differenz inverse Operation. Man hat also entsprechend Gleichung (.1)

$$F(x + \Delta x) - F(x) = f(x), \tag{II.8}$$

und die Summe $\Sigma f(x)$ (erster Ordnung)

$$\Sigma f(x) = F(x) \tag{II.9}$$

ist hiernach so definiert, daß ihre Differenz die Funktion $f(x)$ ergibt. Auf die Frage, ob eine vorgelegte Funktion summierbar ist, kann hier nicht eingegangen werden.

Gleichung (.9) ist noch nicht vollständig, da eine willkürliche periodische Funktion mit der Periode Δx zu $F(x)$ hinzugefügt werden kann, die bei der Differenzenbildung wieder verschwindet. Ist die Funktion $f(x)$ nur in äquidistanten Punkten von x: $a, a + \Delta x, \quad a + 2\Delta x, \ldots$ definiert, dann wird die periodische Funktion eine willkürliche Konstante, die mit C bezeichnet werden soll. Es ist also:

$$\Sigma f(x) = F(x) + C, \tag{II.10}$$

und dieser Ausdruck heißt unbestimmte Summe.

Die Konstante C verschwindet, wenn man zwei Werte der unbestimmten Summe für $x = a + m\Delta x$ und $x = a + n\Delta x$ voneinander subtrahiert. So entsteht die bestimmte Summe:

$$\sum_{a+n\Delta x}^{a+m\Delta x} f(x) = F(a + m\Delta x) - F(a + n\Delta x). \tag{II.11}$$

Die Zahlen $a + m\Delta x$ und $a + n\Delta x$ werden Grenzen dieser Summe genannt. Wenn $b = a + m\Delta x$, also $(b - a)/\Delta x$ eine ganze positive Zahl ist, dann gilt:

$$\begin{aligned}\sum_a^b f(x) &= f(a) + f(a + \Delta x) + f(a + 2\,\Delta x) + \cdots + f(b - \Delta x)\\ &= F(b) - F(a).\end{aligned} \tag{II.12}$$

Die gleiche Analogie mit der Infinitesimalrechnung wie bei der Differenzenbildung ergibt sich für verschwindende Spanne auch bei der Summenbildung. Aus der unbestimmten Summe wird dann das unbestimmte Integral.

Tabelle 1. Regeln für Differenzenbildung und Summierung

Die Operationen Δ und Σ sind zueinander invers und heben sich auf, wenn sie hintereinander ausgeführt werden

I	$\Delta[f_1(x) + f_2(x) + f_3(x) + \cdots]$ $= \Delta f_1(x) + \Delta f_2(x) + \Delta f_3(x) + \cdots$	$\Sigma[f_1(x) + f_2(x) + f_3(x) + \cdots]$ $= \Sigma f_1(x) + \Sigma f_2(x) + \Sigma f_3(x) + \cdots$
II	$\Delta C \cdot f(x) = C\,\Delta f(x)$	$\Sigma C \cdot f(x) = C\,\Sigma f(x)$
III	$\Delta[\varphi(x)\,\psi(x)] = \varphi(x)\,\Delta\psi(x)$ $+ \psi(x+\Delta x)\,\Delta\varphi(x)$	$\Sigma\varphi(x)\,\Delta\psi(x) = \varphi(x)\,\psi(x)$ $-\Sigma\psi(x+\Delta x)\,\Delta\varphi(x)$ (partielle oder Teil-Summation)
IV	$\Delta\frac{\varphi(x)}{\psi(x)} = \frac{\psi(x)\,\Delta\varphi(x) - \varphi(x)\,\Delta\psi(x)}{\psi(x)\,\psi(x+\Delta x)}$	

Tabelle 2. Einige spezielle Differenzen und Summen

$\Delta 1 = 0$		
$\Delta x = (x+\Delta x) - x$ $= \Delta x$	$\frac{1}{\Delta x}\,\Delta x = 1$	$\Sigma 1 = \frac{x}{\Delta x} + C$
$\Delta x^2 = (x+\Delta x)^2 - x^2$ $= \Delta x\,(2x+\Delta x)$	$\frac{1}{2\Delta x}\,\Delta x^2 - \frac{1}{2}\,\Delta x = x$	$\Sigma x = \frac{x(x-\Delta x)}{2\Delta x} + C$
$\Delta x^3 = (x+\Delta x)^3 - x^3$ $= \Delta x\,[3x^2 + 3x\,\Delta x + (\Delta x)^2]$	$\frac{1}{3\Delta x}\,\Delta x^3 - \Delta x\left(x + \frac{1}{3}\,\Delta x\right) = x^2$	$\Sigma x^2 = \frac{x(x-\Delta x)(2x-\Delta x)}{6\Delta x} + C$
$\Delta x^n = (x+\Delta x)^n - x^n$ $= \sum_{\nu=1}^{n} \binom{n}{\nu} (\Delta x)^\nu x^{n-\nu}$ $(n = \text{ganz} > 0)$		
$\Delta a^x = a^{x+\Delta x} - a^x$ $= a^x(a^{\Delta x} - 1)$	$\frac{1}{a^{\Delta x}-1}\,\Delta a^x = a^x$	$\Sigma a^x = \frac{a^x}{a^{\Delta x}-1} + C$ $(a^{\Delta x} \neq 1)$

Auch die doppelte Deutung der Integration, nämlich einmal als Umkehrung der Differentiation und zum anderen als Fläche findet sich bei dem Begriffe der Summation wieder. Zur Verdeutlichung sind in Bild 112 die Funktionen $\Delta f(x)$ und $\sum f(x)$ (letztere unter Vernachlässigung der willkürlichen Konstanten) für $f(x) = x^2$ und $\Delta x = {}^1/_{10}$ aufgetragen und auch die durch die bestimmte Summe dargestellten Zusammenhänge angedeutet.

Für die Differenzenbildung und die Summierung gelten bestimmte Rechenregeln. Die wichtigsten sind in der vorstehenden Tabelle 1 zusammengestellt. Ihre Analogie mit der Infinitesimalrechnung springt in die Augen.

Die Frage der tatsächlichen Bestimmung von Differenzen und vor allem von Summen bestimmter Funktionen ist sehr vielfältiger Natur und teilweise sehr

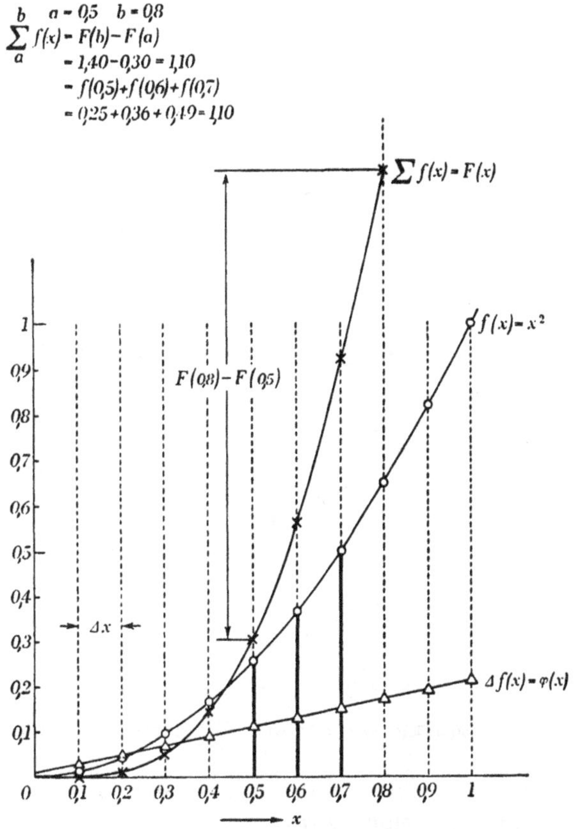

Bild 112: Die Funktion $f(x) = x^2$, ihre Differenz und ihre Summe

schwierig. Für die vorliegenden Anwendungsfälle kommen jedoch nur ganz einfache Funktionen in Frage, bei denen sich sowohl die Differenzenbildung als auch die Summation durch einfache Umkehrung ganz elementar erledigen läßt. Einige spezielle Differenzen und Summen sind in der vorstehenden Tabelle 2 eingetragen. Dabei ist sowohl die Bildung der Differenz als auch der Weg der Umkehrung zur Bildung der Summe angedeutet.

Zur Vereinfachung der Schreibweise führt man zweckmäßig folgende Bezeichnungen ein:

$$\left.\begin{aligned} f(x) &= y_x \\ f(a) &= y_a \\ f(a + \Delta x) &= y_{a+\Delta x} \\ &\cdots\cdots \\ f(a + n\,\Delta x) &= y_{a+n\Delta x} \end{aligned}\right\}; \qquad \text{(II. 13)}$$

somit wird z. B. $\Delta f(a) = \Delta y_a = y_{a+\Delta x} - y_a$

$$\Delta^2 f(a) = \Delta y_{a+\Delta x} - \Delta y_a = y_{a+2\Delta x} - 2\, y_{a+\Delta x} + y_a$$

usw.

ferner $f(a + \Delta x) = y_a + \Delta y_a$

$$f(a + 2\,\Delta x) = y_a + 2\,\Delta y_a + \Delta^2 y_a$$

usw.

und schließlich $\Sigma f(x) = \Sigma y_x$.

Die Verhältnisse vereinfachen sich weiterhin wesentlich, wenn man die Spanne $\Delta x = 1$ setzt, was durch eine lineare Transformation der unabhängigen Veränderlichen immer zu erreichen ist. In den hier gebrachten Anwendungen ist diese Umformung überall durchgeführt.

b) Lineare Differenzengleichungen mit konstanten Koeffizienten

Eine Gleichung der Form

$$\Phi_1\left(x,\ f(x),\ \frac{\Delta f(x)}{\Delta x},\ \frac{\Delta^2 f(x)}{(\Delta x)^2},\ \dots\ \frac{\Delta^m f(x)}{(\Delta x)^m}\right) = 0 \qquad \text{(II. 14)}$$

mit der unabhängigen Veränderlichen x, deren Spanne Δx, der unbekannten Funktion $f(x)$ und Φ_1 einer gegebenen Funktion nennt man eine Differenzengleichung.

Sie läßt sich unter Anwendung der Formel (.4), da die Spanne Δx als Konstante anzusehen ist, leicht in die Gestalt

$$\Phi_2\,[x, f(x),\ f(x + \Delta x),\ f(x + 2\,\Delta x),\ \dots f(x + m\Delta x)] = 0 \qquad \text{(II. 15)}$$

überführen bzw. mit Hilfe der Formel (.7) wieder in Gleichung (.14) zurückverwandeln.

Gleichung (.14) nennt man eine Differenzengleichung erster Form, Gleichung (.15) eine Differenzengleichung zweiter Form.

Aus dem großen Gebiet der Differenzengleichungen interessieren hier nur die linearen, in denen die Funktion $f(x)$ und ihre Differenzenquotienten ausschließlich im ersten Grade vorkommen. Wenn darüber hinaus, wie in den obigen Gleichungen (.14) und (.15) eine Funktion von x, die sog. Störfunktion vorhanden ist, so heißen die Differenzengleichungen vollständig; fehlt die Abhängigkeit von x, so nennt man eine derartige Gleichung homogen. Bei den Anwendungsfällen in Teil V treten nur homogene Gleichungen auf, die außerdem nur konstante Koeffizienten und somit die Form

$$A_0 \frac{\Delta^m f(x)}{(\Delta x)^m} + A_1 \frac{\Delta^{m-1} f(x)}{(\Delta x)^{m-1}} + \cdots + A_m f(x) = 0 \qquad \text{(II. 16)}$$

besitzen. Die Ordnung einer Differenzengleichung erkennt man am sichersten aus der zweiten Form [Gleichung (II. 15)]. Tritt hier außer $f(x)$ auch $f(x + m\Delta x)$, aber kein größeres Argument auf, so heißt die Gleichung von m-ter Ordnung.

Bei den Differenzengleichungen erster Form ist wiederum die Analogie zu Differentialgleichungen auffallend. Das kommt naturgemäß auch in dem Lösungsansatz

$$f(x) = C e^{(x/\Delta x) \ln(1+p\Delta x)} \tag{II. 17}$$

zum Ausdruck, der mit $\Delta x \to 0$ in den Exponentialansatz für Differentialgleichungen übergeht:

$$\lim_{\Delta x \to 0} e^{(x/\Delta x) \ln(1+p\Delta x)} = e^{px}.$$

Aus Gleichung (.17) findet man leicht:

$$\frac{\Delta^n f(x)}{(\Delta x)^n} = C p^n e^{(x/\Delta x) \ln(1+p\Delta x)}, \tag{II. 18}$$

womit nach Einsetzen in Gleichung (.16) die sog. charakteristische Gleichung:

$$A_0 p^m + A_1 p^{m-1} + \cdots + A_m = 0 \tag{II. 19}$$

hervorgeht.

Mit der Schreibweise nach Gleichung (.13) hat die der Gleichung (.16) entsprechende Differenzengleichung zweiter Form die Gestalt:

$$B_0 y_{x+m\Delta x} + B_1 y_{x+(m-1)\Delta x} + \cdots + B_m y_x = 0. \tag{II. 20}$$

Um diese Gleichung direkt zu lösen, macht man den probeweisen Ansatz:

$$y_x = C w^{x/\Delta x} \tag{II. 21}$$

und trägt diesen in die Gleichung (.20) ein. Es ergibt sich:

$$C w^{x/\Delta x}(B_0 w^m + B_1 w^{m-1} + \cdots + B_m) = 0. \tag{II. 22}$$

Diese Gleichung besitzt (außer der trivialen Lösung $C w^{x/\Delta x} = y_x = 0$) die m Wurzeln des Klammerausdruckes als Lösungen. Ist also w eine Wurzel der charakteristischen Gleichung:

$$B_0 w^m + B_1 w^{m-1} + \cdots + B_m = 0, \tag{II. 23}$$

dann ist (.21) eine partikuläre Lösung der Differenzengleichung (.20). Durch Vergleich der charakteristischen Gleichungen (.19) und (.23) ergibt sich:

$$p_\mu = (w_\mu - 1)/\Delta x. \tag{II. 24}$$

Jeder Mehrfachwurzel der einen Gleichung entspricht also eine solche der anderen, allerdings von verschiedenem Betrag.

Im allgemeinen sind die Differenzengleichungen zweiter Form in der Handhabung bequemer und übersichtlicher. Da sich außerdem bei den Anwendungen in Teil V die simultanen Ausgangsgleichungen direkt in dieser Form ergeben, werden im vorliegenden Zusammenhang vorwiegend Differenzengleichungen zweiter Form verwendet.

Wenn in Gleichung (.23) sämtliche Wurzeln w_μ verschieden sind, dann lautet mit Gleichung (.21) die allgemeine Lösung von (.21):

$$y_x = C_1 w_1^{x/\Delta x} + C_2 w_2^{x/\Delta x} + \cdots + C_m w_m^{x/\Delta x}. \qquad \text{(II. 25)}$$

Sind jedoch k Wurzeln der charakteristischen Gleichung einander gleich, so hat die allgemeine Lösung die Form:

$$y_x = [C_1 + C_2(x/\Delta x) + \cdots + C_k(x/\Delta x)^{k-1}] w_1^{x/\Delta x} + \\ + C_{k+1} w_2^{x/\Delta x} + \cdots + C_m w_{m-k}^{x/\Delta x}. \qquad \text{(II. 26)}$$

$C_1 \ldots C_m$ sind dabei m willkürliche Konstanten, die für eine spezielle Lösung aus m vorgegebenen Funktionswerten y_x, meist den m Anfangswerten y_0, $y_{\Delta x} \cdots y_{(m-1)\Delta x}$, mit Hilfe der Gleichung (.25) bzw. (.26) zu bestimmen sind. Der Aufbau der Gleichungen (.21), (.25) und (.26) legt die Substitution

$$\xi = x/\Delta x \text{ bzw. } \Delta \xi = \Delta x/\Delta x = 1, \qquad \text{(II. 27)}$$

also eine bereits unter a) erwähnte lineare Transformation der unabhängigen Veränderlichen nahe. Die Differenzengleichung (.20) nimmt hiermit die Form an:

$$B_0 y_{\xi+m} + B_1 y_{\xi+m-1} + \cdots + B_m y_\xi = 0. \qquad \text{(II. 28)}$$

Interessieren ferner nur die Werte, welche die Funktion y für äquidistante Punkte der Veränderlichen x mit dem Abstand der Spanne Δx annimmt, dann durchläuft ξ die Folge $0, 1, 2, \ldots n, \ldots$ der ganzen Zahlen, und man schreibt zweckmäßig etwa an Stelle von Gleichung (.25)

$$y_n = C_1 w_1^n + C_2 w_2^n + \cdots + C_m w_m^n. \qquad \text{(II. 29)}$$

Es ist schließlich noch zu erwähnen, daß, wie bei linearen Differentialgleichungen, die allgemeine Lösung immer in eine rein reelle Form gebracht werden kann, wenn alle Koeffizienten der Differenzengleichung und damit auch der charakteristischen Gleichung reell sind.

SCHRIFTTUM

Eine sehr ausführliche Zusammenstellung der gesamten Reglerliteratur findet sich in den Werken:

W. SCHMIDT, Unmittelbare Regelung. VDI-Verlag, Berlin 1939, und

F. ENGEL, Mittelbare Regler und Regelanlagen, VDI-Verlag, Berlin 1944, in dem auch ein großer Teil der einschlägigen Patentschriften aufgeführt ist.

Die nachstehende Zusammenstellung soll lediglich eine Quellenangabe für die vorliegende Arbeit darstellen.

[1] W. ARTUS, Über Regelmethoden in steuerbaren elektrischen Systemen und die Kriterien ihrer Stabilität. Elektr. Nachrichtentechnik 17 (1940), 231 bis 244.

[2] W. ARTUS, Über die Behandlung der Stabilität mechanisch-elektrischer Regelsysteme. Wiss. Veröff. Siemens-Werken 20 (1941), 1. Heft, 186 bis 206.

[3] FR. BLEICH u. E. MELAN, Die gewöhnlichen und partiellen Differenzengleichungen der Baustatik. Verlag J. Springer, Berlin u. Wien 1927.

[4] A. CALLENDER, D. R. HARTREE and A. PORTER, Time-Lag in a Control System. Phil. Trans. Roy. Soc. London 235 (1936), 415 bis 444.

[5] G. A. CAMPBELL and R. M. FOSTER, Fourier Integrals for practical Applications. Bell Telephone System Monograph B 584, New York 1931.

[6] H. W. DROSTE, Die Lösung angewandter Differentialgleichungen mittels Laplacescher Transformation. Neuere Rechenverfahren der Technik, H. 1 (1939), Verlag E. S. Mittler u. Sohn, Berlin.

[7] F. EMDE, Tafeln elementarer Funktionen. Verlag B. G. Teubner, Leipzig u. Berlin 1940.

[8] E. GÖRK, Gesetzmäßigkeiten bei Regelvorgängen. Wiss. Veröff. Siemens-Werken 20 (1941), 2. Heft, 109 bis 144.

[9] E. GRÜNWALD, Lösungsverfahren der Laplace-Transformation für Ausgleichsvorgänge in linearen Netzen, angewandt auf selbsttätige Regelungen. Arch. Elektrotechnik 35 (1941), 379 bis 400.

[10] K. HAYASHI, Fünfstellige Tafeln der Kreis- und Hyperbelfunktionen. Verlag W. de Gruyter, Berlin 1938.

[11] »Hütte«, des Ingenieurs Taschenbuch, I. Band, 26. Aufl. Verlag W. Ernst u. Sohn, Berlin 1931.

[12] A. HURWITZ, Über die Bedingungen, unter welchen eine Gleichung nur Wurzeln mit negativen reellen Teilen besitzt. Mathematische Annalen 46 (1895), 273 bis 284.

[13] A. Ivanoff, Theoretical Foundations of the Automatic Regulation of Temperature. Journ. Inst. Fuel 7 (1934), 117 bis 130, Diskussionsbeiträge 130 bis 138.

[14] A. Ivanoff, The Influence of the Characteristics of a Plant on the Performance of an Automatic Regulator. Proc. Chem. Eng. Group (London) 18 (1936), 138 bis 150, Diskussionsbeiträge 150 bis 151.

[15] Jahnke-Emde, Funktionentafeln. Verlag B. G. Teubner, Leipzig u. Berlin 1938.

[16] K. Knopp, Funktionentheorie. Sammlung Göschen Bd. 1109, 668 u. 703. Verlag W. de Gruyter, Berlin.

[17] F. Krautwig, Stabilitätsuntersuchungen an unstetigen Reglern, dargestellt an Hand einer Kontaktnachlaufsteuerung. Arch. Elektrotechnik 35 (1941), 117 bis 126.

[18] K. Küpfmüller, Über die Dynamik der selbsttätigen Verstärkungsregler. Elektr. Nachr. Techn. 5 (1928), 459 bis 467.

[19] E. H. Ludwig, Die Stabilisierung von Regelanordnungen mit Röhrenverstärkern durch Dämpfung oder elastische Rückführung. Arch. Elektrotechnik 34 (1940), 269 bis 284.

[20] H. Nyquist, Regeneration Theory. Bell System Techn. Journ. 11 (1932), 126 bis 147.

[21] D. Seliwanoff, Lehrbuch der Differenzenrechnung. (Band XIII von B. G. Teubners Sammlung von Lehrbüchern auf dem Gebiete der mathematischen Wissenschaften mit Einschluß ihrer Anwendungen.) Verlag B. G. Teubner, Leipzig 1904.

[22] T. E. Shea, Transmission Networks and Wavefilters. Verlag Chapmann and Hall, London 1929.

[23] A. Stodola, Über die Regulierung von Turbinen. Schweiz. Bauztg. 22 (1893), 113 bis 117, 121 bis 122, 126 bis 128, 134 bis 135.

[24] A. Stodola, Über die Regulierung von Turbinen. Schweiz. Bauztg. 23 (1894), 108 bis 112, 115 bis 117.

[25] H. Tischner, Die Darstellung von Regelvorgängen. Hochfrequenztechnik und Elektroakustik 58 (1941), 145 bis 148.

[26] M. Tolle, Regelung der Kraftmaschinen, 3. Aufl. Verlag J. Springer, Berlin 1921.

[27] K. W. Wagner, Über Begründung und Sinn der Operatorenrechnung nach Heaviside. Z. techn. Physik 20 (1939), 301 bis 313.

[28] K. W. Wagner, Operatorenrechnung nebst Anwendungen in Physik und Technik. Verlag J. A. Barth, Leipzig 1940.

[29] K. W. Wagner, Über eine Formel von Heaviside zur Berechnung von Einschaltvorgängen. Arch. Elektrotechnik 4 (1916), 159 bis 193.

[30] J. Wallot, Einführung in die Theorie der Schwachstromtechnik, 2. Aufl. Verlag J. Springer, Berlin 1940.

[31] H. Weber u. J. Wellstein, Enzyklopädie der elementaren Mathematik. Band 1. Verlag B. G. Teubner, Leipzig u. Berlin 1934.

SACH- und NAMENVERZEICHNIS

E

F

Regler für Kraftmaschinen

Für die **Drehzahlregelung aller Arten von Kraftmaschinen** haben sich

Jahns-Regler (direkt wirkende Fliehkraftregler) und

Jahns-Thoma-Regler (indirekt wirkende Öldruckregler)

der **Jahns-Regulatoren-Gesellschaft in Offenbach a. Main** einen besonderen Ruf erworben.

Fliehkraft-Regler Bauart „Jahns" werden, dem Verwendungszweck entsprechend, in verschiedenen Typen gebaut. Die Type „L" z. B. zeichnet sich durch besonders hohe Empfindlichkeit aus, die durch die Lagerung aller beweglichen Teile in Schneidengelenken erreicht wird.
Diese Regler werden u. a. im Dampfturbinenbau als Drehzahl-Fühler für hydraulische Steuerungen verwendet.

Öldruckregler Bauart „Jahns-Thoma" werden zur Regelung von Wasserturbinen, Dampfturbinen, Dampfmaschinen, Dieselmotoren, Gasmaschinen usw. verwendet. Für die verschiedenen Verwendungszwecke und Maschinengrößen sind zahlreiche Reglertypen und Reglergrößen entwickelt worden, so daß für jeden Bedarfsfall der bestgeeignete Regler zur Verfügung steht.
Die Regelgröße bei diesen Reglern ist im allgemeinen die Drehzahl.
Ein Meßorgan mechanischer oder hydraulischer Art mißt die Drehzahl und steuert abhängig von dieser einen ölhydraulischen Verstärker, der die zur Regelung der Kraftmaschine erforderlichen Kräfte ausüben kann.
Statt der Drehzahl kann in besonderen Fällen z. B. der Gasdruck in einer Ferngasleitung oder der Wasserstand in einem Stausee oder Wasserschloß die Regelgröße sein.

Öldruckregler für großen Drehzahl-Verstellbereich.

Wird verlangt, daß der Sollwert der vom Regler konstant zu haltenden Drehzahl in einem sehr großen Bereich verstellbar sein soll (z. B. 1:10) so liefert die **Jahns-Regulatoren-Gesellschaft in Offenbach a. M.** hierfür einen Spezialregler. Zur Erzielung des großen Drehzahl-Verstellbereichs wird bei diesem Regler das Prinzip des stufenlos regelbaren hydraulischen Getriebes angewendet. Dieser Regler wird z. B. für Antriebsmaschinen von Papiermaschinen benutzt, bei denen je nach der gefertigten Papierart eine sehr unterschiedliche Papiergeschwindigkeit eingestellt werden muß.

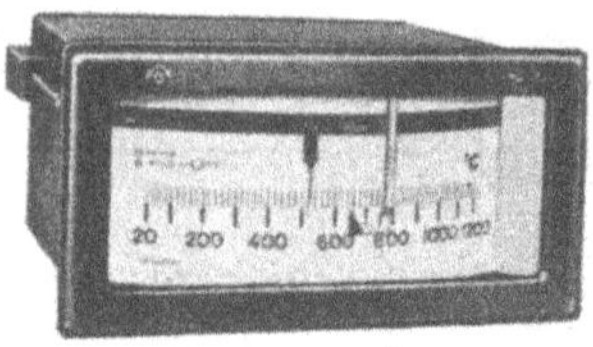

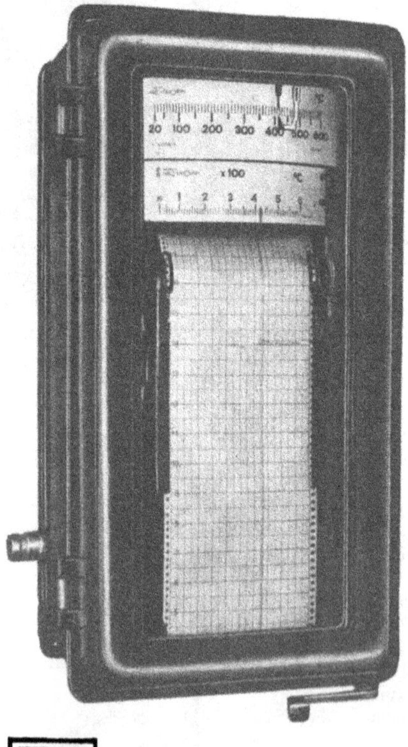

HANNEMANN
regelt
die Speisung von Dampfkesseln aller Systeme, jeden Druckes, jeder Leistung.
den Zufluss und Abfluss an Verdampfern, Entgasern, Vorwärmern, Generatoren, Speichern, bei Druck oder Vakuum.
den Förderdruck von Kesselspeisepumpen.
HANNEMANN
sichert
mit dem Wasserstand — Fernanzeiger
Wasserstand - Alarm - Signal.
HANNEMANN
Kom. Ges.
Berlin - Frohnau
Reglerbau
DÜSSELDORF

8	Mit Verzögerung. erster Ordnung	$TT_z z'' + Tz' = z_1$	$\frac{1}{pT} \frac{1}{pTz+1}$	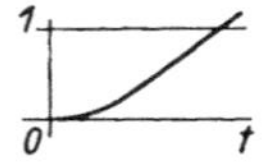			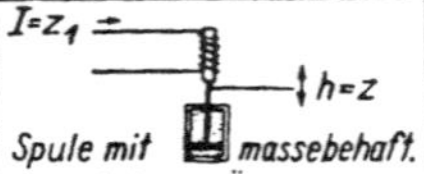 Spule mit massebehaft. Anker u. Ölbremse
Kombinierte Übertragungssysteme							
9	Statisch mit Verzögerung erster Ordnung und Laufzeit	$T_z z'(t) + z(t) = z_1(t - T_L)$	$\frac{1}{pT_z+1} e^{-pT_L}$	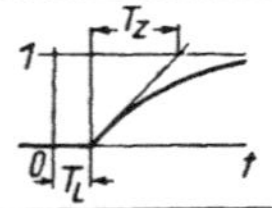	Wichtiges Ersatzschema für viele Regelstrecken höherer Ordnung		
10	Astatisch mit Laufzeit	$z'(t) = \frac{1}{T} z_1(t - T_L)$	$\frac{1}{pT} e^{-pT_L}$	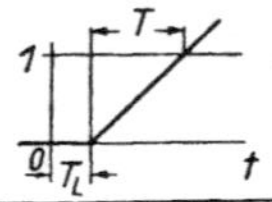	Wichtiges Ersatzschema für verzögerungsbehaftete astatische Glieder		
11	Astatisch mit vorübergehender Statik	$z' = \frac{1}{\varrho} z_1' + \frac{1}{T} z_1$	$\frac{1}{\varrho} + \frac{1}{pT}$	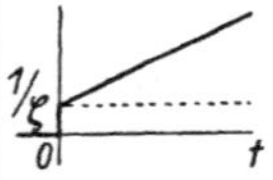			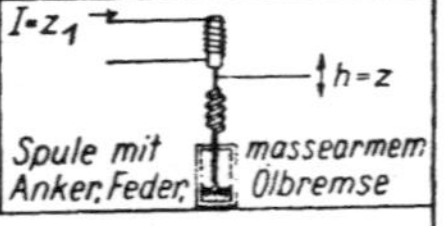 Spule mit Anker, Feder, massearmem Ölbremse
Stabilisierungseinrichtungen							
12	Nachgebende Rückführung	$T_r r' + r = \varrho T_r s'$	$\varrho \frac{pT_r}{pT_r+1}$	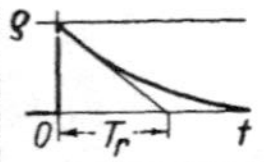	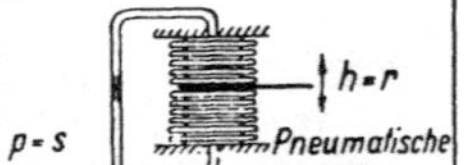 Pneumatische Rückführung	Ölkatarakt-Rückführung Reibradrückführung Thermische Rückführung	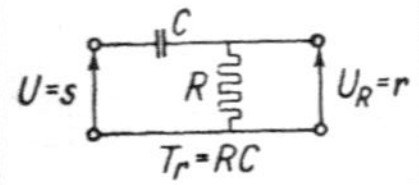
13	Differenzierendes Organ	$z = T_I z_1'$	pT_I	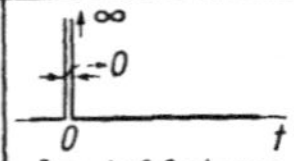 Impuls 1. Ordnung	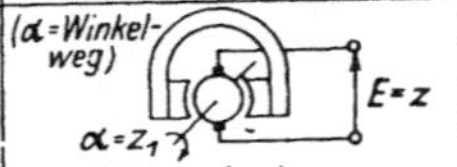 Tachometerdynamo	Wendezeiger Gegeninduktivität	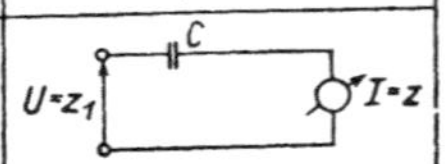

Statische Übertragungssysteme

	Übertragungs-system	Gleichung	Frequenzgang $\mathfrak{F}(p)$	Übergangs-funktion	Ausführungs-beispiel	Weitere Beispiele	Elektrisches Schema
1	Trägheitslos	$z(t)=\frac{1}{\zeta}z_1(t)$	$\frac{1}{\zeta}$	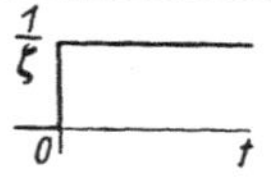	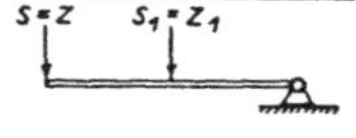 Hebelgestänge	Flüssigkeitsdruckregelstrecke Schwimmer-Niveaumeßwerk Druckmeßfeder (Bourdonrohr)	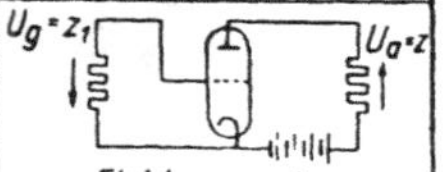 Elektronenrohr
2	Mit Verzögerung erster Ordnug	$T_z z' + z = z_1$	$\frac{1}{pT_z+1}$	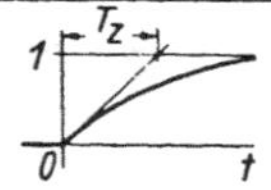	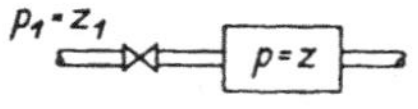 Gasdruck-Regelstrecke	Einfache Temperaturregelstrecken Spannungsregelstrecke mit Feldänderung des Generators Thermoelement (mit Schutzrohr) Federbelasteter Membranantrieb	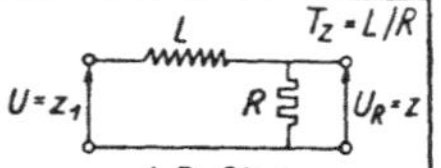 L R-Glied
3	Mit Verzögerung zweiter Ordnung	$T_1T_2z''+(T_1+T_2+T_{1,2})z'+z=z_1$	$\frac{1}{T_1T_2p^2+(T_1+T_2+T_{1,2})p+1}$	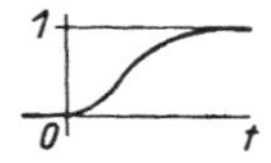	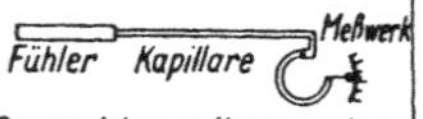 Gasausdehnungsthermometer	Spannungsregelstrecke mit Feldänderung der Erregermaschine	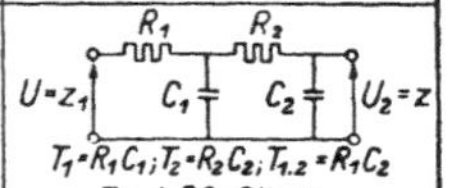 Zwei RC-Glieder
4	Mit Verzögerung erster Ordnung und zusätzlicher Massenwirkung	$Mz''+Dz'+z=z_1$	$\frac{1}{Mp^2+Dp+1}$	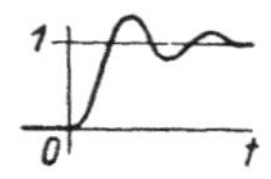	 Luftgesteuertes Membranventil mit Masse	Spule mit federbelastetem massebehaftetem Anker Drehspulmeßwerk	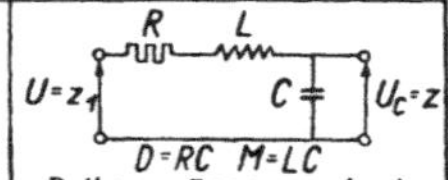 Reihen-Resonanzkreis
5	Räumlich verteilte Widerstands- und Speicherglieder (Kontinuum)	$\frac{\partial^2 z}{\partial x^2}=I_0W_0\frac{\partial z}{\partial t}$ $x\to\ell$; $I_0W_0\ell^2=T$	$e^{-\sqrt{pT}}$	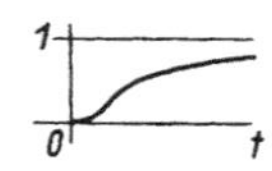	Technischer Ofen		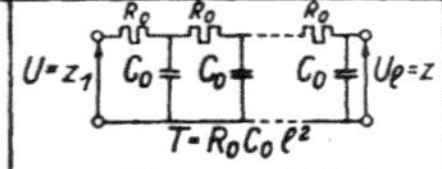 Thompson Kabel
6	Räumlich verteilte Massen- u. Speicherglieder (endliche Fortpflanzungsgeschwindigkeit)	$z(t)=z_1(t-T_L)$ $z=0$ für $t<T_L$	e^{-pT_L}	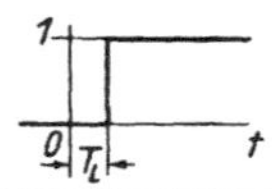	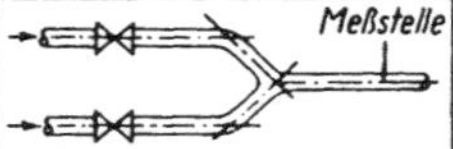 Gemisch-Regelstrecke	Lange Druckimpulsleitungen	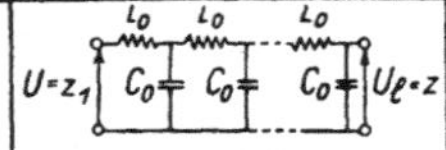 Lange Leitung

www.ingramcontent.com/pod-product-compliance
Lightning Source LLC
Chambersburg PA
CBHW081533190326
41458CB00015B/5540